PANORAMAS ET SYNTHÈSES 17

UNE INTRODUCTION AUX MOTIFS

(MOTIFS PURS, MOTIFS MIXTES, PÉRIODES)

Yves André

Société Mathématique de France 2004

Publié avec le concours du Centre National de la Recherche Scientifique et du Ministère de la Culture et de la Communication

Y. André
D.M.A., École Normale Supérieure, 45 rue d'Ulm, F-75230 Paris cedex 05.
E-mail : andre@dma.ens.fr

***Classification mathématique par sujets* (2000).** — 14F42, 19E15, 32G20, 11J91.

Mots clefs. — Cycle algébrique, motif pur, motif mixte, théories cohomologiques, groupe de Galois motivique, cohomologie motivique, période.

Du même auteur :

G-functions and geometry, Aspects of Mathematics, vol. E13, Friedr. Vieweg & Sohn, Braunschweig, 1989.

(avec F. BALDASSARRI) *De Rham cohomology of differential modules on algebraic varieties*, Progress in Mathematics, vol. 189, Birkhäuser Verlag, Basel, 2001.

Period mappings and differential equations. From $\mathbb{C}$ *to* $\mathbb{C}_p$, Tôhoku-Hokkaidô lectures in arithmetic geometry, MSJ Memoirs, vol. 12, Mathematical Society of Japan, Tokyo, 2003.

UNE INTRODUCTION AUX MOTIFS
(MOTIFS PURS, MOTIFS MIXTES, PÉRIODES)

Yves André

Résumé. **—** La théorie des *motifs*, introduite par A. Grothendieck il y a 40 ans et demeurée longtemps conjecturale, a connu depuis une quinzaine d'années des développements spectaculaires. Ce texte a pour objectif de rendre ces avancées accessibles au non-spécialiste, tout en donnant, au cours de ses deux premières parties, une vision unitaire des fondements géométriques de la théorie (pure et mixte). La troisième partie, consacrée aux *périodes* des motifs, en propose une illustration concrète ; on y traite en détail les exemples des valeurs de la fonction gamma aux points rationnels, et des nombres polyzêta.

Abstract **(An Introduction to Motives (Pure motives, mixed motives, periods))**

Motives have been introduced 40 years ago by A. Grothendieck as "a systematic theory of arithmetic properties of algebraic varieties as embodied in their groups of classes of cycles". This text provides an exposition of the geometric foundations of the theory (pure and mixed), and a panorama of major developments which have occurred in the last 15 years. The last part is devoted to a study of *periods* of motives, with emphasis on examples (polyzeta numbers, notably).

TABLE DES MATIÈRES

Partie II. Motifs mixtes

AVANT-PROPOS

Beaucoup de disciplines ont adopté dans leur vocabulaire technique le terme de *motif*, avec l'un ou l'autre de ses sens courants : celui de « raison » (à connotation subjective) et celui d'« élément constitutif ».

En introduisant ce terme en Géométrique Algébrique il y a 40 ans, A. Grothendieck jouait de ses deux sens à la fois. Il s'agissait de dégager le *motif* commun à divers phénomènes cohomologiques (par exemple les notions, transcendante ou arithmétique, de poids), ou encore le *motif* expliquant certaines relations mystérieuses entre intégrales de fonctions algébriques à une ou plusieurs variables, *etc.* Il s'agissait par ailleurs de décomposer, du point de vue cohomologique, les variétés algébriques en *motifs* simples susceptibles d'être recombinés.

L'intuition fondamentale de Grothendieck était que cette chimie des motifs était réglée par la théorie des correspondances algébriques. Les motifs devaient former une sorte de cohomologie universelle purement algébrique dont toutes les autres cohomologies se déduiraient, comme autant de « réalisations » différentes, et devaient donner lieu à une sorte de généralisation de la théorie de Galois aux systèmes de polynômes à plusieurs variables.

On peut distinguer trois périodes dans l'évolution de la théorie. Jusqu'à la fin des années 70, elle se réduisait essentiellement au corpus grothendieckien conjectural des motifs purs, tel qu'il est exposé à la fin du livre de Saavedra [**Saa72**]. On ne référait guère à ce morceau de « science-fiction mathématique » que comme source d'inspiration.

Les années 80 ont connu des progrès de deux ordres. D'une part, l'obtention de résultats inconditionnels, quitte à sacrifier la notion même de motif au profit de celle de système de réalisations. D'autre part, la mise en place d'un programme grandiose pour une théorie générale des motifs mixtes, et l'idée-clé de cohomologie motivique. Les conjectures de Deligne, Beilinson et Bloch-Kato sur les liens entre valeurs de fonctions L et régulateurs ont beaucoup popularisé la théorie des motifs auprès des arithméticiens. Ces développements ont été exposés dans l'ouvrage collectif de référence intitulé *Motives* (conférence de Seattle de 1991, AMS).

Avec le recentrage sur les correspondances algébriques, les années suivantes ont été celles de véritables percées qui ont donné à la théorie des assises non conjecturales, tant dans le domaine des motifs purs — à partir de la démonstration de la conjecture de semi-simplicité des motifs numériques — que dans celui des motifs mixtes, où la théorie de la cohomologie motivique semble parvenue à maturité[(1)].

Notre propos est de rendre ces avancées accessibles au non-spécialiste, tout en tâchant de donner, au cours des deux premières parties, une vision unitaire de la théorie[(2)]. La troisième partie en est une illustration particulièrement concrète qui pourrait aussi intéresser les spécialistes des nombres transcendants. Nous avons cherché à mettre l'accent sur les aspects structurels, à hiérarchiser et à mettre en valeur la cohérence et la complémentarité des nombreuses conjectures qui forment l'armature idéale au sein de laquelle continue de s'échafauder la théorie.

Yves André,

Paris, le 10 Septembre 2004.

[(1)] assez pour avoir permis l'attaque des conjectures de Milnor-Bloch-Kato.

[(2)] en nous limitant pour l'essentiel aux aspects géométriques et catégoriques ; il sera peu question de fonctions L, et rien ne sera dit sur les relations avec « la philosophie de Langlands » [**La79**].

Remerciements. — La tâche serait trop lourde de faire ici la liste de mes dettes intellectuelles, à commencer bien entendu par celles envers les travaux fondateurs d'A. Grothendieck et de P. Deligne. Cette liste devrait transparaître à la lecture du texte.

Sur un plan plus concret, cet ouvrage doit beaucoup à Bruno Kahn et Fabien Morel, à plusieurs titres. Le projet est né lors du groupe de travail sur les motifs que nous organisions ensemble (et avec G. Maltsiniotis) à Jussieu-Chevaleret, et c'est au cours de nombreuses et passionnantes conversations avec eux que je me suis familiarisé avec l'essentiel du contenu de la seconde partie, avant de me plonger dans les textes originaux. Il avait d'ailleurs été envisagé que F. Morel soit l'auteur de cette partie ; il a préféré y renoncer, tout en me laissant des notes préliminaires dont je me suis fort inspiré dans la rédaction des chapitres 15 à 17. B. Kahn m'a fait part de nombreux commentaires critiques très utiles concernant tant la première partie — dont certains passages s'inspirent de nos travaux en collaboration — que la seconde.

Je remercie aussi Pierre Lochak pour sa lecture critique d'une première version du dernier chapitre du livre, ainsi que Peter O'Sullivan et Jean-Benoît Bost pour leurs commentaires.

Notations et conventions. — Nous avons tâché d'appliquer le rasoir d'Ockham à nos universaux et à leur notation. De nombreuses catégories de nature géométrique seront notées avec un suffixe (k) ou $(k)_F$; dans une telle notation, k désignera toujours le corps de *base* de la géométrie, F l'anneau de *coefficients* de la catégorie.

Si A et B sont deux objets d'une catégorie $\mathcal{C}$, $\mathcal{C}(A, B)$ désigne l'ensemble des morphismes de A vers B dans $\mathcal{C}$. On note $\mathcal{C}^{\mathrm{op}}$ la catégorie opposée de $\mathcal{C}$: $\mathcal{C}^{\mathrm{op}}(A, B) = \mathcal{C}(B, A)$.

$\mathcal{C}$ est dite F-linéaire si les ensembles de morphismes sont des F-modules, si leur composition est F-linéaire, et si $\mathcal{C}$ admet des sommes directes finies. Les foncteurs entre catégories F-linéaires sont supposés F-linéaires (sur les ensembles de morphismes) ; ils respectent les sommes directes, à isomorphisme naturel près.

On rappelle qu'un foncteur est dit plein (resp. fidèle, resp. pleinement fidèle) s'il est surjectif (resp. injectif, resp. bijectif) sur les ensembles de morphismes.

PARTIE I

MOTIFS PURS

CHAPITRE 1

SOURCES : GÉOMÉTRIE ÉNUMÉRATIVE, COHOMOLOGIE, THÉORIE DE GALOIS

Dans ce chapitre « heuristique », nous présentons librement, sans souci d'exhaustivité, quelques fils conducteurs qui mènent aux motifs. Il ne s'agit pas d'une reconstruction historique de la naissance de la théorie, et les notions qui y apparaissent seront reprises en détail dans les chapitres ultérieurs.

1.1. Géométrie énumérative

1.1.1. L'un des résultats les plus anciens et élémentaires en géométrie projective énumérative est le théorème de Bézout[1] sur le nombre de points communs à deux courbes planes sans composante commune : si les courbes sont les lieux des zéros des polynômes $P(x,y)$, $Q(x,y)$ respectivement, le nombre de points communs, comptés avec multiplicité et en tenant compte des points à l'infini, est $\deg P \cdot \deg Q$. Poncelet[2] a proposé une approche « dynamique » de ce théorème, en déformant Q en un produit de facteurs linéaires $\Pi(a_i x + b_i y)$ en position générale (il est alors clair que chacune des $\deg Q$ droites $a_i x + b_i y$ coupe « $P = 0$ » en $\deg P$ points), et en utilisant son « principe de conservation du nombre ».

Une formulation moderne de ce principe est que l'équivalence algébrique des cycles algébriques, et *a fortiori* l'équivalence rationnelle, est plus fine que l'équivalence numérique. Rappelons brièvement ici les définitions.

Un *cycle algébrique* sur une variété projective lisse X est une combinaison linéaire formelle finie $Z = \sum n_i Z_i$ de sous-variétés irréductibles Z_i de X à coefficients n_i entiers (ou rationnels, selon le contexte). Deux cycles Z et Z' sont dits *rationnellement équivalents* (ce qu'on note $Z \sim_{\text{rat}} Z'$) s'ils peuvent être transformés l'un en l'autre par une succession de déformations rationnelles, *i.e.* paramétrées par la droite projective $\mathbb{P}^1$. Ils sont dits *algébriquement équivalents* (ce qu'on note $Z \sim_{\text{alg}} Z'$) s'ils

[1] (1779), mais énoncé avant lui par MacLaurin (1720).

[2] Traité des propriétés projectives des figures (1822).

peuvent être transformés l'un en l'autre par déformations algébriques. Ils sont dits *numériquement équivalents* (ce qu'on note $Z \sim_{\text{num}} Z'$) si les nombres d'intersection $Z\cdot Y = \sum n_i Z_i\cdot Y$ et $Z'\cdot Y = \sum n'_i Z'_i\cdot Y$ avec toute sous-variété Y de X de codimension complémentaire coïncident.

On a évidemment $\sim_{\text{rat}}\Rightarrow\sim_{\text{alg}}$, et le « principe de conservation du nombre » de Poncelet dit que $\sim_{\text{alg}}\Rightarrow\sim_{\text{num}}$.

La théorie de ces équivalences sur les cycles algébriques était déjà bien développée aux alentours de 1925, grâce notamment aux efforts de Van der Waerden et de l'École Italienne (indépendamment).

Exemples de base

1) Un *diviseur* est un cycle algébrique $\sum n_i Z_i$ où tous les Z_i sont de codimension un (et n_i entier) ; on peut le déformer rationnellement en un diviseur à coefficients positifs dans son système linéaire, pourvu que ce dernier soit non vide.

2) Soit $Z = \sum n_i Z_i$ un diviseur sur une courbe X. Alors $Z \sim_{\text{num}} 0 \Leftrightarrow Z \sim_{\text{alg}} 0 \Leftrightarrow \sum n_i = 0$. Si X est une courbe elliptique, $Z \sim_{\text{rat}} 0$ si et seulement si, outre la relation $\sum n_i = 0$, on a $\sum_X n_i Z_i = 0_X$, où $\sum_X$ désigne la loi de groupe sur la courbe elliptique X. En genre supérieur, un critère analogue est valable, en substituant à X la variété abélienne « jacobienne » qui lui est attachée.

1.1.2. La géométrie énumérative traite traditionnellement de problèmes de dénombrement de figures géométriques dans une famille donnée, qui ont telles relations prescrites avec certaine configuration donnée (Chasles, Schubert[3], Zeuthen[4]...). Elle procède en reformulant le problème en termes de nombres d'intersection de sous-variétés des grassmanniennes qui paramètrent les diverses configurations. Ces nombres d'intersection font l'objet du calcul de Schubert.

Exemples de base

1) Calcul du nombre de droites de $\mathbb{P}^3$ rencontrant quatre droites en position générale. On en trouve deux : en effet, les droites rencontrant une droite donnée dans $\mathbb{P}^3$ sont paramétrées par un diviseur σ_1 dans la grassmannienne $\mathbb{G}r(1,3)$ de dimension 4, et selon le calcul de Schubert, le nombre d'auto-intersection σ_1^4 est 2. En fait, c'est encore une application classique du « principe de conservation du nombre » [5] : en déformant, on se ramène au cas où les deux premières (resp. dernières) droites sont dans un plan P (resp. Q), se coupent en un point A (resp. B), et sont en position générale relativement à ces contraintes ; les deux droites cherchées sont alors AB et $P\cap Q$.

[3] Kalkül der abzählenden Geometrie (1879).

[4] Lehrbuch der abzählenden Methoden der Geometrie (1914).

[5] comme nous l'a signalé J.-B. Bost.

2) Un autre problème classique de dénombrement en géométrie algébrique est celui du décompte des solutions d'équations polynomiales dans les corps finis (Gauss, Artin, Schmidt, Hasse, Weil...). Soit ν_n le nombre de points dans $\mathbf{F}_{q^n}$ d'une variété algébrique donnée X (disons projective lisse) définie sur $\mathbf{F}_q$. On code ces nombres par l'intermédiaire de la fonction zêta Z_X, définie à l'aide de la série génératrice

$$\log Z_X(t) = \sum \nu_n \frac{t^n}{n}.$$

Ils se calculent en fait comme nombres d'intersection sur le carré de X :

$$\nu_n = \langle \Delta \cdot \Gamma_{\mathrm{Fr}_X^n} \rangle$$

où Δ désigne la sous-variété diagonale de $X \times X$, et $\Gamma_{\mathrm{Fr}_X^n}$ le graphe de l'itéré n fois de l'endomorphisme de Frobenius de X (localement induit par $x \mapsto x^q$ dans l'algèbre des fonctions sur X). Comme pour bien d'autres problèmes énumératifs sur les courbes, on se ramène donc à un problème de correspondances algébriques modulo l'équivalence numérique entre courbes.

1.1.3. Tous ces problèmes énumératifs ont pour cadre naturel la « catégorie énumérative des variétés projectives lisses » sur un corps k.

Cette catégorie $\mathbf{Q}$-linéaire, notée provisoirement $\mathcal{E}(k)$, a pour objets les variétés projectives lisses sur k, les morphismes étant donnés par les correspondances algébriques (de degré 0) modulo l'équivalence numérique

$$\mathcal{E}(k)(X,Y) = \{\text{cycles algébriques (à coefficients rationnels)} \\ \text{de codimension } \dim X \text{ sur } X \times Y\}/\sim_{\mathrm{num}} .$$

La composition des morphismes est donnée par la règle familière en théorie de l'intersection :

$$g \circ f = (\mathrm{pr}^{XYZ}_{XZ})_* \Big((\mathrm{pr}^{XYZ}_{XY})^* f \cdot (\mathrm{pr}^{XYZ}_{YZ})^* g\Big)$$

où apparaissent les projections doubles de source $X \times Y \times Z$.

On pourrait dire que la géométrie énumérative, au sens le plus large, est l'étude de la catégorie $\mathcal{E}(k)$. Il semble pourtant qu'A. Grothendieck ait été le premier à considérer cette catégorie énumérative $\mathcal{E}(k)$ pour elle-même, et à signaler ses remarquables propriétés.

Ces propriétés deviennent d'ailleurs plus manifestes si l'on passe à l'*enveloppe pseudo-abélienne*, obtenue en introduisant formellement les noyaux des endomorphismes idempotents. Dans le langage de Grothendieck, cette enveloppe pseudo-abélienne, que nous noterons $NM^{\mathrm{eff}}(k)_{\mathbf{Q}}$, s'appelle la *catégorie des motifs numériques effectifs*. Grothendieck avait conjecturé la propriété « miraculeuse » suivante :

$NM^{\mathrm{eff}}(k)_{\mathbf{Q}}$ *est une catégorie abélienne semi-simple,*

ce qui a été prouvé par U. Jannsen en 1991 [**J92**]. La catégorie $NM^{\mathrm{eff}}(k)_{\mathbf{Q}}$ est par ailleurs munie d'une structure monoïdale provenant du produit cartésien des variétés.

1.1.3.1. Rappel. — Une catégorie additive $\mathcal{C}$ est dite *pseudo-abélienne* si pour tout endomorphisme $e \in \mathcal{C}(A, A)$ vérifiant $e^2 = e$, on peut écrire A comme somme directe $A_1 \oplus A_2$ de telle sorte que e est le composé de la projection $A \to A_1$ et de l'inclusion $A_1 \to A$. On dit alors que A_1 est l'image de e et on le note simplement $e(A)$ ou eA. On observe que A_2 est alors l'image de l'endomorphisme idempotent $1 - e$.

Soit $\mathcal{C}$ une catégorie additive. On note $\mathcal{C}^\natural$ la catégorie dont les objets sont les couples (A, e) avec A un objet de $\mathcal{C}$ et $e \in \mathcal{C}(A, A)$ un endomorphisme idempotent. Le groupe abélien des morphismes de (A, e) vers (A', e') se définit alors comme $e' \circ \mathcal{C}(A, A') \circ e$ c'est-à-dire le sous-groupe de $\mathcal{C}(A, A')$ formé des morphismes de la forme $e' \circ f \circ e$. On vérifie sans peine que $\mathcal{C}^\natural$ est pseudo-abélienne. C'est l'*enveloppe pseudo-abélienne* de $\mathcal{C}$. Le foncteur évident $\mathcal{C} \to \mathcal{C}^\natural$ est pleinement fidèle.

1.2. Cohomologie des variétés algébriques

1.2.1. Lorsque le corps de base est le corps $\mathbf{C}$ des nombres complexes, l'usage de méthodes topologiques — en particulier, de théories cohomologiques — en géométrie algébrique remonte à Poincaré, Picard, puis Lefschetz[(6)].

Par diverses voies (méthodes simpliciales, formes différentielles...), on associe à toute variété algébrique X (disons projective et lisse pour simplifier) une algèbre graduée de cohomologie $H^*(X)$ (disons sur un corps). Elle vérifie la « formule de Künneth » : $H^*(X \times Y) \cong H^*(X) \otimes H^*(Y)$. En outre, on associe à tout cycle algébrique de codimension r sur X sa classe fondamentale, qui est un élément de $H^{2r}(X)$; le « cup-produit » de $H^*(X)$ est compatible au produit d'intersection des cycles.

Deux cycles Z et Z' sont dits *homologiquement équivalents* (ce qu'on note $Z \sim_{\text{hom}} Z'$) si la classe fondamentale de leur différence est nulle. Cette équivalence est intermédiaire entre l'équivalence algébrique et l'équivalence numérique.

Exemple de base. — Revenons au théorème de Bézout. On a $H^2(\mathbb{P}^2, \mathbf{Q}) = H^4(\mathbb{P}^2, \mathbf{Q}) = \mathbf{Q}$, le cup-produit $H^2(\mathbb{P}^2, \mathbf{Q}) \times H^2(\mathbb{P}^2, \mathbf{Q}) \to H^4(\mathbb{P}^2, \mathbf{Q})$ étant donné par la multiplication. La classe fondamentale d'une courbe $C \subset \mathbb{P}^2$ est donnée par son degré (degré du polynôme la définissant) ; la classe fondamentale d'un cycle de dimension nulle $\sum n_i P_i$ est son degré $\sum n_i$. Le nombre de points communs à deux courbes C et C' se coupant proprement est donc donné par la classe de $C \cdot C'$, c'est-à-dire $\deg C \cdot \deg C'$.

La formule des traces de Lefschetz fournit un outil cohomologique efficace pour calculer le nombre de points fixes (isolés) d'un endomorphisme de X :

$$|\mathrm{Fix}(\alpha))| = \sum_{0}^{2\dim X} (-1)^i \operatorname{tr}(\alpha^* | H^i(X)).$$

(6) l'application aux variétés algébriques complexes constituant d'ailleurs pour ces auteurs l'une des motivations majeures des nouvelles méthodes.

1.2.2. C'est A. Weil qui eut l'idée que de telles méthodes pourraient peut-être s'appliquer aux variétés définies sur d'autres corps, et notamment sur un corps fini $k = \mathbf{F}_q$. L'application formelle de la formule de Lefschetz aux itérés de l'endomorphisme de Frobenius :

$$\nu_n = \sum_0^{2\dim X} (-1)^i \operatorname{tr}((\mathrm{Fr}_X^n)^* | H^i(X))$$

conduirait à une expression de la fonction zêta de X comme fonction rationnelle :

$$Z_X(t) = \frac{\det(1 - t\,\mathrm{Fr}_X^* \,|H^-(X))}{\det(1 - t\,\mathrm{Fr}_X^* \,|H^+(X))}.$$

La justification de cette formule fut l'un des objectifs principaux dans la construction de la cohomologie étale, objectif atteint en 1963 par Grothendieck et M. Artin.

En fait, il y a une cohomologie étale à coefficients dans chacun des corps de nombres ℓ-adiques $\mathbf{Q}_\ell$, $\ell \neq p$ (la caractéristique de k). Cette pléthore obscurcit en un sens la situation : outre l'inconfort que procure l'arbitraire du choix auxiliaire de ℓ, on ne sait pas suffisamment relier entre elles ces diverses cohomologies ℓ-adiques.

Idéalement, on voudrait une *théorie cohomologique universelle* à coefficients rationnels (vérifiant la formule de Künneth). Mais une telle théorie à valeurs dans les $\mathbf{Q}$-espaces vectoriels ne peut exister (si $p > 0$), comme il suit de considérations de fonctorialité appliquées aux courbes elliptiques supersingulières[7]. Il reste la possibilité de chercher une telle théorie cohomologique « généralisée » à valeurs dans une catégorie monoïdale $\mathbf{Q}$-linéaire semi-simple convenable, remplaçant celles des $\mathbf{Q}$-vectoriels.

1.2.3. Grothendieck a proposé de prendre $NM^{\mathrm{eff}}(k)_{\mathbf{Q}}$ pour telle catégorie[8] (pour un corps de base k quelconque). Il y a un foncteur (monoïdal) contravariant évident

$$\mathfrak{h} : \{k\text{-variétés projectives lisses }\} \longrightarrow NM^{\mathrm{eff}}(k)_{\mathbf{Q}}$$

qui associe à toute variété elle-même ($\mathfrak{h}(X)$ s'appelle le motif de X), et à tout morphisme le transposé de son graphe, modulo équivalence numérique. On s'attend à ce que $\mathfrak{h}$ fournisse une cohomologie universelle en un certain sens (pour les variétés projectives lisses), et en particulier que chaque cohomologie étale ℓ-adique, de même que

(7) objection bien connue due à J-P. Serre, *cf.* ci-dessous 6.2.

(8) « On avait l'impression très nette qu'en un sens, qui restait d'abord très flou, toutes ces théories devaient « revenir au même », qu'elles « donnaient les mêmes résultats ». C'est pour parvenir à exprimer cette intuition de « parenté » entre théories cohomologiques différentes que j'ai dégagé la notion de « motif » associé à une variété algébrique. Par ce terme j'entends suggérer qu'il s'agit du « motif commun » (ou de la raison commune) sous-jacent à cette multitude d'invariants cohomologiques différents associés à la variété [...] Ainsi, le motif associé à une variété algébrique constituerait l'invariance cohomologique « ultime », « par excellence », dont tous les autres (associés aux différentes théories cohomologiques possibles) se déduiraient, comme autant d'« incarnations musicales », ou de « réalisations » différentes... » [A. Grothendieck, Récoltes et semailles, § 16].

toute autre cohomologie « de Weil » raisonnable (comme la cohomologie cristalline par exemple), se factorise à travers $\mathfrak{h}$:

$$\begin{array}{ccc} X & \longrightarrow & \mathfrak{h}(X) \\ & \searrow & \vdots \\ & & H(X) = H_{\text{ét}}(X \otimes \overline{k}, \mathbf{Q}_\ell) \end{array} \qquad \text{(réalisation } \ell\text{-adique)}$$

Cette propriété attendue de factorisation signifie exactement que pour toute « cohomologie de Weil » raisonnable(9), *l'équivalence homologique et l'équivalence numérique des cycles algébriques coïncident* :

$$\sim_{\text{hom}} \iff \sim_{\text{num}} ?$$

C'est une conjecture profonde de la théorie des cycles algébriques (l'une des conjectures standard de Grothendieck, *cf.* (2.4) plus bas).

En admettant cette conjecture, on peut démontrer que la catégorie $NM^{\text{eff}}(k)_{\mathbf{Q}}$ est naturellement graduée, et donner par là un sens géométrique à la décomposition des espaces de cohomologie $H(X) = \oplus H^i(X)$, et, de même, à la factorisation de la fonction zêta (pour $k = \mathbf{F}_q$)

$$Z_X(t) = \frac{\prod_{i \text{ impair}} \det(1 - t\,\mathrm{Fr}_X^* \,|H^i(X))}{\prod_{i \text{ pair}} \det(1 - t\,\mathrm{Fr}_X^* \,|H^i(X))} \quad :$$

elle reflète une décomposition $\mathfrak{h}(X) = \oplus\ \mathfrak{h}^i(X)$ dans $NM^{\text{eff}}(k)_{\mathbf{Q}}$.

Exemples de base

1) La formule élémentaire

$$|\mathbb{P}^n(\mathbf{F}_q)| = 1 + q + \cdots + q^n$$

reflète le fait que le motif de $\mathbb{P}^n$ se décompose en

$$\mathfrak{h}(\mathbb{P}^n) = \mathbf{1} \oplus \mathbf{1}(-1) \oplus \cdots \oplus \mathbf{1}(-n),$$

où $\mathbf{1} = \mathfrak{h}(\operatorname{Spec} k)$, $\mathbf{1}(-r) = (\mathfrak{h}^2(\mathbb{P}^1))^{\otimes r}$.

2) Le motif d'une courbe projective lisse X se décompose en

$$\mathfrak{h}(X) = \mathbf{1} \oplus \mathfrak{h}^1(X) \oplus \mathbf{1}(-1).$$

La composante $\mathfrak{h}^1(X)$ est un substitut pour la jacobienne $J(X)$ de X à isogénie près, au sens où pour deux courbes X et X'

$$NM^{\text{eff}}(k)_{\mathbf{Q}}(\mathfrak{h}^1(X), \mathfrak{h}^1(X')) \cong \operatorname{Hom}(J(X), J(X')) \otimes \mathbf{Q}.$$

Comprendre et généraliser l'idée de Weil d'utiliser la jacobienne comme substitut géométrique de la cohomologie $H^1(X, \mathbf{Q})$ a été, du reste, l'une des premières pistes qui ont conduit Grothendieck à introduire la notion de motif.

(9) « raisonnable » est peut-être même un excès de prudence.

Le rôle des motifs dans la *factorisation des fonctions zêta* des variétés sur les corps finis ou sur les corps de nombres est l'un des aspects fascinants de la théorie, qui rappelle le formalisme d'Artin des factorisations de fonctions zêta de Dedekind en fonctions L. En fait, la partie « arithmétique » de la théorie des motifs fournit une vaste généralisation en dimension supérieure, en partie conjecturale, de la théorie d'Artin.

1.3. Théorie de Galois

1.3.1. Soient k un corps, $\overline{k}$ une clôture séparable, et $\mathrm{Gal}(\overline{k}/k)$ le groupe de Galois absolu de k. Soit k' une k-algèbre commutative de dimension finie. On rappelle que le k-schéma fini $Z = \operatorname{Spec} k'$ est dit *étale* si les propriétés équivalentes suivantes sont satisfaites :

i) $k' \otimes \overline{k} \cong \overline{k}^{[k':k]}$,

ii) $k' \cong \prod k_\alpha$, où k_α/k sont des extensions finies séparables,

iii) $|Z(\overline{k})| = [k' : k]$.

Si en outre k est parfait, ces propriétés équivalent aussi à

iv) k' est réduite.

Le foncteur

$$\{k\text{-}\textit{schémas étales finis}\} \longrightarrow \{\textit{ensembles finis munis d'une action continue de } \mathrm{Gal}(\overline{k}/k)\}$$

donné par $Z \mapsto Z(\overline{k})$ est une équivalence de catégories. C'est la « correspondance de Galois-Grothendieck ».

1.3.2. Il arrive souvent qu'on ait affaire à des représentations linéaires de $\mathrm{Gal}(\overline{k}/k)$ plutôt qu'à des $\mathrm{Gal}(\overline{k}/k)$-ensembles finis ; par exemple, les extensions finies de k fournissent déjà des espaces de représentation de $\mathrm{Gal}(\overline{k}/k)$, mais on pense aussi à la théorie des caractères de Frobenius, au formalisme d'Artin des séries L...

Ceci suggère de « linéariser » la correspondance de Galois-Grothendieck, c'est-à-dire de la remplacer par une équivalence du type

$$\{\ ?\ \} \xrightarrow{\sim} \{\mathbf{Q}\textit{-vectoriels de dimension finie munis d'une action linéaire continue de } \mathrm{Gal}(\overline{k}/k)\},$$

la catégorie à définir $\{\ ?\ \}$ étant $\mathbf{Q}$-linéaire monoïdale semi-simple et liée aux k-schémas finis étales. Comme ces derniers ne sont autres que les k-variétés projectives lisses de dimension 0, une possibilité serait de prendre la sous-catégorie de $NM^{\mathrm{eff}}(k)_{\mathbf{Q}}$ dont les objets proviennent de variétés de dimension 0 ; ces objets sont appelés *motifs d'Artin*.

Il n'est pas difficile de vérifier que la catégorie $AM(k)_{\mathbf{Q}}$ des motifs d'Artin répond bien à notre question de linéarisation ; plus précisément, on a un diagramme commutatif de foncteurs

$$\begin{array}{ccc} \{k\text{-}\textit{schémas étales finis}\} & \xrightarrow{\sim} & \{\textit{ensembles finis munis} \\ & & \quad \textit{d'une action continue de } \mathrm{Gal}(\overline{k}/k)\} \\ \downarrow \mathfrak{h} & & \downarrow \mathfrak{l} \\ AM(k)_{\mathbf{Q}} & \xrightarrow{\sim} & \{\mathbf{Q}\textit{-vectoriels de dimension finie munis} \\ & & \quad \textit{d'une action linéaire continue de } \mathrm{Gal}(\overline{k}/k)\} \end{array}$$

où $\mathfrak{l}$ est le foncteur contravariant de linéarisation donné par $S \mapsto \mathbf{Q}^S$, $g \in \mathrm{Gal}(\overline{k}/k)$ agissant sur $f \in \mathbf{Q}^S$ selon la règle $(g(f))(s) = f(g^{-1}(s))$.
En outre, le produit $\otimes$ de $AM(k)_{\mathbf{Q}}$, correspondant au produit cartésien des k-variétés de dimension 0, est compatible au produit tensoriel des représentations de $\mathrm{Gal}(\overline{k}/k)$.

1.3.3. En renversant le point de vue, tout cela suggère dès lors de remplacer $AM(k)_{\mathbf{Q}}$ (dimension 0) par $NM^{\mathrm{eff}}(k)_{\mathbf{Q}}$ (dimension quelconque) et d'en tirer, à rebours, une *théorie de Galois en dimension supérieure*, en d'autres termes, une théorie de Galois pour les systèmes de polynômes en plusieurs variables. C'est la source de l'idée de Grothendieck des *groupes de Galois motiviques*, que nous esquisserons au chapitre 6. Dans cette théorie, les groupes (pro-)finis sont remplacés par des groupes (pro-)algébriques.

De même que la théorie de Galois usuelle traduit les problèmes d'algèbres étales en des questions de théorie des groupes finis ou profinis, la théorie de Galois motivique a pour objectif de ramener toute une classe de problèmes géométriques à des questions de la théorie classique des représentations des groupes réductifs et de leurs algèbres de Lie. Cette philosophie a inspiré, directement ou indirectement, de nombreux travaux depuis une trentaine d'années.

CHAPITRE 2

$\otimes$-CATÉGORIES RIGIDES, CATÉGORIES TANNAKIENNES

Dans ce chapitre préliminaire, nous faisons un tour rapide de la théorie des $\otimes$-catégories rigides et des catégories tannakiennes, notions qui sous-tendent la théorie galoisienne des motifs.

La théorie tannakienne est un outil puissant et polyvalent, et joue pour la théorie des motifs le rôle que joue la théorie de Galois usuelle en arithmétique ou les groupes fondamentaux en topologie — modèles dont elle s'inspire.

2.1. Introduction

Partons de la théorie de Galois ordinaire : ci-dessus (1.3), nous avons considéré les catégories équivalentes

$$\{k\text{-}\textit{schémas étales finis}\} \cong \{\textit{ensembles finis munis d'une action continue de } \operatorname{Gal}(\overline{k}/k)\}.$$

Comment reconstruire le groupe $\operatorname{Gal}(\overline{k}/k)$ à partir de ces catégories ? La réponse est bien connue et conduit au point de vue de Grothendieck sur les groupes fondamentaux en géométrie algébrique : $\operatorname{Gal}(\overline{k}/k)$ est le groupe des automorphismes du foncteur oubli

$$\{\textit{ensembles finis munis d'une action continue de } \operatorname{Gal}(\overline{k}/k)\} \longrightarrow \{\textit{ensembles finis}\}.$$

Après $\mathbf{Q}$-linéarisation, nous avons obtenu les catégories équivalentes suivantes

$$AM(k)_{\mathbf{Q}} \xrightarrow{\sim} \{\mathbf{Q}\textit{-vectoriels de dimension finie munis d'une action linéaire continue de } \operatorname{Gal}(\overline{k}/k)\}$$

où la catégorie de gauche est celle des motifs d'Artin de k, et le problème analogue se pose de reconstruire $\operatorname{Gal}(\overline{k}/k)$ à partir de ces catégories. Dans ce contexte, la dualité classique de Tannaka-Krein (pour les groupes compacts) suggère de prendre en compte le produit tensoriel, *i.e.* la structure monoïdale de ces catégories. De fait, on récupère

$\mathrm{Gal}(\overline{k}/k)$ comme groupe d'automorphismes du $\otimes$-foncteur oubli

$$\left\{\begin{array}{l}\mathbf{Q}\text{-}\textit{vectoriels de dimension finie munis}\\ \textit{d'une action linéaire continue de } \mathrm{Gal}(\overline{k}/k)\end{array}\right\} \longrightarrow \{\mathbf{Q}\text{-}\textit{vectoriels de dimension finie}\}.$$

Supposons momentanément que $k \subset \mathbf{C}$. Dans ce cas, l'espace $\mathbf{Q}^{Z(\overline{k})}$ attaché à tout k-schéma étale fini (ou plus généralement, à tout motif d'Artin) s'identifie à sa cohomologie de Betti $H_B(Z) = H^0(Z(\mathbf{C}), \mathbf{Q})$, de sorte que $\mathrm{Gal}(\overline{k}/k) \cong \mathrm{Aut}^{\otimes} H_{B|AM(k)_{\mathbf{Q}}}$. Ce qui suggère une idée de définition du groupe de Galois motivique pur absolu $G_{\mathrm{mot},k}$, en dimension supérieure, en remplaçant $AM(k)_{\mathbf{Q}}$ par la $\otimes$-catégorie $NM^{\mathrm{eff}}(k)_{\mathbf{Q}}$ des motifs numériques effectifs (*cf.* 1.1.3). La mise en place d'une définition correcte de $G_{\mathrm{mot},k}$ est à l'origine de la théorie des catégories tannakiennes, initiée par Grothendieck (et développée par N. Saavedra [**Saa72**] et P. Deligne [**D90**]).

2.2. $\otimes$-Catégories rigides

2.2.1. Dans cette théorie, l'objet primordial est la catégorie $Rep_F G$ des représentations de dimension finie sur un corps F d'un F-schéma en groupe affine G. L'algèbre des fonctions sur G hérite d'une structure de cogèbre qui en fait une algèbre de Hopf commutative A_G : $G = \mathrm{Spec}\, A_G$.

La remarque de départ est que la catégorie abélienne F-linéaire $Rep_F G$ est équivalente à la catégorie des comodules de F-dimension finie, relativement à la structure de *cogèbre* sur A_G. La structure *d'algèbre* de A_G est cachée dans la structure monoïdale $\otimes : Rep_F G \times Rep_F G \to Rep_F G$.

2.2.2. Nous appellerons *$\otimes$-catégorie* [(1)] sur un anneau commutatif F toute catégorie F-linéaire $\mathcal{T}$ munie d'une *$\otimes$-structure*, c'est-à-dire :

i) d'un bifoncteur bilinéaire $\otimes : \mathcal{T} \times \mathcal{T} \to \mathcal{T}$,
ii) d'un objet unité $\mathbf{1}$,
iii) d'isomorphismes fonctoriels

$$a_{LMN} : L \otimes (M \otimes N) \xrightarrow{\sim} (L \otimes M) \otimes N$$
$$c_{MN} : M \otimes N \xrightarrow{\sim} N \otimes M \quad \text{tel que } c_{NM} = c_{MN}^{-1}$$
$$u_M : M \otimes \mathbf{1} \xrightarrow{\sim} M, \quad u'_M : \mathbf{1} \otimes M \xrightarrow{\sim} M$$

dont la cohérence s'exprime par quelques diagrammes commutatifs naturels[(2)].

Une $\otimes$-catégorie *rigide* [(3)] sur F est une $\otimes$-catégorie $\mathcal{T}$ sur F munie

(1) catégorie F-linéaire monoïdale symétrique unitaire dans [**Saa72**].
(2) un triangle de sommets $(M \otimes \mathbf{1}) \otimes N$, $M \otimes (\mathbf{1} \otimes N)$, $M \otimes N$, un pentagone construit à partir des divers parenthésages de $K \otimes L \otimes M \otimes N$, et un hexagone reliant les permutations cycliques de $L \otimes M \otimes N$, *cf.* [**Saa72**].
(3) ou : autonome.

iv) d'une autodualité $^\vee : \mathcal{T} \to \mathcal{T}^{\mathrm{op}}$ telle que pour tout objet M, le foncteur $? \otimes M^\vee$ est adjoint à gauche de $? \otimes M$, et $M^\vee \otimes ?$ est adjoint à droite de $M \otimes ?$.

Noter que iv) fournit des morphismes d'adjonction $\varepsilon : M \otimes M^\vee \to \mathbf{1}$, $\eta : \mathbf{1} \to M^\vee \otimes M$ dits d'évaluation et de coévaluation, vérifiant $\varepsilon \otimes \mathrm{id}_M \circ \mathrm{id}_M \otimes \eta = \mathrm{id}_M$, $\mathrm{id}_{M^\vee} \otimes \varepsilon \circ \eta \otimes \mathrm{id}_{M^\vee} = \mathrm{id}_{M^\vee}$. Pour un morphisme f, on écrit aussi ${}^t f$ au lieu de $f^\vee$.

Dans une ⊗-catégorie rigide, tout endomorphisme f a une *trace*, définie comme l'élément de la F-algèbre commutative $\mathrm{End}(\mathbf{1})$ obtenu par composition

$$\mathbf{1} \xrightarrow{\text{« } f \text{ »}} M^\vee \otimes M \xrightarrow{c_{M^\vee M}} M \otimes M^\vee \xrightarrow{\varepsilon} \mathbf{1}.$$

Le *rang* ou *dimension* de l'objet M est la trace de id_M, c'est-à-dire $\varepsilon \circ c_{M^\vee M} \circ \eta \in \mathrm{End}(\mathbf{1})$.

2.2.2.1. Exemples

1) Pour F un corps, et $\mathcal{T} = Rep_F G$, $\mathbf{1}$ est la représentation triviale F, et la notion de rang ou dimension coïncide avec la notion usuelle.

2) Soit $VecGr_K$ (resp. $sVec_K$) la catégorie des K-espaces vectoriels $\mathbf{Z}$-gradués (resp. $\mathbf{Z}/2$-gradués) de dimension finie sur un corps K. Le produit tensoriel $\otimes_K$ en fait une ⊗-catégorie rigide, la contrainte de commutativité c_{NM} étant donnée par l'interversion des facteurs avec application de la règle des signes de Koszul[(4)] (l'unité est la droite K, concentrée en degré 0). Le rang de tout objet V^* de $\mathcal{T}$ est sa super-dimension $\dim V^+ - \dim V^-$, où $V^+ = \oplus V^{2i}$, $V^- = \oplus V^{2i+1}$.

3) Combinant les deux exemples précédents, on obtient la ⊗-catégorie rigide des super-représentations de G. Dans la pratique, on considère plutôt la sous-⊗-catégorie rigide $Rep_F(G, \varepsilon)$ définie de la manière suivante : ε étant un élément du centre de $G(F)$ d'ordre 1 ou 2, $Rep_F(G, \varepsilon)$ est formée des super-représentations pour lesquelles la partie paire est celle où ε agit trivialement.

4) Les fibrés vectoriels sur un F-schéma fixé X forment une ⊗-catégorie rigide, avec $\mathrm{End}(\mathbf{1}) = F$ si X est propre et géométriquement connexe. Le rang est la notion usuelle.

2.2.2.2. Remarque. — Dans une ⊗-catégorie rigide pseudo-abélienne sur un corps de caractéristique nulle F, on peut définir les puissances symétriques et extérieures de tout objet M, notées $S^n M$ et $\wedge^n M$:

$$S^n M := s_n(M), \quad \wedge^n M = \lambda_n(M),$$

où $s_n = \frac{1}{n!} \sum_{\sigma \in \mathfrak{S}_n} \sigma$ (resp. $\lambda_n = \frac{1}{n!} \sum_{\sigma \in \mathfrak{S}_n} \varepsilon_\sigma \sigma$) désigne le projecteur de symétrisation (resp. d'antisymétrisation).

(4) autrement dit, il y a un signe − lors de l'interversion de deux facteurs impairs.

2.2.3. Un *⊗-foncteur* entre ⊗-catégories est la donnée d'un foncteur F-linéaire

$$\omega : \mathcal{T} \longrightarrow \mathcal{T}'$$

et d'une collection d'isomorphismes fonctoriels

$$o_{MN} : \omega(M \otimes N) \xrightarrow{\sim} \omega(M) \otimes \omega(N)$$
$$o_{\mathbf{1}} : \omega(\mathbf{1}) \xrightarrow{\sim} \mathbf{1}'$$

compatibles aux « contraintes » a, c, u, u'.

S'il s'agit de ⊗-catégories rigides, un tel foncteur est automatiquement compatible à la dualité $^\vee$ (à isomorphisme fonctoriel près). De plus, grâce à la dualité, tout morphisme de ⊗-foncteurs est alors un isomorphisme (*cf.* [**D90**, § 2]).

2.2.3.1. Exercice. — Construire la ⊗-catégorie rigide libre sur un objet M.

2.3. Catégories tannakiennes

2.3.1. Supposons que F soit un corps, que la ⊗-catégorie rigide $\mathcal{T}$ soit abélienne, et que $\mathrm{End}(\mathbf{1}) = F$. Un *foncteur fibre* sur $\mathcal{T}$ est un ⊗-foncteur exact fidèle

$$\omega : \mathcal{T} \longrightarrow Vec_K$$

vers la ⊗-catégorie rigide des K-espaces vectoriels de dimension finie sur une extension K de F non précisée. S'il en existe, on dit que $\mathcal{T}$ est *tannakienne* [(5)].

On peut alors définir le K-schéma en groupes affine $G = \underline{\mathrm{Aut}}^{\otimes}\,\omega$ (appelé *groupe tannakien* de $\mathcal{T}$ attaché à ω) ; pour toute extension K'/K, $(\underline{\mathrm{Aut}}^{\otimes}\,\omega)(K')$ est le groupe des automorphismes du ⊗-foncteur étendu $\omega_{K'} : \mathcal{T} \to Vec_{K'}$.

***2.3.1.1. Théorème* (Deligne [D90], 7)**. — *Soit $\mathcal{T}$ une ⊗-catégorie rigide sur un corps F de caractéristique nulle, abélienne et telle que* $\mathrm{End}(\mathbf{1}) = F$. *Alors $\mathcal{T}$ est tannakienne ⇔ le rang de tout objet est un entier naturel ⇔ pour tout objet M, $\wedge^n M = 0$ pour $n \gg 0$.* □

2.3.2. S'il existe un foncteur fibre ω avec $K = F$, on dit que $\mathcal{T}$ est *tannakienne neutre.*

ω s'enrichit alors en une *équivalence* de ⊗-catégories rigides

$$\omega : \mathcal{T} \longrightarrow Rep_F G$$

où $Rep_F G$ désigne la ⊗-catégorie rigide des F-représentations de dimension finie de $G = \underline{\mathrm{Aut}}^{\otimes}\,\omega$, En outre, la catégorie des foncteurs fibres ω sur F est équivalente à la catégorie (groupoïde) des G-torseurs (= espaces principaux homogènes sous G).

---

(5) en référence à la théorie classique de Tannaka-Krein pour les groupes compacts. Elle mériterait tout autant, sinon davantage, de s'appeler catégorie kreinienne, mais l'usage en a décidé autrement, *cf.* [**Bre94**]. La partie tannakienne de la théorie fournit un inverse à gauche de la construction $G \mapsto Rep_F G$; la partie kreinienne dit que c'est aussi un inverse à droite.

Ceci établit un dictionnaire entre propriétés $\otimes$-catégoriques et propriétés des groupes associés, dont voici un échantillon :

– G est un groupe algébrique (*i.e.* de type fini sur F) $\Leftrightarrow$ $\mathcal{T}$ admet un $\otimes$-générateur, *i.e.* un objet M tel que tout objet de $\mathcal{T}$ est sous-quotient d'une somme finie $\oplus(M^{\otimes m_i} \otimes \check{M}^{\otimes n_i})$ convenable. On écrit alors $\mathcal{T} = \langle M \rangle^{\otimes}$. Dans ce cas, G s'identifie à un sous-groupe algébrique Zariski-fermé de $GL(\omega(M))$. Dire qu'un sous-espace de $\oplus(\omega(M)^{\otimes m_i} \otimes (\omega(M)^{\vee})^{\otimes n_i})$ est stable sous G équivaut à dire qu'il est image par ω d'un sous-objet de $\oplus(M^{\otimes m_i} \otimes \check{M}^{\otimes n_i})$.

– (si F est de caractéristique nulle) G est un groupe pro-réductif[(6)] $\Leftrightarrow$ $\mathcal{T}$ est semi-simple.

2.3.3. Soit $\phi : \mathcal{T}' \to \mathcal{T}$ un $\otimes$-foncteur exact entre catégories tannakiennes neutres. Soit $\omega : \mathcal{T} \to Vec_F$ un foncteur fibre. Alors $\omega' = \omega \circ \phi : \mathcal{T}' \to Vec_F$ est un foncteur fibre, et on a un homomorphisme

$$f = \phi^* : G = \underline{\mathrm{Aut}}^{\otimes}\,\omega \longrightarrow G' = \underline{\mathrm{Aut}}^{\otimes}\,\omega'$$

dans l'autre sens entre groupes tannakiens associés.

Réciproquement, tout homomorphisme $f : G \to G'$ donne lieu à un $\otimes$-foncteur $\phi = f^* : Rep_F G' \to Rep_F G$. On a :

– f est un monomorphisme (une immersion fermée) $\Leftrightarrow$ tout objet M de $\mathcal{T}$ est sous-quotient de l'image par ϕ d'un objet N' de $\mathcal{T}'$,

– f est un épimorphisme (*i.e.* fidèlement plat) $\Leftrightarrow$ ϕ est pleinement fidèle, et pour tout objet M' de $\mathcal{T}'$, tout sous-objet de $\phi(M')$ est image par ϕ d'un sous-objet de M' (cette dernière condition étant automatique si $\mathcal{T}$ est semi-simple).

– ϕ identifie $\mathcal{T}'$ à la catégorie des objets de $\mathcal{T}$ munis d'une action de G' factorisant l'action de G.

2.3.4. Le groupe tannakien G n'est pas uniquement déterminé par $\mathcal{T}$ (deux F-groupes formes intérieures l'un de l'autre ayant des $\otimes$-catégories de représentations équivalentes) ; la donnée de ω est indispensable.

De manière plus intrinsèque et plus générale, on peut attacher à toute catégorie tannakienne[(7)] $\mathcal{T}$ sur F une algèbre de Hopf commutative $\mathcal{O}(\pi(\mathcal{T}))$ dans la catégorie des Ind-objets de $\mathcal{T}$, telle pour tout foncteur fibre $\omega : \mathcal{T} \to Vec_K$, $\omega(\mathcal{O}(\pi(\mathcal{T})))$ soit l'algèbre des fonctions sur le K-schéma en groupe $\underline{\mathrm{Aut}}^{\otimes}\,\omega$.

On note $\pi(\mathcal{T})$ le même objet dans la catégorie opposée (c'est-à-dire la catégorie des pro-objets de $\mathcal{T}^{\mathrm{op}}$), vu comme « $\mathcal{T}$-schéma en groupes affine ». Ainsi, $\omega(\pi(\mathcal{T}))$

(6) Rappelons qu'un schéma en groupes affine G sur un corps F de caractéristique nulle est pro-réductif si son radical unipotent est trivial. Il revient au même de dire que G est limite projective de F-groupes algébriques réductifs (non nécessairement connexes).

(7) ou même seulement une $\otimes$-catégorie rigide abélienne, vérifiant $\mathrm{End}(\mathbf{1}) = F$ corps parfait, et dont tous les objets et tous les F-espaces de morphismes sont de longueur finie.

s'identifie au K-schéma en groupes affine au sens usuel $\underline{\mathrm{Aut}}^{\otimes}\,\omega$; si $\mathcal{O}(\pi(\mathcal{T}))$ est co-commutative, $\pi(\mathcal{T})$ peut lui-même être vu comme un K-schéma en groupes affine au sens usuel.

Tout $\otimes$-foncteur exact $\phi : \mathcal{T}' \to \mathcal{T}$ entre catégories tannakiennes sur F donne lieu à un homomorphisme $\pi(\mathcal{T}) \to \phi\pi(\mathcal{T}')$, et identifie $\mathcal{T}'$ à la catégorie des objets de $\mathcal{T}$ munis d'une action de $\phi\pi(\mathcal{T}')$ factorisant l'action de $\pi(\mathcal{T})$ [**D90**, 8].

2.3.5. Une *sous-catégorie tannakienne* d'une catégorie tannakienne $\mathcal{T}$ est une sous-catégorie pleine $\mathcal{T}'$ de $\mathcal{T}$, stable par $\otimes$, duaux, et telle que tout sous-objet, resp. quotient, dans $\mathcal{T}$ d'un objet de $\mathcal{T}'$ soit dans $\mathcal{T}'$[(8)]. L'homomorphisme $\mathcal{O}(\pi(\mathcal{T}')) \to \mathcal{O}(\pi(\mathcal{T}))$ correspondant est alors fidèlement plat, et pour tout foncteur fibre sur $\mathcal{T}$, on obtient un homomorphisme fidèlement plat de groupes tannakiens.

[(8)] à titre de contre-exemple : le $\otimes$-foncteur pleinement fidèle de restriction $Rep_F\, GL_n \to Rep_F\, B_n$, où B_n est le sous-groupe des matrices triangulaires, ne fait pas de $Rep_F\, GL_n$ une sous-catégorie tannakienne.

CHAPITRE 3

CYCLES ALGÉBRIQUES ET COHOMOLOGIES (CAS DES VARIÉTÉS PROJECTIVES LISSES)

Dans ce second chapitre préliminaire, nous présentons les outils de base de la théorie des motifs purs : cycles algébriques, équivalences adéquates, cohomologies de Weil.

3.1. Cycles algébriques et relations adéquates

3.1.1. Fixons un corps de base k, et notons $\mathcal{P}(k)$ *la catégorie des schémas projectifs lisses sur* k, appelés parfois k-variétés projectives lisses dans la suite.

Pour tout $X \in \mathcal{P}(k)$, notons $\mathcal{Z}^*(X)$ le groupe gradué des cycles algébriques sur X, c'est-à-dire le groupe abélien engendré par les sous-schémas fermés intègres Z de X, gradué par la codimension[(1)] (de ces sous-schémas dans X). On note entre crochets $[Z]$ l'image de Z dans $\mathcal{Z}^*(X)$ (et dans ses quotients).

Pour tout anneau commutatif F, les éléments de

$$\mathcal{Z}^r(X)_F := \mathcal{Z}^r(X) \otimes_{\mathbf{Z}} F$$

sont appelés *cycles algébriques de codimension*[(2)] r *à coefficients dans* F.

La théorie de l'intersection construit une loi interne bilinéaire partiellement définie sur les cycles algébriques : le produit d'intersection (avec multiplicités) de deux cycles dont les composantes se coupent proprement ([**Se57**]). Pour étendre ce produit d'intersection au cas général, l'approche classique consiste à passer à une relation d'équivalence adéquate [**Sa58**].

3.1.1.1. Définition. — Une relation d'équivalence $\sim$ sur les cycles algébriques est dite *adéquate* si elle vérifie les conditions suivantes, pour tous $X, Y \in \mathcal{P}(k)$:

---

(1) on n'impose pas à X d'être connexe ni même équidimensionnel ; néanmoins la codimension d'une sous-schéma intègre est un entier naturel bien défini.

(2) on préfère éviter le mot « degré » pour éviter des confusions tant avec le degré des 0-cycles défini en 3.2.6 qu'avec le degré de la classe de cycle en cohomologie, qui est le double. Par ailleurs, il est aussi utile de considérer la graduation définie par la dimension plutôt que la codimension

1) $\sim$ est compatible à la structure F-linéaire et à la graduation,

2) pour tous $\alpha, \beta \in \mathcal{Z}^*(X)_F$, il existe $\alpha' \sim \alpha$ tel que α' et β se coupent proprement (de sorte que le produit d'intersection $\alpha' \cdot \beta$ est bien défini),

3) pour tout $\alpha \in \mathcal{Z}^*(X)_F$ et tout $\gamma \in \mathcal{Z}^*(X \times Y)_F$ coupant proprement $(\mathrm{pr}_X^{XY})^{-1}(\alpha)$, on a $\alpha \sim 0 \Rightarrow \gamma_*(\alpha) := \mathrm{pr}_Y^{XY}(\gamma \cdot (\mathrm{pr}_X^{XY})^{-1}(\alpha)) \sim 0$.

3.1.1.2. Exercice. — Montrer que ces conditions entraînent qu'un produit « externe » $\alpha \times \beta$ (sur $X \times Y$) est ~ 0 dès que $\alpha \sim 0$ ou $\beta \sim 0$.

3.1.2. Ces conditions reviennent à dire que le produit d'intersection partiellement défini sur $\mathcal{Z}^*(X)_F$ passe au quotient par $\sim$ et s'étend en une loi bien définie sur

$$\mathcal{Z}^*_\sim(X)_F := \mathcal{Z}^*(X)_F/\sim$$

qui en fait une *F-algèbre graduée commutative* (au sens non gradué)[(3)].

N.B. On prendra soin de *ne pas confondre $\mathcal{Z}^*_\sim(X) \otimes_{\mathbf{Z}} F$ avec son quotient $\mathcal{Z}^*_\sim(X)_F$.*

La condition 3) entraîne que la formation de l'algèbre $\mathcal{Z}^*_\sim(X)_F$ est *contravariante* en X (prendre pour γ le transposé du graphe Γ_f du morphisme considéré f, obtenu en appliquant à Γ_f l'interversion des facteurs $X \times Y \to Y \times X$). Il en ressort aussi qu'on a un homomorphisme *de F-modules* dans l'autre sens $f_* : \mathcal{Z}^*_\sim(X)_F \to \mathcal{Z}^*_\sim(Y)_F$ qui décale la graduation de (− la dimension relative générique de f), si cette dernière est constante sur les composantes de X (prendre $\gamma = \Gamma_f$) ; f_* n'est pas compatible au produit d'intersection, mais on a la *formule* dite *de projection*

$$f_*(\alpha . f^*(\beta)) = f_*(\alpha) \cdot \beta.$$

Par ailleurs, dans la situation d'un carré cartésien dans $\mathcal{P}(k)$

$$\begin{array}{ccc} X' & \xrightarrow{f'} & Y' \\ {\scriptstyle q}\downarrow & & \downarrow{\scriptstyle p} \\ X & \xrightarrow{f} & Y, \end{array}$$

on a la formule $f^* p_* = q_* f'^*$ (*cf.* [**Fu84**, 6.6.c)].

3.1.3. Les éléments de

$$\mathcal{Z}^{\dim X + r}(X \times Y)_F, \quad \text{resp.} \quad \mathcal{Z}_\sim^{\dim X + r}(X \times Y)_F$$

s'appellent *correspondances algébriques de degré r à coefficients dans F* (resp. modulo $\sim$) *de X vers Y* (ou : entre X et Y). Lorsque X n'est pas équidimensionnel, il faut entendre $\dim X$ comme fonction localement constante sur X.

Par exemple, le transposé du graphe d'un morphisme $Y \to X$ est une correspondance de degré 0 de X vers Y.

(3) d'autres notations courantes dans la littérature sont $A^*_\sim(k)_F$, $C^*_\sim(k)_F$, $A^*_\sim(k, F)$, *etc.*

La formule

$$g \circ f = \mathrm{pr}^{XYZ}_{XZ*}\Big(\mathrm{pr}^{XYZ*}_{XY}(f) \cdot \mathrm{pr}^{XYZ*}_{YZ}(g)\Big)$$

définit une loi de composition[(4)] associative pour les correspondances modulo $\sim$ (*cf.* [**Fu84**, 16])

$$\mathcal{Z}^{\dim Y+r}_{\sim}(X \times Y)_F \otimes_F \mathcal{Z}^{\dim Z+s}_{\sim}(Y \times Z)_F \longrightarrow \mathcal{Z}^{\dim Z+r+s}_{\sim}(X \times Z)_F,$$

qui additionne les degrés, et qui fait de $\mathcal{Z}^{\dim X}_{\sim}(X \times X)_F$ une F-algèbre, en général non commutative : l'algèbre des correspondances de degré 0. L'unité est la classe de la diagonale $\Delta_X \subset X \times X$. Cette F-algèbre est munie d'une (anti-)involution donnée par la transposition ^{t}.

3.1.4. Pour $f \in \mathcal{Z}_{\sim}(X \times Y)_F$, $\alpha \in \mathcal{Z}_{\sim}(X)$, $\beta \in \mathcal{Z}_{\sim}(Y)$, on définit, en généralisant 3.1.2

$$f_*(\alpha) = p^{XY}_{Y*}(f \cdot \mathrm{pr}^{XY*}_X(\alpha)) \in \mathcal{Z}_{\sim}(Y), \quad \text{et} \quad f^*(\beta) = \mathrm{pr}^{XY}_{X*}(f \cdot \mathrm{pr}^{XY*}_Y(\beta)) \in \mathcal{Z}_{\sim}(X).$$

Pour $\gamma \in \mathcal{Z}^{\dim X+r}_{\sim}(X \times Y)_F$, $a \in \mathcal{Z}^{\dim X'+p}_{\sim}(X \times X')_F$, $b \in \mathcal{Z}^{\dim Y+q}_{\sim}(Y \times Y')_F$, on a la formule utile :

$$(a,b)^*(\gamma) = b \circ \gamma \circ {}^t a \ \in \mathcal{Z}^{\dim X'+p+q+r}_{\sim}(X' \times Y')_F.$$

3.1.4.1. Exercice. — Soit k'/k une extension de corps. Partons d'une équivalence adéquate $\sim$ pour les cycles algébriques sur les objets de $\mathcal{P}(k')$. Par « restriction », elle induit une équivalence adéquate (encore notée $\sim$) pour les cycles algébriques α sur les objets de $\mathcal{P}(k)$: $\alpha \sim 0 \Leftrightarrow \alpha_{k'} \sim 0$. D'où un homomorphisme canonique injectif

$$\mathcal{Z}^*_{\sim}(X)_F \hookrightarrow \mathcal{Z}^*_{\sim}(X_{k'})_F.$$

Pour $k' = \overline{k}$, le groupe de Galois absolu $\mathrm{Gal}(\overline{k}/k)$ agit naturellement sur $\mathcal{Z}^*_{\sim}(X_{\overline{k}})_F$, et l'homomorphisme précédent induit

$$\mathcal{Z}^*_{\sim}(X)_F \hookrightarrow \mathcal{Z}^*_{\sim}(X_{\overline{k}})_F^{\mathrm{Gal}(\overline{k}/k)}.$$

Montrer que cet homomorphisme est bijectif si F est une $\mathbf{Q}$-algèbre, mais pas surjectif en général si $F = \mathbf{Z}$.

3.2. Revue des relations adéquates classiques

3.2.1. Ce sont :

- l'équivalence rationnelle $\sim_{\mathrm{rat}}$,
- l'équivalence algébrique $\sim_{\mathrm{alg}}$,
- les équivalences homologiques $\sim_{\mathrm{hom}}$,
- l'équivalence numérique $\sim_{\mathrm{num}}$,

(4) que cette formule définisse $g \circ f$ et non $f \circ g$ est compatible avec la définition ci-dessus du degré d'une correspondance, et cohérent avec le point de vue contravariant traditionnel sur les motifs de Grothendieck.

auxquelles nous joignons l'intéressante équivalence $\sim_{\otimes\mathrm{nil}}$ de « smash-nilpotence » (ou $\otimes$-nilpotence) qui apparaît dans un travail de V. Voevodsky [**Vo95**][5].

Pour les comparer, disons que $\sim$ est plus fine que $\approx$, et écrivons $\sim\succ\approx$, si $\alpha\sim 0\Rightarrow \alpha\approx 0$. On a alors

$$\sim_{\mathrm{rat}}\ \succ\ \sim_{\mathrm{alg}}\ \succ\ \sim_{\mathrm{hom}}\ \succ\ \sim_{\mathrm{num}}\quad \text{et}$$

$$\sim_{\mathrm{rat}}\ \succ\ \sim_{\mathrm{alg}}\ \succ\ \sim_{\otimes\mathrm{nil}}\ \succ\ \sim_{\mathrm{hom}}\ \succ\ \sim_{\mathrm{num}}\quad \text{si } F\supset \mathbf{Q}.$$

Quitte à anticiper un peu, mentionnons qu'on conjecture la coïncidence des trois dernières équivalences de cette suite (Grothendieck, Voevodsky).

3.2.2. Un cycle $\alpha\in\mathcal{Z}^*(X)_F$ est *rationnellement équivalent à* 0 ($\alpha\sim_{\mathrm{rat}}0$) s'il existe $\beta\in\mathcal{Z}^*(X\times\mathbb{P}^1)_F$ tel que $\beta(0)$ et $\beta(\infty)$ soient bien définis[6] et que $\alpha=\beta(0)-\beta(\infty)$.

Le fait que $\sim_{\mathrm{rat}}$ est une équivalence adéquate appartient aux fondements de la théorie de l'intersection : le point délicat est la condition 2) de 3.1.1.1 (le « moving lemma » de W. Chow, *cf.* [**Fu84**, 11.4]).

Les anneaux gradués $\mathcal{Z}^*(X)/\sim_{\mathrm{rat}}$ sont appelés *anneaux de Chow* et notés traditionnellement $\mathrm{CH}^*(X)$. On a $\mathrm{CH}^*(X)\otimes F=\mathcal{Z}^*_{\mathrm{rat}}(X)_F$, qu'on note aussi $\mathrm{CH}^*(X)_F$.

3.2.2.1. Lemme. — $\sim_{\mathrm{rat}}$ *est la plus fine des équivalences adéquates.*

En effet, soit $\sim$ une équivalence adéquate pour les cycles algébriques à coefficients dans F. La condition 3) nous ramène à prouver que $[0]\sim[\infty]$ sur $\mathbb{P}^1$. Par la condition 2), il existe un cycle $\sum n_i[x_i]\sim[1]$, $n_i\in F$, tel que $\sum n_i[x_i]\cdot[1]$ soit bien défini, *i.e.* $x_i\neq 1$. Appliquons 3) en prenant pour γ le graphe du polynôme $1-\prod(\frac{x-x_i}{1-x_i})^{m_i}$ ($m_i>0$) et $\alpha=\sum n_i[x_i]-[1]$: on obtient que $mn[1]\sim m[0]$, où $m=\sum m_i$, $n=\sum n_i$; comme les m_i sont arbitraires, on conclut que $n[1]\sim[0]$. En appliquant l'automorphisme $x\mapsto 1/x$ (et la condition 3) derechef), on obtient $n[1]\sim[\infty]$, d'où $[0]\sim[\infty]$. □

En vertu de ce lemme, on peut identifier une relation adéquate quelconque sur les cycles algébriques à coefficients dans F à la donnée d'un idéal homogène $I^*_\sim(X)=\{\alpha\in\mathrm{CH}(X)_F,\alpha\sim 0\}$ de l'anneau de Chow $\otimes F$ de tout $X\in\mathcal{P}(k)$, vérifiant une compatibilité à la bi-fonctorialité des groupes de Chow.

3.2.2.2. Exercices

1) Soit $x\in\mathbb{P}^1(k)$. Montrer que diagonale de $\mathbb{P}^1\times\mathbb{P}^1$ se décompose modulo $\sim$ comme somme des correspondances idempotentes $[x]\times\mathbb{P}^1$ et $\mathbb{P}^1\times[x]$, cette décomposition étant indépendante de x.

---

[5] lorsque ces symboles apparaîtront en indice ou en exposant, nous abrégerons $\sim_{\mathrm{rat}}$ en rat, *etc.*

[6] plus précisément : tel que chaque composante Z de β domine $\mathbb{P}^1$, $\beta(0)$ (resp. $\beta(\infty)$) étant alors la somme des cycles associés aux sous-schémas fermés $Z(0)$ (resp. $Z(\infty)$) de X, *cf.* [**Fu84**, 1.5, 1.6].

2) Plus généralement, soit $t \in \mathcal{Z}^1_\sim(\mathbb{P}^n)_F$ la classe dans d'un hyperplan de $\mathbb{P}^n$, et soit $[\Delta] \in \mathcal{Z}^n_\sim(\mathbb{P}^n \times \mathbb{P}^n)_F$ la classe de la diagonale. Montrer que $[\Delta] = \sum t^i \times t^{n-i}$.

En déduire que $\mathcal{Z}^*_\sim(X \times \mathbb{P}^n)_F \sim \mathcal{Z}^*_\sim(X)_F[t]/(t^{n+1})$ comme F-algèbre graduée, t étant de degré 1. Expliquer en quoi ceci est une forme généralisée du théorème de Bézout.

3.2.3. La définition de $\sim_{\mathrm{alg}}$ est analogue à celle de $\sim_{\mathrm{rat}}$, $\mathbb{P}^1$ étant remplacé par une courbe projective lisse connexe arbitraire (ou par n'importe quel k-schéma projectif lisse connexe, cela revient au même[7] ; c'est de là qu'on déduit, en prenant une base produit, le fait que la condition $\sim_{\mathrm{alg}} 0$ est stable par addition), et 0 et ∞ par deux points k-rationnels. Il est facile de voir que $\mathcal{Z}^*_{\mathrm{alg}}(X)_F = \mathcal{Z}^*_{\mathrm{alg}}(X) \otimes_{\mathbf{Z}} F$.

3.2.4. D'après [**Vo95**], un élément $\alpha \in \mathcal{Z}^*(X)_F$ est « smash-nilpotent » ou $\otimes$-nilpotent s'il existe $N > 0$ tel que $\alpha \times \alpha \times \cdots \times \alpha$ soit rationnellement équivalent à 0 sur X^N. On vérifie sans difficulté que c'est bien une relation d'équivalence adéquate[8], et que $\mathcal{Z}^*_{\otimes\mathrm{nil}}(X)_F = \mathcal{Z}^*_{\otimes\mathrm{nil}}(X) \otimes_{\mathbf{Z}} F$.

3.2.4.1. Proposition **([Vo95])**. — *Si F est une $\mathbf{Q}$-algèbre, $\sim_{\mathrm{alg}}$ est plus fine que $\sim_{\otimes\mathrm{nil}}$.*

Démonstration. — Soit $\alpha \in \mathrm{CH}^r(X)_F$ qui s'envoie sur 0 dans $\mathcal{Z}^r_{\mathrm{alg}}(X)_F$. Il existe donc une courbe connexe projective lisse T de genre g, deux points t_0, t_1, et $\beta \in \mathrm{CH}^r(X \times T)_F$, tels que $\alpha = \beta(t_0) - \beta(t_1)$. On a $\alpha^{\otimes N} = \beta^{\otimes N}([t_0] - [t_1])^{\otimes N}$, ce qui nous ramène à montrer que $([t_0] - [t_1])^{\otimes N} = 0 \in \mathrm{CH}^N(T^N)_{\mathbf{Q}}$ pour $N \gg 0$ (en fait $N = 2g$ va convenir si $g \geqslant 1$, ce qu'on peut supposer). Cela repose sur le fait que le morphisme canonique $S^n(T) \to J(T)$ de la puissance symétrique n-ième de T vers la jacobienne donné par $x_1 + \cdots + x_n \mapsto x_1 + \cdots + x_n - nt_0$ identifie $S^n(T)$ à un fibré projectif sur $J(T)$ dès que $n \geqslant 2g - 1$ [**Col75**]. Par la structure des groupes de Chow d'un fibré projectif [**Fu84**, 3.3], on en déduit que l'inclusion $\iota : S^{2g-1}(T) \hookrightarrow S^{2g}(T)$ donnée par $x_1 + \cdots + x_{2g-1} \mapsto x_1 + \cdots + x_{2g-1} + t_0$ induit un isomorphisme $\iota^* : \mathrm{CH}^{2g}(S^{2g}(T)) \cong \mathrm{CH}^{2g-1}(S^{2g-1}(T))$. D'autre part, $\mathrm{CH}^{2g}(S^{2g}(T))_{\mathbf{Q}}$ s'identifie aux éléments symétriques de $\mathrm{CH}^{2g}(T^{2g})_{\mathbf{Q}}$ ([**Fu84**, 1.7.6]), ce qui permet de voir $([t_0] - [t_1])^{\otimes 2g}$ comme un cycle sur $S^{2g}(T)$, et il est facile de voir que $\iota^*(([t_0] - [t_1])^{\otimes 2g}) = 0$. □

3.2.4.2. Remarques

1) La borne $2g$ pour l'exposant de nilpotence n'est pas optimale. On peut montrer que la borne optimale est $g + 1$, *cf.* 4.3.3.2 2).

---

[7] car deux points quelconques peuvent être joints par une courbe projective lisse connexe : couper la variété par des sections hypersurfaces assez générales de degré assez grand passant par les deux points donnés, de sorte que la section soit une courbe projective lisse connexe (il en existe même si k est fini, *cf.* [**Po**, 3.3]).

[8] c'est même immédiat si l'on utilise la caractérisation des équivalences adéquates donnée au chapitre suivant.

2) Soit A une courbe elliptique, et soient x_0, x_1 deux points distincts de $A(k)$. La preuve ci-dessus montre que le cycle $([x_0]-[x_1])\times([x_0]-[x_1])$ sur $A\times A$ est nul modulo l'équivalence rationnelle (alors que le cycle $[x_0]-[x_1]$ sur A n'est pas nul, ce qui montre que la réciproque de l'exercice 3.1.1.2 est fausse).

Un aspect remarquable de ce résultat est que bien que $\sim_{\mathrm{rat}}$ et $\sim_{\otimes\mathrm{nil}}$ semblent très proches par la définition, les groupes de cycles modulo $\sim_{\mathrm{rat}}$ et modulo $\sim_{\otimes\mathrm{nil}}$ ont des propriétés très différentes si le corps de base k *est algébriquement clos* : d'une part, en effet, les groupes de Chow sont des invariants « continus », en général « énormes » (et changeant avec k) comme l'a montré D. Mumford ; en revanche les groupes $\mathcal{Z}^*_{\mathrm{alg}}(X)$, et *a fortiori* les $\mathcal{Z}^*_\sim(X)$ pour toute équivalence adéquate $\sim$ *plus fine que* $\sim_{\mathrm{alg}}$ (en particulier $\sim_{\otimes\mathrm{nil}}$), sont des invariants « discrets », dénombrables et *invariants par extension de* k en vertu de la théorie des formes de Chow [**Kl70a**].

3.2.5. L'équivalence homologique repose sur la notion (et le choix) de cohomologie de Weil, qui sera présentée ci-dessous. C'est la seule équivalence adéquate classique pour laquelle il n'est pas clair, *a priori*, que $\mathcal{Z}^*_\sim(X)\otimes_{\mathbf{Z}} F=\mathcal{Z}^*_\sim(X)_F$ pour tout F contenu dans l'anneau des coefficients de la cohomologie choisie[(9)].

3.2.6. On appelle traditionnellement 0-*cycle* un cycle de dimension 0, *i.e.* une combinaison linéaire $\sum n_i[P_i]$ de points fermés. Son degré est défini par

$$\sum n_i[k(P_i):k].$$

Il ne dépend que de la classe du 0-cycle modulo équivalence algébrique[(10)] (c'est là une reformulation du principe de conservation du nombre de Poncelet [**Fu84**, 10]).

3.2.7. Un élément $\alpha\in\mathcal{Z}^r(X)_F$ est *numériquement équivalent à* 0 si pour tout cycle β de dimension r, le 0-cycle $\alpha.\beta$ (bien défini dans $\mathrm{CH}^d(X)$) est de degré $\langle\alpha,\beta\rangle$ nul.

Il est connu que $\mathcal{Z}^r_{\mathrm{num}}(X)_{\mathbf{Q}}=\mathcal{Z}^r_{\mathrm{alg}}(X)_{\mathbf{Q}}$ si $r\leqslant 1$ (Matsusaka [**Mat57**], qui procède par réduction au cas d'une surface), mais le noyau de l'application quotient $\mathcal{Z}^r_{\mathrm{alg}}(X)_{\mathbf{Q}}\to\mathcal{Z}^r_{\mathrm{num}}(X)_{\mathbf{Q}}$ est de dimension infinie en général si $r\geqslant 2$ [**Cl83**].

3.2.7.1. Proposition. — *Si F est intègre de caractéristique nulle, $\mathcal{Z}^r_{\mathrm{num}}(X)_F$ est un F-module libre de type fini, et $\mathcal{Z}^r_{\mathrm{num}}(X)_F=\mathcal{Z}^r_{\mathrm{num}}(X)\otimes_{\mathbf{Z}}F$. De surcroît, si $F\supset\mathbf{Q}$ et si X est purement de dimension d, l'accouplement « degré du 0-cycle intersection »*

$$\mathcal{Z}^r_{\mathrm{num}}(X)_F\times\mathcal{Z}^{d-r}_{\mathrm{num}}(X)_F\longrightarrow F,\quad(\alpha,\beta)\longmapsto\langle\alpha,\beta\rangle$$

est un dualité parfaite.

(9) ainsi, il n'est pas non plus clair que $\mathcal{Z}^*_\sim(X)$ soit de rang fini, alors que $\mathcal{Z}^*_\sim(X)_K$ l'est bien entendu (sur K) si K est l'anneau des coefficients de la cohomologie.

(10) et bien sûr que de la classe modulo l'équivalence numérique, par définition de cette dernière.

Comme la preuve repose sur l'existence de cohomologies de Weil, nous la reportons (à 3.4.5).

3.2.7.2. Exercice. — Supposons que F soit un corps. Montrer que $\sim_{\mathrm{num}}$ est la moins fine des équivalences adéquates non triviales.

3.3. Cohomologies de Weil

3.3.1. On axiomatise ici, en s'inspirant de [**Saa72**, app.], les propriétés des cohomologies évoquées en 1.2.2.

Le produit $\times_k$ fait de la catégorie $\mathcal{P}(k)$ des k-schémas projectifs lisses une catégorie monoïdale symétrique (non additive). L'unité de cette loi de composition est le point $\operatorname{Spec} k$, et on a des isomorphismes canoniques

$$X \times Y \cong Y \times X, \quad (X \times Y) \times Z \cong X \times (Y \times Z).$$

La diagonale $\Delta_X : X \hookrightarrow X \times X$ munit tout objet X de $\mathcal{P}(k)$ d'une structure de cogèbre co-commutative et co-unitaire vis-à-vis de cette structure monoïdale.

Rappelons que VecGr_K désigne la $\otimes$-catégorie rigide des K-espaces vectoriels $\mathbf{Z}$-gradués de dimension finie sur un corps K (avec contrainte de commutativité suivant la règle de Koszul). Soit $\mathit{VecGr}_K^{\geqslant 0}$ sa sous-$\otimes$-catégorie pleine (non rigide) formée des objets concentrés en degrés $\geqslant 0$.

3.3.1.1. Définition. — Une cohomologie de Weil[(11)] (pure) H^* est un foncteur

$$H^* : \mathcal{P}(k)^{\mathrm{op}} \longrightarrow \mathit{VecGr}_K^{\geqslant 0}$$

respectant la structure monoïdale, vérifiant

$*$) $\dim_K H^2(\mathbb{P}^1) = 1$,

et muni des données supplémentaires 1) et 2) ci-dessous[(12)].

Remarquons que la co-multiplication de tout objet X de $\mathcal{P}(k)$ induit *ipso facto* une multiplication (cup-produit) sur $H^*(X)$, qui fait de $H^*(X)$ une K-algèbre $\mathbf{N}$-graduée (unitaire) commutative au sens gradué (c'est-à-dire d'algèbre commutative unitaire dans $\mathit{VecGr}_K^{\geqslant 0}$).

Pour tout $d \in \mathbf{Z}$, notons (r) l'opération « torsion à la Tate » $V^* \mapsto V^* \otimes H^2(\mathbb{P}^1)^{\otimes(-r)}$ dans VecGr_K (compte tenu de ce que $H^2(\mathbb{P}^1)$ est inversible dans VecGr_K pour la loi $\otimes$ d'après la condition $*$)).

---

(11) la littérature se limite souvent au cas d'un corps de coefficients K de caractéristique nulle, mais le cas d'un corps quelconque, voire d'un produit fini de corps, est utile.

(12) certains auteurs exigent en outre que H^* vérifie les « théorèmes de Lefschetz faible et fort ». Nous nous en écartons, d'une part parce que nous aurons à envisager des généralisations de la notion de cohomologie de Weil au cas mixte (14.2.4) — où les « théorèmes de Lefschetz » perdent leur pertinence —, d'autre part parce que nous construirons, dans le cas pur, des cohomologies de Weil *a priori* non classiques pour lesquelles on ignore si les « théorèmes de Lefschetz » valent (9.1.4).

Les données supplémentaires de 3.3.1.1 sont :

1) (trace, dualité de Poincaré) *pour tout* $X \in \mathcal{P}_k$ *purement de dimension* d, *une application* K*-linéaire* $H^{2d}(X)(d) \xrightarrow{\mathrm{Tr}_X} K$, *qui est un isomorphisme si* X *est géométriquement connexe, vérifiant* $\mathrm{Tr}_{X\times Y} = \mathrm{Tr}_X \mathrm{Tr}_Y$ *(moyennant des identifications évidentes), et telle que le produit de* $H^*(X)$ *induise pour tout* i *un accouplement de dualité*

$$\langle\ ,\ \rangle : H^i(X) \times H^{2d-i}(X)(d) \longrightarrow H^{2d}(X)(d) \xrightarrow{\mathrm{Tr}_X} K.$$

2) (classes de cycle) *pour tout* $X \in \mathcal{P}_k$, *des homomorphismes de groupes abéliens*

$$\gamma_X^r = \gamma_{X,H}^r : \mathrm{CH}^r(X) \longrightarrow H^{2r}(X)(r)$$

qui sont

- *contravariants en* X,
- *compatibles avec le « produit externe »* $\gamma_{X\times Y}^{r+s}(\alpha \times \beta) = \gamma_X^r(\alpha) \otimes \gamma_Y^s(\beta)$,
- *« normalisés » de sorte que* γ^d *composé avec la trace* Tr_X *coïncide avec l'application degré des* 0*-cycles considérée en 3.2.6, lorsque* X *est purement de dimension* d.

La compatibilité à la structure monoïdale signifie que pour tout (X, Y), il existe un isomorphisme canonique (dit de Künneth) d'algèbres graduées commutatives (au sens gradué) :

$$H^*(X \times Y) \cong H^*(X) \otimes H^*(Y)$$

fonctoriel en X, Y, (et compatible aux « contraintes » d'associativité et de commutativité canonique). Les projecteurs $\pi_{X,H}^i = \pi_X^i : H^*(X) \to H^i(X) \hookrightarrow H^*(X)$ sur les composantes homogènes s'appellent *projecteurs de Künneth* de X.

3.3.2. Quelques conséquences formelles de la définition (formulaire)

Cf. [**Kl68**], [**Kl94**].

- Pour tout $r \in \mathbf{Z}$, $K(r)$ est isomorphe (non canoniquement, en général) à K placé en degré $-2r$. La double torsion à la Tate $(r)(s)$ revient à la simple torsion $(r+s)$.
- $H^*(\mathrm{Spec}\, k) = H^0(\mathrm{Spec}\, k) \overset{\mathrm{Tr}_{\mathrm{Spec}\, k}}{=} K$.
- $H^i(X) = 0$ pour $i > 2\dim X$.
- la dualité de Poincaré s'écrit aussi, pour tout $r \in \mathbf{Z}$, sous la forme

$$\langle\ ,\ \rangle : H^i(X)(r) \times H^{2d_X-i}(X)(d-r) \longrightarrow H^{2d_X}(X)(d) \xrightarrow{\mathrm{Tr}_X} K,$$

et on a $\langle x, x'\rangle = (-1)^i\langle x', x\rangle$ pour tous $x \in H^i(X)(r)$, $x' \in H^{2d-i}(X)(d-r)$.

- $\langle \gamma_r(\alpha), \gamma_{d-r}(\beta)\rangle = \langle \alpha, \beta\rangle$.
- Soient $X, Y \in \mathcal{P}(k)$ de dimensions respectives d_X, d_Y, et $f : X \to Y$ un morphisme. À côté de $f^* := H^*(f)$, la dualité de Poincaré attache à f le « morphisme de Gysin » $f_* : H^*(X)(d_X) \to H^{*-2(d_X-d_Y)}(Y)(d_Y)$, adjoint de f^* ; il vérifie la *formule*

de projection $f_*(f^*(y)\cdot x) = y\cdot f_*(x)$. On note aussi f_* par abus les homomorphismes qui s'en déduisent par torsion à la Tate.

– L'application trace Tr_X n'est autre que p^X_*, p^X étant le morphisme structural $X \to \operatorname{Spec} k$. Pour tout morphisme $f : X \to Y$ comme précédemment, on a $\mathrm{Tr}_X = \mathrm{Tr}_Y \circ f_*$. De $p^{X\times Y} = p^X \times p^Y$ et Künneth, on tire $\mathrm{Tr}_{X\times Y} = \mathrm{Tr}_X \otimes \mathrm{Tr}_Y$.

– Par Künneth et dualité, on a des isomorphismes canoniques non gradués

$$H(X\times Y)(d_X) \cong H(X)(d_X)\otimes H(Y) \cong \mathrm{Hom}_K(H(X), H(Y))$$

donnés par $x\otimes y \mapsto (z\mapsto \langle z, x\rangle y)$; et plus précisément, des isomorphismes canoniques $u\mapsto \underline{u} = (z\mapsto p^{XY}_{Y*}(p^{XY*}_X(z)\cdot u))$:

$$\begin{aligned} H^{2d_X+i}(X\times Y)(d_X) &\cong \oplus_{j\geqslant 0} H^{2d_X-j}(X)(d_X)\otimes H^{j+i}(Y)\\ &\cong \oplus_{j\geqslant 0}\mathrm{Hom}_K(H^j(X), H^{j+i}(Y))\end{aligned}$$

En outre, pour tout $v\in H^{2d_Y+h}(Y\times Z)(d_Y)$, l'élément

$$w := p^{XYZ}_{XZ*}(p^{XYZ*}_{XY}(u)\cdot p^{XYZ*}_{YZ}(v))$$

vérifie $\underline{w} = \underline{v}\circ\underline{u} \in \oplus_{j\geqslant 0}\mathrm{Hom}_K(H^j(X), H^{j+i+h}(Z))$.

– Soient $x\in H^i(X), y\in H^j(Y)$, $i\equiv j$ mod. 2. On a

$$\langle y', \underline{x\otimes y}(x')\rangle = \langle x', \underline{y\otimes x}(y')\rangle,$$

ce qui permet d'identifier $(-1)^i\underline{y\otimes x}$ au transposé, tordu à la Tate, de $\underline{x\otimes y}$. Il s'ensuit que si c_{XY} désigne l'interversion des facteurs $X\times Y \to Y\times X$, on a

$$\forall u\in H^{2d_X+2r}(X\times Y)(d_X),\quad \underline{c^*_{XY}(u)} = {}^t\underline{u}.$$

– Soient $x\in H^{\mathrm{pair}}(X\times W)(d_X)$, $y\in H^{\mathrm{pair}}(Y\times Z)(d_Y)$, $v\in H(X\times Y)(d_X)$ et $w = \underline{c^*_{WY}(x\otimes y)}(v) \in H(W\times Z)(d_W)$. Alors $\underline{w} = \underline{y}\circ\underline{v}\circ{}^t\underline{x}$.

– $\gamma^0_X([X])$ est l'unité de l'algèbre $H^*(X)$.

– La fonctorialité et la compatibilité des classes de cycles au produit « externe » impliquent la compatibilité au produit « interne » : (produit d'intersection dans $\mathrm{CH}(X)$, cup-produit dans $H^*(X)$) :

$$\gamma^{r+s}_X(\alpha\cdot\beta) = \gamma^{r+s}_X(\Delta^*(\alpha\times\beta)) = \Delta^*(\gamma^r_X(\alpha)\otimes\gamma^s_X(\beta)) = \gamma^r_X(\alpha)\cdot\gamma^s_X(\beta).$$

– Soit $g : Y\to X$ un morphisme dans $\mathcal{P}_k$, X étant supposé purement de dimension d_X. Avec

$$u := \gamma_{X\times Y}({}^t\Gamma_g) \in H^{2d_X}(X\times Y)(d_X),$$

on a $\underline{u} = g^* \in \mathrm{Hom}_K(H^*(X), H^*(Y))$. Si Y est purement de dimension d_Y, on a aussi

$${}^t u := \gamma_{X\times Y}(\Gamma_g) \in H^{2d_Y}(X\times Y)(d_X)$$

et

$$\underline{{}^t u} = g_* \in \mathrm{Hom}_K(H^*(Y), H^{*-2(d_X-d_Y)}(X)(d_X-d_Y)).$$

– Soit $\beta \in \mathrm{CH}(X \times Y)$. En reprenant la notation $\theta \in \mathrm{CH}(X) \mapsto \beta_*(\theta) := p^{XY}_{Y*}(\beta \cdot p^{XY*}_X(\theta)) \in \mathrm{CH}(Y)$ déjà introduite en 3.1.1, on a $\underline{\gamma_{X\times Y}(\beta)} \circ \gamma_X = \gamma_Y \circ \beta_*$. Pour $\beta = \Gamma_f$, graphe du morphisme $f : X \to Y$, on a $\underline{\gamma_{X\times Y}(\Gamma_f)} = f_*$, d'où $f_*\gamma_X = \gamma_Y f_*$.

– $H^*(X \coprod Y)$ est canoniquement isomorphe à $H^*(X) \oplus H^*(Y)$. Ceci permet de contourner les hypothèses d'équidimensionalité en posant

$$H^{2d_X+i}(X \times Y)(d_X) := \oplus_j\, H^{2d_j+i}(X_j \times Y)(d_j)$$

où X_j désigne la composante de X de pure dimension d_j.

3.3.3. Formule des traces de Lefschetz. — Soient $V = V^+ \oplus V^-$, $W = W^+ \oplus W^-$ deux super-espaces vectoriels (de dimension finie), et soient $\check{V}, \check{W}$ leurs K-duaux respectifs. Rappelons que la contrainte de commutativité c_{VW} est l'interversion des facteurs avec application de la règle des signes de Koszul

$$V \otimes W \cong W \otimes V, \quad c_{VW}(v \otimes w) = (-)^{\delta v \cdot \delta w} w \otimes v,$$

où δv (resp. δw) désigne la parité d'un élément homogène v (resp. w).

On identifie $V \otimes \check{W}$ au dual de $\check{V} \otimes W$ par $\langle \check{v} \otimes w, v \otimes \check{w}\rangle = (-)^{\delta v \cdot \delta w}\langle \check{v}, v\rangle\langle w, \check{w}\rangle$ (il est loisible de supposer que $\delta v = \delta \check{v}$, $\delta w = \delta \check{w}$).

Par ailleurs, on identifie $\check{V} \otimes W$ avec $\mathrm{Hom}(V, W)$ par $\check{v} \otimes w \mapsto (v' \mapsto \langle \check{v}, v'\rangle w)$, et de même $\check{W} \otimes V$ avec $\mathrm{Hom}(W, V)$.

De la sorte, l'endomorphisme $(\check{w} \otimes v) \circ (\check{v} \otimes w)$ de V est donné par $v' \mapsto \langle w, \check{w}\rangle\, \langle v', \check{v}\rangle v$, *i.e.* $(\check{w} \otimes v) \circ (\check{v} \otimes w) = \langle w, \check{w}\rangle \check{v} \otimes v$. La supertrace $s\,\mathrm{tr}(\check{v} \otimes v)$ est $\langle \check{v}, v\rangle$.

On en déduit que $\langle \check{v} \otimes w, c_{\check{W}V}(\check{w} \otimes v)\rangle = s\,\mathrm{tr}((\check{w} \otimes v) \circ (\check{v} \otimes w))$, et par linéarité,

$$\langle \phi, c_{\check{W}V}(\psi)\rangle = s\,\mathrm{tr}(\psi \circ \phi)$$

pour tous $\phi \in \mathrm{Hom}(V, W)$, $\psi \in \mathrm{Hom}(W, V)$ de même parité.

Appliquons cette formule d'algèbre super-linéaire à

$$V^+ = H^+(X), \quad V^- = H^-(X), \quad W^+ = H^+(Y), \quad W^- = H^-(Y),$$

et

$$\phi \in H^{2d_Y+i}(X \times Y)(d_Y + n), \quad \psi \in H^{2d_X-i}(Y \times X)(d_X - n),$$

où H^+, H^- désignent respectivement les parties de degré pair et impair de la cohomologie. On a $c_{\check{W}V}(\psi) = (c_{YX})_*(\psi) = (c_{XY})^*(\psi) = {}^t\psi$.

On obtient ainsi la *formule des traces de Lefschetz* :

$$\boxed{\langle \phi, {}^t\psi\rangle = \sum_{j=0}^{2d_X} (-1)^j\, \mathrm{tr}(\psi \circ \phi | H^j(X)).}$$

Dans le cas $X = Y$, $i = n = 0$, $\psi = \pi^j_X$, on a ${}^t(\pi^j_X) = \pi^{2d_X - j}_X$, d'où

$$\boxed{\mathrm{tr}(\phi | H^j(X)) = (-1)^j \langle \phi, \pi^{2d_X-j}_X\rangle.}$$

3.3.4. Équivalence homologique. — Soient H^* une cohomologie de Weil à coefficients dans K, et soit F un sous-anneau de K. Un élément $\alpha \in \mathcal{Z}^r(X)_F$ est *homologiquement équivalent à* 0 si $H^*(\alpha) := \gamma^r(\alpha) = 0$. Il découle essentiellement de la formule $\gamma_X^{r+s}(\alpha \cdot \beta) = \gamma_X^r(\alpha) \cdot \gamma_X^s(\beta)$ vue ci-dessus que c'est une équivalence adéquate, notée $\sim_{\text{hom}}$ ou $\sim_H$.

Via γ_X^r, $\mathcal{Z}^r_{\text{hom}}(X)_F$ s'identifie donc à un F-sous-module (nécessairement sans torsion) de $H^{2r}(X)(r)$. Il est donc de rang fini si $F = K$, mais en général on ignore si l'application quotient $\mathcal{Z}^r_{\text{hom}}(X)_F \otimes_F K \to \mathcal{Z}^r_{\text{hom}}(X)_K$ est injective(13), et même si $\mathcal{Z}^r_{\text{hom}}(X)$ est de rang fini.

Il est immédiat que $\sim_{\otimes\text{nil}}$ est plus fine que $\sim_{\text{hom}}$. D'autre part, $\sim_{\text{hom}}$ est plus fine que $\sim_{\text{num}}$ (utiliser la multiplicativité des classes de cycles, ou bien l'exercice 3.2.7.2).

3.3.4.1. Exercice. — Montrer que $\sim_{\text{hom}}$ est plus fine que $\sim_{\text{alg}}$ sans utiliser 3.2.4.1.

3.4. Revue des cohomologies de Weil classiques

Ce sont les cohomologies de Weil suivantes (rappelons que k est le corps de base, K le corps des coefficients).

3.4.1. *Si* $\operatorname{car} k = 0$:

– Pour chaque nombre premier ℓ, et une clôture algébrique $\overline{k}$ de k étant choisie, la cohomologie étale ℓ-adique H_ℓ^*. Ici, $K = \mathbf{Q}_\ell$ et

$$H_\ell^i(X) = H_{\text{ét}}^i(X \otimes_k \overline{k}, \mathbf{Q}_\ell) = \varprojlim H_{\text{ét}}^i(X \otimes_k \overline{k}, \mathbf{Z}/\ell^n\mathbf{Z}) \otimes_{\mathbf{Z}_\ell} \mathbf{Q}_\ell$$

est muni d'une action $\mathbf{Q}_\ell$-linéaire continue de $\operatorname{Gal}(\overline{k}/k)$ fonctorielle en X(14).

– La cohomologie de De Rham algébrique H_{DR}^*. Ici, $K = k$, et

$$H_{\text{DR}}^i(X) = \boldsymbol{H}^i(\Omega^*_{X/k})$$

est muni d'une filtration décroissante canonique, fonctorielle en X, la filtration de Hodge (aboutissement de la suite spectrale d'hypercohomologie de terme $E_1^{pq} = H^q(X, \Omega^p_{X/k})$).

– Si $k \subset \mathbf{C}$, la cohomologie de Betti rationnelle H_B^*. Ici, $K = \mathbf{Q}$ et

$$H_B^i(X) = H^i(X(\mathbf{C}), \mathbf{Q}).$$

Le complexifié de $H_B^i(X)$ admet une bigraduation canonique (la *bigraduation de Hodge*, *cf.* 7.1.2), fonctorielle en X.

(13) si K est de caractéristique $p > 0$, c'est même faux, comme le montre l'exemple d'une surface abélienne supersingulière sur un corps k de caractéristique p, pour $r = 1$.

(14) on obtiendrait aussi une cohomologie de Weil en prenant la cohomologie étale à coefficients dans $K = \mathbf{F}_\ell$, mais nous ne la prendrons pas en compte dans la liste des cohomologies classiques.

Si $\operatorname{car} k = p > 0$:

Pour chaque nombre premier ℓ distinct de p, et une clôture séparable $\overline{k}$ de k étant choisie, la cohomologie étale ℓ-adique H^*_ℓ. Ici, $K = \mathbf{Q}_\ell$ et $H^i_\ell(X) = H^i_{\text{ét}}(X \otimes_k \overline{k}, \mathbf{Q}_\ell)$ est muni d'une action $\mathbf{Q}_\ell$-linéaire continue du groupe de Galois absolu $\operatorname{Gal}(\overline{k}/k)$, fonctorielle en X.

– Si k est parfait, la cohomologie cristalline H^*_{cris}. Ici, $K = W(k)[1/p]$ est le corps de fractions de l'anneau des vecteurs de Witt $W(k)$ de k ; il est muni de l'automorphisme de Frobenius ϕ. L'espace

$$H^*_{\text{cris}}(X) = H^*_{\text{cris}}(X/W(k)) \otimes_{W(k)} W(k)[1/p] = \varprojlim H^*_{\text{cris}}(X/(W(k)/p^n W(k))) \otimes_{\mathbf{Z}_p} \mathbf{Q}_p$$

est muni d'un endomorphisme ϕ-linéaire bijectif, fonctoriel en X, appelé *Frobenius cristallin.*

3.4.2. On connaît quelques *isomorphismes de comparaison* explicites entre ces cohomologies classiques :

si $\operatorname{car} k = 0$:

– l'isomorphisme de comparaison de M. Artin

$$H^i_\ell(X) \cong H^i_B(X) \otimes_{\mathbf{Q}} \mathbf{Q}_\ell \quad \text{si } \overline{k} \subset \mathbf{C},$$

– 'isomorphisme « des périodes » [**Gro66**]

$$H^i_{\text{DR}}(X) \otimes_k \mathbf{C} \cong H^i_B(X) \otimes_{\mathbf{Q}} \mathbf{C} \quad \text{si } k \subset \mathbf{C},$$

– l'isomorphisme « des périodes p-adiques », qui sous sa forme la plus raffinée (Tsuji) s'écrit

$$H^i_{\text{DR}}(X) \otimes_k B_{\text{pst}} \cong H^i_p(X) \otimes_{\mathbf{Q}_p} B_{\text{pst}} \quad \text{si } \overline{k} \subset \overline{\mathbf{Q}}_p,$$

où B_{pst} est une certaine $\overline{\mathbf{Q}}_p$-algèbre définie par J.-M. Fontaine, qui se trouve munie d'une riche panoplie de structures supplémentaires(15) ; il existe diverses variantes de cet isomorphisme selon le type de réduction de X modulo p, *cf.* [**Il90**].

En caractéristique mixte :

– l'isomorphisme de comparaison de Berthelot-Ogus [**BO83**]

$$H^i_{\text{DR}}(X) \cong H^i_{\text{cris}}(X_0) \otimes_{W(k_0)[1/p]} k,$$

si k est le corps des fractions d'un anneau de valuation discrète complet $\mathfrak{o}$ de corps résiduel parfait k_0, et X (resp. X_0) est la fibre générique (resp. spéciale) d'un schéma projectif lisse sur $\mathfrak{o}$.

(15) Frobenius, filtration de Hodge, dérivation, action galoisienne ; l'indice « pst » signifie « potentiellement semi-stable ».

3.4.3. En caractéristique nulle, il résulte de ces isomorphismes que pour X et i donnés, la dimension de $H^i(X)$ est la même pour toute cohomologie classique H^*. C'est encore vrai en caractéristique non nulle, par spécialisation, comme conséquence de la preuve de Deligne de la conjecture de Weil, *cf.* [**KM74**] et 4.2.5.2. Cette dimension est appelée i-ème nombre de Betti de X et notée $b_i(X)$.

La caractéristique d'Euler-Poincaré de X est $\chi(X) = \sum(-1)^i b_i$.

3.4.4. Voici la description de $H^2(\mathbb{P}^1)$ dans les diverses cohomologies classiques :

– $H^2_\ell(\mathbb{P}^1)$ est le dual de $\mathbf{Q}_\ell(1) := \varprojlim_m \mu_{\ell^m}$; $\mathbf{Q}_\ell(1)$ est un $\mathbf{Q}_\ell$-vectoriel de dimension un muni de l'action naturelle (cyclotomique) de $\mathrm{Gal}(\bar{k}/k)$. Donc la torsion (r) en cohomologie ℓ-adique est la torsion galoisienne par la puissance r-ième du caractère cyclotomique (twist de Tate).

– $H^2_{\mathrm{DR}}(\mathbb{P}^1) = k$, avec la filtration de Hodge $F^{\leqslant 0} = 0$, $F^{>0} = k$. Donc le seul effet de la torsion (r) en cohomologie de De Rham est de décaler la filtration de Hodge de $-r$ crans.

– $H^2_B(\mathbb{P}^1) = \frac{1}{2\pi i}\mathbf{Q}$, et la bigraduation de $H^2_B(\mathbb{P}^1) \otimes \mathbf{C} \cong \mathbf{C}$ est purement de type $(1,1)$. Donc la torsion (r) en cohomologie de Betti est une homothétie de rapport $(2\pi i)^r$ suivie d'un décalage par $(-r,-r)$ de la bigraduation de Hodge.

– $H^2_{\mathrm{cris}}(\mathbb{P}^1) = W(k)[1/p]$, où le Frobenius cristallin agit par $p \cdot \phi$. Donc la torsion (r) en cohomologie cristalline revient à multiplier le Frobenius cristallin par p^{-r}.

3.4.5. La classe fondamentale d'un cycle algébrique de codimension r sur X vit dans l'espace de cohomologie tordue de poids zéro $H^{2r}(X)(r)$. Elle a les propriétés suivantes :

– si $H^* = H^*_\ell$, elle est invariante sous $\mathrm{Gal}(\bar{k}/k)$,
– si $H^* = H^*_{\mathrm{DR}}$, elle est dans le cran 0 de la filtration de Hodge,
– si $H^* = H^*_B$, elle est de bidegré de Hodge $(0,0)$,
– si $H^* = H^*_{\mathrm{cris}}$, elle est invariante sous le Frobenius cristallin.

De surcroît, ces classes se correspondent par les isomorphismes de comparaison canoniques, puisque ce sont des isomorphismes de cohomologie de Weil.

3.4.6. *Démonstration de 3.2.7.1.* — Soit H^* une cohomologie de Weil à coefficients dans une extension K du corps des fractions de F (partir d'une cohomologie classique et étendre le corps des coefficients si besoin est). Notons que $\mathcal{Z}^r_{\mathrm{hom}}(X)$ s'identifie à un sous-groupe du K-espace de dimension finie $\mathcal{Z}^r_{\mathrm{hom}}(X)_K$.

Raisonnant composante par composante, on peut supposer X purement de dimension d. Soit $\{\beta_1, \ldots, \beta_n\}$ un système maximal d'éléments de $\mathcal{Z}^{d-r}_{\mathrm{hom}}(X)$ K-linéairement indépendants dans $\mathcal{Z}^{d-r}_{\mathrm{hom}}(X)_K$; ils forment donc une K-base de $\mathcal{Z}^{d-r}_{\mathrm{hom}}(X)_K$. Alors l'homomorphisme

$$\mu : \mathcal{Z}^r_{\mathrm{hom}}(X) \longrightarrow \mathbf{Z}^n \text{ (resp. } \mu_K : \mathcal{Z}^r_{\mathrm{hom}}(X)_K \to K^n\text{)}, \ \alpha \longmapsto (\deg(\alpha\cdot\beta_1), \ldots, \deg(\alpha\cdot\beta_n))$$

est injectif, d'image isomorphe à $\mathcal{Z}^r_{\mathrm{num}}(X)$ (resp. à $\mathcal{Z}^r_{\mathrm{num}}(X)_K$). Il s'ensuit immédiatement que $\mathcal{Z}^r_{\mathrm{num}}(X)$ est un groupe abélien libre de type fini et que $\mathcal{Z}^r_{\mathrm{num}}(X)\otimes_{\mathbf{Z}} K \cong \mathcal{Z}^r_{\mathrm{num}}(X)_K$. Plus généralement, pour tout F intègre de caractéristique nulle, $\mu\otimes F$ est injectif et son image s'identifie à $\mathcal{Z}^r_{\mathrm{num}}(X)_F$, d'où la première assertion.

Si F est une $\mathbf{Q}$-algèbre, on a donc $\mathcal{Z}^r_{\mathrm{num}}(X)_F = \mathcal{Z}^r_{\mathrm{num}}(X)_{\mathbf{Q}}\otimes_{\mathbf{Q}} F$, qui est un F-espace de dimension finie. L'accouplement

$$\mathcal{Z}^r_{\mathrm{num}}(X)_F \times \mathcal{Z}^{d-r}_{\mathrm{num}}(X)_F \longrightarrow F$$

est un dualité parfaite pour $F = \mathbf{Q}$, donc aussi pour toute $\mathbf{Q}$-algèbre F. □

Terminons en esquissant la preuve d'une version affaiblie du théorème de Matsusaka (équivalence homologique y remplace équivalence algébrique) :

3.4.6.1. Proposition. — *Pour toute cohomologie de Weil classique,* $\mathcal{Z}^1_{\mathrm{hom}}(X)_{\mathbf{Q}} = \mathcal{Z}^1_{\mathrm{num}}(X)_{\mathbf{Q}}$.

Démonstration. — Pour $d = \dim X < 2$, l'énoncé est trivial. Pour $d = 2$, il résulte aisément du théorème de l'indice de Hodge sur les surfaces qui dit que la forme d'intersection est d'indice $(1, -1, -1, \dots, -1)$, donc non-dégénérée, sur $\mathcal{Z}^1_{\mathrm{hom}}(X)_{\mathbf{Q}}$.

Supposons $d > 2$, et plongeons X dans un $\mathbb{P}^N$. Soit Y une section linéaire lisse de X de dimension 2 (il en existe quitte à remplacer le plongement par un multiple de Veronese), et soit ι l'inclusion de Y dans X. D'après le théorème de Lefschetz faible (voir ci-dessous 5.2.1), $\iota^* : H^2(X)(1) \to H^2(Y)(1)$ est injectif. Soit $[D]$ la classe, supposée non nulle, d'un diviseur sur X. Alors $\iota^*([D]) \neq 0$, donc il existe une classe de diviseur $[D']$ sur la surface Y telle que $\langle \iota^*([D]), [D']\rangle \neq 0$. Ainsi $\langle [D], \iota_*([D'])\rangle \neq 0$, ce qui montre que D n'est pas numériquement équivalent à 0. □

CHAPITRE 4

MOTIFS PURS DE GROTHENDIECK

Nous présentons la construction des motifs purs — construction envisagée par Grothendieck[1] et destinée notamment à mettre en valeur les propriétés catégoriques du calcul des correspondances algébriques sur les variétés *projectives lisses* —, que nous illustrons de nombreux exemples.

Grosso modo, on élargit les morphismes entre variétés projectives lisses en les remplaçant par les correspondances algébriques de degré 0, on passe à l'enveloppe pseudo-abélienne, et on inverse le motif réduit de la droite projective.

À la base de la théorie, le théorème de Jannsen affirme que les motifs purs « numériques » à coefficients dans un corps quelconque forment une catégorie semi-simple.

4.1. Construction

On rappelle que $\mathcal{P}(k)$ désigne la catégorie des schémas projectifs et lisses sur un corps k. Soit F un anneau commutatif. Soit $\sim$ une équivalence adéquate non nulle sur les cycles algébriques à coefficients dans F sur les objets de $\mathcal{P}(k)$.

4.1.1. Catégorie de correspondances. — Notons $\mathcal{C}_\sim\mathcal{P}(k)_F$ la catégorie dont les objets sont ceux de $\mathcal{P}(k)$, et les morphismes donnés par

$$\mathcal{C}_\sim\mathcal{P}(k)_F(X,Y) = \mathcal{Z}_\sim(X \times Y)_F,$$

la composition étant celle des correspondances (3.1.3).

C'est une catégorie F-linéaire, les sommes directes finies étant données par les sommes disjointes de variétés.

[1] ce n'est pas à dire que Grothendieck n'ait pas envisagé des motifs plus généraux, notamment des motifs mixtes associés aux variétés ni projectives ni lisses, mais il ne semble pas être parvenu à une construction si générale, même conjecturale. Dans une lettre de 1973 reproduite en appendice de [**J94**], il qualifie d'ailleurs les motifs purs sur un corps k de « motifs plus ou moins naïfs tels qu'ils sont décrits notamment dans Manin et Demazure. »

En outre, le produit $\times_k$ dans $\mathcal{P}(k)$, et les contraintes a, c, u qui font de $\mathcal{P}(k)$ une catégorie monoïdale symétrique (non additive), induisent une $\otimes$-structure sur $\mathcal{C}_\sim\mathcal{P}(k)_F$. Le point, qui est immédiat à vérifier, est la fonctorialité de $\otimes, a, c, u$ vis-à-vis de toutes les correspondances.

4.1.2. Motifs purs effectifs. — La catégorie des *motifs purs effectifs* (pour l'équivalence $\sim$, à coefficients dans F) s'obtient à partir de $\mathcal{C}_\sim\mathcal{P}(k)_F$ en limitant aux correspondances de degré 0, et en passant à l'enveloppe pseudo-abélienne.

Nous noterons $M_\sim^{\mathrm{eff}}(k)_F$ cette catégorie F-linéaire pseudo-abélienne[(2)]. On a un foncteur canonique

$$\mathfrak{h}_\sim = \mathfrak{h} : \mathcal{P}(k)^{\mathrm{op}} \longrightarrow M_\sim^{\mathrm{eff}}(k)_F :$$

$\mathfrak{h}(X)$ est X vu comme objet de $M_\sim^{\mathrm{eff}}(k)_F$, et $\mathfrak{h}(f)$ est la correspondance f^* donnée par le *transposé du graphe* de f.

Explicitement, un motif effectif est donc un couple (X, e), où $X \in \mathcal{P}(k)$ et e est un élément idempotent de l'algèbre $\mathcal{Z}_\sim^{\dim X}(X \times X)_F$. On note plutôt $e\mathfrak{h}(X)$ cet objet de $M_\sim^{\mathrm{eff}}(k)_F$: c'est le « motif découpé par e sur X ».

Un morphisme $e\mathfrak{h}(X) \to e'\mathfrak{h}(Y)$ est un élément de

$$e' \circ \mathcal{Z}_\sim^{\dim X}(X \times Y)_F \circ e = ({}^t e, e')^* \mathcal{Z}_\sim^{\dim X}(X \times Y)_F$$

où ${}^t e$ désigne la transposée de e, c'est-à-dire la correspondance obtenue en intervertissant les deux facteurs X.

4.1.2.1. Exemple. — Soit $x : \operatorname{Spec} k \hookrightarrow X$ un point rationnel, et soit $p : X \to \operatorname{Spec} k$ le morphisme structural. La décomposition $\mathrm{id} = p^*x^* + (\mathrm{id} - p^*x^*)$ en idempotents orthogonaux donne lieu à une décomposition $\mathfrak{h}(X) = \mathfrak{h}(\operatorname{Spec} k) \oplus \widetilde{\mathfrak{h}}(X)$ (dépendant de x en général). Le facteur $\widetilde{\mathfrak{h}}(X)$ s'appelle *motif réduit* de la variété pointée (X, x). À isomorphisme près, il ne dépend pas de x.

4.1.3. Motifs purs. — Si l'on songe à $\mathfrak{h}$ comme à une sorte de cohomologie universelle[(3)], on est tenté d'introduire des « twists de Tate ». Cela se fait à peu de frais, en tenant compte du degré des correspondances, comme suit.

Un *motif pur* (pour l'équivalence $\sim$, à coefficients dans F) est un triplet (X, e, r), où $X \in \mathcal{P}(k)$, e est un élément idempotent de l'algèbre $\mathcal{Z}_\sim^{\dim X}(X \times X)_F$, r est un entier. Un *morphisme de motifs purs* $e\mathfrak{h}(X)(r) \to e'\mathfrak{h}(Y)(r')$ est un élément de

$$e' \circ \mathcal{Z}_\sim^{\dim X - r + r'}(X \times Y)_F \circ e = ({}^t e, e')^* \mathcal{Z}_\sim^{\dim X - r + r'}(X \times Y)_F.$$

(2) pour $\sim = \sim_{\mathrm{num}}$ et $F = \mathbf{Q}$, la catégorie des motifs effectifs est la catégorie notée $NM^{\mathrm{eff}}(k)_{\mathbf{Q}}$ au premier chapitre, *i.e.* l'enveloppe pseudo-abélienne de la « catégorie énumérative ».

(3) nous préciserons cela ci-dessous, 4.2.4.

Nous noterons $M_\sim(k)_F$ cette catégorie pseudo-abélienne[4]. Nous identifierons $M_\sim^{\mathrm{eff}}(k)_F$ à une sous-catégorie pleine de $M_\sim(k)_F$ au moyen du foncteur pleinement fidèle $(X, e) \mapsto (X, e, 0)$, et nous noterons encore

$$\mathfrak{h}_\sim = \mathfrak{h} : \mathcal{P}(k)^{\mathrm{op}} \longrightarrow M_\sim(k)_F$$

le foncteur canonique. Nous verrons bientôt que $M_\sim(k)_F$ est aussi une catégorie F-linéaire (la définition de $\oplus$ n'est pas immédiate pour des triplets dont les troisièmes composantes r diffèrent).

4.1.3.1. Notation. — Il est suggestif de noter $e\mathfrak{h}(X)(r)$ plutôt que (X, e, r). Lorsque $e = \mathrm{id}$ (resp. $r = 0$) on abrège cette notation en $\mathfrak{h}(X)(r)$ (resp. $e\mathfrak{h}(X)$). Pour un morphisme f dans $\mathcal{P}(k)$, on écrit f^* plutôt que $\mathfrak{h}(f)$.

Les deux équivalences qui nous intéresseront le plus sont $\sim_{\mathrm{rat}}$ et $\sim_{\mathrm{num}}$ (la plus fine et la moins fine respectivement). Les objets de $M_{\mathrm{rat}}(k)_F$ sont souvent appelés *motifs de Chow*, et les objets de $M_{\mathrm{num}}(k)_F$ *motifs numériques*. Nous utiliserons les notations alternatives suivantes[5]

$$\boxed{CHM(k)_F = M_{\mathrm{rat}}(k)_F, \quad NM(k)_F = M_{\mathrm{num}}(k)_F.}$$

4.1.4. $\otimes$-structure. — Le produit $\times_k$ dans $\mathcal{P}(k)$, et les contraintes a, c, u qui font de $\mathcal{P}(k)$ une catégorie monoïdale symétrique (non additive), induisent une $\otimes$-structure[6] sur $M_\sim(k)_F$

$$\otimes : M_\sim(k)_F \times M_\sim(k)_F \longrightarrow M_\sim(k)_F$$

$$e\mathfrak{h}(X)(r) \otimes e'\mathfrak{h}(Y)(r') = (e \otimes e')\mathfrak{h}(X \times Y)(r + r').$$

La fonctorialité de $\otimes, a, c, u$ se déduit de la propriété analogue pour $\mathcal{C}_\sim\mathcal{P}(k)_F$.

L'objet unité est le motif $\mathbf{1} = \mathfrak{h}(\operatorname{Spec} k)$.

En outre, on a une auto-dualité $^\vee$ donnée par la recette suivante : par additivité[7], on se ramène au cas où X est purement de dimension d, et alors

$$(e\mathfrak{h}(X)(r))^\vee = {}^t e\mathfrak{h}(X)(d - r).$$

Sur les morphismes, $^\vee$ est induite par la transposition des correspondances.

Cela fait de $M_\sim(k)_F$ une *$\otimes$-catégorie rigide*. C'est ici qu'on a besoin des $\mathbf{1}(r)$ pour tout $r \in \mathbf{Z}$: la sous-catégorie $M_\sim^{\mathrm{eff}}(k)_F$ n'est pas stable sous $^\vee$.

---

(4) cette notation est courante, et nous l'avons choisie en harmonie avec les notions « mixtes » ou « dérivées » présentées ultérieurement dans cet ouvrage. D'autres notations commodes et plus ou moins courantes sont $M_\sim(k; F)$, $Mot_k^\sim[F]$, $Mot^\sim(k; F)$.

(5) la première du moins étant courante dans la littérature. On pourrait aussi noter $\mathfrak{ch}(X)$ au lieu de $\mathfrak{h}_{\mathrm{rat}}(X)$, en suivant une suggestion de J. Murre.

(6) c'est-à-dire vérifie les propriétés rappelées en 2.2.2, bien qu'on n'ait pas encore vérifié l'existence de $\oplus$.

(7) bien que nous n'ayons pas encore défini $\oplus$ dans le cas général, ici la définition *via* $\coprod$ convient puisque le « twist » (r) ne varie pas.

4.1.4.1. Exercices

1) Supposons que F soit un corps. Montrer qu'un motif $e\mathfrak{h}(X)(r)$ est isomorphe à $\mathbf{1}$ si et seulement si e est de la forme $\mathrm{pr}_1^*(\beta).\mathrm{pr}_2^*(\alpha)$, où $\mathrm{pr}_1, \mathrm{pr}_2 : X \times X \to X$ sont les projections, $\alpha \in \mathcal{Z}^r_\sim(X)_F, \beta \in \mathcal{Z}^{\dim X - r}_\sim(X)_F$.

2) La donnée d'un cycle algébrique $\alpha \in \mathcal{Z}^r_\sim(X)_F$ équivaut par définition à celle d'un morphisme $\mathbf{1}(-r) \to \mathfrak{h}(X)$ (ou encore à celle d'un morphisme non nul $\mathbf{1} \to \mathfrak{h}(X)(r)$). Montrer que ce morphisme admet un inverse à gauche, *i.e.* fait de $\mathbf{1}(-r)$ un facteur direct de $\mathfrak{h}(X)$, si et seulement si α n'est pas numériquement équivalent à 0.

3) Pour tout $X \in \mathcal{P}(k)$, montrer que la diagonale $X \hookrightarrow X \times X$ munit $\mathfrak{h}(X)$ d'une structure d'« algèbre » dans $M^{\mathrm{eff}}_\sim(k)_F$. Tout objet de $M^{\mathrm{eff}}_\sim(k)_F$ est ainsi facteur direct d'une algèbre.

4) Si k est un corps fini, montrer que Frobenius induit un automorphisme $M \mapsto \mathrm{Fr}_M$ du foncteur identique de $M_\sim(k)_F$.

4.1.5. Twists de Tate. — On a vu (3.2.2.2 1)) que la diagonale de $\mathbb{P}^1 \times \mathbb{P}^1$ se décompose modulo $\sim$ comme somme des correspondances idempotentes $[x] \times \mathbb{P}^1$ et $\mathbb{P}^1 \times [x]$, indépendantes de $x \in \mathbb{P}^1(k)$. Ceci montre que la décomposition $\mathfrak{h}(\mathbb{P}^1) = \mathbf{1} \oplus \widetilde{\mathfrak{h}}(\mathbb{P}^1)$ ne dépend pas de x, et que le motif réduit $\widetilde{\mathfrak{h}}(\mathbb{P}^1)$ de $(\mathbb{P}^1, x)$ s'identifie canoniquement à $\mathbf{1}(-1)$. On l'appelle le *motif de Lefschetz*.

On en déduit, pour tout $r \in \mathbf{N}$, des isomorphismes canoniques

$$\widetilde{\mathfrak{h}}(\mathbb{P}^1)^{\otimes r} = \mathbf{1}(-r).$$

De même, le dual $\widetilde{\mathfrak{h}}(\mathbb{P}^1)^\vee$ s'identifie canoniquement à $\mathbf{1}(1)$. On l'appelle le *motif de Tate*.

N.B. Au sens large (et par abus), on appelle souvent aussi « motif de Tate » tout objet de $M_\sim(k)_F$ isomorphe à $\mathbf{1}(r)$ pour un entier r arbitraire, voire une somme finie de tels objets. Les opérations $M \mapsto M(r) := M \otimes \mathbf{1}(r)$, $r \in \mathbf{Z}$ s'appellent « torsion à la Tate » (ou « twists de Tate »)[(8)].

En utilisant l'isomorphisme canonique

$$\widetilde{\mathfrak{h}}(\mathbb{P}^1)^{\otimes r} = \mathbf{1}(-r),$$

on peut identifier tout motif $e\mathfrak{h}(X)(r)$, $r \leqslant 0$, à un motif effectif découpé sur $X \times (\mathbb{P}^1)^r$. On peut alors définir la somme directe $e\mathfrak{h}(X)(r) \oplus e'\mathfrak{h}(Y)(r')$ de deux motifs purs en se ramenant au cas facile où $r = r'$.

4.1.6. Sous-$\otimes$-catégories de motifs. — Nous aurons souvent à considérer des sous-$\otimes$-catégories de $M_\sim(k)_F$ du type suivant. Soit $\mathcal{V}$ une sous-catégorie pleine de $\mathcal{P}(k)$ stable par somme disjointe et produit. On note $M_\sim(\mathcal{V})_F$ la plus petite sous-catégorie pleine de $M_\sim(k)_F$ contenant $\mathfrak{h}(X)$, $X \in \mathcal{V}$, stable par $\oplus, \otimes$, facteurs directs,

(8) par analogie avec l'opération correspondante en cohomologie ℓ-adique, *cf.* 3.4.4.

passage au dual. C'est en fait la sous-catégorie pleine de $M_\sim(k)_F$ formée des motifs découpés sur les objets de $\mathcal{V}$, et leurs duaux (et leurs sommes). C'est une $\otimes$-catégorie rigide, F-linéaire, pseudo-abélienne.

Si $\mathcal{V}$ est constituée des sommes de puissances d'un seul objet $X \in \mathcal{P}(k)$, on écrit parfois $\langle \mathfrak{h}(X)\rangle^\otimes$ au lieu de $M_\sim(\mathcal{V})_F$.

4.1.6.1. Exemples

– Si $\mathcal{V} = \mathcal{P}(k)$, on retrouve $M_\sim(k)_F$.

– Si $\mathcal{V}$ est formée des k-schémas étales finis, on obtient la $\otimes$-catégorie rigide $AM(k)_F$ des motifs d'Artin à coefficients dans F. Elle ne dépend pas du choix de $\sim$. Pour F un corps de caractéristique nulle[9], elle est $\otimes$-équivalente à $Rep_F \operatorname{Gal}(\overline{k}/k)$.

4.2. Fonctorialités et premières propriétés

4.2.1. Changement d'équivalence adéquate. — Soit $\approx$ une autre équivalence adéquate, moins fine que $\sim$. Les homomorphismes canoniques surjectifs

$$Z^*_\sim(X)_F \twoheadrightarrow Z^*_\approx(X)_F,$$

compatibles avec la théorie de l'intersection, donnent lieu à un $\otimes$-foncteur plein canonique

$$M_\sim(k)_F \longrightarrow M_\approx(k)_F.$$

On ignore si ce foncteur est essentiellement surjectif (le problème est celui du relèvement des correspondances idempotentes modulo $\approx$ en des correspondances idempotentes modulo $\sim$). On le conjecture toutefois, *cf.* chapitre 12.

Comme toute équivalence adéquate est plus fine que l'équivalence rationnelle, on a un $\otimes$-foncteur plein

$$CHM(k)_F = M_{\text{rat}}(k)_F \longrightarrow M_\sim(k)_F.$$

4.2.2. Changement de coefficients. — Soit F' une F-algèbre (commutative). On peut se demander quel est le lien entre $M_\sim(k)_{F'}$ et la $\otimes$-catégorie $M_\sim(k)_F \otimes_F F'$ obtenue en tensorisant par F' tous les espaces de morphismes de $M_\sim(k)_{F'}$. On a un $\otimes$-foncteur évident[10]

$$(M_\sim(k)_F \otimes_F F')^\natural \longrightarrow M_\sim(k)_{F'}$$

qui est un isomorphisme si $\mathcal{Z}^*_\sim(X) \otimes_{\mathbf{Z}} F' = \mathcal{Z}^*_\sim(X)_{F'}$ pour tout $X \in \mathcal{P}(k)$; c'est par exemple le cas si $\sim$ est $\sim_{\text{rat}}, \sim_{\text{alg}}$ ou $\sim_{\text{num}}$ (ou encore $\sim_{\text{hom}}$ pour une cohomologie classique si $\operatorname{car} k = \operatorname{car} F = 0$).

[9] dans la pratique, on se limite aux corps de nombres — toute représentation continue de $\operatorname{Gal}(\overline{k}/k)$ dans un F-espace discret étant définie sur une extension finie de $\mathbf{Q}$ contenue dans F.

[10] où $\natural$ désigne l'enveloppe pseudo-abélienne.

Par ailleurs, on a un $\otimes$-foncteur canonique

$$(M_\sim(k)_F \otimes_F F')^\natural \longrightarrow (M_\sim(k)_F)_{(F')}$$

vers la $\otimes$-catégorie des F'-modules dans $M_\sim(k)_F$, qui est une équivalence si F' est une F-algèbre étale finie, *cf.* [**AK02a**, 5.3.2].

4.2.3. Changement de base. — Soit k'/k une extension de corps. Partons d'une équivalence adéquate $\sim$ pour les cycles algébriques sur les objets de $\mathcal{P}(k')$. Par « restriction », elle induit une équivalence adéquate (encore notée $\sim$) pour les cycles algébriques α sur les objets de $\mathcal{P}(k)$ (*cf.* 3.1.4.1), et les homomorphismes injectifs canoniques

$$Z^*_\sim(X)_F \longrightarrow\!\!\!\!\!\rightarrow Z^*_\sim(X_{k'})_F,$$

compatibles avec la théorie de l'intersection, donnent lieu à un foncteur fidèle canonique « d'extension des scalaires »

$$M_\sim(k)_F \longrightarrow M_\sim(k')_F.$$

Si k' est fini séparable sur k, le foncteur $\mathcal{P}(k) \to \mathcal{P}(k')$ a un adjoint à gauche : « k-schéma sous-jacent ». Il induit un adjoint à droite

$$M_\sim(k')_F \longrightarrow M_\sim(k)_F$$

du foncteur d'extension des scalaires. Le foncteur $\mathcal{P}(k) \to \mathcal{P}(k')$ admet aussi un adjoint à droite : la restriction des scalaires à la Weil. Pour $\sim = \sim_{\text{rat}}$, N. Karpenko montre qu'il induit un adjoint à gauche

$$CHM(k')_F \longrightarrow CHM(k)_F$$

du foncteur d'extension des scalaires [**Kar00**].

4.2.4. Universalité des motifs de Chow. — Le foncteur $\mathfrak{h}$ ressemble à une cohomologie de Weil au sens de 3.3.1.1. Plus précisément, soit $\mathcal{T}$ une $\otimes$-catégorie rigide sur l'anneau F, pseudo-abélienne, et munie d'un objet $\otimes$-inversible $\mathbb{L}$. Supposons qu'on ait

i) un foncteur monoïdal

$$H : \mathcal{P}(k)^{\text{op}} \longrightarrow \mathcal{T}$$

tel que $\mathbb{P}^1 \to \operatorname{Spec} k = \{\infty\} \hookrightarrow \mathbb{P}^1$ induise une décomposition

$$H(\mathbb{P}^1) = \mathbf{1} \oplus \mathbb{L},$$

ii) pour tout $X \in \mathcal{P}(k)$ purement de dimension d, un morphisme

$$\operatorname{tr}_X : H(X) \longrightarrow \mathbb{L}^{\otimes d}$$

vérifiant $\operatorname{tr}_{X\times Y} = \operatorname{tr}_X \otimes \operatorname{tr}_Y$, et identifiant $H(X)^\vee$ à $H(X) \otimes \mathbb{L}^{\otimes -d}$,

iii) pour tout $X \in \mathcal{P}_k$, des homomorphismes F-linéaires

$$c_X^r : \mathrm{CH}^r(X)_F \longrightarrow \mathcal{T}(\mathbf{1}, H(X) \otimes \mathbb{L}^{\otimes -r})$$

contravariants en X, vérifiant $c^n_{X \times Y} = \sum_{r+s=n} c^r_X \otimes c^s_Y$, et « normalisés » de sorte que la composition $\mathrm{CH}^d(X)_F \to \mathrm{End}(\mathbf{1})$ de c^d_X avec tr_X coïncide avec l'application degré des 0-cycles lorsque X est purement de dimension d.

Alors H admet une unique factorisation compatible à la structure monoïdale

$$\mathcal{P}(k)^{\mathrm{op}} \xrightarrow{\mathfrak{h}} \mathit{CHM}(k)_F \xrightarrow{\omega_H} \mathcal{T}$$

telle que $\mathbb{L} = \omega_H(\mathbf{1}(-1))$, $\omega_H \circ \mathrm{Tr}_X = \mathrm{tr}_X \circ \omega_H$, et l'homomorphisme

$$c_X^r : \mathrm{CH}^r(X)_F = \mathit{CHM}(k)_F(\mathbf{1}, \mathfrak{h}(X)(r)) \longrightarrow \mathcal{T}(\mathbf{1}, H(X) \otimes \mathbb{L}^{\otimes -r})$$

est induit par ω_H. Le quadruplet $(\mathit{CHM}(k)_F, \mathbf{1}(-1), (\mathrm{Tr}_X), \gamma^r_X)$ est donc *universel* parmi les quadruplets $(\mathcal{T}, \mathbb{L}, (\mathrm{tr}_X), c^r_X)$ considérés ci-dessus[11].

4.2.5. Réalisations des motifs de Chow. — On a l'interprétation suivante des cohomologies de Weil :

4.2.5.1. Proposition. — *La donnée d'une cohomologie de Weil à coefficients dans un corps K contenant F équivaut à celle d'un $\otimes$-foncteur*

$$H^* : \mathit{CHM}(k)_F \longrightarrow \mathit{VecGr}_K$$

vérifiant

$$H^i(\mathbf{1}(-1)) = 0 \textit{ pour } i \neq 2.$$

Démonstration. — Par universalité de $\mathit{CHM}(k)_{\mathbf{Q}}$, toute cohomologie de Weil H^* à coefficients dans K se factorise à travers un $\otimes$-foncteur $\mathit{CHM}(k)_F \to \mathit{VecGr}_K$ (qu'on note encore H^*, plutôt que ω_H).

La réciproque[12] est facile, une fois remarqué que $H^i(\mathbf{1}(-1)) = 0$ pour $i \neq 2$ entraîne que $\dim H^2(\mathbf{1}(-1)) = 1$ (le point étant que $\mathbf{1}(-1)$ est un objet $\otimes$-inversible de la $\otimes$-catégorie rigide $\mathit{CHM}(k)_F$). □

Les foncteurs $\mathit{CHM}(k)_F \to \mathit{VecGr}_K$ attachés aux diverses cohomologies de Weil sont appelés *réalisations* des motifs. Dans le cas d'une cohomologie classique, on parlera de *réalisation de Betti, de De Rham, ℓ-adique, cristalline.* Ces réalisations envoient $\mathbf{1}(1)$ sur les twists de Tate respectifs décrits en 3.4.4.

4.2.5.2. Théorème. — *Pour tout $M \in \mathit{CHM}(k)_F$ et tout entier i, la dimension du K-espace $H^i(M)$ est indépendante du choix de la cohomologie* classique *H^*.*

[11] voir en 11.5.4 ce qu'il advient si l'on impose à $\mathcal{T}$ d'être (la catégorie des objets gradués d')une catégorie tannakienne.

[12] qui nous a été signalée par B. Kahn.

On appelle *i-ème nombre de Betti* de M cette dimension, notée $b_i(M)$.

En caractéristique nulle, le théorème découle de l'existence des isomorphismes de comparaison qui lient les cohomologies classique. En caractéristique non nulle, c'est plus subtil, *cf.* [**AK02a**, B.1.4] ; nous ne nous servirons pas de ce résultat dans la suite.

4.2.6. Pour terminer cette liste de propriétés des motifs purs, voici un résultat de nature géométrique :

4.2.6.1. Proposition. — *On suppose que F est une $\mathbf{Q}$-algèbre. Soit $f : X \to Y$ un morphisme surjectif dans $\mathcal{P}(k)$. Alors $f^* : \mathfrak{h}(Y) \to \mathfrak{h}(X)$ admet un inverse à gauche dans $M_\sim(k)_F$: $\mathfrak{h}(Y)$ est facteur direct de $\mathfrak{h}(X)$.*

Démonstration. — Examinons d'abord le cas où f est génériquement fini surjectif (une altération). D'après la formule de projection, $\frac{1}{\deg f} f_*$ est inverse à gauche de f^*, et induit un inverse à gauche de $\mathfrak{h}(Y) \to \mathfrak{h}(X)$.

Pour passer de là au cas général, il suffit de construire un morphisme $g : X' \to X$ dans $\mathcal{P}(k)$ tel que $f' := fg$ soit une altération. Pour ce faire, soit X'' une sous-variété fermée de X de dimension $\dim Y$ que f envoie surjectivement sur Y (il en existe : prendre par exemple, si Y est connexe, la k-adhérence d'un point fermé de la fibre générique de f). D'après A. de Jong [**dJ96**], il existe une altération $X' \to X''$ avec $X' \in \mathcal{P}(k)$. En prenant pour g le composé $X' \to X'' \hookrightarrow X$, il est clair que fg est une altération. □

4.3. Exemples

4.3.1. Principe d'identité de Manin. — Il s'agit d'une version du lemme de Yoneda : le foncteur qui attache à $M \in M_\sim(k)_F$ le foncteur qu'il représente $N \mapsto M_\sim(N, M)$ est pleinement fidèle. On en déduit qu'il en est de même du foncteur qui attache à M le foncteur

$$\omega_M : Y \in \mathcal{P}(k) \longmapsto M_\sim(h(Y), M(*)) := \oplus_r M_\sim(h(Y), M(r)) \subset \mathcal{Z}^*_\sim(X \times Y)_F.$$

Le « principe d'identité de Manin » consiste en les conséquences suivantes de cette pleine fidélité (*cf.* [**Sc94**, 2.3]).

Pour tout morphisme f dans $M_\sim(k)_F$, et tout $Y \in \mathcal{P}(k)$, notons $\omega_f(Y) : \omega_M(Y) \to \omega_N(Y)$ l'application F-linéaire naturelle. Alors

– $f \in M_\sim(M_1, M_2)$ est un isomorphisme $\Leftrightarrow \omega_f(Y)$ est un isomorphisme pour tout $Y \in \mathcal{P}(k)$,

– $f, g \in M_\sim(M_1, M_2)$ coïncident $\Leftrightarrow \omega_f(Y) = \omega_g(Y)$ pour tout $Y \in \mathcal{P}(k)$,

– Soient $i_1 \in M_\sim(M_1, M)$, $p_2 \in M_\sim(M, M_2)$. Alors : il existe $i_2 \in M_\sim(M_2, M)$, $p_1 \in M_\sim(M, M_1)$ tels que (i_1, i_2, p_1, p_2) font de M la somme directe de M_1 et M_2 $\Leftrightarrow$

la suite

$$0 \to M_\sim(h(Y), M_1(*)) \xrightarrow{\omega_{i_1}(Y)} M_\sim(h(Y), M(*)) \xrightarrow{\omega_{p_2}(Y)} M_\sim(h(Y), M_2(*)) \to 0$$

est exacte pour tout $Y \in \mathcal{P}(k)$.

4.3.2. Application au calcul de certains motifs. — Ce principe permet de transférer certaines formules pour les correspondances en des formules concernant les motifs, puis, *via* les réalisations, en des formules pour les espaces de cohomologie de Weil. Par exemple, de ce que $\mathcal{Z}^*_\sim(Y \times \mathbb{P}^n)_F \sim \mathcal{Z}^*_\sim(Y)_F[t]/(t^{n+1})$ (*cf.* ex. 3.2.2.2 2)), on déduit une décomposition canonique

$$\mathfrak{h}(\mathbb{P}^n) = \bigoplus_0^n \mathbf{1}(-r).$$

Plus généralement, si $\mathcal{P}$ est un fibré projectif de rang n sur X :

$$\mathfrak{h}(\mathcal{P}) = \bigoplus_0^n \mathfrak{h}(X)(-r).$$

Autre exemple (dû à Manin) : si $\widetilde{X}$ est l'éclaté d'un sous-schéma fermé lisse Z de X de codimension c, et E le diviseur exceptionnel, on a des isomorphismes canoniques

$$\mathfrak{h}(\widetilde{X}) \oplus \mathfrak{h}(Z) = \mathfrak{h}(X) \oplus \mathfrak{h}(E), \quad \mathfrak{h}(\widetilde{X}) = \mathfrak{h}(X) \oplus \bigoplus_1^{c-1} \mathfrak{h}(Z)(-r).$$

Enfin, si X est une courbe projective lisse géométriquement connexe, et si F est une $\mathbf{Q}$-algèbre ou si X possède un point rationnel, on a une décomposition en trois morceaux

$$\mathfrak{h}(X) = \mathbf{1} \oplus \mathfrak{h}^1(X) \oplus \mathbf{1}(-1)$$

(le facteur $\mathbf{1}$ (resp. $\mathbf{1}(-1)$) est découpé par une correspondance idempotente p_X^0 (resp. p_X^2) de la forme $[\alpha \times X]$ (resp. $[X \times \alpha]$), où α est un 0-cycle quelconque de degré 1 sur X).

4.3.2.1. Remarque. — Si $\sim$ est plus fine que l'équivalence algébrique, p_X^0 dépend du 0-cycle utilisé. Si $p_X^{\prime 0}$ est l'idempotent attaché à un autre 0-cycle, on a toutefois $(\mathrm{id} - p_X^{\prime 0})p_X^0 = 0$.

4.3.3. Variétés abéliennes. — On suppose ici que l'anneau des coefficients F est une $\mathbf{Q}$-algèbre. Soit A une variété abélienne de dimension d sur k. La structure du motif de A a été élucidée grâce aux efforts de nombreux auteurs, de D. Lieberman et A. Shermenev à K. Künnemann, *cf.* [**Sc94**, 5.2] [**Ku94**], en s'appuyant notamment sur la technique de la transformation de Fourier-Mukai (c'est-à-dire le caractère de Chern $e^{c_1(P)}$ du fibré de Poincaré P sur $A \times \widehat{A}$. Cette correspondance algébrique échange au signe près le produit d'intersection dans $\mathrm{CH}(A)_{\mathbf{Q}}$ et le produit de Pontriagin — induit par la multiplication de $\widehat{A}$ — dans $\mathrm{CH}(\widehat{A})_{\mathbf{Q}}$; et vice-versa (Mukai-Beauville)).

Le résultat principal est qu'il existe une décomposition unique

$$\mathfrak{h}(A) = \bigoplus_{0}^{2d} \mathfrak{h}^i(A)$$

telle que la correspondance définie par l'endomorphisme $[m]_A$ de multiplication par m sur A agisse par m^i sur le facteur $\mathfrak{h}^i(A)$, pour tout $m \in \mathbf{Z}$. La correspondance diagonale $\mathfrak{h}(A^i) = \mathfrak{h}(A)^{\otimes i} \to \mathfrak{h}(A)$ induit un isomorphisme

$$S^i\mathfrak{h}^1(A) \xrightarrow{\cong} \mathfrak{h}^i(A),$$

où S^i désigne la puissance symétrique i-ième, *cf.* 2.2.2.2.

Appliquant une cohomologie de Weil H, on vérifie aisément que $H^i(A)$ n'est autre que la réalisation de $\mathfrak{h}^i(A)$, et on obtient la formule analogue $S^i\, H^1(A) = H^i(A)$ dans la $\otimes$-catégorie rigide $VecGr_K$ des K-espaces vectoriels gradués de dimension finie, avec la contrainte de commutativité donnée par la règle des signes de Koszul. Dans la $\otimes$-catégorie Vec_K, compte tenu de ce que $H^1(A)$ est de degré impair 1, cela redonne l'isomorphisme canonique usuel en cohomologie $\wedge^i H^1(A) = H^i(A)$.

On a un isomorphisme canonique

$$\mathfrak{h}^i(A)^\vee \;=\; \mathfrak{h}^{2d-i}(A)(d),$$

et toute polarisation induit un isomorphisme

$$\mathfrak{h}^i(A) \cong \mathfrak{h}^{2d-i}(A)(d-i).$$

Enfin, si B est une autre variété abélienne, on a un isomorphisme canonique

$$M_\sim(k)_F(\mathfrak{h}^1(B), \mathfrak{h}^1(A)) = \mathrm{Hom}(A, B) \otimes_{\mathbf{Z}} F,$$

de sorte que le membre de gauche ne dépend pas de $\sim$.

On note $M_\sim(VAb(k))_F$ la plus petite sous-catégorie pleine de $M_\sim(k)_F$ contenant les motifs d'Artin et les $\mathfrak{h}^1$ des variétés abéliennes, et stable par isomorphisme, sommes et facteurs directs, $\otimes$, et passage au dual. C'est une $\otimes$-catégorie rigide pseudo-abélienne. D'après 4.2.6.1, le motif de toute variété projective lisse dominée par un produit de courbes projectives lisses est dans $M_\sim(VAb(k))_F$.

4.3.3.1. Remarque. — D'après [**SK79**], le motif de toute hypersurface de Fermat de degré N sur un corps k de caractéristique $\nmid N$ est isomorphe à un motif découpé sur une variété abélienne.

4.3.3.2. Exercices

1) Si A est la jacobienne d'une courbe projective lisse connexe X munie d'un point k-rationnel, construire un isomorphisme canonique

$$\mathfrak{h}^1(A) = \mathfrak{h}^1(X).$$

2) Utiliser ce qui précède pour construire, pour tout $i \in \{g+1, \ldots, 2g\}$ un isomorphisme $S^i\mathfrak{h}^1(X) \cong S^{2g-i}\mathfrak{h}^1(X)(g-i)$ (en notant g le genre de X). En déduire que $M_\sim(k)_F(S^i\mathfrak{h}^1(X), \mathbf{1}) = 0$, et conclure que tout 0-cycle α de degré 0 sur X vérifie $\alpha^{\otimes(g+1)} = 0$, *cf.* 3.2.4.2.

3) Supposons que k soit un corps fini, de sorte que le nombre h_X de classes de diviseurs de degré 0 sur X est fini (c'est $|A(k)|$). Montrer que

$$h_X = \det(\mathrm{id} - \mathrm{Fr}_X^* \,|H^1(X))$$

pour toute cohomologie de Weil H^* (indication : on a $\det(\mathrm{id} - \mathrm{Fr}_X^* \,|H^1(X)) = \sum_i (-1)^i \operatorname{tr}(\mathrm{Fr}_X^i)^* | \wedge^i H^1(X)$; identifier $\wedge^i H^1(X)$ à $H^i(A)$ et appliquer la formule des traces de Lefschetz). En déduire que $\lim_{t\to 1}(t-1)Z(X,t) = h_X/(|k|-1)$.

4.3.4. Motifs $\mathfrak{h}^0, \mathfrak{h}^1, \mathfrak{h}^{2d-1}, \mathfrak{h}^{2d}$. — On suppose encore que F est une $\mathbf{Q}$-algèbre. On vient de voir que le motif d'un espace projectif, d'une courbe ou d'une variété abélienne se décompose en $\bigoplus \mathfrak{h}^i(X)$, de manière compatible à la décomposition de la cohomologie suivant le degré. On peut se demander si une telle décomposition existe pour le motif de toute k-variété X projective lisse.

Cette question interviendra de manière récurrente dans toute la première partie de ce livre. En fait, on conjecture qu'une telle décomposition existe bel et bien[(13)].

La construction, à partir d'un 0-cycle de degré 1, d'un idempotent p_X^0 découpant $\mathfrak{h}^0(X)$ se fait comme dans le cas des courbes et est laissée au lecteur. On définit p_X^d comme le transposé de p_X^0. Nous nous contentons d'esquisser, d'après J. Murre ([**Mur90**], voir aussi [**Sc94**, 4]), la construction d'un idempotent p_X^1 découpant $\mathfrak{h}^1(X)$ (p_X^{2d-1} sera son transposé).

Soient Pic_X^0 la variété de Picard et Alb_X la variété d'Albanese de X. Ce sont deux variétés abéliennes en dualité. Une isogénie auto-duale : $\alpha : \mathrm{Pic}_X^0 \to \mathrm{Alb}_X$ s'obtient en prenant le composé $\mathrm{Pic}_X^0 \to \mathrm{Pic}_C^0 = \mathrm{Alb}_C \to \mathrm{Alb}_X$, où $\iota : C \hookrightarrow X$ est une courbe lisse section linéaire de X dans un plongement projectif auxiliaire fixé. Notons m son degré, et soit $\beta : \mathrm{Alb}_X \to \mathrm{Pic}_X^0$ tel que $\alpha \circ \beta = [m]_{\mathrm{Alb}_X}$.

Si η est le 0-cycle sur C coupé par un hyperplan, on a

$$\mathrm{Hom}(\mathrm{Alb}_X, \mathrm{Pic}_X^0) \otimes F \cong \{\gamma \in \mathcal{Z}_\sim^1(X \times X)_F \mid \gamma(\eta) = {}^t\gamma(\eta) = 0\}.$$

Soit $\beta' \in \mathcal{Z}_\sim^1(X \times X)_F$ le cycle correspondant à β par cet isomorphisme. Alors $p_X^1 := \frac{1}{m}\beta' \circ \iota_* \circ \iota^*$ fait l'affaire, du moins si $d > 2$ (si $d = 2$, il y a un terme correctif, *cf. op. cit.*), et $p_X^0, p_X^1, p_X^{2d-1}, p_X^{2d}$ sont des idempotents orthogonaux. En outre

(13) au niveau de l'équivalence homologique, c'est l'une des conjectures standard étudiées au chapitre suivant. Pour une équivalence adéquate quelconque, c'est une partie de la conjecture de Murre, *cf.* 11.2.1.2.

([**Sc94**, 4.5]), on a des isomorphismes canoniques :

(1) $$M_\sim(k)_F(\mathfrak{h}^1(Y), \mathfrak{h}^1(X)) = \mathrm{Hom}(\mathrm{Pic}^0_X, \mathrm{Pic}^0_Y) \otimes_{\mathbf{Z}} F,$$

(2) $$M_\sim(k)_F(\mathfrak{h}^{2d-1}(X), \mathfrak{h}^{2d-1}(Y)) = \mathrm{Hom}(\mathrm{Alb}_X, \mathrm{Alb}_Y) \otimes_{\mathbf{Z}} F,$$

de sorte que les membres de gauche ne dépendent pas de $\sim$. On tire de là :

4.3.4.1. Proposition. — *La sous-catégorie pleine de $M_\sim(k)_{\mathbf{Q}}$ formée des $\mathfrak{h}^1(X)$, $X \in \mathcal{P}(k)$, est équivalente à la catégorie $VAb(k)_{\mathbf{Q}}$ des k-variétés abéliennes à isogénie près. En particulier, elle est abélienne semi-simple.* □

4.3.4.2. Remarques

1) Dans le cas d'une surface S, on peut poser $p_S^2 = \mathrm{id} - p_S^0 - p_S^1 - p_S^3 - p_S^4$, ce qui donne une décomposition $\mathfrak{h}(S) = \bigoplus_0^4 \mathfrak{h}^i(S)$, avec

$$\mathfrak{h}^0(S) \cong \mathfrak{h}^4(S)(2) \cong \mathbf{1}, \;\; \mathfrak{h}^1(S) \cong \mathfrak{h}^3(S)(1) \cong \mathfrak{h}^1(\mathrm{Pic}^0_S) \cong \mathfrak{h}^1(\mathrm{Alb}_S) \cong (\mathfrak{h}^1(S))^\vee(-1).$$

2) Pour une variété abélienne A, les projecteurs $p_A^0, p_A^1, p_A^{2d-1}, p_A^{2d}$ dont il est question ici coïncident avec ceux, canoniques, de 4.3.3 dès lors que le 0-cycle définissant p_A^0 est l'origine, et que le plongement projectif auxiliaire correspond à une polarisation symétrique de A ([**Sc94**, 5.3]).

4.3.5. Motifs attachés aux formes modulaires. — En prouvant la conjecture de Ramanujan-Petersson, Deligne attachait aux formes modulaires de poids $\geqslant 2$, associées aux sous-groupes de congruence de $SL_2(\mathbf{Z})$, des espaces de cohomologie ℓ-adiques paraboliques, définis à l'aide des variétés fibrées de Kuga-Sato. Dans [**Sc90**], A. Scholl montre que ces espaces proviennent de motifs de Chow.

Si l'on veut les décomposer suivant l'action de l'algèbre de Hecke, il semble falloir passer aux motifs homologiques. Si $f = \sum_{n>0} a_n q^n$ est une forme modulaire nouvelle normalisée de poids $w \geqslant 2$, niveau N et caractère χ, à coefficients dans un corps de nombres F, Scholl construit un motif $M(f) \in M_{\mathrm{hom}}(\mathbf{Q})_F$ tel que pour tout $\ell \nmid Np$ et toute place λ de L au-dessus de ℓ, le Frobenius en p agit sur la cohomologie étale ℓ-adique ($\otimes_{\mathbf{Q}_\ell} F_\lambda$) avec un polynôme caractéristique égal à $x^2 - a_p x + \chi(p) p^{w-1}$.

4.4. $\otimes$-Idéaux et équivalences adéquates

4.4.1. Le « noyau » du $\otimes$-foncteur plein

$$CHM(k)_F = M_{\mathrm{rat}}(k)_F \longrightarrow M_\sim(k)_F,$$

c'est-à-dire la collection $\mathcal{I}_\sim$ des morphismes de $CHM(k)_F$ qui s'annulent dans $M_\sim(k)_F$ (correspondances nulles modulo $\sim$) forme un $\otimes$-*idéal* de $CHM(k)_F$.

Rappelons qu'un *idéal* (bilatère) $\mathcal{I}$ d'une catégorie F-linéaire $\mathcal{T}$ est la donnée, pour tout couple d'objet (A, B), d'un sous-F-module de $\mathcal{T}(A, B)$, la collection de ces sous-F-modules étant stable par composition à gauche et à droite par tout morphisme dans $\mathcal{T}$. On peut alors former la catégorie quotient $\mathcal{T}/\mathcal{I}$, qui a mêmes objets que $\mathcal{T}$, et dont les morphismes sont obtenus par passage au quotient par ceux dans $\mathcal{I}$.

Si $\mathcal{T}$ est une $\otimes$-catégorie, on a la notion de *$\otimes$-idéal* (ou idéal monoïdal) : un idéal $\mathcal{I}$ est un $\otimes$-idéal s'il est stable par produit tensoriel $\mathrm{id}_C \otimes f$ et $f \otimes \mathrm{id}_C$ pour tout objet C (d'où il découle que $\mathcal{I}$ est stable par produit tensoriel avec n'importe quel morphisme). Il y a alors une $\otimes$-structure induite sur $\mathcal{T}/\mathcal{I}$.

Que $\mathcal{I}_\sim$ soit un $\otimes$-idéal de $CHM(k)_F$ traduit la stabilité des correspondances modulo $\sim$ par combinaison F-linéaire, composition, et produit « extérieur ».

En fait, la réciproque est vraie, et fournit un moyen commode de construction d'équivalences adéquates (*cf.* aussi [**J00**, 1.7], [**AK02a**, II.6.3]) :

4.4.1.1. Lemme. — *Tout $\otimes$-idéal $\mathcal{I}$ de $CHM(k)_F$ est de la forme $\mathcal{I}_\sim$ pour une équivalence adéquate $\sim$ convenable. La catégorie $M_\sim(k)_F$ n'est alors autre que l'enveloppe pseudo-abélienne de $CHM(k)_F/\mathcal{I}_\sim$.*

Démonstration. — Identifions tout élément α de $\mathrm{CH}^r(X)_F$ au morphisme $\mathbf{1} \to \mathfrak{h}(X)(r)$ correspondant dans $CHM(k)_F$. Disons que $\alpha \sim 0$ si et seulement si $\alpha \in \mathcal{I}(\mathbf{1}, \mathfrak{h}(X)(r))$. Cette relation est évidemment F-linéaire. Il s'agit de prouver la propriété 3) des relations adéquates (définition 3.1.1.1) : soit donc

$$\gamma \in \mathrm{CH}^s(X \times Y) : \mathbf{1} \longrightarrow \mathfrak{h}(X \times Y)(s),$$
$$\delta_{X\times Y} : X \times Y \longrightarrow (X \times Y)^2 \quad \text{l'application diagonale, et}$$
$$\gamma_Y : \mathbf{1} \longrightarrow \mathfrak{h}(Y) \quad \text{le morphisme correspondant à } [Y].$$

Alors $\gamma_*(\alpha) : \mathbf{1} \to \mathfrak{h}(Y)(r + s - \dim X)$ s'écrit comme composé

$$(\mathrm{pr}_Y^{XY})_* \circ \delta_{X\times Y}^* \circ (\gamma \otimes \alpha \otimes \gamma_Y),$$

donc $\gamma_*(\alpha) \sim 0$ puisque $\mathcal{I}$ est un $\otimes$-idéal. Ceci prouve la première assertion.

La seconde en découle par construction de $M_\sim(k)_F$. □

4.4.1.2. Remarques

1) On a utilisé de manière cruciale les 'twists' (r), autrement dit le fait que $CHM(k)_F$ est rigide. L'analogue du lemme pour les motifs effectifs est faux : considérer par exemple le $\otimes$-idéal des morphismes se factorisant à travers un $\otimes$-multiple du motif de Lefschetz, *cf.* [**KaSu**] (où il est aussi prouvé, si $\mathrm{car}\, k = 0$, que cet idéal est formé des correspondances de X vers Y dont la restriction à $U \times Y$, où U est un ouvert dense convenable de X, est nulle).

2) On a une notion évidente de produit d'idéaux d'une catégorie F-linéaire, et le produit de deux $\otimes$-idéaux est automatiquement un $\otimes$-idéal. Dans le cas de $CHM(k)_F$, cela donne naissance, *via* le lemme, à la notion de *produit de deux relations d'équivalence adéquates* (on vérifie que ce produit est commutatif). La formule est la suivante

[**J00**, 3.1] [**AK02a**, (6.14)][14] : soient $\sim_1$ et $\sim_2$ deux équivalences adéquates, $\sim$ leur produit, et soit $\alpha \in \mathrm{CH}(X)_F$; alors

$$\alpha \sim 0 \Longleftrightarrow \exists T \in \mathcal{P}(k),\ \exists \gamma_1 \sim_1 0, \gamma_2 \sim_2 0 \in \mathrm{CH}(X \times T)_F, \text{ tels que } \alpha = (\mathrm{pr}_X^{TX})_*(\gamma_1 \cdot \gamma_2).$$

4.4.2. Exemples

– L'idéal nul correspond évidemment à l'équivalence rationnelle, l'idéal $CHM(k)_F$ à l'équivalence triviale (nulle).

– Soit $\mathcal{T}$ une $\otimes$-catégorie rigide sur un corps F. L'ensemble des morphismes $f \in \mathcal{T}(M, N)$ dont une puissance tensorielle $f^{\otimes n} \in \mathcal{T}(M^{\otimes n}, N^{\otimes n})$ est nulle forme un $\otimes$-idéal, noté $\sqrt[\otimes]{0}$ [**AK02a**, 7.4]. Dans le cas de $CHM(k)_F$, l'équivalence adéquate associée n'est autre que l'équivalence de smash-nilpotence $\sim_{\otimes\mathrm{nil}}$.

– Pour F un corps, on peut par ailleurs considérer le plus grand $\otimes$-idéal $\mathcal{N}$ distinct de $\mathcal{T}$. Il admet la description suivante ([**AK02a**, 7.1] :

$$\mathcal{N}(M, N) = \{f \in \mathcal{T}(M, N) \mid \forall g \in \mathcal{T}(N, M),\ \mathrm{tr}(g \circ f) = 0\}.$$

Dans le cas de $CHM(k)_F$, cet idéal $\mathcal{N}$ correspond à l'équivalence adéquate la moins fine (non triviale), c'est-à-dire à l'équivalence numérique. On peut aussi le voir sur la formule précédente : $\mathcal{N}(M, N) = \mathcal{N}(\mathbf{1}, M^\vee \otimes N)$, ce qui nous ramène au cas de $\mathcal{N}(\mathbf{1}, \mathfrak{h}(X)(r)) \subset CHM(k)_F(\mathbf{1}, \mathfrak{h}(X)(r)) = \mathrm{CH}^r(X)_F$: pour $f \in \mathrm{CH}^r(X)_F$, $g \in \mathrm{CH}^{d-r}(X)_F$, $g \circ f \in \mathrm{End}\,\mathbf{1} = F$ n'est autre que $\langle f, g\rangle$.

4.5. Semi-simplicité des motifs numériques à coefficients dans un corps

4.5.1. Le théorème de semi-simplicité pour les motifs numériques à coefficients dans un corps F de caractéristique nulle avait été conjecturé par Grothendieck, et a été démontré par U. Jannsen. En fait, il n'est pas nécessaire que F soit de caractéristique nulle :

***4.5.1.1. Théorème* (Jannsen).** — *Si F est un corps, la catégorie $NM(k)_F = M_{\mathrm{num}}(k)_F$ est abélienne semi-simple, et $\sim_{\mathrm{num}}$ est la seule équivalence adéquate pour laquelle $M_\sim(k)_F$ est abélienne semi-simple.*

Il en découle que la sous-catégorie des motifs effectifs numériques $NM^{\mathrm{eff}}(k)_F$ est aussi abélienne semi-simple.

(14) cette notion avait d'abord été introduite, indépendamment de l'interprétation catégorique, par H. Saito [**hSai92**].

En fait, l'analyse de la preuve de Jannsen[15] montre que le seul ingrédient géométrique est l'existence de cohomologies de Weil (à coefficients dans une extension de F) ; pour le reste, il est de nature purement catégorique. En fait, on a :

4.5.1.2. Théorème **([AK02a**, 8.2.2.a]**, [A04c**, 2.6]**).** — *Soit $\mathcal{T}$ une $\otimes$-catégorie rigide sur un corps F, avec* $\mathrm{End}(\mathbf{1}) = F$. *On suppose qu'il existe un $\otimes$-foncteur F-linéaire H de $\mathcal{T}$ vers une $\otimes$-catégorie rigide $\mathcal{T}'$ sur une extension convenable K/F, dans laquelle les* Hom *sont de dimension finie et les endomorphismes nilpotents sont de trace nulle*[16]. *Alors*

i) *l'enveloppe pseudo-abélienne du quotient $\mathcal{T}/\mathcal{N}$ de $\mathcal{T}$ par son plus grand $\otimes$-idéal est abélienne semi-simple,*

ii) *le seul $\otimes$-idéal $\mathcal{I}$ de $\mathcal{T}$ tel que $\mathcal{T}/\mathcal{I}$ soit semi-simple est $\mathcal{I} = \mathcal{N}$.*

On en déduit l'énoncé précédent en prenant $\mathcal{T} = CHM(k)_F$, H le foncteur réalisation attaché à une cohomologie de Weil à coefficients dans une extension convenable K/F. Noter aussi que la finitude des espaces de cycles numériques énoncée en 3.2.7.1 est un cas particulier de ce théorème catégorique (et de l'existence de H).

Indiquons brièvement la preuve de 4.5.1.2 dans le cas où $K = F$.

Pour i), comme le noyau de H est contenu dans le plus grand $\otimes$-idéal $\mathcal{N}$, on peut remplacer $\mathcal{T}$ par $\mathcal{T}/\operatorname{Ker} H$, c'est-à-dire supposer H fidèle. Les espaces $\mathcal{T}(M,N)$ sont alors de dimension finie puisque, par hypothèse, il en est ainsi de leur image par H. Ceci implique que radical de la F-algèbre $\mathcal{T}(M,M)$ est nilpotent, et que le quotient par ce radical est semi-simple. On est donc ramené à prouver que tout idéal nilpotent I de $\mathcal{T}(M,M)$ est contenu dans $\mathcal{N}(M,M)$. Or pour tout $f \in I$ et tout $g \in \mathcal{T}(M,M)$, gf est nilpotent, donc $H(gf)$ aussi, ce qui implique $\operatorname{tr} H(gf) = 0$ par hypothèse, d'où aussi $\operatorname{tr}(gf) = 0$, et finalement $f \in \mathcal{N}(M,M)$. Ainsi $(\mathcal{T}/\mathcal{N})(M,M)$ est semi-simple pour tout M, donc $\mathcal{T}/\mathcal{N}$ est semi-simple, et il suit que son enveloppe pseudo-abélienne est abélienne semi-simple (*cf.* [**AK02a**, A.2.10]).

Pour ii), on peut remplacer $\mathcal{T}$ par $\mathcal{T}/\mathcal{I}$. Soit $f \in \mathcal{N}(M,N)$. Il s'agit de montrer que $f = 0$. Par dualité (plus précisément : en remplaçant N par $M^\vee \otimes N$), on peut supposer $M = \mathbf{1}$. Pour tout $g \in \mathcal{T}(N,\mathbf{1})$ on a donc $g \circ f = 0$ par hypothèse. Comme $\mathcal{T}$ est supposée semi-simple, cela entraîne que $f = 0$.

---

(15) voici une esquisse de sa preuve de la semi-simplicité. $NM(k)_F$ étant F-linéaire pseudo-abélienne et stable par $\oplus$, il suffit de montrer que la F-algèbre des endomorphismes $e(Z^{\dim X}_{\mathrm{num}}(X^2)_F)e$ de tout objet $\mathfrak{h}(X)(r)$ est semi-simple de dimension finie, et il suffit de traiter le cas $e = \mathrm{id}$. Comme Z^*_{num} commute au changement de coefficients 3.2.7.1, on peut supposer que F est le corps de coefficients d'une cohomologie de Weil H. Considérons la surjection $\pi : Z^{\dim X}_{\mathrm{hom}}(X^2)_F \to Z^{\dim X}_{\mathrm{num}}(X^2)_F$. Comme la source est de dimension finie, son radical N est un idéal nilpotent, et il ne s'agit plus que de faire voir que $\pi(N) = 0$. Or pour tout $f \in N$ et tout $g \in Z^{\dim X}_{\mathrm{hom}}(X^2)_F$, $f \circ {}^t g$ est nilpotent, et la formule des traces de Lefschetz 3.3.3 montre que $\langle f, g\rangle = \operatorname{tr}(f \circ {}^t g | H^+(X)) - \operatorname{tr}(f \circ {}^t g | H^-(X)) = 0$, donc $\pi(f) = 0$.

(16) cette dernière propriété est satisfaite si $\mathcal{T}'$ est abélienne, *cf.* [**AK02a**, 7.3.3].

Nonobstant la nature catégorique de la preuve, le contenu du théorème de Jannsen est géométrique : semi-simplicité des anneaux de correspondances numériques. En mettant l'accent sur les méthodes catégoriques, ce théorème est à l'origine de plusieurs développements récents en théorie des motifs purs, que nous exposerons dans la suite.

CHAPITRE 5

LES CONJECTURES STANDARD

Dans [**Gro69a**] (et antérieurement, sous forme préliminaire, dans une lettre à Serre de 1965 [**GroS02**]), Grothendieck a formulé deux conjectures « standard » sur les cycles algébriques, dites « de type Lefschetz » et « de type Hodge », et montré qu'elles impliquent les conjectures de Weil[(1)] (E. Bombieri en a fait de même, indépendamment. Tous deux semblent avoir été inspirés par la lettre de Serre [**Se60**]). Trente ans après que ces dernières aient été résolues, les conjectures standard demeurent, quant à elles, entièrement ouvertes. Ces conjectures portent sur les cycles algébriques *modulo équivalence homologique*. Elles en entraînent deux autres (la conjecture de type Künneth et la conjecture $\sim_{\mathrm{hom}} \overset{?}{=} \sim_{\mathrm{num}}$), et il est aujourd'hui courant de nommer « conjectures standard » l'ensemble de ces quatre énoncés[(2)]. Elles permettent d'édifier la théorie des groupes de Galois motiviques, comme nous le verrons au chapitre suivant.

5.1. Projecteurs de Künneth et poids

5.1.1. Conjecture standard de type Künneth. — Soit $X \in \mathcal{P}(k)$, de dimension d, et soit H^* une cohomologie de Weil à coefficients dans un corps de caractéristique nulle K.

Rappelons que les projecteurs de Künneth

$$\pi^i_{X,H} = \pi^i_X : H^*(X) \twoheadrightarrow H^i(X) \hookrightarrow H^*(X)$$

sont les projecteurs sur les composantes homogènes de la cohomologie (3.3.1).

(1) d'après Grothendieck [**Gro69a**], « these conjectures arose from an attempt at understanding the conjectures of Weil on the ζ-functions of algebraic varieties [...]. The proof of the two standard conjectures would form the basis of the so-called 'theory of motives' which is a systematic theory of 'arithmetic properties' of algebraic varieties as embodied in their groups of classes of cycles for numerical equivalence [...]. Alongside with the problem of resolution of singularities, the proof of the standard conjectures seems to me to be the most urgent task in algebraic geometry ».

(2) nous avons essayé de rendre notre exposé logiquement indépendant de ceux de S. Kleiman [**Kl68, Kl94**], en mettant davantage l'accent sur le rôle joué par les représentations de SL_2. Par commodité, nous reprenons la nomenclature B, C, D, I de Grothendieck et Kleiman.

***5.1.1.1. Conjecture** ($C(X)$).* — *Les projecteurs de Künneth π_X^i sont donnés par des correspondances algébriques (à coefficients rationnels).*

Autrement dit, $\pi_X^i \in \mathcal{Z}_{\mathrm{hom}}(X \times X)_{\mathbf{Q}} \subset H^*(X \times X)$.

***5.1.1.2. Remarque**.* — La conjecture dépend en principe de la cohomologie de Weil H^*, qu'on suppose fixée — et qu'on omet de la notation $C(X)$, ainsi que de la notation des conjectures standard qui suivront.

Si l'on se limite aux cohomologies classiques, elle n'en dépend plus : en caractéristique nulle, ceci est dû aux isomorphismes de comparaison qui lient ces cohomologies ; en caractéristique non nulle, c'est plus subtil, *cf.* [**AK02b**, prop. 6], [**AK02a**, App. B].

La conjecture standard de type Künneth est « stable par produit » : $C(X)+C(Y) \Rightarrow C(X \times Y)$ (noter que $\pi_{X\times Y}^n = \sum_{i+j=n} \pi_X^i \otimes \pi_Y^j$).

Elle a pour conséquence (*via* la formule des traces de Lefschetz) :

***5.1.1.3. Lemme**.* — *Sous $C(X)$, le polynôme caractéristique de toute correspondance $\alpha \in \mathrm{CH}^d(X \times X)_{\mathbf{Q}}$ agissant sur $H^i(X)$ est à coefficients dans $\mathbf{Q}$. A fortiori (via Cayley-Hamilton), si un automorphisme de $H^i(X)$ provient d'une correspondance algébrique, il en est de même de son inverse.*

5.1.1.4. Statut

– La conjecture $C(X)$ est vraie pour tout X, si k est un corps fini (ou algébrique sur un corps fini) et si H^* est une cohomologie classique(3) ; cela résulte de manière non triviale de la conjecture de Weil, *cf.* [**KM74**]. On déduit de là, par un argument de spécialisation, que *5.1.1.3 est vrai inconditionnellement, pour un corps de base k arbitraire, si H^* est classique.*

– Par ailleurs, $C(X)$ est vraie si X est une variété abélienne, pour tout k et tout H^* [**Kl68**].

5.1.2. Graduation par le poids des motifs homologiques ou numériques

Sous $C(X)$, les π_X^i sont des éléments de $M_{\mathrm{hom}}(k)_{\mathbf{Q}}(\mathfrak{h}(X), \mathfrak{h}(X))$. Ils définissent même un système complet d'idempotents orthogonaux centraux dans cette $\mathbf{Q}$-algèbre. On pose $\mathfrak{h}^i(X) := \pi_X^i \mathfrak{h}(X)$.

On dispose alors de la *graduation par le poids* de tout motif $M = e\mathfrak{h}(X)(r)$ découpé sur X (à coefficients dans un corps F contenu dans le corps K des coefficients de H^*) :

$$M = \bigoplus_i \mathrm{Gr}_i(M), \quad \mathrm{Gr}_i(M) := e\mathfrak{h}^{2r+i}(X)(r).$$

A fortiori, on obtient une graduation par le poids du motif numérique associé.

(3) et même pour toute cohomologie de Weil vérifiant le « théorème de Lefschetz faible ».

Soit $\mathcal{V}$ une sous-catégorie pleine de $\mathcal{P}(k)$ stable par somme et produit, et soit $M_{\mathrm{hom}}(\mathcal{V})_F$ la sous-$\otimes$-catégorie rigide pleine de $M_{\mathrm{hom}}(k)_F$ formée des motifs découpés sur les objets de $\mathcal{V}$ (4.1.6).

On suppose que $C(X)$ vaut pour tout $X \in \mathcal{V}$, de sorte qu'on a une graduation par le poids de tout objet de $M_{\mathrm{hom}}(\mathcal{V})_F$. Celle-ci est compatible à $\oplus$, à $\otimes$: $\mathrm{Gr}_h(M \otimes N) = \sum_{i+j=h} \mathrm{Gr}_i(M) \otimes \mathrm{Gr}_j(N)$, et à la dualité : $\mathrm{Gr}_i(M^\vee) = (\mathrm{Gr}_{-i}(M))^\vee$.

Les Gr_i sont des endofoncteurs de $M_{\mathrm{hom}}(\mathcal{V})_F$. On exprime l'existence d'un système d'endofoncteurs « orthogonaux » compatibles à $\otimes$ et à la dualité en disant que $M_{\mathrm{hom}}(\mathcal{V})_F$ est une $\otimes$-catégorie rigide *graduée*.

La restriction de H^* à $M_{\mathrm{hom}}(\mathcal{V})_F$ est un $\otimes$-foncteur

$$M_{\mathrm{hom}}(\mathcal{V})_F \longrightarrow \mathit{VecGr}_K$$

qui respecte la graduation.

Noter que $M_{\mathrm{hom}}(k)_F(\mathrm{Gr}_i(M), \mathrm{Gr}_j(N)) = 0$ si $i \neq j$, puisque les π_X^i sont orthogonaux, et que $\mathbf{1}(1)$ *est de poids* -2 : $\mathbf{1}(1) = \mathrm{Gr}_{-2}(\mathbf{1}(1))$.

Cette graduation par le poids se décrit comme suit dans diverses réalisations classiques[(4)] :

– Si $k \subset \mathbf{C}$, $H_B((\mathrm{Gr}_i(M))$ est le sous-espace de $H_B(M)$ où la bigraduation de Hodge est de poids total i,

– Si k est un corps fini à q éléments, $H_\ell(\mathrm{Gr}_i(M))$ $(\ell \nmid q)$ est la somme des sous-espaces propres de Frobenius Fr_M sur $H_\ell(M)$ pour les valeurs propres de valeur absolue archimédienne $q^{i/2}$ (par la conjecture de Weil prouvée par Deligne [**D74a**]).

5.1.3. La conjecture « des signes » [(5)]**.** — Il s'agit d'une variante affaiblie de la conjecture standard de type Künneth, où l'on ne considère que le *projecteur de Künneth pair* $\pi_X^+ = \sum \pi_X^{2i}$.

5.1.3.1. Conjecture **($C^+(X)$).** — *Le projecteur de Künneth pair π_X^+ est donné par une correspondance algébrique.*

Il en est alors de même du projecteur de Künneth impair $\pi_X^- = \mathrm{id}_{H(X)} - \pi_X^+$.

La conjecture des signes suffit à définir une « graduation par le poids modulo 2 », appelée *décomposition en partie paire et partie impaire*. En supposant seulement que $C^+(X)$ vaut pour tout $X \in \mathcal{V}$, on obtient un $\otimes$-foncteur

$$M_{\mathrm{hom}}(\mathcal{V})_F \longrightarrow s\mathit{Vec}_K$$

qui respecte la $\mathbf{Z}/2$-graduation[(6)].

Signalons aussi la conséquence suivante :

(4) voir 4.2.5 pour la notion de réalisation.

(5) terminologie proposée par Jannsen.

(6) rappelons que $s\mathit{Vec}_K$ désigne la $\otimes$-catégorie rigide des K-super-espaces de dimension finie (2.2.2.1).

***5.1.3.2. Lemme (cf.* [J92]).** — *Sous $C^+(X)$, le noyau de l'homomorphisme d'algèbres (pour la composition) $\mathcal{Z}_{\text{hom}}(X \times X)_F \to \mathcal{Z}_{\text{num}}(X \times X)_F$ est un nil-idéal.*

Démonstration. — Soit f un élément de ce noyau. Pour tout $n \in \mathbf{N}$, on a donc $\langle f^n, \pi_X^+ \rangle = \langle f^n, \pi_X^- \rangle = 0$. Par la formule de Lefschetz, cela donne $\mathrm{tr}_{H^+(X)} f^n = \mathrm{tr}_{H^-(X)} f^n = 0$, donc toutes les puissances de f sont de trace nulle en cohomologie, ce qui implique que f est nilpotent et il est facile de conclure. □

5.1.3.3. Corollaire. — *Si $C^+(X)$ vaut pour tout $X \in \mathcal{V}$, le foncteur plein $M_{\text{hom}}(\mathcal{V})_F \to M_{\text{num}}(\mathcal{V})_F$ est* conservatif *et* essentiellement surjectif.

Rappelons qu'un foncteur est dit *conservatif* s'il reflète les isomorphismes, *i.e.* si un morphisme dans la catégorie de départ est un isomorphisme dès que son image dans la catégorie d'arrivée l'est. On prendra garde à ne pas confondre cette notion avec celle, plus forte, d'injectivité de l'application induite par le foncteur sur les classes d'isomorphisme (ces notions coïncident si le foncteur est plein).

Démonstration. — En effet, la réduction modulo un nil-idéal reflète les isomorphismes, et les idempotents modulo un nil-idéal se relèvent. □

5.1.3.4. Exercice. — Montrer que la conclusion de 5.1.3.2 tombe en défaut pour les motifs à coefficients dans un corps de caractéristique non nulle (prendre par exemple $F = \mathbf{F}_2$ et considérer une courbe elliptique sans multiplication complexe).

5.2. Polarisations I (Lefschetz)

5.2.1. Théorèmes de Lefschetz. — Soit $D \in \mathrm{CH}^1(X)$ la classe d'un diviseur ample sur X. Son image $\eta = \gamma_X^1(D)$ dans $H^2(X)(1)$ est appelée *polarisation*. L'opérateur de Lefschetz $L = L_\eta = L_{\eta,H}$ est le cup-produit avec la η. Le « *théorème de Lefschetz fort* » affirme que

$$L^{d-i} : H^i(X)(r) \longrightarrow H^{2d-i}(X)(d-i+r)$$

est un isomorphisme pour tout entier naturel $i \leqslant d$ et tout entier r, si H^* est une cohomologie classique.

Si k est de caractéristique nulle, on se ramène au cas de la cohomologie de Betti ($k \subset \mathbf{C}$) par les théorèmes de comparaison ; la première preuve complète dans ce cas a été donnée par W. Hodge par des méthodes transcendantes *cf.* [**GH78**]. En toute caractéristique, on se ramène par spécialisation au cas d'un corps de base fini, et de la cohomologie étale [**KM74**], le théorème est prouvé dans ce cas par P. Deligne dans [**D80a**][7].

[7] compte tenu de la récente preuve algébrique (par L. Illusie [**Il02**]) de la formule de Picard-Lefschetz, la démonstration de Deligne est désormais de nature purement algébrique.

Citons pour mémoire, dans les mêmes circonstances, le « *théorème de Lefschetz faible* » [8] : si $\iota : Y \hookrightarrow X$ est l'inclusion d'une section hyperplane lisse de X attachée à D (supposé ici très ample),

$$\iota^* : H^i(X) \longrightarrow H^i(Y)$$

est un isomorphisme pour tout $i \leqslant d-2$, et injectif pour $i = d-1$.

5.2.2. Interlude sur les sl_2-triplets. — Soit V un K-espace vectoriel de dimension finie. Rappelons qu'un sl_2-triplet (x, h, y) est l'image dans $\mathrm{End}_K V$ du triplet

$$\left(\begin{pmatrix} 0 & 1 \\ 0 & 0 \end{pmatrix}, \begin{pmatrix} 1 & 0 \\ 0 & -1 \end{pmatrix}, \begin{pmatrix} 0 & 0 \\ 1 & 0 \end{pmatrix}\right)$$

par une représentation quelconque de l'algèbre de Lie sl_2 dans V ; il revient au même de dire que (x, h, y) vérifie les relations $[h, x] = 2x$, $[h, y] = -2y$, $[x, y] = -h$. Les éléments x et y sont alors nilpotents, et y est déterminé par (x, h) [**Bou**, VIII,11].

On note Pr^y_j l'intersection du noyau de y et de l'espace propre de h pour la valeur propre j (éléments y-primitifs de poids j). On a alors la *décomposition primitive*

$$V = \bigoplus_{i,j} x^i \,\mathrm{Pr}^y_j.$$

La filtration croissante

$$F^x_i := \bigoplus_{j \geqslant -i} \{v \in V \mid h(v) = jv\}$$

ne dépend que de la composante x du sl_2-triplet, et s'appelle *filtration canonique* associée à x [**D74a**, 1.6]. On a $x(F^x_i) \subset F^x_{i-2}$, Gr^x_i s'identifie à l'espace propre de h pour la valeur propre $-i$, et les puissances de x induisent des isomorphismes

$$x^i : \mathrm{Gr}^x_i \cong \mathrm{Gr}^x_{-i}.$$

On définit l'*involution de Lefschetz* $*_{L,(x,h)} \in \mathrm{Aut}_K V$ associée à (h, x) comme étant x^i sur Gr^x_i si $i \geqslant 0$ et l'inverse de x^{-i} si $i < 0$. En décomposant V en somme de copie de puissances symétriques de la représentation standard (de dimension 2) de sl_2, on voit facilement que $\mathbf{Q}[x, *_{L,(x,h)}]$ n'est autre que la sous-$\mathbf{Q}$-algèbre $\mathbf{Q}[x, h, y]$ de $\mathrm{End}_K V$ engendrée par l'image de $sl_{2,\mathbf{Q}}$, et est un produit d'algèbres de matrices à coefficients rationnels (*cf.* [**A96a**, 1.2]).

5.2.2.1. Lemme. — *Soit $\mathfrak{A}$ une sous-$\mathbf{Q}$-algèbre de Lie de $\mathrm{End}_K V$ contenant x. Les conditions suivantes sont équivalentes :*

i) *$\mathfrak{A}$ est stable sous $\mathrm{ad}(h)$ et la filtration canonique de $\mathfrak{A}$ relative à $\mathrm{ad}(x)$ est la restriction de la filtration canonique de $\mathrm{End}_K V$,*

ii) *$\mathfrak{A}$ est stable sous $*_{L,(\mathrm{ad}(x),\mathrm{ad}(h))}$,*

[8] cette terminologie est consacrée, bien qu'ambiguë : il n'est pas clair que toute cohomologie de Weil vérifiant le « théorème de Lefschetz fort » vérifie aussi le « théorème de Lefschetz faible » (à moins qu'on ne sache que les dimensions des espaces de cohomologie soient les nombres de Betti usuels).

iii) *$\mathfrak{A}$ est stable sous* $\mathrm{ad}(sl_2)$,

iv) *$\mathfrak{A}$ contient l'image de* sl_2.

Si $\mathfrak{A}$ est l'algèbre de Lie associée à une sous-$\mathbf{Q}$-algèbre (associative unitaire) de $\mathrm{End}_K V$, *ces conditions équivalent à :*

v) *$\mathfrak{A}$ contient* $*_{L,(x,h)}$.

Démonstration

i) $\Leftrightarrow$ ii) est immédiat.

ii) $\Leftrightarrow$ iii) vient de ce que $\mathbf{Q}[\mathrm{ad}(x), *_{L,(\mathrm{ad}(x),\mathrm{ad}(h))}] = \mathbf{Q}[\mathrm{ad}(x), \mathrm{ad}(h), \mathrm{ad}(y)]$.

iii) $\Leftrightarrow$ iv) : si $\mathfrak{A}$ est stable sous sl_2, on a $h = \mathrm{ad}(y)(x) \in \mathfrak{A}$, $y = (1/2)\,\mathrm{ad}(y)(h) \in \mathfrak{A}$. La réciproque est immédiate.

iv) $\Leftrightarrow$ v) (supposant que $\mathfrak{A}$ est une sous-$\mathbf{Q}$-algèbre) : cela vient de ce que $\mathbf{Q}[x, *_{L,(x,h)}] = \mathbf{Q}[x, h, y]$. □

5.2.2.2. Remarques

1) La condition i) n'est pas équivalente à la condition analogue pour l'enveloppe K-linéaire de $\mathfrak{A}$ dans $\mathrm{End}_K V$: par exemple, si K possède un élément transcendant λ, la $\mathbf{Q}$-algèbre de Lie $\mathbf{Q}x \oplus \mathbf{Q}h \bigoplus_{i>0} \lambda^i(\mathbf{Q}x \oplus \mathbf{Q}h \oplus \mathbf{Q}y)$ ne vérifie pas i).

2) Les représentations de dimension finie de sl_2 s'intègrent automatiquement en représentations de SL_2. On appelle parfois *élément de Weyl* [9] l'image $w_V \in \mathrm{Aut}_K V$ de $\left(\begin{smallmatrix} 0 & 1 \\ 1 & 0 \end{smallmatrix}\right) \in SL_2$. On a $\mathbf{Q}[x, h, y] = \mathbf{Q}[x, w_V]$. La formule $w_{V \otimes V'} = w_V \otimes w_{V'}$ permet d'en déduire que les conditions du lemme précédent sont stables par produit tensoriel.

5.2.3. Interprétation du théorème de Lefschetz fort en termes de sl_2-triplets. — En choisissant un générateur arbitraire de $K(1)$ (*i.e.* un isomorphisme $K(1) \cong K$), on peut voir L comme un endomorphisme nilpotent de $H(X)$. Via [**Bou**, VIII, 11, lemme 6], le théorème de Lefschetz fort se reformule « à la Jacobson-Morozov » en disant qu'il existe une *unique représentation de l'algèbre de Lie sl_2 dans $H(X)$ telle que*

$$\begin{pmatrix} 0 & 1 \\ 0 & 0 \end{pmatrix} \longmapsto L, \quad \begin{pmatrix} 1 & 0 \\ 0 & -1 \end{pmatrix} \longmapsto \sum_0^{2d} (i-d)\pi_X^i.$$

Autrement dit, il existe un (unique) élément de $\mathrm{End}\, H(X)$, traditionnellement noté ${}^c\Lambda$, tel que $(L, \sum_0^{2d}(d-i)\pi_X^i, {}^c\Lambda)$ soit un sl_2-triplet (le point est que $[h, L] = 2L$, ce qui se vérifie immédiatement). La composante $H^i(X)$ est l'espace propre de h pour la valeur propre $d - i$, et Pr_{d-i}^y est le sous-espace primitif noté usuellement $P^i(X)$, de sorte que la décomposition primitive s'écrit

$$H(X) = \bigoplus_{0 \leqslant i,j \leqslant d} L^i P^j(X).$$

[9] cet élément est noté $\theta(1)$ dans [**Bou**, VIII.1.5].

Le lecteur qui répugnerait à choisir un isomorphisme $K(1) \cong K$ peut les considérer tous à la fois, ce qui revient à associer à L une action nilpotente sur $H(X)$ d'une algèbre de Lie $\mathfrak{L}$ de dimension 1. Pour tout $V \in \mathit{Vec}_K$, qu'on écrive $V(r)$ pour $V \otimes_K \mathfrak{L}^r$, comme dans [**D80a**, 1.6.14]. On retrouve alors les « twists perdus » : l'action nilpotente en question s'écrit $H(X)(1) \to H(X)$, et les isomorphismes de Lefschetz

$$\mathrm{Gr}^x_{d-i}(r) = H^i(X)(r) \longrightarrow H^{2d-i}(X)(d-i+r) = \mathrm{Gr}^x_{i-d}(d-i+r).$$

5.2.4. Conjecture standard de type Lefschetz. — Dorénavant H^* est une cohomologie de Weil vérifiant les théorèmes de Lefschetz (par exemple une cohomologie classique). Une polarisation η de $X \in \mathcal{P}(k)$ étant fixée, on définit l'*involution de Lefschetz* $*_L = *_{L,X}$ de $\oplus_{i,r} H^i(X)(r)$ comme étant L^{d-i} si $i \leqslant d$ et l'inverse de L^{i-d} si $i > d$.

5.2.4.1. Conjecture **($B(X)$).** — *L'involution de Lefschetz $*_{L,X}$ est donnée par une correspondance algébrique (à coefficients rationnels).*

(Autrement dit, les inverses des isomorphismes de Lefschetz sont donnés par des correspondances algébriques — comparer avec 5.1.1.3).

La conjecture standard de type Lefschetz est « stable par produit » — relativement à la polarisation produit $\eta \otimes [X'] + [X] \otimes \eta'$ — (appliquer la remarque 5.2.2.2 2) à l'anneau $\mathfrak{A}$ des correspondances algébriques). Elle a pour conséquence une généralisation de 5.1.1.3 où « automorphisme » est remplacé par « isomorphisme » :

5.2.4.2. Lemme **(sous $B(X) + B(Y)$).** — *Si un isomorphisme $u : H^i(X) \to H^{i+2r}(Y)(r)$ est donné par une correspondance algébrique, il en est de même de son inverse*[10].

En particulier (prenant $X = Y$ et $u = L^{d-i}$), $B(X)$ est indépendante du choix de la polarisation.

Démonstration. — En effet, il suffit par 5.1.1.3 d'exhiber un isomorphisme

$$H^{i+2r}(Y)(r) \longrightarrow H^i(X),$$

et $*_{L,X} \circ {}^t u \circ *_{L,Y}$ fait l'affaire. □

Le résultat suivant était mentionné, sans preuve, dans [**Gro69a**] :

5.2.4.3. Proposition. — *Les conditions suivantes sont équivalentes :*

1) $B(X)$,

2) *pour tout $m \geqslant 0$ et tout $r \leqslant md/2$, l'homomorphisme injectif*

$$\mathcal{Z}^r_{\mathrm{hom}}(X^m)_{\mathbf{Q}} \longrightarrow \mathcal{Z}^{md-r}_{\mathrm{hom}}(X^m)_{\mathbf{Q}}$$

induit par $L^{md-2r}_{X^m}$ est bijectif,

(10) il n'est pas clair, en revanche, que si $B(X)$ vaut pour tout $X \in \mathcal{V}$, la réalisation $H^* : M_{\mathrm{hom}}(\mathcal{V})_F \to \mathit{VecGr}_K$ soit un foncteur conservatif. Le problème vient des idempotents.

3) *pour tout $r \leqslant d$, l'homomorphisme injectif*

$$\mathcal{Z}^r_{\mathrm{hom}}(X^2)_{\mathbf{Q}} \longrightarrow \mathcal{Z}^{2d-r}_{\mathrm{hom}}(X^2)_{\mathbf{Q}}$$

induit par $L^{2d-2r}_{X^2}$ est bijectif.

Démonstration. — Compte tenu de ce que $B(X) \Rightarrow B(X^m)$, 1) $\Rightarrow$ 2) $\Rightarrow$ 3) est clair. Pour 3) $\Rightarrow$ 1), on applique 5.2.2.1 avec $V = H^*(X)$, (x, h) comme en 5.2.3, $\mathfrak{A} = \mathcal{Z}^{d+*}_{\mathrm{hom}}(X)_{\mathbf{Q}}$ vue comme sous-$\mathbf{Q}$-algèbre (et comme sous-algèbre de Lie) de $\mathrm{End}_K V$. En fait, la graduation de V (resp. $\mathrm{End}_K V$) correspond à l'action de h (resp. $\mathrm{ad}(h)$), et le fait que $\mathfrak{A} = \sum \mathfrak{A}^r$ soit graduée signifie qu'elle est stable sous $\mathrm{ad}(h)$ ($\mathfrak{A}^r$ est l'espace propre pour la valeur propre r). D'autre part $\mathrm{ad}(x) = \mathrm{ad}(L)$ envoie $\mathfrak{A}^r$ dans $\mathfrak{A}^{r+2}$, et la condition 3) se traduit par : x^{d-r} induit un isomorphisme $\mathfrak{A}^{-r} \to \mathfrak{A}^r$, ce qui montre que $\mathrm{Gr}^x_r \cong \mathfrak{A}^{-r}$. L'hypothèse ii) de 5.2.2.1 est donc satisfaite, et l'implication ii) $\Rightarrow$ v) nous donne que $*_L \in \mathfrak{A}$, c'est-à-dire $B(X)$. □

5.2.4.4. Remarque. — La condition 3) implique que $\dim \mathcal{Z}^r_{\mathrm{hom}}(X^2)_K = \dim \mathcal{Z}^{2d-r}_{\mathrm{hom}}(X^2)_K$ (mais la réciproque n'est pas claire, *cf.* 5.2.2.2 1)). Elle implique aussi l'assertion analogue avec $\mathcal{Z}_{\mathrm{num}}$.

5.2.4.5. Statut. — La conjecture B est vraie en dimension $\leqslant 2$, et pour les variétés abéliennes [**Kl68**], cas connus de Grothendieck (avant la rédaction de [**Gro69a**]). Il n'y a eu quasiment aucun progrès sur cette conjecture depuis. Le cas des variétés fibrées en variétés abéliennes sur une courbe projective lisse pose déjà problème (et aurait d'intéressantes conséquences, *cf.* ch. 10).

5.2.4.6. Exemple. — Si X est une variété abélienne de dimension d, ${}^c\Lambda$ est l'opérateur produit de Pontriagin avec $D^{d-1}/((d-1)!\deg(D^d))$ (Lieberman [**Lie68**]).

5.2.5. « Théorèmes de Lefschetz fort et faible » au niveau des motifs

Soient X une k-variété projective lisse de dimension d, $\iota : Y \hookrightarrow X$ l'inclusion d'une section hyperplane lisse dans un plongement projectif fixé, η la polarisation de X associée.

5.2.5.1. Proposition. — *On suppose $C(X)$. Alors les conditions suivantes sont équivalentes :*

1) *$B(X)$,*
2) *pour tout $i \leqslant d$, L^{d-i} induit un isomorphisme $\mathfrak{h}^i_{\mathrm{hom}}(X) \cong \mathfrak{h}^{2d-i}_{\mathrm{hom}}(X)(d-i)$,*
3) *pour tout $i \leqslant d$, L^{d-i} induit un isomorphisme $\mathfrak{h}^i_{\mathrm{num}}(X) \cong \mathfrak{h}^{2d-i}_{\mathrm{num}}(X)(d-i)$.*

Elles impliquent $B(Y)$, ainsi que

4) $\mathfrak{h}^i_{\mathrm{hom}}(X) \xrightarrow{\iota^*} \mathfrak{h}^i_{\mathrm{hom}}(Y)$ *est un isomorphisme pour $i < d-1$, et un monomorphisme scindé (i.e. inversible à gauche) pour $i = d-1$,*

qui implique que

5) $\mathfrak{h}^i_{\mathrm{num}}(X) \xrightarrow{\iota^*} \mathfrak{h}^i_{\mathrm{num}}(Y)$ *est un isomorphisme pour* $i < d-1$, *et un monomorphisme pour* $i = d-1$.

Démonstration. — 1) $\Leftrightarrow$ 2) $\Rightarrow$ 3), de même que 4) $\Rightarrow$ 5), sont immédiats. Pour 3) $\Rightarrow$ 2) sous $C(X)$, utiliser 5.1.3.3.

Notons, comme il est d'usage, $\Lambda_X = *_{L,X}\, L_X *_{L,X}$. On a encore $\mathbf{Q}[L_X, \Lambda_X] = \mathbf{Q}[L_X, *_{L,X}]$. De même pour Y ; en outre $L_X = \iota_*\iota^*$ et $L_Y = \iota^*\iota_*$. On a la formule $\Lambda_Y = \iota^*\Lambda_X\iota_*$, [**Kl68**, 1.4.7], d'où l'implication $B(X) \Rightarrow B(Y)$.

$B(X) + B(Y) \Rightarrow 4)$: compte tenu de 5.2.4.2, Lefschetz faible implique alors que $\mathfrak{h}^i_{\mathrm{hom}}(X) \to \mathfrak{h}^i_{\mathrm{hom}}(Y)$ est un isomorphisme pour $i < d-1$. Par ailleurs, pour tout $i < d$, l'isomorphisme $\mathfrak{h}^i_{\mathrm{hom}}(X) \xrightarrow{L_X^{d-i}} \mathfrak{h}^{2d-i}_{\mathrm{hom}}(X)(d-i)$ n'est autre que $\iota_*\, L_Y^{d-1-i}\, \iota^*$, donc ι^* est inversible à gauche. □

5.3. Polarisations II (Hodge)

5.3.1. Le théorème de l'indice de Hodge. — Soit (X, η) une k-variété projective lisse polarisée. La représentation de sl_2 sur $H(X)$ associée à $L = L_\eta$ par le théorème de Lefschetz fort s'intègre en une représentation du groupe algébrique SL_2.

On définit *l'involution de Hodge* $*_H = *_{H,X}$ en modifiant $*_L$ par un facteur $(-1)^{j(j+1)/2} \cdot \frac{i!}{d-i-j!}$ sur chaque composante $L^iP^j(X)$ de la décomposition primitive [**A96a**, 1.1].

L'intérêt de cette modification est que si $k \subset \mathbf{C}$, l'opérateur star de la théorie de Hodge (*cf.* [**GH78**], [**W68**], [**Gre94**, p. 11]) s'identifie au conjugué complexe de $*_H$, à un facteur $(\sqrt{-1})^{q-p}$ près sur chaque composante $H^{p,q}$ de la décomposition de Hodge.

L'une des formulations du théorème de l'indice de Hodge est que si $k \subset \mathbf{C}$, on a $\langle v, *_H v\rangle > 0$ pour tout $v \in H^{r,r} \cap H^{2r}(X, \mathbf{R})$. Cela s'applique en particulier aux classes de cycles algébriques (3.4.5).

5.3.1.1. Remarque. — À l'aide des formules de [**Bou**, VIII.1.5], on vérifie aisément que l'élément de Weyl $w_{H(X)}$ (voir 5.2.2.2 2)) agit sur chaque composante $L^iP^j(X)$ comme $*_H$ multipliée par le signe $(-1)^{j(j+1)/2}$.

Il suit de là que $\mathbf{Q}[L, *_L] = \mathbf{Q}[L, *_H]$; en particulier, on peut formuler la conjecture standard de type Lefschetz en remplaçant $*_L$ par $*_H$. Par ailleurs, on a la formule ${}^c\Lambda = *_H\, L *_H$.

5.3.2. Conjecture standard de type Hodge. — (À ne pas confondre avec la conjecture de Hodge, qui sera considérée au chapitre suivant).

5.3.2.1. Conjecture **($I(X, \eta)$)**. — *Sur* $\mathcal{Z}^*_{\mathrm{hom}}(X)_{\mathbf{Q}}$, *la forme quadratique*

$$\alpha \longmapsto \langle \alpha, *_{H,X}(\alpha)\rangle$$

est à valeurs dans $\mathbf{Q}$ *et définie positive.*

5.3.2.2. Remarques

1) Par la remarque précédente, cette forme s'écrit aussi $\alpha \mapsto (-1)^r \langle \alpha, w_{H(X)}(\alpha)\rangle$ sur $\mathcal{Z}^r_{\mathrm{hom}}(X)_{\mathbf{Q}}$. Sous la conjecture standard de type Lefschetz, elle est à valeurs dans $\mathbf{Q}$, et non-dégénérée.

2) En se limitant aux cohomologies classiques, il n'est pas difficile de voir par spécialisation que la conjecture standard de type Hodge est vraie sur *tout* corps k si elle l'est sur tout corps fini.

5.3.2.3. Statut

– Pour k de caractéristique nulle et H^* classique, la conjecture standard de type Hodge découle du théorème de l'indice de Hodge *via* les isomorphismes de comparaison.

– En toute caractéristique, $I(X,\eta)$ est vraie sur $\mathcal{Z}^r_{\mathrm{hom}}(X)_{\mathbf{Q}}$, pour $r = 0, 1, d-1, d$. Cela se ramène par Lefschetz faible au cas des surfaces. Pour les surfaces, $I(X,\eta)$ est un théorème de Segre-Grothendieck [**Gro58**].

– Pour les variétés abéliennes sur les corps finis, il y a un résultat conditionnel dans [**Mi3**].

5.4. Équivalences homologique et numérique, et relations entre les conjectures standard

5.4.1. Conjecture standard $\sim_{\mathrm{hom}} \overset{?}{=} \sim_{\mathrm{num}}$

***5.4.1.1. Conjecture** ($D(X)$).* — $\mathcal{Z}^*_{\mathrm{hom}}(X)_{\mathbf{Q}} = \mathcal{Z}^*_{\mathrm{num}}(X)_{\mathbf{Q}}$ *: l'équivalence homologique coïncide avec l'équivalence numérique.*

C'est à bien des égards la conjecture standard principale.

5.4.1.2. Remarque. — Elle implique l'énoncé analogue à coefficients dans une $\mathbf{Q}$-algèbre quelconque F, du fait que l'homomorphisme composé

$$\mathcal{Z}^*_{\mathrm{hom}}(X)_{\mathbf{Q}} \otimes F \twoheadrightarrow \mathcal{Z}^*_{\mathrm{hom}}(X)_F \twoheadrightarrow \mathcal{Z}^*_{\mathrm{num}}(X)_F \cong \mathcal{Z}^*_{\mathrm{num}}(X)_{\mathbf{Q}} \otimes F$$

est bijectif.

En revanche, $\sim_{\mathrm{hom}} \neq \sim_{\mathrm{num}}$ si F est un corps fini $\mathbf{F}_\ell$ et si on prend pour cohomologie de Weil la cohomologie étale à coefficients dans $\mathbf{F}_\ell$ (par exemple si A est une courbe elliptique sans multiplication complexe sur $\mathbf{C}$ et si $\ell = 2$, $\mathfrak{h}^1_{\mathrm{num}}(A) = 0$).

5.4.1.3. Proposition. — *Sous $D(X^2)$, l'algèbre des correspondances sur X (modulo équivalence homologique) est semi-simple ; de même pour la sous-algèbre des correspondances de degré 0. Par ailleurs, la semi-simplicité de $(\mathcal{Z}^{d+*}_{\mathrm{hom}}(X\times X)_{\mathbf{Q}}, \circ)$ implique $B(X)$.*

Démonstration. — Sous $D(X^2)$, l'algèbre en question est aussi l'algèbre des correspondances modulo équivalence numérique sur X. Sa sous-algèbre des correspondances de degré 0 s'identifie à $NM(k)_{\mathbf{Q}}(\mathfrak{h}(X), \mathfrak{h}(X))$. D'après le théorème de Jannsen 4.5.1.1, c'est donc une algèbre semi-simple. On peut traiter de même le cas des correspondances de degré quelconque, en appliquant le théorème 4.5.1.2 à la catégorie ayant mêmes objets que $NM(k)_{\mathbf{Q}}$ et dont les morphismes sont définis de même par des correspondances mais sans condition de degré.

Nous renvoyons à [**Sm98**] pour la seconde assertion, que nous n'utiliserons pas[11]. □

5.4.1.4. Statut

– En toute caractéristique, $D(X)$ est vraie en codimension $r = 0, d$ (trivial) et $r = 1$ (3.4.6.1) ; en caractéristique nulle, elle l'est aussi en codimension $r = 2, d-1$ [**Lie68**].

– $D(X)$ est vraie pour les variétés abéliennes, du moins si k est de caractéristique nulle [**Lie68**] ou bien si k est un corps fini et H^* = la cohomologie étale ℓ-adique pour certains ℓ (dépendant de la variété abélienne), [**Clo99**].

Compte tenu de ce que les motifs numériques forment une catégorie abélienne semi-simple, il est facile de voir que :

5.4.1.5. Lemme. — *Si $D(X)$ vaut pour tout $X \in \mathcal{V}$, la réalisation*

$$H^* : M_{\mathrm{hom}}(\mathcal{V})_F \longrightarrow VecGr_K$$

est un foncteur conservatif et exact.

5.4.2. Relations entre les conjectures standard. — On suppose que H^* est une cohomologie classique. Le résultat suivant était connu de Grothendieck.

5.4.2.1. Théorème. — *On a*

$$D(X^2) \Longrightarrow B(X) \Longrightarrow C(X) \quad \textit{et} \quad B(X) + I(X) \Longrightarrow D(X).$$

(Rappelons aussi que $B(X) \Rightarrow B(X^n)$ pour tout n).

Démonstration

– La première implication suit de 5.4.1.3. La seconde résulte de $v) \Rightarrow iv)$ dans 5.2.2.1 appliqué comme en 5.2.4.3.

– $B(X)$ entraîne que l'involution de Hodge $*_H \in \mathbf{Q}[L, *_L]$ est donnée par une correspondance algébrique (5.3.1.1). La non-dégénérescence de l'accouplement

$$\langle -, - \rangle : \mathcal{Z}^r_{\mathrm{hom}}(X)_{\mathbf{Q}} \times \mathcal{Z}^{d-r}_{\mathrm{hom}}(X)_{\mathbf{Q}} \longrightarrow \mathbf{Q}$$

équivaut donc à celle de

$$\langle -, *_H - \rangle : \mathcal{Z}^r_{\mathrm{hom}}(X)_{\mathbf{Q}} \times \mathcal{Z}^r_{\mathrm{hom}}(X)_{\mathbf{Q}} \longrightarrow \mathbf{Q}$$

qui découle de $I(X)$, et donne $D(X)$. □

(11) signalons que [**Sm98**], citant incorrectement Jannsen, remplace à tort $D(X^2)$ par $D(X)$ dans la première assertion.

5.4.2.2. Corollaire. — *En caractéristique nulle (et pour une cohomologie de Weil H^* classique), les conjectures standard se ramènent à la seule conjecture de type Lefschetz.*

En effet, $I(X)$ est alors un théorème.

Par 5.4.2.1 et 5.4.1.3, $B(X) + D(X^2)$ impliquent la semi-simplicité de l'algèbre des correspondances sur X ; cela découle aussi du résultat plus précis suivant :

***5.4.2.3. Lemme* (sous $B(X) + I(X^2)$)**. — *L'algèbre des correspondances sur X a une involution positive $'$.*

L'involution positive (*i.e.* telle que $\mathrm{tr}(\alpha\alpha') > 0$ si $\alpha \neq 0$) n'est autre que la transposition relativement à la forme bilinéaire $\langle -, *_H - \rangle$ sur $H^i(X)$ (qui est alternée si i est impair, symétrique si i est pair).

5.4.3. Quelques conséquences des conjectures standard. — L'application « standard » des conjectures standard concerne la théorie de Galois motivique, et sera développée au chapitre suivant. Voici pêle-mêle quelques autres applications.

– Commençons par l'application « historique », c'est-à-dire par l'argument de Serre-Grothendieck pour en déduire la conjecture de Weil (prouvée ensuite et par une autre voie par Deligne) : soit $X \in \mathcal{P}(\mathbf{F}_q)$ de dimension d, muni d'une polarisation. Posons $\varphi = (\sum q^{-i/2}\pi^i)\,\mathrm{Fr}_X^* \in \mathcal{Z}^d_{\mathrm{hom}}(X \times X)_{\mathbf{Q}(\sqrt{q})}$. Ses valeurs propres sur $H_\ell(X)$ sont des nombres algébriques (qu'on identifie à des nombres complexes), *cf.* 5.1.1.3. Par ailleurs, φ commute à $*_H$, et on a $\varphi' = {}^t\varphi = \varphi^{-1}$, *cf.* [**Kl68**, 4.2]. Par le lemme précédent, on voit que la composition par φ est une transformation unitaire sur la $\mathbf{Q}(\sqrt{q})$-algèbre engendrée par φ. Ses valeurs propres sont donc de module 1, et on en déduit qu'il en est de même des valeurs propres sur $H_\ell(X)$.

– Les conjectures standard impliquent la « conjecture de monodromie-poids » de Deligne : étant donné une fibration projective semi-stable en caractéristique mixte, la suite spectrale des poids (qui dégénère en E_2) aboutit à la cohomologie ℓ-adique de la fibre géométrique générique qu'elle munit de la filtration canonique (*cf.* 5.2.2) attachée au logarithme de la monodromie locale ; la conjecture est que cette filtration coïncide avec la filtration par le poids (définie en termes de valeurs propres de Frobenius), à un décalage près, *cf.* [**mSai**].

– La conjecture $\sim_{\mathrm{hom}} \overset{?}{=} \sim_{\mathrm{num}}$ implique aussi la conjecture (due à Grothendieck) de déformation des cycles algébriques par transport parallèle, que nous évoquerons au chapitre 10.

Elle aurait aussi des applications aux variétés non nécessairement projectives. Par exemple, elle fournirait la clé pour de nombreux problèmes du type « indépendance en ℓ » en cohomologie ℓ-adique. Par ailleurs, elle impliquerait (sous la résolution des singularités) que la suite exacte usuelle de localisation pour les groupes de Chow vaudrait aussi pour les groupes de cycles modulo équivalence homologique, *cf.* [**CHa00**, 6.7].

Tableau synoptique

conjecture standard de type Lefschetz $\Longrightarrow$ conjecture standard de type Künneth

conjecture standard de type Lefschetz + conjecture standard de type Hodge $\Longrightarrow$ toutes les conjectures standard, notamment la conjecture $\sim_{\mathrm{hom}} \stackrel{?}{=} \sim_{\mathrm{num}}$

$\Downarrow$

conservativité des réalisations des motifs homologiques

si $\operatorname{car} k = 0$:
conjecture standard de type Lefschetz $\Longrightarrow$ toutes les conjectures standard.

CHAPITRE 6

GROUPES DE GALOIS MOTIVIQUES

Nous appliquons la théorie tannakienne générale aux motifs, en présence des conjectures standard, et présentons la notion de groupe de Galois motivique, selon la voie esquissée dans l'introduction (1.3), et quelques-unes des propriétés de ces groupes.

6.1. Conjecture des signes et modification de la contrainte de commutativité

6.1.1. Soit $\mathcal{V}$ une sous-catégorie pleine de $\mathcal{P}(k)$ stable par somme disjointe et produit. Soit F un corps de caractéristique nulle. Comme précédemment (4.1.6), on note $M_{\sim}(\mathcal{V})_F$ la sous-$\otimes$-catégorie rigide pleine de $M_{\sim}(k)_F$ formée des motifs découpés sur les objets de $\mathcal{V}$.

Toute cohomologie de Weil H^* à coefficients dans une extension K/F définit un $\otimes$-foncteur fidèle

$$H^* : M_{\mathrm{hom}}(\mathcal{V})_F \longrightarrow sVec_K$$

à valeurs dans les super-espaces vectoriels.

Si la conjecture (standard) des signes $C^+(X)$ vaut pour tout $X \in \mathcal{V}$, la $\otimes$-catégorie rigide $M_{\mathrm{hom}}(\mathcal{V})_F$ est $\mathbf{Z}/2$-graduée et H^* est compatible aux $\mathbf{Z}/2$-graduations. La $\otimes$-catégorie rigide $M_{\mathrm{num}}(\mathcal{V})_F$ hérite alors de cette $\mathbf{Z}/2$-graduation[1].

6.1.2. Il est parfois plus commode, notamment en vue d'appliquer la théorie tannakienne, de disposer d'un $\otimes$-foncteur à valeurs dans Vec_K plutôt que dans $sVec_K$. On est ainsi amené, pour pouvoir considérer H^* comme un tel foncteur, à *modifier la contrainte de commutativité naturelle*[2] *de* $M_{\mathrm{hom}}(\mathcal{V})_F$ *suivant la règle de Koszul* : mettre un signe $(-)^{ij}$ devant l'isomorphisme naturel

$$\mathrm{Gr}_i(M) \otimes \mathrm{Gr}_j(N) \cong \mathrm{Gr}_j(N) \otimes \mathrm{Gr}_i(M), \quad i, j \in \mathbf{Z}/2\mathbf{Z}.$$

---

[1] qui ne dépend pas de la cohomologie H^*, *cf.* [**AK02a**, app. B].

[2] celle, rappelons-le, qui provient de la simple interversion des deux facteurs $X \times Y \cong Y \cong X$.

Pour $\sim = \sim_{\mathrm{hom}}$ ou $\sim_{\mathrm{num}}$, nous noterons $\dot{M}_\sim(\mathcal{V})_F$ la $\otimes$-catégorie rigide qui se déduit de $M_\sim(\mathcal{V})_F$ après ce changement de contrainte de commutativité. On a donc un $\otimes$-foncteur fidèle

$$H^* : \dot{M}_{\mathrm{hom}}(\mathcal{V})_F \longrightarrow Vec_K.$$

6.1.2.1. Théorème. — *$\dot{M}_{\mathrm{num}}(\mathcal{V})_F$ est tannakienne semi-simple.*

Démonstration. — Le rang de tout objet de $\dot{M}_{\mathrm{hom}}(\mathcal{V})_F$ est celui de son image par H^*, donc un entier naturel[(3)]. C'est aussi celui de son image dans $\dot{M}_{\mathrm{num}}(\mathcal{V})_F$. Comme $\dot{M}_{\mathrm{hom}}(\mathcal{V})_F \to \dot{M}_{\mathrm{num}}(\mathcal{V})_F$ est essentiellement surjectif, le rang de tout objet de $\dot{M}_{\mathrm{num}}(\mathcal{V})_F$ est donc un entier naturel. Par ailleurs, $\dot{M}_{\mathrm{num}}(\mathcal{V})_F$ est abélienne semi-simple (4.5.1.1). On conclut par le critère de Deligne 2.3.1.1. □

6.1.2.2. Remarque. — Cette façon de forcer les motifs numériques à former une catégorie tannakienne est assez artificielle[(4)] (voir ci-dessous 6.2.3 pour une formulation qui retient les aspects tannakiens sans forcer la contrainte naturelle de commutativité).

Un tel changement de contrainte de commutativité ne serait d'ailleurs pas possible pour les motifs modulo une équivalence adéquate plus fine que l'équivalence homologique : s'il est raisonnable de supposer que les projecteurs de Künneth pairs se relèvent (*cf.* 11.2.1.2, 12.1.2.1), on ne peut supposer que ces relevés soient centraux.

En fait, l'obstruction à relever la contrainte modifiée (celle de $\dot{M}_{\mathrm{hom}}(\mathcal{V})_F$) à $M_{\mathrm{rat}}(\mathcal{V})_F$ se manifeste déjà si $\mathcal{V}$ contient une courbe X de genre $\geqslant 2$ (disons sur $\mathbf{C}$). En effet, il existe alors un 0-cycle α de degré 0 sur X tel que $\alpha^{\otimes 2} \neq 0$ dans $\mathrm{CH}^2(X \times X)_F$. Interprétons α comme morphisme $\mathfrak{h}^1_{\mathrm{rat}}(X) \to \mathbf{1}$. Si $\dot{c}$ relevait dans $M_{\mathrm{rat}}(\mathcal{V})_F$ la contrainte de commutativité de $\dot{M}_{\mathrm{hom}}(\mathcal{V})_F$, on aurait $\alpha^{\otimes 2} \circ \gamma = \alpha^{\otimes 2}$ par fonctorialité, en posant $\gamma = \dot{c}_{h^1_{\mathrm{rat}}(X), h^1_{\mathrm{rat}}(X)}$. Si $\tau : X \times X \to X \times X$ désigne l'interversion des facteurs, on a aussi $\alpha^{\otimes 2} \circ \tau^* = \alpha^{\otimes 2}$, donc $\tau^* - \gamma$ ne serait pas inversible sur $h^1_{\mathrm{rat}}(X)^{\otimes 2}$. Comme nous le verrons en 12.1.2.3, 12.1.3.4, il en serait de même sur $h^1_{\mathrm{hom}}(X)^{\otimes 2}$. Or $\tau^* - \gamma = -2\,\mathrm{id}$ sur $h^1_{\mathrm{hom}}(X)^{\otimes 2}$: contradiction.

Le théorème 6.1.2.1 affirme l'existence de foncteurs fibres. D'après 2.3.4, on dispose donc d'un groupe tannakien interne $\pi(\dot{M}_{\mathrm{num}}(\mathcal{V})_F)$. Mais pour définir de vrais groupes de Galois motiviques, il manque encore l'interprétation des réalisations comme foncteurs fibres explicites.

---

(3) En termes des nombres de Betti introduits en 4.2.5, le rang de $M \in M_{\mathrm{hom}}(\mathcal{V})_F$ est $\sum(-1)^i b_i(M)$, tandis que le rang de M vu comme objet de $\dot{M}_{\mathrm{hom}}(\mathcal{V})_F$ est $\sum b_i(M)$.

(4) pour cette raison, nous avons utilisé la notation avec un point de manière exactement opposée à celle qui avait cours, jusqu'au début des années 80 (où l'on réservait le point pour les catégories de motifs avec la contrainte de commutativité naturelle). Ce changement de contrainte peut toutefois se justifier, quelque peu paradoxalement, dans la perspective des motifs mixtes, *cf.* 21.1.

6.1.2.3. Remarque. — Dans ce qui précède, car $F = 0$. Si on suppose au contraire car $F > 0$, alors $\dot{M}_{\mathrm{num}}(\mathcal{V})_F$ n'est pas tannakienne en général; ceci est à rapprocher de la remarque 5.4.1.2. Qu'en est-il de $\dot{M}_{\mathrm{hom}}(\mathcal{V})_F$?

6.2. Réalisation de Betti et groupes de Galois motiviques

6.2.1. *Supposons à présent que les objets de $\mathcal{V}$ vérifient $D(X)$* (ce qui est plus fort que $C^+(X)$). On a alors un $\otimes$-foncteur fidèle et exact

$$H^* : \dot{M}_{\mathrm{num}}(\mathcal{V})_F = \dot{M}_{\mathrm{hom}}(\mathcal{V})_F \longrightarrow Vec_K,$$

c'est-à-dire un *foncteur fibre* sur la $\otimes$-catégorie rigide abélienne $\dot{M}_{\mathrm{num}}(\mathcal{V})_F$.

Le groupe de Galois motivique attaché à $\mathcal{V}$ et H^* est le K-schéma en groupes affine

$$\mathrm{Aut}^{\otimes} H^*_{|\dot{M}_{\mathrm{num}}(\mathcal{V})_F}.$$

C'est l'image par H^* du groupe tannakien interne $\pi(\dot{M}_{\mathrm{num}}(\mathcal{V})_F)$.

Du fait que $\dot{M}_{\mathrm{num}}(\mathcal{V})_F$ est semi-simple, c'est un groupe *pro-réductif* (2.3.2).

6.2.2. Le cas le plus intéressant est sans doute celui où $k \subset \mathbf{C}$, $F = \mathbf{Q}$ et H^* est classique. Puisque $\mathcal{V}$ est stable par produit, dire que tout $X \in \mathcal{V}$ vérifie $D(X)$ revient à dire que tout $X \in \mathcal{V}$ vérifie la conjecture standard de type Lefschetz $B(X)$, *cf.* 5.4.2.1.

En vertu des isomorphismes entre cohomologies classiques, la conjecture $D(X)$ (pour $X \in \mathcal{V}$) ne dépend pas de H^*. Pour H^*_B, on obtient un foncteur fibre

$$H^* : \dot{M}_{\mathrm{num}}(\mathcal{V})_{\mathbf{Q}} \longrightarrow Vec_{\mathbf{Q}}.$$

En particulier, $\dot{M}_{\mathrm{num}}(\mathcal{V})_{\mathbf{Q}}$ est tannakienne neutre.

C'est le $\mathbf{Q}$-groupe pro-réductif

$$G_{\mathrm{mot}}(\mathcal{V}) := \mathrm{Aut}^{\otimes}(H^*_B)_{|\dot{M}_{\mathrm{num}}(\mathcal{V})_{\mathbf{Q}}}$$

qu'on appelle généralement *groupe de Galois motivique attaché à $\mathcal{V}$*.

Si $\mathcal{V}$ est formée des sommes de puissances de X, il est aussi noté $G_{\mathrm{mot}}(X)$. Plus généralement, pour tout $M \in \dot{M}_{\mathrm{num}}(\mathcal{V})_{\mathbf{Q}}$, on définit $G_{\mathrm{mot}}(M)$ comme le quotient de $G_{\mathrm{mot}}(\mathcal{V})$ correspondant à la sous-catégorie tannakienne engendrée par M. Ce sont des groupes réductifs (de type fini sur $\mathbf{Q}$, *cf.* 2.3.2).

En utilisant l'ordre partiel d'inclusion des objets de $\mathcal{V}$, on obtient une description de $G_{\mathrm{mot}}(\mathcal{V})$ comme limite inductive filtrante (à flèches de transition fidèlement plates) de groupes réductifs

$$G_{\mathrm{mot}}(\mathcal{V}) = \varprojlim_{X \in \mathcal{V}} G_{\mathrm{mot}}(X).$$

La conjecture standard $\sim_{\mathrm{hom}} \stackrel{?}{=} \sim_{\mathrm{num}}$ permettrait de prendre $\mathcal{V} = \mathcal{P}(k)$ et de construire le *groupe de Galois motivique pur absolu* $G_{\mathrm{mot},k} := G_{\mathrm{mot}}(\mathcal{P}(k))$.

6.2.3. D'après la théorie tannakienne, la catégorie tannakienne $\dot{M}_{\rm num}(\mathcal{V})_{\mathbf{Q}}$ est équivalente à $Rep_{\mathbf{Q}} G_{\rm mot}(\mathcal{V})$. On peut se dispenser de tordre la contrainte de commutativité pour traduire ce résultat. Le fait que la réalisation H^* préserve la $\mathbf{Z}/2$-graduation se traduit par un homomorphisme central

$$\mu_2 \longrightarrow G_{\rm mot}(\mathcal{V}).$$

L'image de -1 est un élément central d'ordre 1 ou 2 dans $G_{\rm mot}(\mathcal{V})$, que nous noterons $-\,\mathrm{id}$. Avec la contrainte de commutativité naturelle des motifs numériques, on a :

$$\boxed{M_{\rm num}(\mathcal{V})_{\mathbf{Q}} \cong Rep_{\mathbf{Q}}(G_{\rm mot}(\mathcal{V}), -\,\mathrm{id})}$$

(rappelons que $Rep_{\mathbf{Q}}(G_{\rm mot}(\mathcal{V}), -\,\mathrm{id})$ désigne la $\otimes$-catégorie rigide des super-représentations de $G_{\rm mot}(\mathcal{V})$ dont la parité est définie par l'action de $-\,\mathrm{id}$, *cf.* 2.2.2.1, ex. 3).

6.2.4. En fait, la réalisation H^* préserve la $\mathbf{Z}$-graduation toute entière, d'où un cocaractère central

$$\boldsymbol{w} : \mathbb{G}_m \longrightarrow G_{\rm mot}(\mathcal{V})$$

appelé *cocaractère des poids*. On a bien sûr $G_{\rm mot}(\mathbf{1}(1)) = \mathbb{G}_m$. Si $M_{\rm hom}(\mathcal{V})_{\mathbf{Q}}$ contient $\mathbf{1}(1)$, on a donc un épimorphisme dans l'autre sens

$$\boldsymbol{t} : G_{\rm mot}(\mathcal{V}) \longrightarrow \mathbb{G}_m$$

lié au précédent par la relation $\boldsymbol{t} \circ \boldsymbol{w} = -2$ (dans $\mathrm{End}\,\mathbb{G}_m = \mathbf{Z}$), puisque $\mathbf{1}(1)$ est de poids -2.

6.2.5. On peut bien entendu prendre pour $\mathcal{V}$ la catégorie des k-schémas étales finis (*i.e.* les objets de $\mathcal{P}(k)$ de dimension 0) ; $M_{\rm num}(\mathcal{V})_{\mathbf{Q}} = \dot{M}_{\rm num}(\mathcal{V})_{\mathbf{Q}}$ n'est alors autre que la catégorie $AM(k)_{\mathbf{Q}}$ des motifs d'Artin, et le groupe de Galois motivique correspondant n'est autre que $\mathrm{Gal}(\overline{k}/k)$, vu comme schéma en groupes constant profini. Plus généralement, si $\mathcal{V}$ contient tous les k-schémas étales finis, on a donc un épimorphisme

$$\boldsymbol{a} : G_{\rm mot}(\mathcal{V}) \longrightarrow \mathrm{Gal}(\overline{k}/k).$$

6.2.5.1. Exercice. — Soit k' une extension finie galoisienne de k. Montrer que $\underline{\mathrm{Aut}}^{\otimes}(H_B)_{|\langle \mathfrak{h}(\mathrm{Spec}\, k')\rangle}$ est $\mathrm{Gal}(k'/k)$ vu comme schéma en groupes fini constant sur $\mathbf{Q}$. Montrer que si l'extension k'/k est non abélienne, $\underline{\mathrm{Aut}}^{\otimes}(H_{\rm DR})_{|\langle \mathfrak{h}(\mathrm{Spec}\, k')\rangle}$ est un schéma en groupes étale fini non constant sur k et le décrire.

6.2.6. Le théorème de l'indice de Hodge permet d'appliquer le lemme 5.4.2.3, qui exprime que $M_{\rm hom}(\mathcal{V})_{\mathbf{Q}}$ est *polarisée*. Nous ne rappelons pas la définition générale de ce terme (voir [**Saa72**], et [**Mi94**] pour un résumé), nous contentant d'en signaler quelques conséquences :

– tout motif $M \in M_{\mathrm{hom}}(\mathcal{V})_{\mathbf{Q}}$ purement de poids n est isomorphe à $M^\vee(-n)$. En particulier, toute représentation (de dimension finie) de tout quotient semi-simple de $G_{\mathrm{mot}}(\mathcal{V})$ est auto-duale cela restreint énormément les possibilités pour les facteurs simples intervenant dans $G_{\mathrm{mot}}(\mathcal{V})$.

– $G_{\mathrm{mot}}(\mathcal{V})$ se déploie sur $\mathbf{Q}^{\mathrm{cm}}$, le sous-corps maximal de $\overline{\mathbf{Q}}$ tel que la conjugaison complexe soit centrale dans $\mathrm{Gal}(\mathbf{Q}^{\mathrm{cm}}/\mathbf{Q})$.

– l'action de $\mathrm{Gal}(\overline{\mathbf{Q}}/\mathbf{Q})$ sur le diagramme de Dynkin de tout quotient semi-simple G de $G_{\mathrm{mot}}(\mathcal{V})$ se factorise donc à travers $\mathrm{Gal}(\mathbf{Q}^{\mathrm{cm}}/\mathbf{Q})$. La conjugaison complexe agit par l'involution d'opposition, *cf.* [**Se94**, 8.6]. En outre, il existe une involution dans $G(\mathbf{R})$ dont le centralisateur est un sous-groupe compact maximal.

6.2.6.1. Remarque. — Si le corps de base k est de caractéristique > 0, il n'est plus vrai en général que les catégories tannakiennes de motifs numériques soient neutres. En effet (d'après Serre), si $k \supset \mathbf{F}_{p^2}$ (le cas où $k = \mathbf{F}_p$ est moins clair !) et si $\mathcal{V}$ contient une courbe elliptique supersingulière A sur k, alors $D = \mathrm{End}\,\mathfrak{h}^1(A)$ est une $\mathbf{Q}$-algèbre de quaternions non déployée à l'infini et en p, qui ne peut donc agir non trivialement sur le K-espace de dimension deux $H^1(A)$ que si K déploie D ; cela exclut par exemple $K = \mathbf{Q}, \mathbf{R}$, et $\mathbf{Q}_p$. Rappelons qu'on dispose tout de même d'un schéma en groupes affine « interne », *cf.* 2.3.4.

6.3. Groupes de Galois motiviques et invariants

6.3.1. Rappelons d'abord quelques faits élémentaires sur les représentations de groupes réductifs. Soit G un groupe algébrique linéaire sur un corps K de caractéristique nulle, et soit V une représentation fidèle de G. Alors toute représentation (de dimension finie) est sous-quotient d'un espace de tenseurs mixtes $W = \oplus (V^{\otimes m_i} \otimes \check{V}^{\otimes n_i})$. Si G est réductif, on peut remplacer « sous-quotient » par « facteur direct ».

D'après Chevalley, il existe un tel espace de tenseurs mixtes W et une droite $L \subset W$ tels que G soit exactement le stabilisateur de L dans W (en termes classiques, G est « défini par ses semi-invariants ») [**Wat79**, 16.1]. Si G est réductif, il existe même un vecteur ℓ d'un espace de tenseurs W convenable tel que G soit exactement le fixateur de ℓ dans W (G est « défini par ses invariants »)[5]. Il en découle que si $\mathcal{T}$ est une catégorie tannakienne semi-simple engendrée par un objet M, et munie d'un foncteur fibre $\omega : \mathcal{T} \to Vec_K$, $\mathrm{Aut}^{\otimes}\omega$ est le sous-groupe réductif (fermé) de $GL(\omega(M))$ qui fixe les tenseurs mixtes de la forme $\omega(f)$, avec $f \in \mathcal{T}(\mathbf{1}, M^{\otimes m} \otimes \check{M}^{\otimes n})$, $m, n \in \mathbf{Z}$.

6.3.1.1. Exercice. — Montrer qu'on ne peut pas distinguer GL_n et son sous-groupe B_n des matrices triangulaires par leurs invariants tensoriels.

[5] relever $L^\vee$ en une droite $\widetilde{L}$ G-stable dans $W^\vee$ et prendre pour ℓ un générateur de $\widetilde{L} \otimes L$ dans $W^\vee \otimes W$.

6.3.2. On suppose encore $k \subset \mathbf{C}$. Pour tout $X \in \mathcal{P}(k)$ pour lequel $B(X)$ vaut, la catégorie de motifs homologiques $\langle \mathfrak{h}(X) \rangle^{\otimes}$ est alors semi-simple. Il découle de ce qui précède que le $\mathbf{Q}$-groupe $G_{\mathrm{mot}}(X) = \mathrm{Aut}^{\otimes}(H_B)_{|\langle \mathfrak{h}(X) \rangle^{\otimes}}$ est le sous-groupe réductif de $GL(H_B(X))$ qui fixe les tenseurs mixtes de la forme $\omega(f)$, avec $f \in \langle \mathfrak{h}(X) \rangle^{\otimes}(\mathbf{1}, \mathfrak{h}(X)^{\otimes m} \otimes (\mathfrak{h}(X)^{\vee})^{\otimes n})$, $m, n \in \mathbf{Z}$.

Donnons un interprétation plus concrète de ces dernières. Si l'on écarte le cas où la dimension d de X est 0 ($G_{\mathrm{mot}}(X)$ est alors un groupe de Galois usuel), $\langle \mathfrak{h}(X) \rangle^{\otimes}$ contient $\mathbf{1}(1)$ (toute polarisation homogène découpe un facteur $\mathbf{1}(-1)$ de $\mathfrak{h}^2(X)$) ; il est alors plus commode de voir $G_{\mathrm{mot}}(X)$ comme sous-groupe réductif de $GL(H(X)) \times \mathbb{G}_m$ (en identifiant le facteur $\mathbb{G}_m$ à $GL(\mathbf{Q}(1))$), ce qui permet de remplacer $\mathfrak{h}(X)^{\otimes m} \otimes (\mathfrak{h}(X)^{\vee})^{\otimes n}$ par $\mathfrak{h}(X^{m+n})(dn)$. Donc $G_{\mathrm{mot}}(X)$ s'identifie au sous-groupe réductif de $GL(H(X)) \times \mathbb{G}_m$ qui fixe les classes des cycles algébriques sur les puissances de X.

En particulier, le centre de $G_{\mathrm{mot}}(X)$ — ou plutôt le groupe des $\mathbf{Q}$-points du centre — est contenu dans le groupe des unités de $\mathrm{End}\,\mathfrak{h}(X)$.

Notons par ailleurs que sous la conjecture $B(X)$, les projecteurs de Künneth sont invariants par $G_{\mathrm{mot}}(X)$, de sorte que $G_{\mathrm{mot}}(X) \subset \prod_i GL(H^i(X)) \times \mathbb{G}_m$.

6.3.3. L'intérêt des groupes de Galois motiviques tient

– d'une part à ce que la donnée d'un petit nombre de classes de cycles algébriques suffit pour calculer ces groupes réductifs, et qu'une fois calculés, ils permettent en principe — grâce à la théorie classique des invariants — de décrire toutes les classes de cycles algébriques sur toutes les puissances de X (voir plus loin 7.6),

– d'autre part à ce que de nombreuses questions sur les correspondances algébriques modulo équivalence homologique se traduisent en termes (et souvent, se résolvent au moyen) de considérations sur les représentations de groupes réductifs — ou de leurs algèbres de Lie.

Nous reportons les exemples non triviaux de groupes de Galois motiviques, faute de disposer encore de techniques de calcul efficaces de ces groupes (voir 7.6).

CHAPITRE 7

LES CONJECTURES DE PLÉNITUDE ET DE SEMI-SIMPLICITÉ DES RÉALISATIONS ENRICHIES

Les diverses réalisations des motifs sont naturellement munies de diverses structures « linéaires » supplémentaires (bigraduation, *etc.*). Les foncteurs de réalisation s'enrichissent ainsi en des foncteurs à valeurs dans des catégories tannakiennes très simples décrites en termes d'algèbre linéaire. Nous allons étudier quatre de ces réalisations enrichies, dont on conjecture la plénitude (*i.e.* la surjectivité au niveau des morphismes).

Ces conjectures très profondes (dont celles de Hodge et de Tate), qui se présentent techniquement comme des critères hypothétiques d'existence de cycles algébriques, proposent diverses « signatures » permettant de reconnaître un motif homologique.

Le chapitre se termine par l'évocation de quelques techniques de calcul des groupes de Galois motiviques.

7.1. Foncteurs de réalisation enrichis

7.1.1. Principe. — Nous nous intéressons à diverses structures supplémentaires portées par les espaces de cohomologie classiques, par exemple l'action de Galois sur les espaces de cohomologie étale.

De telles structures supplémentaires sont les objets d'une catégorie tannakienne $\mathcal{A}$ sur un corps de caractéristique nulle K, munie de twists de Tate $\otimes K(r)_{\mathcal{A}}$ (voir [**Saa72**] pour la formalisation de cette notion ; en pratique, il s'agira des twists vus en 3.4.4). En nous limitant au cas des variétés projectives lisses[(1)], la situation que nous avons en vue est celle d'une cohomologie de Weil, vue comme $\otimes$-foncteur

$$H^* : CHM(k)_K \longrightarrow VecGr_K,$$

qui s'enrichit en (*i.e.* qui se factorise à travers) un $\otimes$-foncteur

$$H^*_{\mathcal{A}} : CHM(k)_K \longrightarrow \mathcal{A}\text{-}Gr,$$

(1) le cas général sera considéré en 22.1.

où $\mathcal{A}$-Gr désigne la $\otimes$-catégorie rigide des objets $\mathbf{Z}$-gradués de $\mathcal{A}$ (avec contrainte de commutativité donnée par la règle des signes de Koszul, suivant le degré) — cette graduation est bien entendue censée refléter le poids. On suppose que $\mathbf{1}(1)$ s'envoie sur $\otimes K(1)_{\mathcal{A}}$ placé en degré -2. Un tel foncteur est appelé « réalisation enrichie » des motifs de Chow. Il se factorise à travers $M_{\mathrm{hom}}(k)_K$.

Sous la conjecture standard des signes 5.1.3.1, on peut oublier la graduation et modifier la contrainte de commutativité naturelle de $M_{\mathrm{hom}}(k)_K$ comme en 6.1 pour obtenir un $\otimes$-foncteur

$$H_{\mathcal{A}} : \dot{M}_{\mathrm{hom}}(k)_K \longrightarrow \mathcal{A}$$

(« réalisation enrichie » des motifs homologiques).

Dans certaines situations que nous allons détailler, on conjecture que $H^*_{\mathcal{A}}$ est un foncteur plein, et que les objets dans l'image de $H^*_{\mathcal{A}}$ sont semi-simples. En fait :

7.1.1.1. Proposition. — *Supposons $H^*_{\mathcal{A}}$ plein. Sont équivalents :*

i) *les objets dans l'image de $H^*_{\mathcal{A}}$ sont semi-simples,*

ii) $\sim_{\mathrm{hom}}=\sim_{\mathrm{num}}$, *et le $\otimes$-foncteur*

$$H_{\mathcal{A}} : \dot{M}_{\mathrm{hom}}(k)_K = N\dot{M}(k)_K \longrightarrow \mathcal{A}$$

fait de $N\dot{M}(k)_K$ une sous-catégorie tannakienne de $\mathcal{A}$ (cf. 2.3.5).

Démonstration. — La plénitude de $H^*_{\mathcal{A}}$ équivaut à la pleine fidélité de $M_{\mathrm{hom}}(k)_K \to \mathcal{A}$. Sous i), $M_{\mathrm{hom}}(k)_K$ est alors semi-simple, donc $\sim_{\mathrm{hom}}=\sim_{\mathrm{num}}$ d'après 4.5.1.1. *A fortiori*, on a la conjecture des signes 5.1.3.1, et $H^*_{\mathcal{A}}$ induit un $\otimes$-foncteur pleinement fidèle $H_{\mathcal{A}} : \dot{M}_{\mathrm{hom}}(k)_K = N\dot{M}(k)_K \to \mathcal{A}$. Comme $N\dot{M}(k)_K$ est semi-simple, que tout objet dans l'image soit semi-simple équivaut alors à ce que ce $\otimes$-foncteur pleinement fidèle fasse de $N\dot{M}(k)_K$ une sous-catégorie tannakienne de $\mathcal{A}$, *i.e.* que $N\dot{M}(k)_K$ soit stable par sous-quotients pris dans $\mathcal{A}$. La réciproque est immédiate. □

En particulier, sous ces conditions, les groupes de Galois motiviques sont les mêmes que les groupes tannakiens correspondants calculés dans $\mathcal{A}$. Au demeurant, la question de montrer que les groupes tannakiens attachés aux réalisations de Tate ℓ-adiques pour divers ℓ proviennent de groupes définis sur $\mathbf{Q}$ est en partie à l'origine des idées de Grothendieck sur les groupes de Galois motiviques(2).

(2) « ... essayer de saisir le « motif » commun, la quintessence commune, dont les nombreuses théories cohomologiques connues alors étaient autant d'incarnations différentes, nous parlant chacune dans son propre langage sur la nature du « motif » dont elle était l'une des manifestations directement tangibles. Sans doute je rêve encore, en me souvenant de la forte impression que m'avait faite telle intuition de Serre, qui avait été amené à voir un groupe de Galois profini, un objet donc qui semblait de nature essentiellement discrète (ou, du moins, se réduisant tautologiquement à de simples systèmes de groupes finis), comme donnant naissance à un immense système projectif de groupes ℓ-adiques analytiques, voire de groupes algébriques sur $\mathbf{Q}_\ell$ (en passant à des enveloppes algébriques convenables), qui avaient même une tendance à être réductifs — avec du coup l'introduction de tout l'arsenal des intuitions et méthodes (à la Lie) des groupes analytiques et algébriques. Cette

7.1.2. Réalisation de Hodge. — On suppose que le corps de base k est un sous-corps de $\mathbf{C}$. Soit $X \in \mathcal{P}(k)$. La théorie de Hodge décompose canoniquement, pour tout $i \geqslant 0$, l'espace de cohomologie de De Rham complexe $H^i_{\mathrm{DR}}(X(\mathbf{C}))$ de la variété différentiable compacte $X(\mathbf{C})$ en composantes de type (p,q), avec $p \geqslant 0$, $q \geqslant 0$, $p+q=i$.

Par le théorème de comparaison de De Rham, et torsion à la Tate, cela fournit des décompositions canoniques

$$H^i_B(X)(r) \otimes_{\mathbf{Q}} \mathbf{C} = \bigoplus_{p+q=i-2r} H^{p,q}$$

où les p,q ne sont plus astreints à être positifs, et on a la relation de conjugaison $H^{p,q} = \overline{H^{q,p}}$ relativement à la structure réelle $H^i_B(X)(r) \otimes_{\mathbf{Q}} \mathbf{R}$; autrement dit, $H^i_B(X)(r)$ porte une $\mathbf{Q}$-structure de Hodge de poids $i-2r$.

Notons $HS_{\mathbf{Q}}$ la catégorie des $\mathbf{Q}$-structures de Hodge (rappelons que les objets sont les $\mathbf{Q}$-espaces V de dimension finie dont le complexifié est muni d'une bigraduation vérifiant $V^{p,q} = \overline{V^{q,p}}$, la graduation totale, appelée poids, étant définie sur $\mathbf{Q}$). C'est une catégorie tannakienne neutre sur $\mathbf{Q}$.

7.1.2.1. Exercices

1) Soit $V \in HS_{\mathbf{Q}}$. La bigraduation de $V_{\mathbf{C}}$ se décrit par un homomorphisme $\mu : \mathbb{G}_m^2 \to GL(V_{\mathbf{C}})$. Montrer que le groupe tannakien associé à la sous-catégorie tannakienne de $HS_{\mathbf{Q}}$ engendrée par V est le *groupe de Mumford-Tate de* V, *i.e.* le plus petit sous-groupe fermé $MT(V) \subset GL(V)$ tel que $MT(V)(\mathbf{C})$ contienne l'image de μ.

2) On dit que V, de poids n, est polarisable s'il existe un morphisme $\phi : V^{\otimes 2} \to \mathbf{Q}(-n)$ (polarisation) dans $HS_{\mathbf{Q}}$ tel que la forme

$$V_{\mathbf{R}}^{\otimes 2} \longrightarrow \mathbf{R}, \quad v \otimes w \longmapsto (2\pi i)^n \phi(v \otimes (\mu(i,-i) \cdot w))$$

soit symétrique définie positive. Montrer que toute structure polarisable V est semi-simple (ce qui revient à dire que $MT(V)$ est réductif).

3) Montrer que toute polarisation de X donne naissance à une polarisation de la structure de Hodge $V = H^i_B(X)(r)$.

Notons $HS\mathrm{Gr}_{\mathbf{Q}}$ la $\otimes$-catégorie rigide des objets $\mathbf{Z}$-gradués de $HS_{\mathbf{Q}}$ (avec la contrainte de commutativité induite par celle de $VecGr_{\mathbf{Q}}$). Le foncteur de réalisation de Betti s'enrichit en un $\otimes$-foncteur

$$H^*_{\mathrm{Hodge}} : CHM(k)_{\mathbf{Q}} \longrightarrow HS\mathrm{Gr}_{\mathbf{Q}},$$

construction avait un sens pour tout nombre premier ℓ, et je sentais (ou je rêve que j'ai senti) qu'il y avait un mystère à sonder, sur la relation de ces groupes algébriques pour des nombres premiers différents ; qu'ils devaient tous provenir d'un même système projectif de groupes algébriques sur le seul sous-corps commun naturel à tous ces corps de base, savoir le corps $\mathbf{Q}$... » [A. Grothendieck, Récoltes et semailles p. 206].

appelé *réalisation de Hodge* des motifs de Chow. Il se factorise à travers $M_{\text{hom}}(k)_{\mathbf{Q}}$. Sous la conjecture des signes, on obtient, en modifiant la contrainte de commutativité naturelle de $M_{\text{hom}}(k)_{\mathbf{Q}}$ comme en 6.1 et en oubliant la graduation, un $\otimes$-foncteur fidèle

$$H_{\text{Hodge}} : \dot{M}_{\text{hom}}(k)_{\mathbf{Q}} \longrightarrow HS_{\mathbf{Q}}$$

appelé *réalisation de Hodge* des motifs homologiques. La réalisation de Hodge de tout motif (pur) est polarisable, donc semi-simple.

7.1.3. Réalisation de Tate. — Ici, le corps de base k est arbitraire, et on en fixe une clôture séparable $\overline{k}$. Par fonctorialité de la cohomologie étale, $H^i_{\text{ét}}(X_{\overline{k}}, \mathbf{Q}_\ell)$ est *ipso facto* une représentation continue de $\text{Gal}(\overline{k}/k)$.

Notons $Rep_\ell \, \text{Gal}(\overline{k}/k)$ la catégorie des $\mathbf{Q}_\ell$-représentations continues (de dimension finie) de $\text{Gal}(\overline{k}/k)$. C'est une catégorie tannakienne neutre sur $\mathbf{Q}_\ell$. Le groupe tannakien $G_\ell(V)$ associé à la sous-catégorie tannakienne de $Rep_\ell \, \text{Gal}(\overline{k}/k)$ engendrée par un objet V est l'adhérence de Zariski de l'image de $\text{Gal}(\overline{k}/k)$ dans $GL(V)$.

Notons $RepGr_\ell \, \text{Gal}(\overline{k}/k)$ la $\otimes$-catégorie rigide des objets $\mathbf{Z}$-gradués de $Rep_\ell \, \text{Gal}(\overline{k}/k)$ (avec la contrainte de commutativité induite par celle de $VecGr_{\mathbf{Q}_\ell}$). Le foncteur de réalisation ℓ-adique s'enrichit en un $\otimes$-foncteur

$$H^*_{\text{Tate}} : CHM(k)_{\mathbf{Q}_\ell} \longrightarrow RepGr_\ell \, \text{Gal}(\overline{k}/k),$$

appelé *réalisation de Tate* des motifs de Chow. Il se factorise à travers $M_{\text{hom}}(k)_{\mathbf{Q}_\ell}$ (si $car\, k \neq 0$, il convient de préciser qu'on travaille avec l'équivalence homologique étale ℓ-adique). Sous la conjecture des signes, on obtient, en modifiant la contrainte de commutativité naturelle de $M_{\text{hom}}(k)_{\mathbf{Q}_\ell}$ comme en 6.1 et en oubliant la graduation, un $\otimes$-foncteur fidèle

$$H_{\text{Tate}} : \dot{M}_{\text{hom}}(k)_{\mathbf{Q}_\ell} \longrightarrow Rep_\ell \, \text{Gal}(\overline{k}/k)$$

appelé *réalisation de Tate* des motifs homologiques.

7.1.4. Interlude sur les fonctions L. — Pour k un corps fini ou un corps de nombres, on s'attend à ce que les représentations galoisiennes ainsi obtenues soient semi-simples (voir ci-dessous). Elles seraient alors déterminées par les polynômes caractéristiques des images des éléments de $\text{Gal}(\overline{k}/k)$. D'après Čebotarev, il suffirait d'ailleurs de considérer les images des Frobenius. D'où l'idée de « coder » ces représentations par des *fonctions L*.

Commençons par le cas où k est un corps fini $\mathbf{F}_q$. Soit $M = e\mathfrak{h}(X)(r)$ un motif sur k à coefficients dans $\mathbf{Q}$, Fr_M son Frobenius. Pour $\ell \nmid q$, la représentation galoisienne $H_\ell(M)$ est non ramifiée, et Fr_M agit comme le Frobenius géométrique $\text{Fr} \in \text{Gal}(\overline{k}/k)$, *i.e.* l'inverse du Frobenius arithmétique (le générateur topologique usuel). On pose

$$L(M, s) = \det(\text{id} - \text{Fr} \cdot q^{-s} \mid H_\ell(M))^{-1}.$$

Cette fonction rationnelle en q^{-s} est à coefficients dans $\mathbf{Q}$ indépendants du nombre premier ℓ auxiliaire choisi : en effet, grâce à la formule des traces de Lefschetz, on a

$$\log L(M,s) = \sum_{n>0} \frac{\langle \mathrm{Fr}_X^n, {}^t e\rangle}{n} q^{-n(r+s)}.$$

Pour $M = \mathfrak{h}(X)$, $L(M,s)$ n'est autre que la fonction zêta $\zeta(X,s) = Z(X,q^{-s})$ de X (voir [**Se65**, 1.6]).

Passons au cas où k est un corps de nombres. Définissons pour commencer les facteurs L locaux, attachés à chaque place finie v de k. On note q_v le cardinal du corps résiduel de v, I_v le groupe d'inertie en une place $\overline{v}$ de $\overline{k}$ au-dessus de v, Fr_v un relevé du Frobenius géométrique en $\overline{v}$ dans $\mathrm{Gal}(\overline{k}/k)$.

Soit M un motif à coefficients dans $\mathbf{Q}$ découpé sur $X \in \mathcal{P}(k)$. On pose

$$L_v(M,s) = \det(\mathrm{id} - \mathrm{Fr}_v \cdot q_v^{-s} \mid H_\ell(M)^{I_v})^{-1}.$$

Cette expression ne dépend pas du choix de $\overline{v}$ et Fr_v.

Si X a bonne réduction en v (ce qui arrive pour presque toute place v), on peut définir un motif M_v sur $\mathbf{F}_{q_v}$ réduction de M en v, et alors $L_v(M,s) = L(M_v,s)$ (I_v agit trivialement) ; en particulier, c'est une fonction rationnelle en q^{-s} et à coefficients dans $\mathbf{Q}$ indépendants du nombre premier ℓ auxiliaire.

On conjecture qu'il en est de même pour les places v de mauvaise réduction. S'il en est ainsi, on peut alors former le produit

$$L(M,s) = \prod_v L_v(M,s),$$

qui est une série de Dirichlet à coefficients rationnels et qui converge pour $\mathrm{Re}\, s > 1 + w/2$ où w est le plus grand poids de M. On conjecture qu'elle se prolonge en une fonction méromorphe sur $\mathbf{C}$ tout entier.

7.1.4.1. Exemples

– $L(\mathbf{1},s)$ n'est autre que la fonction zêta de Dedekind $\zeta_k(s)$.

– Si M est un motif d'Artin correspondant à un caractère rationnel χ du groupe de Galois d'une extension finie galoisienne k'/k, $L(M,s)$ n'est autre que la fonction L non abélienne d'Artin $L(k'/k,\chi,s)$ (voir [**Se65**, 2.2]). On peut d'ailleurs définir la fonction L d'un motif à coefficients dans un corps de nombres F (c'est une série de Dirichlet à coefficients dans F sous le même proviso concernant les places de mauvaise réduction), ce qui permet, dans le cas de $AM(k)_F$ lorsque F varie, de retrouver toutes les fonctions L non abéliennes d'Artin (attachées à des caractères quelconques, non nécessairement rationnels).

Tant sur un corps fini que sur un corps de nombres, on a les formules

$$\boxed{L(M(r),s) = L(M,r+s), \quad L(M\oplus N,s) = L(M,s)\cdot L(N,s)}$$

(toute décomposition de motifs se reflète en une factorisation de fonctions L).

7.1.5. Réalisation d'Ogus. — On suppose ici que k est un corps de nombres. Soient v une place non ramifiée de k où X a bonne réduction et k_v le complété de k en v. Par le théorème de comparaison avec la cohomologie cristalline (3.4.2), $H_{\mathrm{DR}}(X) \otimes_k k_v$ est alors munie d'une action semi-linéaire[3] bijective du Frobenius cristallin en v.

Notons $Og(k)$ la catégorie $\mathbf{Q}$-linéaire dont les objets sont formés d'un k-espace vectoriel V de dimension finie, dont le complété v-adique $V \otimes_k k_v$ est muni, pour presque tout v, d'un endomorphisme semi-linéaire bijectif F_v. Les morphismes sont les applications k-linéaires compatibles aux F_v pour presque tout v.

C'est une catégorie abélienne. Munie de la $\otimes$-structure induite par $\otimes_k$, c'est même une catégorie tannakienne sur $\mathbf{Q}$[4].

Notons $OgGr(k)$ la $\otimes$-catégorie rigide des objets $\mathbf{Z}$-gradués de $Og(k)$ (avec la contrainte de commutativité induite par celle de $VecGr_k$). Le foncteur de réalisation de De Rham s'enrichit en un $\otimes$-foncteur

$$H^*_{\mathrm{Ogus}} : CHM(k)_{\mathbf{Q}} \longrightarrow OgGr(k),$$

que nous appellerons *réalisation d'Ogus* des motifs de Chow. Il se factorise à travers $M_{\mathrm{hom}}(k)_{\mathbf{Q}}$. Sous la conjecture des signes, on obtient, en modifiant la contrainte de commutativité naturelle de $M_{\mathrm{hom}}(k)_{\mathbf{Q}}$ comme en 6.1 et en oubliant la graduation, un $\otimes$-foncteur fidèle

$$H_{\mathrm{Ogus}} : \dot{M}_{\mathrm{hom}}(k)_{\mathbf{Q}} \longrightarrow Og(k)$$

que nous appellerons *réalisation d'Ogus* des motifs homologiques.

7.1.6. Réalisation de De Rham-Betti. — Soient k, k' deux sous-corps de $\mathbf{C}$. Notons $Vec_{k,k'}$ la catégorie k'-linéaire dont les objets sont formés des triplets (W, V, ϖ), où $V \in Vec_{k'}$, $W \in Vec_k$, et $\varpi : W \otimes_k \mathbf{C} \to V \otimes_{k'} \mathbf{C}$ est un isomorphisme.

Nous nous intéressons au cas $k' = \mathbf{Q}$. $Vec_{k,k'}$ est alors une catégorie tannakienne neutre sur $\mathbf{Q}$ (un foncteur fibre est donné par $(W, V, \varpi) \mapsto V$).

L'isomorphisme de comparaison entre les foncteurs de réalisation de De Rham et de Betti complexifiés (isomorphisme des périodes (3.4.2)) fournit un foncteur

$$H^*_{\mathrm{DR.B}} : CHM(k)_{\mathbf{Q}} \longrightarrow Vec_{k,\mathbf{Q}},$$

que nous appellerons *réalisation De Rham-Betti* ou *réalisation des périodes* des motifs de Chow. Il se factorise à travers $M_{\mathrm{hom}}(k)_{\mathbf{Q}}$. Sous la conjecture des signes, on obtient, en modifiant la contrainte de commutativité naturelle de $M_{\mathrm{hom}}(k)_{\mathbf{Q}}$ comme en 6.1 et en oubliant la graduation, un $\otimes$-foncteur fidèle

$$H_{\mathrm{DR.B}} : \dot{M}_{\mathrm{hom}}(k)_{\mathbf{Q}} \longrightarrow Vec_{k,\mathbf{Q}}$$

(3) relativement à l'automorphisme de Frobenius canonique de k_v.

(4) on a $\mathrm{End}_{Og(k)} \mathbf{1} = \mathrm{End}_{\overline{Og(k)}} \mathbf{1} = \mathbf{Q}$ d'après le théorème de Kronecker-Čebotarev : tout élément de k dont l'image dans k_v est dans $\mathbf{Q}_{p_v}$ pour presque tout v, est en fait dans $\mathbf{Q}$. Par ailleurs, le dual de $(V, (F_v))$ est $(V^\vee, ({}^tF_v^{-1}))$.

que nous appellerons *réalisation De Rham-Betti* ou *réalisation des périodes* des motifs homologiques.

Nous consacrerons la troisième partie de cette ouvrage à l'étude de cette réalisation et de ses généralisations.

L'isomorphisme des périodes s'écrit

$$\varpi_X : H_{\mathrm{DR}}(X) \otimes_k \mathbf{C} \longrightarrow H_B(X) \otimes_{\mathbf{Q}} \mathbf{C}.$$

Prenant des bases de $H_{\mathrm{DR}}(X)$ et $H_B(X)$ (sur k et $\mathbf{Q}$ respectivement), ϖ s'exprime par une matrice $\Omega_X \in GL_N(\mathbf{C})$, la matrice des périodes[5] de X. La donnée de $(H_{\mathrm{DR}}(X), H_B(X), \varpi_X)$ est essentiellement équivalente à celle de la double classe de Ω_X dans $GL_N(\mathbf{Q})\backslash GL_N(\mathbf{C})/GL_N(k)$.

7.1.6.1. Exemple. — Si X est une courbe de genre g, les périodes de X, *i.e.* les coefficients de Ω_X, sont des invariants classiques : ce sont essentiellement les périodes des formes de première ou deuxième espèce de X. De là vient du reste le nom « période » : pour $\omega \in F^1 H^1_{\mathrm{DR}}(X)$ et $\gamma \in H_1(X(\mathbf{C}), \mathbf{Z})$, les nombres $\int_\gamma \omega$ (qui sont parmi les coefficients de Ω_X) apparaissent comme périodes — au sens usuel — des fonctions abéliennes (de g variables complexes) attachées à X. Pour une courbe elliptique, « la » matrice de périodes s'écrit

$$\begin{pmatrix} 1 & 0 & 0 & 0 \\ 0 & \int_{\gamma_1} \omega & \int_{\gamma_1} \eta & 0 \\ 0 & \int_{\gamma_2} \omega & \int_{\gamma_2} \eta & 0 \\ 0 & 0 & 0 & 2\pi i \end{pmatrix}.$$

7.1.7. Les conjectures de plénitude et de semi-simplicité.

« ... Dix choses soupçonnées seulement, dont aucune (la conjecture de Hodge disons) n'entraînent conviction, mais qui mutuellement s'éclairent et se complètent et semblent concourir à une même harmonie encore mystérieuse, acquièrent dans cette harmonie force de vision... » [A. Grothendieck, Récoltes et semailles p. 211].

7.1.7.1. Conjecture. — *Si k est algébriquement fermé dans $\mathbf{C}$, la réalisation de Hodge est un foncteur plein.*

Rappelons que la réalisation de Hodge de tout motif pur est semi-simple.

7.1.7.2. Conjecture. — *Si k est de type fini sur son sous-corps premier, alors*

i) *la réalisation de Tate est un foncteur plein,*

ii) *la réalisation de Tate de tout motif pur est semi-simple.*

7.1.7.3. Conjecture. — *Si k est un corps de nombres, alors*

i) *la réalisation d'Ogus est un foncteur plein,*

ii) *la réalisation d'Ogus de tout motif pur est semi-simple.*

---

[5] prendre garde à ce que plusieurs auteurs appellent matrice des périodes l'inverse de Ω_X ; pour eux, $2\pi i$ est période de $\mathbf{1}(1)$ et non de $\mathbf{1}(-1)$.

7.1.7.4. Conjecture. — *Si k est un corps de nombres (ou $\overline{\mathbf{Q}}$), alors*

i) *la réalisation de De Rham-Betti est un foncteur plein,*

ii) *la réalisation de De Rham-Betti de tout motif pur est semi-simple.*

Comme expliqué en préambule, chacune de ces conjectures (i)+ii)) équivaut à affirmer à la fois la conjecture standard $\sim_{\text{hom}} = \sim_{\text{num}}$ et que la catégorie des motifs numériques est une sous-catégorie tannakienne de la catégorie des structures enrichies considérée (structures de Hodge, *etc.*)

Avant de détailler chacune de ces conjectures, citons d'emblée un résultat qui résume beaucoup[(6)] de ce qu'on connaît à leur sujet :

7.1.7.5. Théorème. — *Ces conjectures de plénitude et de semi-simplicité sont vraies pour la sous-catégorie formée des motifs du type $\mathfrak{h}^1$.*

Par le truchement de 4.3.4 (1), c'est en fait un résultat sur les variétés abéliennes. Par exemple, 7.1.7.1 pour les $\mathfrak{h}^1$ se ramène au fait bien connu suivant[(7)] : si A et B sont deux variétés abéliennes, tout homomorphisme $H^1(B) \to H^1(A)$ qui respecte la structure de Hodge admet un multiple de la forme f^*, où f est un homomorphisme $A \to B$. Voir ci-dessous pour 7.1.7.2, 7.1.7.3, 7.1.7.4 (résultats dus à Tate, Zarhin, Faltings, Bost, Wüstholz).

7.1.7.6. Exercice. — La partie i) de chacune de ces conjectures de plénitude implique que tout motif ayant un groupe de Galois motivique fini est un motif d'Artin, et que tout motif de rang un devient isomorphe à un $\mathbf{1}(r)$ après extension finie de k.

7.2. La conjecture de Hodge

7.2.1. Énoncé. — Un élément de $\oplus_r H_B^{2r}(X)(r)$ qui est purement de type $(0,0)$ dans la décomposition de Hodge du complexifié est appelé *cycle de Hodge* sur X.

7.2.1.1. Remarque. — Pour un élément de la cohomologie (tordue à la Tate) à coefficients complexes, être un cycle de Hodge est donc une double condition : rationalité, et type $(0,0)$. Par ailleurs, si $H_B^i(X)(r)$ possède un élément non nul de type $(0,0)$, alors $i = 2r$ pour raison de poids.

La conjecture de Hodge s'énonce :

7.2.1.2. Conjecture. — *Si k est algébriquement fermé dans $\mathbf{C}$, tout cycle de Hodge est algébrique (i.e. est la classe d'un cycle algébrique).*

On se ramène d'ailleurs immédiatement au cas $k = \mathbf{C}$, puisque $\mathcal{Z}_{\text{hom}}(X)_{\mathbf{Q}} = \mathcal{Z}_{\text{hom}}(X_{\mathbf{C}}, \mathbf{Q})$, *cf.* 3.2.4.

(6) ou plutôt : le peu ?

(7) qui remonte essentiellement à Riemann.

7.2.1.3. Proposition

1) *La conjecture de Hodge équivaut à 7.1.7.1. Elle implique les conjectures standard*[8].

2) *La conjecture de Hodge est universellement vraie en degré cohomologique* $\leqslant 2r$ *si et seulement si pour tout entier pair* $d \leqslant 2r$, *elle est vraie pour la partie primitive* $P^d(X)$ *de la cohomologie de toute variété projective lisse, polarisée, de dimension* d.

Démonstration

1) La première assertion est immédiate, par définition des morphismes de $\dot{M}_{\mathrm{hom}}(k)_{\mathbf{Q}}$. Pour la seconde, il suffit de montrer la conjecture de type Lefschetz 5.4.2.2 ; or il est clair que l'involution de Lefschetz associée à une polarisation de X est un cycle de Hodge sur $X \times X$.

2)[9] Soit $\xi \in H_B^{2r}(Y)$ un cycle de Hodge. Pour montrer son algébricité, le théorème de Lefschetz fort (5.2.1) ramène immédiatement au cas $2r \leqslant \dim Y$, et en fait au cas où $\xi \in P_B^{2r}(Y)$. On procède alors par récurrence sur $d = \dim Y$ (n étant fixé), le cas initial $d = 2r$ étant acquis par hypothèse.

Considérons alors un pinceau de Lefschetz $\widetilde{X} \to \mathbb{P}^1$ balayant X ($\varepsilon : \widetilde{X} \to X$ est un éclatement convenable de X). Notons que pour tout $t \in \mathbb{P}^1(\mathbf{C})$, $\xi_t \in H_B^{2r}(\widetilde{X}_t)$ est une classe algébrique. Supposons trouvée une classe algébrique $\eta \in H_B^{2r}(\widetilde{X})$ telle que $\eta_t = \xi_t$. Il découle alors du théorème de Lefschetz faible que $\varepsilon^*(\xi) = \eta$, d'où aussi $\xi = \varepsilon_*(\eta)$, qui est algébrique comme souhaité.

Pour construire η, on utilise une technique standard d'épaississement : on choisit $t \in \mathbf{C}$ transcendant sur un corps de définition k de $\widetilde{X}$. ξ_t est alors la classe d'un cycle algébrique défini sur une extension finie de $k(t)$. Par spécialisation de t, on en déduit un cycle algébrique dont la classe $\eta \in H_B^{2r}(\widetilde{X})$ convient. □

7.2.1.4. Statut

– *Tout élément de la sous-*$\mathbf{Q}$*-algèbre engendrée par les cycles de Hodge dans* $H_B^2(X)(1)$ *est algébrique*, d'après un théorème de Lefschetz bien connu, *cf.* [**GH78**, I.2, p. 163]. Une abondante littérature est consacrée à dresser des listes de variétés X, notamment parmi les variétés abéliennes, telles que tout cycle de Hodge sur X soit de cette forme — donc algébrique — *cf.* [**Lew91**] ; la méthode consiste à déterminer le groupe de Mumford-Tate, ou du moins une liste de cas possibles pour ce groupe, et de vérifier ensuite à l'aide de la théorie classique des invariants que dans chacun de ces cas, les invariants sont engendrés par ceux dans H^2 (*cf.* ci-dessous 7.6).

Il n'y a que quelques exemples sporadiques de variétés X ne vérifiant pas cette condition *et* pour lesquelles la conjecture de Hodge soit connue.

– Un résultat en direction de la conjecture de Hodge pour les variétés abéliennes sera discuté plus loin (ch. 10).

---

(8) pour un corps k de caractéristique nulle arbitraire, et pour toute cohomologie classique.

(9) l'énoncé fait partie du folklore. Voir [**Th**, 2.1] pour un énoncé un peu plus précis.

– On trouve dans [**Th**] une approche originale de la conjecture générale.

7.2.2. Implications sur les groupes de Galois motiviques. — En termes tannakiens et suivant le principe indiqué en 7.1.1, on a la traduction suivante (k étant encore supposé algébriquement fermé) :

7.2.2.1. Lemme. — *Les conditions suivantes sont équivalentes :*

i) *toute puissance de X vérifie la conjecture de Hodge,*

ii) *X vérifie la conjecture standard de type Lefschetz (donc toutes les conjectures standard), et $G_{\mathrm{mot}}(X) = MT(H_B(X))$.*

7.2.3. Par ces techniques « hodgiennes », on peut calculer par exemple ce qui devrait être — modulo la conjecture de Hodge — l'*abélianisé* du $\mathbf{Q}$-groupe de Galois motivique pur absolu $G_{\mathrm{mot},k}$: c'est le *pro-tore de Serre* T_{Serre}. Il est indépendant de $k = \overline{k} \subset \mathbf{C}$. Ses caractères sont les *types CM* sur $\mathbf{Q}^{\mathrm{cm}}$, *i.e.* les fonctions localement constantes

$$f : \mathrm{Gal}(\mathbf{Q}^{\mathrm{cm}}/\mathbf{Q}) \longrightarrow \mathbf{Z}$$

telles que $f(\sigma)+f(c\circ\sigma)$ soit indépendant de σ (c désignant la conjugaison complexe). On fait de ce groupe de caractères un $\mathrm{Gal}(\overline{\mathbf{Q}}/\mathbf{Q})$-module en posant $\tau f(\sigma) = f(\tau\circ\sigma)$, et ce $\mathrm{Gal}(\overline{\mathbf{Q}}/\mathbf{Q})$-module détermine complètement T_{Serre} [**Se94**, 7].

Ce quotient de $G_{\mathrm{mot},k}$ n'est autre (toujours sous la conjecture de Hodge) que le groupe de Galois motivique attaché à la sous-catégorie tannakiennes engendrée par les variétés abéliennes à multiplication complexe.

7.3. La conjecture de Tate

7.3.1. Énoncé. — Un élément de $\oplus_r H^{2r}_{\text{ét}}(X_{\overline{k}}, \mathbf{Q}_\ell)(r)$ qui est invariant sous $\mathrm{Gal}(\overline{k}/k)$ est appelé *cycle de Tate ℓ-adique sur X*.

7.3.1.1. Remarque. — Si $H^i_{\text{ét}}(X_{\overline{k}}, \mathbf{Q}_\ell)(r)$ possède un élément non nul qui est un cycle de Tate, alors $i = 2r$ pour raison de poids.

La conjecture de Tate s'énonce :

7.3.1.2. Conjecture. — *Si k est de type fini sur son sous-corps premier, tout cycle de Tate est combinaison $\mathbf{Q}_\ell$-linéaire de cycles algébriques.*

7.3.1.3. Proposition

1) *La conjecture de Tate équivaut à 7.1.7.2 i). Elle implique la conjecture standard de type Lefschetz*[10] *(donc toutes les conjectures standard, si k est de caractéristique nulle).*

(10) pour un corps k arbitraire, et pour les cohomologies étales.

2) *La conjecture de Tate est vraie en tout degré cohomologique $\leqslant 2r$, et en caractéristique p fixée ($\geqslant 0$), si et seulement si, pour tout entier pair $d \leqslant 2r$, elle est vraie pour la partie primitive $P^d(X)$ de la cohomologie de toute variété projective lisse, polarisée, de dimension d en caractéristique p.*

Démonstration

1) La première assertion est immédiate. Pour la seconde, il est clair que l'involution de Lefschetz associée à une polarisation de X est un cycle de Tate sur $X \times X$, donc est combinaison $\mathbf{Q}_\ell$-linéaire de correspondances algébriques. En perturbant un peu ses coefficients, on trouve des correspondances algébriques β_i telles que $\beta_i \circ L_X^{d-i}$ soit un automorphisme de $H^i_{\text{ét}}(X_{\overline{k}}, \mathbf{Q}_\ell)$. Par 5.1.1.3 et le commentaire qui le suit, son inverse $(\beta_i \circ L_X^{d-i})^{-1}$ est algébrique, et en multipliant à droite par β_i, on trouve un inverse algébrique pour L_X^{d-i}, ce qui implique la conjecture standard de type Lefschetz.

2) Comme en 7.2.1.3 (on ne fixe pas k mais seulement la caractéristique, car des extensions de type fini interviennent dans la preuve). □

7.3.1.4. Statut

– On en sait moins que sur la conjecture de Hodge : même l'analogue du théorème de Lefschetz en degré cohomologique 2 n'est pas connu. Dans le cas particulier des variétés abéliennes sur k, cet analogue se traduit en un énoncé sur les homomorphismes entre H^1 compatibles à Galois, et c'est un théorème de Tate-Zarhin en caractéristique non nulle, et de Faltings en caractéristique nulle ; il équivaut à la validité de 7.1.7.2 i) pour les $\mathfrak{h}^1$. Ces auteurs ont aussi établi la semi-simplicité des représentations ℓ-adiques attachées aux variétés abéliennes sur k, d'où la validité de 7.1.7.2 ii) dans ce cas.

– Pour les motifs des variétés abéliennes sur un corps fini (pas seulement $\mathfrak{h}^1$), il y a un résultat conditionnel de Milne [**Mi2**], ainsi que le théorème de M. Spieß [**Sp99**] pour les produits de courbes elliptiques, et quelques autres cas particuliers. Des travaux de Serre et d'autres règlent le cas de certaines variétés abéliennes sur les corps de nombres. Voir aussi [**Pi98**] pour un arsenal de techniques en direction de la conjecture de Tate.

7.3.1.5. Remarque. — Supposons que k soit un corps de nombres. Les représentations ℓ-adiques continues V de $\mathrm{Gal}(\overline{k}/k)$ qui sont dans l'image essentielle de la réalisation de Tate vérifient les propriétés suivantes :

i) V est non ramifiée en dehors d'un ensemble fini de places finies de K (les places de mauvaise réduction) ;

ii) V est potentiellement semi-stable en toute place $\lambda \mid \ell$: il existe un sous-groupe ouvert $\mathcal{H}_\lambda$ du groupe de Galois absolu du complété de k en λ tel que $(V \otimes B_{\text{pst}})^{\mathcal{H}_\lambda}$ soit de $\overline{\mathbf{Q}}_\ell$-dimension égale à la $\mathbf{Q}_\ell$-dimension de V (cela découle de l'existence et des propriétés de l'isomorphisme des périodes p-adiques 3.4.2) ;

iii) (conjecturalement) V est semi-simple.

Une conjecture de Fontaine-Mazur [**FoM95**] prédit que ces conditions caractérisent l'image essentielle de la réalisation de Tate.

7.3.2. Implications sur les groupes de Galois motiviques (car $k = 0$)

Supposons $\overline{k}$ plongé dans $\mathbf{C}$; on dispose alors de l'isomorphisme $H_B(X) \otimes_{\mathbf{Q}} \mathbf{Q}_\ell \cong H_{\text{ét}}(X_{\overline{k}}, \mathbf{Q}_\ell)$.

En termes tannakiens, on a la traduction suivante de la conjecture de Tate :

7.3.2.1. Proposition. — *Les conditions suivantes sont équivalentes :*

i) *toute puissance de X vérifie la conjecture de Tate, et la représentation de* $\mathrm{Gal}(\overline{k}/k)$ *dans* $H_{\text{ét}}(X_{\overline{k}}, \mathbf{Q}_\ell)$ *est semi-simple,*

ii) *X vérifie les conjectures standard, et $G_{\text{mot}}(X)_{\mathbf{Q}_\ell}$ est l'adhérence de Zariski de l'image de* $\mathrm{Gal}(\overline{k}/k)$,

iii) *X vérifie les conjectures standard, et l'image de* $\mathrm{Gal}(\overline{k}/k)$ *est ouverte dans* $G_{\text{mot}}(X)(\mathbf{Q}_\ell)$ *et rencontre chacune de ses composantes connexes.*

L'équivalence de ii) et iii) suit du principe indiqué en 7.1.1. Pour l'équivalence de ii) et iii), voir [**Se94**].

7.3.2.2. Remarques

1) Ces conditions se reformulent encore en termes de finitude de classes d'isomorphie de « motifs à coefficients entiers » dans une « classe d'isogénie », voir [**Se94**, 10], [**A96a**, 8.2].

2) L'homomorphisme $\boldsymbol{a} : G_{\text{mot},k} \to \mathrm{Gal}(\overline{k}/k)$ vu plus haut fournissait déjà un lien entre groupes de Galois motiviques et groupes de Galois ordinaires. La proposition ci-dessus esquisse un autre lien, beaucoup plus profond. En fait, les homomorphismes $\mathrm{Gal}(\overline{k}/k) \to G_{\text{mot}}(X)(\mathbf{Q}_\ell)$ mis ensemble fournissent (indépendamment de la conjecture de Tate) une *section continue ℓ-adique non algébrique* $\mathrm{Gal}(\overline{k}/k) \to G_{\text{mot},k}(\mathbf{Q}_\ell)$ de $\boldsymbol{a}$.

7.3.3. Le cas des corps finis. — Supposons maintenant que k soit un corps fini $\mathbf{F}_q$, $q = p^m$.

7.3.3.1. Proposition **([Ta94])**. — *Les conditions suivantes sont équivalentes :*

i) *X vérifie la conjecture de Tate, et la représentation de* $\mathrm{Gal}(\overline{k}/k)$ *dans* $H_{\text{ét}}(X_{\overline{k}}, \mathbf{Q}_\ell)$ *est semi-simple*[11],

ii) *pour tout j, l'ordre du pôle de la fonction $\zeta(X,s) = Z(X, q^{-s})$ en $s = j$ est* $\dim \mathcal{Z}^j_{\text{num}}(X)_{\mathbf{Q}}$,

et impliquent que X vérifie la conjecture $\sim_{\text{hom}} \overset{?}{=} \sim_{\text{num}}$.

---

[11] semi-simplicité de Frobenius, qui résulterait aussi de la conjecture standard $\sim_{\text{hom}} \overset{?}{=} \sim_{\text{num}}$ en vertu de 5.4.1.3.

Ce résultat montre que la conjecture de Tate ℓ-adique (jointe à la semi-simplicité de Frobenius) est indépendante de ℓ, et implique l'analogue p-adique suivant [**Mi94**, 1.17] :

iii) *tout élément de $H^{2r}_{\mathrm{cris}}(X)(r)$ invariant sous le Frobenius cristallin est combinaison $\mathbf{Q}_p$-linéaire de cycles algébriques.*

Si cet énoncé vaut pour tout $X \in \mathcal{P}(k)$, il se traduit en un nouvel énoncé de pleine fidélité (en notant K_q le corps des fractions de l'anneau de Witt de $\mathbf{F}_q$ et $F\text{-Cris}_{K_q}$ la catégorie tannakienne sur $\mathbf{Q}_p$ des F-isocristaux sur K_q, *cf.* [**Ch98**]) :

7.3.3.2. Conjecture. — *Le $\otimes$-foncteur $\dot{M}_{\mathrm{hom}}(k)_{\mathbf{Q}_p} \to F\text{-}Cris_{K_q}$ induit par la réalisation cristalline est pleinement fidèle.*

Rappelons que nous avons noté $M_{\sim}(VAb(k))_{\mathbf{Q}}$ la « sous-$\otimes$-catégorie rigide » de $M_{\sim}(k)_{\mathbf{Q}}$ engendrée par les motifs d'Artin et les variétés abéliennes (4.3.3). Les théorèmes de Honda-Tate sur les variétés abéliennes et de Deligne sur la conjecture de Weil entraînent :

7.3.3.3. Proposition. — *Sous la conjecture de Tate, $M_{\mathrm{hom}}(VAb(k))_{\mathbf{Q}} = M_{\mathrm{hom}}(k)_{\mathbf{Q}} = NM(k)_{\mathbf{Q}}$.*

Il suit que Frobenius agit de façon semi-simple en cohomologie, et que le groupe tannakien interne $\pi(\dot{NM}(\bar{k})_{\mathbf{Q}})$ est un pro-tore sur $\mathbf{Q}$, le *pro-tore de Weil* T_{Weil}. Son groupe des caractères est le groupe multiplicatif des p-nombres de Weil modulo la torsion, muni de l'action évidente de $\mathrm{Gal}(\overline{\mathbf{Q}}/\mathbf{Q})$ [**Saa72**], [**Mi94**].

Enfin, on a les reformulations suivantes de la conjecture de Tate en termes de motifs numériques :

7.3.3.4. Proposition (**[Ge98]**). — *Les énoncés suivants sont équivalents :*

i) *la conjecture de Tate est vraie pour tout $X \in \mathcal{P}(k)$,*

ii) *pour tout motif irréductible $M \in NM(k)_{\mathbf{Q}}$, $M \cong \mathbf{1} \Leftrightarrow \mathrm{Fr}_M = 1$,*

iii) *pour tout motif $M \in NM(k)_{\mathbf{Q}}$, $\mathbf{Q}[\mathrm{Fr}_M]$ est le centre de $NM(k)_{\mathbf{Q}}(M, M)$.*

Notons que le Frobenius Fr_M d'un motif irréductible s'identifie à un élément de $\mathbf{Q}^{\mathrm{cm}}$ (un nombre de Weil) modulo l'action de $\mathrm{Gal}(\overline{\mathbf{Q}}/\mathbf{Q})$.

7.4. La conjecture d'Ogus

7.4.1. Énoncé. — On suppose maintenant que k est un corps de nombres. Nous appelons *cycle d'Ogus* [12] sur X tout élément de $\oplus_r H^{2r}_{\mathrm{DR}}(X)(r)$ qui est invariant sous le Frobenius cristallin pour presque toute place finie v de k non ramifiée sur $\mathbf{Q}$.

[12] la terminologie « cycle de Tate absolu » proposée par Ogus nous semble prêter à confusion avec les cycles de Tate ℓ-adiques.

7.4.1.1. Remarques

1) Tout cycle d'Ogus est dans le cran F^0 de la filtration de Hodge ; cela se voit par réduction modulo une infinité de places v, en appliquant le théorème de Mazur-Ogus caractérisant la filtration de Hodge modulo v par les propriétés de divisibilité du Frobenius cristallin [**O82**, 4.15]. Par ailleurs, si $H^i_{\mathrm{DR}}(X)(r)$ possède un élément non nul qui est un cycle d'Ogus, alors $i = 2r$ pour raison de poids (*via* [**KM74**]).

2) De ce que $\mathrm{End}_{Og(k)} \mathbf{1} = \mathbf{Q}$, on déduit que le polynôme caractéristique de toute « correspondance d'Ogus » agissant sur $H^i_{\mathrm{DR}}(X)$ est à coefficients rationnels.

La conjecture d'Ogus [**O82**, Introd. et § 4] s'énonce[(13)] :

7.4.1.2. Conjecture. — *Tout cycle d'Ogus est algébrique.*

7.4.1.3. Lemme. — *La conjecture d'Ogus équivaut à 7.1.7.3 i). Elle implique les conjectures standard*[(14)].

La première assertion est immédiate. Pour la seconde, il suffit de traiter de la conjecture de type Lefschetz. Or, on remarque que l'involution de Lefschetz associée à une polarisation de X est un cycle d'Ogus sur $X \times X$.

7.4.1.4. Statut. — Le seul résultat dans cette direction semble être 7.1.7.3 (plénitude et semi-simplicité de la réalisation d'Ogus pour les $\mathfrak{h}^1$). Nous expliquons ci-dessous comment, ainsi que nous l'a suggéré J.-B. Bost, cet énoncé inédit découle de ses résultats sur les groupes commutatifs connexes sur les corps de nombres.

7.4.2. Réalisation de Bost-Ogus des motifs effectifs. — Soit $Og^{\mathrm{eff}}(k)$ la sous-catégorie pleine de $Og(k)$ formée des $(V, (F_v))$ tels que les F_v respectent un $\mathcal{O}_k$-réseau de V pour presque tout v. C'est une $\otimes$-catégorie abélienne non rigide.

Soit d'autre part $BOg(k)$ la catégorie dont les objets sont formés d'un k-espace vectoriel V de dimension finie, dont la réduction modulo modulo l'idéal maximal $\mathfrak{p}_v$ de $\mathcal{O}_{k_v}$ est munie, pour presque tout v, d'un endomorphisme p_v-linéaire $\overline{F}_v$ (cette catégorie est considérée par J.-B. Bost dans [**Bos01**][(15)]). C'est une $\otimes$-catégorie abélienne non rigide, avec $\mathrm{End}\,\mathbf{1} = \mathbf{Q}$, et on a un $\otimes$-foncteur $Og^{\mathrm{eff}}(k) \to BOg(k)$ (non plein, mais fidèle, exact, conservatif) obtenu en réduisant F_v mod. $\mathfrak{p}_v$ pour presque tout v.

La réalisation d'Ogus induit un foncteur

$$CHM^{\mathrm{eff}}(k)_{\mathbf{Q}} \longrightarrow Og^{\mathrm{eff}}(k)$$

[(13)] cette conjecture peut être étendue à un corps k de caractéristique nulle arbitraire, mais la formulation est moins agréable, *cf. loc. cit.*

[(14)] pour les cohomologies classiques lorsque la base est un corps de nombres.

[(15)] avec la notation $\mathrm{Frob}_{ae}(k)$.

d'où, en composant avec le foncteur précédent, un foncteur (réalisation de Bost-Ogus)

$$H_{BOg} : CHM^{\mathrm{eff}}(k)_{\mathbf{Q}} \longrightarrow BOg(k).$$

7.4.3. Le cas des $\mathfrak{h}^1$. — Dans le cas des $\mathfrak{h}^1$ des variétés abéliennes, ce foncteur apparaît dans [**Bos01**] sous une autre forme : considérons la catégorie $GCC(k)_{\mathbf{Q}}$ (resp. $VAb(k)_{\mathbf{Q}}$) des groupes algébriques commutatifs connexes (resp. variétés abéliennes) sur k à isogénie près. Notons $\overline{\mathrm{Lie}} : GCC(k)_{\mathbf{Q}} \to BOg(k)$ le foncteur qui associe à G son algèbre de Lie munie des opérateurs de puissances p_v-ièmes sur les réductions modulo $\mathfrak{p}_v$ pour presque tout v. On a alors un diagramme commutatif (à isomorphisme naturel près)

$$\begin{array}{ccc} VAb(k)_{\mathbf{Q}}^{\mathrm{op}} & \xrightarrow{\ \mathfrak{h}^1\ } & CHM^{\mathrm{eff}}(k)_{\mathbf{Q}} \\ \big\downarrow & & \big\downarrow H_{BOg} \\ GCC(k)_{\mathbf{Q}} & \xrightarrow{\ \overline{\mathrm{Lie}}\ } & BOg(k) \end{array}$$

où le foncteur vertical gauche est $A \mapsto E(\widehat{A})$ (l'extension vectorielle universelle de la duale de A).

Pour le voir, on utilise l'identification canonique de $\mathrm{Lie}\, E(\widehat{A})$ à $H^1_{\mathrm{DR}}(A)$ (*cf.* [**MM74**]). Notons A_v la réduction de A modulo $\mathfrak{p}_v$ pour p_v assez grand. Alors le complété v-adique de $H^1_{\mathrm{DR}}(A)$ s'identifie à $H^1_{\mathrm{cris}}(A_v)[1/p_v]$. Le point est que sa réduction modulo $\mathfrak{p}_v$ est $\mathrm{Lie}\, E(\widehat{A}_v) = H^1_{\mathrm{DR}}(A_v)$ et s'identifie à l'espace des éléments primitifs de l'algèbre de Hopf $\mathcal{O}(A_v)$, de sorte que l'opérateur puissance p_v-ième sur $\mathrm{Lie}\, E(\widehat{A}_v)$ est celle induite par le Frobenius absolu de A mod $\mathfrak{p}_v$, *cf.* [**Mum70**, p. 138], c'est-à-dire aussi la réduction modulo v du Frobenius cristallin sur $H^1_{\mathrm{cris}}(A_v)$.

D'après Bost [**Bos01**, 2.3, 2.6], le foncteur $\overline{\mathrm{Lie}}$ est pleinement fidèle, et tout sous-objet de $\overline{\mathrm{Lie}}(G)$ est de la forme $\overline{\mathrm{Lie}}(H)$ pour un sous-objet H de G.

Compte tenu de ce qui précède, et de 4.3.4.1, on en déduit que la réalisation de Bost-Ogus — et *a fortiori* la réalisation d'Ogus — de la sous-catégorie pleine (abélienne semi-simple)) de $M_{\sim}(k)_{\mathbf{Q}}$ formée des $\mathfrak{h}^1(X)$, $X \in \mathcal{P}(k)$, est pleinement fidèle, et que tout objet de l'image essentielle est semi-simple. Ce qui prouve 7.1.7.3. □

7.4.3.1. Exercice. — Soit A une courbe elliptique sur $\mathbf{Q}$ sans multiplication complexe (sur $\overline{\mathbf{Q}}$). Montrer que le groupe tannakien $G_{Og}(A)$ attaché à $H_{Og}(A) \in Og(\mathbf{Q})$ est égal à $GL_{2,\mathbf{Q}}$ (par ce qui précède, c'est un sous-groupe réductif de $GL_{2,\mathbf{Q}}$; il suffit de montrer qu'il contient le groupe $B_{2,\mathbf{Q}}$ des matrices triangulaires. Observer que la réalisation d'Ogus de tout motif sur $\mathbf{Q}$ définit, pour $p \gg 0$, un objet de $Rep_p\, \mathrm{Gal}(\overline{\mathbf{Q}}_p/\mathbf{Q}_p)$ *via* l'isomorphisme des périodes p-adiques (*cf.* 3.4.2). Or pour p un premier de réduction ordinaire, un résultat de Serre [**Se68**, A.2.4] montre que le groupe tannakien de l'image de $\mathfrak{h}^1(A)$ dans $Rep_p\, \mathrm{Gal}(\overline{\mathbf{Q}}_p/\mathbf{Q}_p)$ contient $B_{2,\mathbf{Q}_p}$).

En déduire la plénitude de la réalisation d'Ogus sur $\langle \mathfrak{h}(A) \rangle^{\otimes}$.

7.5. La conjecture des périodes de Grothendieck

7.5.1. Cycles de De Rham-Betti. — On suppose de nouveau que k est un corps de nombres, ou bien $\overline{\mathbf{Q}} \subset \mathbf{C}$. Nous appelons *cycle de De Rham-Betti* sur X tout élément de $\oplus_r H_B^{2r}(X)(r)$ qui correspond à un élément de $\oplus_r H_{\mathrm{DR}}^{2r}(X)(r)$ par l'isomorphisme des périodes

$$\varpi_X : H_{\mathrm{DR}}(X) \otimes_k \mathbf{C} \longrightarrow H_B(X) \otimes_{\mathbf{Q}} \mathbf{C}.$$

Parallèlement aux conjectures de Hodge, de Tate, et d'Ogus, on a :

7.5.1.1. Conjecture. — *Tout cycle de De Rham-Betti est algébrique.*

Comme ci-dessus :

7.5.1.2. Lemme. — *Cette conjecture équivaut à 7.1.7.4 i). Elle implique les conjectures standard*(16).

La conjecture 7.1.7.4 i) est donc une conjecture d'« irrationalité » portant sur les périodes de X ; l'appliquant aux puissances de X (*via* Künneth), on voit qu'il s'agit en fait d'une conjecture de « transcendance », qu'on va dériver d'une conjecture de transcendance *plus forte*.

7.5.1.3. Exemple. — La pleine fidélité de la réalisation de De Rham-Betti restreinte à la catégorie tannakienne engendrée par le motif de Tate équivaut à la transcendance de π (la période de $\mathbf{1}(-1)$ étant $2\pi i$ dans les bases canoniques).

7.5.2. Énoncé. — Tout cycle algébrique sur X^n fournit des relations polynomiales homogènes de degré n entre les coefficients de « la » matrice des périodes Ω_X (matrice carrée d'ordre N disons). L'énoncé de la conjecture des périodes de Grothendieck, tel qu'il figure dans [**L66**] (essentiellement), est le suivant :

7.5.2.1. Conjecture. — *L'idéal définissant la plus petite sous-k-variété fermée de la k-variété affine $GL_{N,k}$ contenant le point complexe Ω_X est engendré par les relations provenant des cycles algébriques sur les puissances de X.*

Cette conjecture est indépendante du choix des bases.

Pour la formuler sous forme plus intrinsèque, supposons que X *vérifie la conjecture standard de type Lefschetz* (de sorte que toute puissance de X vérifie les conjectures standard), ce qui permet de parler de groupe de Galois motivique $G_{\mathrm{mot}}(X)$ (relatif à la réalisation de Betti).

Le torseur des périodes $\mathfrak{P}(X)$ est le $G_{\mathrm{mot}}(X)_k$-torseur défini comme schéma d'isomorphismes $\underline{\mathrm{Iso}}^{\otimes}(H_{\mathrm{DR}}, H_B \otimes k)$, ces foncteurs fibres étant restreints à la catégorie

(16) lorsque la base est un corps de nombres, et pour les cohomologies classiques.

tannakienne $\langle \mathfrak{h}(X)\rangle^{\otimes}$ de $M_{\mathrm{hom}}(k)_{\mathbf{Q}} = NM(k)_{\mathbf{Q}}$ engendrée par $\mathfrak{h}(X)$. C'est un k-schéma affine, sur lequel $G_{\mathrm{mot}}(X)_k$ agit à gauche. L'isomorphisme ϖ_X s'identifie à un point complexe de $\mathfrak{P}(X)$:

$$\varpi_X : \operatorname{Spec}\mathbf{C} \longrightarrow \mathfrak{P}(X).$$

On note $k(\Omega_X)$ l'extension de k dans $\mathbf{C}$ engendrée par les coefficients de Ω_X (elle ne dépend pas du choix des bases ; c'est le corps de rationalité du « point » ϖ_X).

7.5.2.2. Proposition. — *Supposons que X vérifie la conjecture standard de type Lefschetz. Alors les conditions suivantes sont équivalentes :*

i) *7.5.2.1$_X$,*

ii) *l'image de ϖ_X dans le torseur des périodes $\mathfrak{P}(X)$ est le point générique.*

iii) $\deg\operatorname{transc}_{\mathbf{Q}} k(\Omega_X) = \dim G_{\mathrm{mot}}(X)$, *et $\mathfrak{P}(X)$ est connexe.*

Elles impliquent la pleine fidélité de la réalisation de De Rham-Betti sur $\langle \mathfrak{h}(X)\rangle^{\otimes}$, et la semi-simplicité de tout objet de l'image essentielle.

Démonstration

i) $\Leftrightarrow$ ii) : la plus petite sous-k-variété fermée de la k-variété affine $GL_{N,k}$ contenant Ω_X n'est autre (*via* le choix de bases) que la plus petite sous-k-variété fermée de $\mathfrak{P}(X)$ contenant ϖ_X.

ii) $\Leftrightarrow$ iii) : ii) implique évidemment que $\mathfrak{P}(X)$ est connexe, et sous cette hypothèse se ramène à l'égalité des dimensions de $\mathfrak{P}(X)$ et de la k-adhérence de Zariski $\overline{\varpi_X}^k$ de ϖ_X dans $\mathfrak{P}(X)$. Or $\dim\mathfrak{P}(X) = \dim G_{\mathrm{mot}}(X)$ puisque $\mathfrak{P}(X)$ est un torseur sous $G_{\mathrm{mot}}(X)_k$, et $\dim\overline{\varpi_X}^k = \deg\operatorname{transc}_{\mathbf{Q}} k(\Omega_X)$.

Soit $\xi \in H_{\mathrm{DR}}(X)$ tel que $\zeta := \varpi_X(\xi) \in H_B(X)$. Pour toute spécialisation ϖ de ϖ_X au-dessus de k, on a $\zeta = \varpi(\xi)$. En d'autre termes, on a $\varpi\xi \in H_B(X)$ pour tout point complexe ϖ de $\overline{\varpi_X}^k$. Supposons que $\overline{\varpi_X}^k = \mathfrak{P}(X)$, on en déduit que ζ est stable sous $G_{\mathrm{mot}}(X)$, donc est algébrique. D'où la plénitude de la réalisation (fidèle) de De Rham-Betti sur $\langle \mathfrak{h}(X)\rangle^{\otimes}$.

Enfin, la semi-simplicité des réalisations de De Rham-Betti des motifs (disons homologiques, ou numériques, ce qui est la même chose sous la conjecture standard) dans $\langle \mathfrak{h}(X)\rangle^{\otimes}$ vient de la semi-simplicité de $\langle \mathfrak{h}(X)\rangle^{\otimes}$ et du fait que la groupe tannakien $G_{\mathrm{DRB}}(X)$ associé $H_{\mathrm{DRB}}(\mathfrak{h}(X)) \in \mathit{Vec}_{k,\mathbf{Q}}$, *a priori* contenu dans $G_{\mathrm{mot}}(X)$, est en fait égal à $G_{\mathrm{mot}}(X)$ sous iii) : en effet, le schéma d'automorphismes des deux foncteurs fibres évidents à valeurs dans k sur $\langle H_{\mathrm{DRB}}(\mathfrak{h}(X))\rangle^{\otimes}$ (induits par les première composante, et la deuxième composante $\otimes k$ respectivement) est un torseur sous $G_{\mathrm{DRB}}(X)_k$. Il est contenu dans $\mathfrak{P}(X)$ et contient le point complexe correspondant à ϖ_X. Ce torseur est donc égal à $\mathfrak{P}(X)$ sous iii), d'où $G_{\mathrm{DRB}}(X) = G_{\mathrm{mot}}(X)$. □

7.5.2.3. Statut

– Le seul cas, au delà de l'exemple 7.5.1.3, où 7.5.2.1$_X$ soit connu, est celui des courbes elliptiques à multiplication complexe (Chudnovsky [**Chu78**]).

– Le cas des relations *linéaires* à coefficients dans k entre périodes associées au H^1 est réglé par (un cas particulier du) théorème de Wüstholz sur les groupes commutatifs connexes sur les corps de nombres [**Wu84**]. Nous expliquons ci-dessous comment en découle 7.1.7.4 (plénitude et semi-simplicité de la réalisation de De Rham-Betti pour les $\mathfrak{h}^1$).

– Une approche par déformation, basée sur la théorie des G-fonctions (voir [**A95**]), donne des résultats partiels pour des relations de degré arbitrairement grand. Dans le cas des courbes elliptiques, cette approche redonne le théorème de Chudnovsky [**A96c**].

En revanche, le cas d'une courbe elliptique sans multiplication complexe est ouvert : la conjecture prédit dans ce cas que les quatre périodes (de première et seconde espèces) sont algébriquement indépendantes sur $\mathbf{Q}$.

7.5.3. Le cas des $\mathfrak{h}^1$. — Dans le cas des $\mathfrak{h}^1$ des variétés abéliennes, la réalisation de De Rham-Betti apparaît dans [**Wu84**] sous une autre forme (disons pour $k = \overline{\mathbf{Q}}$, qui « contient » le cas des corps de nombres). Étant donné k, k' deux sous-corps de $\mathbf{C}$, notons $\widetilde{Vec}_{k,k'}$ la catégorie formée des triplets (W, V, ϖ) où $W \in Vec_k$, $V \in Vec_{k'}$, et $\varpi : W \otimes_k \mathbf{C} \to V \otimes_{k'} \mathbf{C}$ est un homomorphisme non nécessairement bijectif.

$$\text{Notons} \quad \omega : GCC(\overline{\mathbf{Q}})^{\mathrm{op}}_{\mathbf{Q}} \longrightarrow \widetilde{Vec}_{\mathbf{Q},\overline{\mathbf{Q}}}, \quad \text{resp.} \ \breve{\omega} : GCC(\overline{\mathbf{Q}})^{\mathrm{op}}_{\mathbf{Q}} \longrightarrow \widetilde{Vec}_{\overline{\mathbf{Q}},\mathbf{Q}},$$

le foncteur qui associe à $G \in GCC(\overline{\mathbf{Q}})_{\mathbf{Q}}$ le triplet

$$\Big((\operatorname{Ker}\exp_G)\otimes_{\mathbf{Z}}\mathbf{Q},\ \operatorname{Lie}G,\ \iota_G : \operatorname{Ker}\exp_G \otimes_{\mathbf{Z}}\mathbf{C} \to \operatorname{Lie}G\otimes_k \mathbf{C}\Big),$$
$$\text{resp.}\ \ ((\operatorname{Lie}G)^\vee, \operatorname{Hom}(\operatorname{Ker}\exp_G, \mathbf{Q}), {}^t\iota_G).$$

On a alors un diagramme commutatif (à isomorphisme naturel près) bien connu

$$\begin{array}{ccc} VAb(\overline{\mathbf{Q}})^{\mathrm{op}}_{\mathbf{Q}} & \xrightarrow{\mathfrak{h}^1} & CHM^{\mathrm{eff}}(\overline{\mathbf{Q}})_{\mathbf{Q}} \\ \downarrow & & \downarrow H_{\mathrm{DRB}} \\ GCC(\overline{\mathbf{Q}})^{\mathrm{op}}_{\mathbf{Q}} & \xrightarrow{\breve{\omega}} & Vec_{\overline{\mathbf{Q}},\mathbf{Q}} \end{array}$$

où le foncteur vertical gauche est $A \mapsto E(A)$ (l'extension vectorielle universelle de A).

D'après Wüstholz [**Wu84**], le foncteur ω est pleinement fidèle, et tout sous-objet de $\omega(\operatorname{Lie}(G))$ est de la forme $\omega(\operatorname{Lie}(H))$ pour un sous-objet H de G. Il en est donc de même en remplaçant ω par $\breve{\omega}$.

Compte tenu de ce qui précède, et de 4.3.4.1, on en déduit que la réalisation de De Rham-Betti de la sous-catégorie pleine (abélienne semi-simple) de $M_\sim(\overline{\mathbf{Q}})_{\mathbf{Q}}$ formée des $\mathfrak{h}^1(X)$, $X \in \mathcal{P}(\overline{\mathbf{Q}})$ est pleinement fidèle, et que tout objet de l'image essentielle est semi-simple. □

7.6. Techniques de calcul de groupes de Galois motiviques

On suppose $k \subset \mathbf{C}$. Pour $X \in \mathcal{P}(k)$ vérifiant la conjecture standard (de type Lefschetz), on se propose d'esquisser la démarche générale pour déterminer le groupe de Galois motivique $G_{\mathrm{mot}}(X) \subset GL(H_B(X))$.

7.6.1. Supposons d'abord $k = \mathbf{C}$. Par leur définition « linéaire » et leur connexité[17], les groupes de Mumford-Tate sont *a priori* plus faciles à calculer que les groupes de Galois motiviques. On commence donc généralement par déterminer le sous-groupe réductif connexe $MT(X) := MT(H_B(X))$ de $GL(H_B(X))$, ou, ce qui revient au même, son algèbre de Lie. Nous nous bornons ici à quelques indications, renvoyant à [**KuM90**] et [**Mo**] pour plus d'informations.

Écrivons $MT(X) = Z \cdot (MT(X))^{\mathrm{der}}$, où Z est le centre. Il reçoit le cocaractère de poids $w : \mathbb{G}_m \to Z$. La polarisabilité implique que $Z/w(\mathbb{G}_m)$ est un tore compact. Le groupe $Z(\mathbf{Q})$ est formé d'automorphismes de la structure de Hodge $H_B(X)$.

7.6.2. Il est bien connu qu'un groupe linéaire (en l'occurrence $GL(H_B(X))$) n'a qu'un nombre fini de classes de conjugaison de sous-groupes semi-simples. La partie semi-simple $MT(X)^{\mathrm{der}}$ est donc en principe déterminable par la connaissance de tenseurs invariants de degrés bornés *a priori* (et même seulement par des dimensions d'espaces invariants, *cf.* [**LP90**]).

En pratique, pour calculer l'algèbre de Lie semi-simple $\mathrm{Lie}\, MT(X)^{\mathrm{der}}$, on commence par évaluer une « borne supérieure » en considérant le commutant, et quelques tenseurs de petit degré. Parfois la liste des possibilités est si courte (*cf.* exemple 7.6.4.1 ci-dessous) qu'il est facile de conclure que cette « borne supérieure » est atteinte. Le cas des produits se traite grâce au lemme de Goursat-Kolchin-Ribet.

En général, il faut analyser en détail les représentations irréductibles de $\mathrm{Lie}\, MT(X)^{\mathrm{der}}_{\mathbf{C}}$ qui interviennent dans $H(X, \mathbf{C})$, en combinant la théorie des poids (au sens des représentations) et la théorie de Hodge. À cet égard, les résultats de Y. Zarhin [**Zar85**] sont très utiles : ils bornent explicitement les poids qui interviennent en termes du niveau de Hodge $\max\{p - q \mid H^{p,q} \neq 0\}$.

7.6.3. Une fois $MT(X)$ déterminé, la théorie classique des invariants entre en action. Les tenseurs mixtes invariants sous $MT(X)$ sont les cycles de Hodge sur les puissances de X. La théorie des invariants permet en principe de déterminer des générateurs en nombre fini, choisis de petit degré cohomologique possible. Si d'aventure, on trouve un système de générateurs dans un H^2, le théorème de Lefschetz permet de conclure que la conjecture de Hodge vaut pour les puissance de X. On a alors $G_{\mathrm{mot}}(X) = MT(X)$.

Sinon, on peut essayer d'appliquer des techniques de déformation : faire varier X dans une famille projective lisse dont une fibre vérifie la conjecture de Hodge, ainsi que

[17] la connexité des groupes de Galois motiviques sur $\mathbf{C}$ n'est que conjecturale.

ses puissances, *cf.* 10.1. On aboutit à la même conclusion, du moins sous la conjecture standard.

7.6.4. Pour un sous-corps k quelconque de $\mathbf{C}$, de fermeture algébrique $\overline{k}$, on a $G_{\mathrm{mot}}(X_{\overline{k}}) = G_{\mathrm{mot}}(X_{\mathbf{C}})$, qui est d'indice fini dans $G_{\mathrm{mot}}(X)$. Pour passer de la connaissance de $G_{\mathrm{mot}}(X_{\mathbf{C}})$ à celle de $G_{\mathrm{mot}}(X)$, on peut alors employer des arguments galoisiens, appliqués à la réalisation de Tate, *cf.* [**LP97**].

7.6.4.1. Exemples

1) Soit A une courbe elliptique sur k. Elle vérifie les conjectures standard. Après modification de la contrainte de commutativité de $\langle \mathfrak{h}(A)\rangle^{\otimes}$, on a $\mathfrak{h}(A) \cong \wedge \mathfrak{h}^1(A)$, et $\mathfrak{h}^1(A)$ est de rang 2. On peut donc voir $G_{\mathrm{mot}}(A)$ comme un sous-groupe fermé réductif de $GL_{2,\mathbf{Q}}$ (ce groupe, tout comme $\mathfrak{h}(A)$ lui-même, ne dépend que de la classe d'isogénie de A). La liste des possibilités n'est pas très longue, mais à ce stade, il n'est pas commode par exemple d'éliminer les groupes finis.

Il est donc plus efficace de commencer par $MT(A_{\mathbf{C}})$. C'est un sous-groupe réductif connexe de GL_2 contenant les homothéties (l'image du cocaractère de poids). Cela ne laisse que trois possibilités : $\mathbb{G}_m, GL_2$, ou un tore de Cartan. Ces groupes se distinguent par leur commutant. On a $\mathrm{End}_{MT(A_{\mathbf{C}})}\, H_B(A) = \mathrm{End}\, A_{\mathbf{C}} \otimes \mathbf{Q}$.

Si $A_{\mathbf{C}}$ est sans multiplication complexe, on trouve donc $MT(A_{\mathbf{C}}) = G_{\mathrm{mot}}(A) = GL_2$.

Si $A_{\mathbf{C}}$ est à multiplication complexe par un corps quadratique imaginaire E, on a $MT(A_{\mathbf{C}}) = T_E := \mathrm{Res}_{E/\mathbf{Q}}\mathbb{G}_m$. On laisse au lecteur le soin de vérifier, à partir de là, que $G_{\mathrm{mot}}(A) = T_E$ si les multiplications complexes sont définies sur k, et que $G_{\mathrm{mot}}(A)$ est le normalisateur de T_E dans GL_2 sinon.

2) Soient $A_1, \ldots, A_n$ des courbes elliptiques deux à deux non-isogènes sur k supposé algébriquement clos pour simplifier. On a $G_{\mathrm{mot}}(A) \subset \prod G_{\mathrm{mot}}(A_i)$. De ce que les courbes elliptiques sont deux à deux non-isogènes, on déduit *via* le lemme de Goursat que la projection de $G_{\mathrm{mot}}(A)$ sur les facteurs doubles $G_{\mathrm{mot}}(A_i) \times G_{\mathrm{mot}}(A_j)$ est donné par une seule équation : l'égalité des déterminants. On déduit alors du lemme de Kolchin-Ribet que $G_{\mathrm{mot}}(A) \subset \prod G_{\mathrm{mot}}(A_i)$ est défini par l'égalité des déterminants de chaque facteur, *cf.* [**KuM90**] pour plus de détails(18).

Pour un tel groupe, la théorie des invariants donne des générateurs tensoriels invariants de degré 2, et le théorème de Lefschetz permet alors de conclure que tout cycle de Hodge sur un produit de courbes elliptiques est algébrique.

7.6.5. Revenons au cas général d'une k-variété projective lisse X. Si k est transcendant sur $\mathbf{Q}$, on peut voir X comme fibre « générale » d'une famille projective lisse et

(18) cette référence doit être légèrement complétée, car il y est implicitement supposé que les corps quadratiques $\mathrm{End}\, A_i \otimes \mathbf{Q}$ attachés aux facteurs A_i à multiplication complexe sont linéairement disjoints sur $\mathbf{Q}$.

appliquer des techniques monodromiques, qui montrent en particulier (du moins sous la conjecture standard de type Lefschetz) que $G_{\mathrm{mot}}(X)(\mathbf{Q})$ contient un sous-groupe d'indice fini du groupe de monodromie, *cf.* 10.3.2.1.

Par exemple, si $X = A$ est une courbe elliptique d'invariant j transcendant, sachant que la monodromie d'un pinceau elliptique non isotrivial est d'indice fini dans $GL_2(\mathbf{Z})$ et que $G_{\mathrm{mot}}(A)$ contient les homothéties, on conclut que $G_{\mathrm{mot}}(A) = GL_{2,\mathbf{Q}}$.

CHAPITRE 8

EFFECTIVITÉ

La $\otimes$-catégorie semi-simple $NM(k)_{\mathbf{Q}}$ des motifs numériques admet une structure supplémentaire, due à la présence de la sous-$\otimes$-catégorie pleine $NM^{\mathrm{eff}}(k)_{\mathbf{Q}}$ des motifs effectifs (dont se déduisent tous les motifs par torsion à la Tate). Grothendieck l'a exprimée en termes de graduation par le coniveau. Nous discutons le reflet de cette structure dans les réalisations de Hodge et de Tate.

8.1. Effectivité et coniveau

8.1.1. Motifs effectifs. — Par définition, un motif numérique $M = e\mathfrak{h}(X)(r) \in NM(k)_{\mathbf{Q}}$ est effectif si et seulement si $r = 0$. En revanche, il s'avère très difficile en général de déterminer si M est *essentiellement effectif*, c'est-à-dire *isomorphe* à un motif effectif[(1)]. C'est à cette question qu'est dévolu ce court chapitre.

Supposons vérifiée la conjecture standard de type Künneth, ce qui permet de parler de *poids* dans la catégorie $NM(k)_{\mathbf{Q}}$ (*cf.* 5.1.2).

8.1.2. Graduation par le coniveau

8.1.2.1. Définition. — Soit $\nu \in \mathbf{Z}$. On dit que $M \in NM(k)_{\mathbf{Q}}$ est de *coniveau* $\geqslant \nu$ si $M(\nu)$ est essentiellement effectif (en particulier, M est de coniveau $\geqslant 0$ si et seulement si M est essentiellement effectif)[(2)].

On définit alors la filtration (décroissante) par le coniveau

$$N^{\nu}M = \text{ plus grand sous-objet de } M \text{ de coniveau } \geqslant \nu.$$

---

(1) en vertu de quoi, il semblerait légitime d'appeler simplement « effectifs » (resp. « visiblement effectifs ») les motifs appelés ici essentiellement effectifs (resp. effectifs) ; nous nous en abstiendrons pour éviter toute confusion, notamment avec la terminologie dans la cas mixte.

(2) cette notion est voisine de celle de niveau apparaissant chez Saavedra [**Saa72**, VI.4.3]) : un motif M de poids i est *de niveau* $\leqslant \mu$ si $M([\frac{i-\mu+1}{2}])$ est essentiellement effectif.

Si M est essentiellement effectif, la filtration par le coniveau s'arrête au cran 0 : $N_0 M = M$.

8.1.2.2. Lemme. — *Cette filtration admet un scindage canonique :* $M = \oplus_\nu \mathrm{Gr}^\nu_N M$.

En effet, $NM(\mathrm{Gr}_N^{\nu-1} M, N^\nu M') = NM(\mathrm{Gr}_N^{\nu-1} M(\nu), N^\nu M'(\nu)) = 0$ puisque $N^\nu M'(\nu)$ est essentiellement effectif et $\mathrm{Gr}_N^{\nu-1} M(\nu)$ n'a aucun facteur essentiellement effectif.

8.1.2.3. Lemme

i) $N^{\nu_1} M_1 \otimes N^{\nu_2} M_2 \subset N^{\nu_1+\nu_2}(M_1 \otimes M_2)$.

ii) *Supposons vérifiée la conjecture standard de type Lefschetz. Si M est purement de poids i,* $(\mathrm{Gr}_N^\nu M)^\vee = \mathrm{Gr}_N^{\nu-i} M^\vee$.

Démonstration. — i) est clair. ii) vient de ce que $M(\nu)$ est essentiellement effectif $\Leftrightarrow$ $M^\vee(\nu - i)$ l'est (observer que le dual d'un $h^i(X)$ est isomorphe à $h^i(X)(i)$). $\square$

8.1.2.4. Remarques

1) On ne peut espérer en général que Gr_N soit compatible avec $\otimes$, *i.e.* que $\mathrm{Gr}_N^\nu(M_1 \otimes M_2) = \sum_{\nu_1+\nu_2=n} \mathrm{Gr}_N^{\nu_1} M_1 \otimes \mathrm{Gr}_N^{\nu_2} M_2$: ce serait incompatible avec ii) dans le cas des morphismes d'évaluation et de coévaluation de la dualité. Pour cette raison, la théorie de Galois motivique ne « voit pas » en général cette structure d'effectivité.

2) La graduation par le coniveau est « invariante par extension du corps de base k ».

8.1.3. Coniveau et poids. — Supposons vérifiée la *conjecture standard de type Künneth* pour les cohomologies classiques (ce qui est le cas, rappelons-le, si k est algébrique sur un corps fini). Supposons que $M \in NM(k)_{\mathbf{Q}}$ soit purement de poids i. Si i est pair, elle commence au cran $i/2$, et $N_{i/2}M$ est le plus grand sous-motif d'Artin de M. Si i est impair, elle commence au cran $(i-1)/2$, et $N_{(i-1)/2}M$ est le plus grand sous-motif isomorphe au $\mathfrak{h}^1(X)$ d'une variété abélienne.

Comme tout motif essentiellement effectif de poids i est isomorphe à un motif de la forme $e\mathfrak{h}^i(X)$, calculons $N^\nu M$ dans ce cas :

8.1.3.1. Lemme. — $N^\nu(e\mathfrak{h}^i(X)) = \sum \mathrm{Im}\left(g_* : \mathfrak{h}^{i-2(d-d')}(Y) \to e\mathfrak{h}^i(X)\right)$, *où la somme porte sur les morphismes $g : Y \to X$ dans $\mathcal{P}(k)$ avec* $\dim Y = d' \leqslant d - \nu$.

On retrouve ainsi une variante motivique de la notion usuelle de filtration par le coniveau sur la cohomologie. La démonstration est directe et laissée au lecteur.

8.2. Conjectures de Hodge et Tate généralisées

Pour tester si un motif est essentiellement effectif, on peut examiner ses diverses réalisations enrichies. Nous considérons ici le cas des réalisations de Hodge et de Tate.

8.2.1. Coniveau de Hodge. — Comme en 7.1, $HS_{\mathbf{Q}}$ désigne la catégorie tannakienne des $\mathbf{Q}$-structures de Hodge.

8.2.1.1. Définition. — On dit que $V \in HS_{\mathbf{Q}}$ est de coniveau (de Hodge) $\geqslant \nu$ si $V(\nu)$ est à bidegrés positifs[(3)].

On définit de manière évidente la filtration par le coniveau N^*_{Hod} de tout objet de $HS_{\mathbf{Q}}$, et on montre qu'elle est canoniquement scindée.

On suppose $k \subset \mathbf{C}$. La *conjecture de Hodge généralisée* [(4)] est :

8.2.1.2. Conjecture. — $N^\nu_{\mathrm{Hod}}(H^i_B(X)) = \sum \mathrm{Im}\left(g_* : H_B^{i-2(d-d')}(Y) \to H^i_B(X)\right)$*, où la somme porte sur les morphismes* $g : Y \to X$ *dans* $\mathcal{P}(k)$ *avec* $\dim Y = d' \leqslant d - \nu$.

Pour i pair, $\nu = i/2$, et k algébriquement fermé dans $\mathbf{C}$, on retrouve la conjecture de Hodge (qui implique, rappelons-le, les conjectures standard). En présence de la conjecture standard $\sim_{\mathrm{hom}} \overset{?}{=} \sim_{\mathrm{num}}$, il est clair que 8.2.1.2 équivaut à :
la réalisation de Hodge préserve la filtration par le coniveau :

$$H_B(N^\nu M) = N^\nu_{\mathrm{Hod}}(H_B(M)).$$

(L'inclusion $\subset$ est immédiate.)

8.2.1.3. Remarque. — Grothendieck a indiqué un principe de récurrence (pas 2 sur le poids, pas 1 sur le coniveau) qui permet de démontrer la conjecture de Hodge généralisée dans quelques cas, notamment pour des variétés de Fano, *cf.* [**St87**].

Le lemme suivant, dû à C. Schoen [**Scho89**], fournit une technique de démonstration de la conjecture de Hodge généralisée utile dans de nombreux cas concrets :

8.2.1.4. Lemme. — *Soient X, Y deux variétés projectives lisses dont le produit vérifie la conjecture de Hodge (usuelle). Soit $V \subset H^i_B(X) \cap F^\nu H^i_B(X, \mathbf{C})$ une sous-structure de Hodge*[(5)]*, telle que $V(\nu)$ soit isomorphe à une sous-structure de Hodge de $H_B^{i-2\nu}(Y)$. Alors $V \subset H_B(N^\nu \mathfrak{h}^i(X))$.*

8.2.2. Coniveau de Tate. — Nous ne considérerons que le cas le plus simple[(6)] où k est un corps fini $\mathbf{F}_{p^m}$. Soit ℓ un nombre premier $\neq p$.

On considère la sous-catégorie pleine $Rep_\ell^{\mathrm{Weil}}\,\mathrm{Gal}(\bar{k}/k)$ de $Rep_\ell\,\mathrm{Gal}(\bar{k}/k)$ formée des représentations telles que les valeurs propres de Frobenius (géométrique[(7)]) soient

(3) dans ce contexte, la notion voisine de *niveau* est peut-être plus familière : une structure de Hodge V de poids i est *de niveau* $\leqslant \mu$ si est elle de coniveau $\geqslant [\frac{i-\mu+1}{2}]$; il revient au même de dire que $\max\{|p-q|,\ V^{p,q} \neq 0\} \leqslant \mu$.

(4) corrigée par Grothendieck [**Gro69b**].

(5) F^ν désignant le cran ν de la filtration de Hodge.

(6) celui considéré par Grothendieck dans [**Gro68**]. Voir [**J89**, p. 172] pour le cas d'un corps de type fini sur son sous-corps premier.

(7) l'inverse de l'élément de Frobenius au sens de la théorie de Galois.

des q-nombres de Weil, *i.e.* des nombres algébriques dont les valeurs absolues archimédiennes sont égales entre elles et à une puissance entière (le poids) de $p^{m/2}$, et dont le dénominateur divise une puissance de p. D'après Deligne, le foncteur de réalisation de Tate est à valeurs dans $Rep_\ell^{\mathrm{Weil}}\operatorname{Gal}(\overline{k}/k)$.

8.2.2.1. Définition. — On dit que $V_\ell \in Rep_\ell^{\mathrm{Weil}}\operatorname{Gal}(\overline{k}/k)$ est de coniveau (de Tate) $\geqslant \nu$ si les valeurs propres des Frobenius sur $V_\ell(\nu)$ sont des *entiers* algébriques, ou, ce qui revient au même, sont v-entiers pour toute place v au-dessus de p.

8.2.2.2. Exercice. — Montrer que si V_ℓ est de poids i, elle est de coniveau $\geqslant \nu$ si et seulement si $V_\ell^\vee$ est de coniveau $\geqslant \nu - i$.

On définit de manière évidente la filtration par le coniveau N^*_{Tate} de tout objet de $Rep_\ell^{\mathrm{Weil}}\operatorname{Gal}(\overline{k}/k)$, et on montre qu'elle est canoniquement scindée. Par analogie avec la conjecture de Hodge généralisée, la *conjecture de Tate généralisée* [8] s'énonce :

8.2.2.3. Conjecture

$$N^\nu_{\mathrm{Tate}} H^i_{\text{ét}}(X_{\overline{k}}, \mathbf{Q}_\ell) = \sum \operatorname{Im}\big(g_* : H^{i-2(d-d')}_{\text{ét}}(Y_{\overline{k}}, \mathbf{Q}_\ell) \longrightarrow H^i_{\text{ét}}(X_{\overline{k}}, \mathbf{Q}_\ell)\big),$$

où la somme porte sur les morphismes $g : Y \to X$ dans $\mathcal{P}(k)$ avec $\dim Y = d' \leqslant d - \nu$.

Pour i pair et $\nu = i/2$, on retrouve la conjecture de Tate. En présence de la conjecture standard $\sim_{\mathrm{hom}} \overset{?}{=} \sim_{\mathrm{num}}$, il est clair que 8.2.2.3 équivaut à :
la réalisation de Tate préserve la filtration par le coniveau :

$$H_\ell(N^\nu M) = N^\nu_{\mathrm{Tate}}(H_\ell(M)).$$

En fait, sous la conjecture $\sim_{\mathrm{hom}} \overset{?}{=} \sim_{\mathrm{num}}$ (ou même seulement sous son corollaire, la semi-simplicité de Frobenius), *la conjecture de Tate généralisée se ramène à la conjecture de Tate classique* 7.3.1.2. Cela découle directement[9] de ce que, d'après Honda, toute $\operatorname{Gal}(\overline{\mathbf{Q}}/\mathbf{Q})$-orbite de nombres de Weil de valeur absolue archimédienne $p^{m/2}$ est l'ensemble des valeurs propres de Frobenius sur $H^1_{\text{ét}}(A_{\overline{k}}, \mathbf{Q}_\ell)$ pour une variété abélienne convenable A sur $k = \mathbf{F}_{p^m}$.

Nous laissons au lecteur le plaisir d'imaginer une version « à la Ogus » et une version « à la De Rham-Betti » de ces conjectures généralisées, en s'inspirant du chapitre précédent.

---

[8] proposée par Grothendieck [**Gro66**, 10.3].
[9] comme nous l'a fait observer B. Kahn, *cf.* [**Ka'**, Th. 2].

CHAPITRE 9

COMMENT CONTOURNER LES CONJECTURES STANDARD

Au chapitre 6, nous avons vu comment, en admettant les conjectures standard, la catégorie semi-simple des motifs numériques devient une catégorie tannakienne graduée polarisée, munie de la batterie des $\otimes$-foncteurs de réalisation induits par les cohomologies de Weil classiques. Nous avons aussi vu comment construire les groupes de Galois motiviques et en avons dressé une liste de propriétés.

Faute de savoir prouver les conjectures standard, notamment $\sim_{\mathrm{hom}} \stackrel{?}{=} \sim_{\mathrm{num}}$, comment utiliser ces idées pour aboutir à des applications inconditionnelles de la philosophie des motifs purs ?

Dans ce chapitre, nous décrivons deux réponses différentes à cette question, suivant [**A96a**] et [**AK02b**] respectivement[(1)].

9.1. Deux manières de contourner les conjectures standard (aperçus)

9.1.1. L'idée est de partir de la catégorie des motifs homologiques (relativement à une cohomologie classique), de façon à disposer au moins d'un $\otimes$-foncteur fidèle H vers les vectoriels $\mathbf{Z}/2$-gradués, et de modifier cette catégorie de manière minimale pour la rendre abélienne semi-simple, tout en veillant à ce que H « s'étende » à cette nouvelle catégorie. Deux voies sont possibles : l'une consiste à remplacer $M_{\mathrm{hom}}(k)_{\mathbf{Q}}$ par une « sur-catégorie » semi-simple dont tout objet est facteur d'un objet de $M_{\mathrm{hom}}(k)_{\mathbf{Q}}$ (modification *par excès*), l'autre par une sous-catégorie non pleine semi-simple ayant même objets (modification *par défaut*). Bien sûr, les conjectures standard impliqueraient que ces « modifications » n'en sont pas.

[(1)] rappelons tout de même que le premier succès dans cette direction a été le théorème de Jannsen qui démontre la semi-simplicité des anneaux de correspondances numériques en « contournant » les conjectures standard.

9.1.2. Avant de décrire ces modifications minimales, commençons par considérer, plutôt que $M_{\mathrm{hom}}(k)_{\mathbf{Q}}$, le cas plus simple de la catégorie $Rep_{\mathbf{Q}}\mathbb{G}_a$ des représentations du groupe additif $\mathbb{G}_a$. Les endomorphismes d'un objet indécomposable de rang n forment l'algèbre triangulaire T_n des endomorphismes polynomiaux en l'image de $1 \in \mathbb{G}_a(\mathbf{Q})$.

La modification par excès consiste à plonger $Rep_{\mathbf{Q}}\mathbb{G}_a$ dans $Vec_{\mathbf{Q}}$, c'est-à-dire T_n dans l'algèbre semi-simple des matrices n-n.

La modification par défaut consiste à plonger $\mathbb{G}_a$ dans SL_2 ($1 \mapsto \left(\begin{smallmatrix}1&1\\0&1\end{smallmatrix}\right)$). Par Jacobson-Morozov, le foncteur $Rep_{\mathbf{Q}}SL_2 \to Rep_{\mathbf{Q}}\mathbb{G}_a$ est essentiellement surjectif (et évidemment fidèle). On prend alors « l'image de ce foncteur », ce qui revient à remplacer T_n par la sous-algèbre semi-simple $\mathbf{Q}\cdot \mathrm{Id}$.

Pour donner un sens précis à cette image, on peut remarquer que le foncteur en question admet un inverse à droite, car le quotient de $Rep_{\mathbf{Q}}\mathbb{G}_a$ par son plus grand $\otimes$-idéal $\mathcal{N}$ (*cf.* 4.4.2) est équivalent à $Rep_{\mathbf{Q}}SL_2$ *cf.* [**AK02a**, 19].

9.1.3. Revenons à $M_{\mathrm{hom}}(k)_{\mathbf{Q}}$, et supposons d'abord k de caractéristique 0. On a vu en 5.4.2.2 que la seule obstruction aux conjectures standard est alors le problème de l'algébricité des involutions de Lefschetz. Cela suggère de les adjoindre formellement aux morphismes de $M_{\mathrm{hom}}(k)_{\mathbf{Q}}$ pour obtenir la catégorie modifiée par excès recherchée. On obtient bien ainsi une catégorie abélienne semi-simple, dont les morphismes sont appelés « correspondances motivées » dans [**A96a**]. Sous la conjecture standard de type Künneth, on pourrait d'ailleurs décrire cette modification comme une localisation abstraite (inversion des isomorphismes de Lefschetz).

Voici une autre façon, en fait équivalente, de comprendre cette modification. Considérons tout d'abord la sous-catégorie pleine de $M_{\mathrm{hom}}(k)_{\mathbf{Q}}$ formée des sommes de motifs découpés sur une puissance de $X \in \mathcal{P}(k)$. On peut refaire la construction de 6.2 des groupes de Galois motiviques : si $\dim X > 0$, $\langle \mathfrak{h}(X)\rangle^{\otimes}$ contient $\mathbf{1}(1)$, et on peut définir le groupe de Galois motivique « par excès » $G_{\mathrm{mot}}(X)$ comme le sous-groupe fermé de $\prod_i GL(H^i(X)) \times \mathbb{G}_m$ qui fixe les classes des cycles algébriques sur les puissances de X (*via* Künneth). Les invariants sous ce groupe sont les cycles motivés[(2)] sur les puissances de X (sous la conjecture standard, ce sont bien sûr les cycles algébriques). Un corollaire de la théorie est que ce groupe est réductif et vérifie les propriétés mentionnées en 6.2.6.

Si l'on s'intéresse à de plus « grosses » catégories de motifs, voire à $M_{\mathrm{hom}}(k)_{\mathbf{Q}}$ tout entière, il est nécessaire de « stabiliser » cette construction : remplacer $G_{\mathrm{mot}}(X)$ par l'intersection $G_{\mathrm{mot},\mathcal{V}}(X)$ des images de $G_{\mathrm{mot}}(X \times Y) \to G_{\mathrm{mot}}(X)$ pour Y parcourant une sous-catégorie pleine $\mathcal{V}$ de $\mathcal{P}(k)$ stable par somme et produit. Les cycles motivés « modelés » sur $\mathcal{V}$ sont en fait les invariants sous ce groupe « stabilisé ».

(2) « modelés » sur la sous-catégorie de $\mathcal{P}(k)$ formée des sommes de puissances de X.

9.1.4. Passons maintenant à la modification par défaut, valide sur un corps k quelconque. Elle requiert la conjecture des signes (à savoir l'algébricité des projecteurs de Künneth pairs $\pi_X^+ = \sum \pi_X^{2i}$[(3)] ; comme on a vu en 6.1, cette condition permet de modifier la contrainte de commutativité de $NM(k)_{\mathbf{Q}} = M_{\mathrm{num}}(k)_{\mathbf{Q}}$ de manière à obtenir une catégorie tannakienne $N\dot{M}(k)_{\mathbf{Q}}$.

La $\otimes$-catégorie rigide $NM(k)_{\mathbf{Q}}$ n'est autre que le quotient de $M_{\mathrm{hom}}(k)_{\mathbf{Q}}$ par son plus grand $\otimes$-idéal $\mathcal{N}$ (*cf.* 4.4.2, (*cf.* 5.1.3.3). L'idée est alors de construire une $\otimes$-section du $\otimes$-foncteur de projection canonique $M_{\mathrm{hom}}(k)_{\mathbf{Q}} \to M_{\mathrm{num}}(k)_{\mathbf{Q}} = NM(k)_{\mathbf{Q}}$. Il s'avère que c'est possible, et qu'une telle $\otimes$-section est même unique à isomorphisme près [**AK02a**]. La catégorie modifiée par défaut est $NM(k)_{\mathbf{Q}}$ vue comme sous-catégorie de $M_{\mathrm{hom}}(k)_{\mathbf{Q}}$ au moyen de cette $\otimes$-section. Autrement dit, il s'agit de relever « manière cohérente » chaque correspondance modulo l'équivalence numérique en une correspondance modulo l'équivalence homologique (la « cohérence » incluant la compatibilité à la composition, aux produits tensoriels, *etc.*).

Une façon équivalente de comprendre cette modification consiste à attacher à la cohomologie classique de départ H^* une cohomologie de Weil ${}^{\spadesuit}H^*$ (*a priori* non classique), ayant même corps de coefficients que H^*, et telle que l'équivalence numérique coïncide avec l'équivalence ${}^{\spadesuit}H^*$-homologique. Cette nouvelle cohomologie définit un foncteur fibre sur $N\dot{M}(k)_{\mathbf{Q}}$.

9.1.5. Si $\operatorname{car} k = 0$, les groupes de Galois motiviques « par défaut » qu'on obtient ainsi contiennent (sic !) les groupes de Galois motiviques « par excès » obtenus par l'autre méthode ; ils coïncident si et seulement si l'équivalence homologique coïncide avec l'équivalence numérique.

9.2. Par excès : cycles et correspondances motivés

Dans ce paragraphe, on suppose $\operatorname{car} k = 0$. On choisit une cohomologie classique H^* sur $\mathcal{P}(k)$.

9.2.1. On fixe une sous-catégorie pleine $\mathcal{V}$ de $\mathcal{P}(k)$, stable par produit et somme disjointe. Soit $X \in \mathcal{V}$.

9.2.1.1. Définition **([A96a**, def. 1**]).** — Un cycle motivé de degré r sur X, modelé sur $\mathcal{V}$, est un élément de $H^{2r}(X)(r)$ de la forme $\mathrm{pr}_{X*}^{XY}(\alpha \cdot *_L(\beta))$, où $Y \in \mathcal{V}$ (arbitraire), α et β sont des cycles algébriques sur $X \times Y$, et $*_L$ est l'inverse de l'isomorphisme de Lefschetz attaché à des polarisations arbitraires de X et Y.

---

(3) rappelons que cela est vérifié si k est algébrique sur un corps fini.

9.2.1.2. Lemme (**[A96a**, 2.1]). — *Les cycles motivés forment une sous-$\mathbf{Q}$-algèbre graduée $\mathcal{Z}^*_{\mathrm{mot}}(X)$ de $\oplus_r H^{2r}(X)(r)$, qui contient $\mathcal{Z}^*_{\mathrm{hom}}(X)_{\mathbf{Q}}$. Elle ne dépend pas, à isomorphisme canonique près, de H^*. Elle est stable par image inverse et image directe par tout morphisme de $\mathcal{P}(k)$.*

Par le jeu de représentations de SL_2 évoqué en 5.2.2, on a :

9.2.1.3. Lemme (**[A96a**, 2.2]). — *$\mathcal{Z}^*_{\mathrm{mot}}(X \times X)$ contient l'involution de Lefschetz et l'involution de Hodge attachée à toute polarisation de X. Elle contient les π^i_X.*

En imitant 3.1.3, on définit alors les correspondances motivées et leur composition.

9.2.2. Les propriétés cohomologiques des cycles motivés se déduisent formellement de celles des cycles algébriques 3.4.5 :

- si $H^* = H^*_\ell$, ils sont invariants sous $\mathrm{Gal}(\bar{k}/k)$,
- si $H^* = H^*_{\mathrm{DR}}$, ils sont dans le cran 0 de la filtration de Hodge,
- si $H^* = H^*_B$ (cas où $k \subset \mathbf{C}$), ils sont de bidegré de Hodge $(0,0)$,

En outre, ils se correspondent par les isomorphismes de comparaison canoniques.

9.2.2.1. Remarque. — La collection des « réalisations » d'un cycle motivé est donc un cycle de Hodge absolu au sens de Deligne [**D80b, D82**]. En pratique, lorsqu'on sait montrer qu'un cycle de Hodge l'est absolument, un raffinement de l'argument montrera qu'il est motivé. Nous en verrons des exemples au chapitre suivant. La notion (essentiellement algébrique) de cycle motivé semble donc pouvoir se substituer avantageusement à celle (transcendante) de cycle de Hodge absolu.

Par ailleurs, si K est un corps de nombres et si v est une place de bonne réduction pour X, les cycles motivés sont invariants sous le Frobenius cristallin *via* l'isomorphisme de comparaison de Berthelot-Ogus 3.4.2 (c'est non trivial si la variété auxiliaire Y intervenant dans la définition du cycle motivé a mauvaise réduction en v, *cf.* [**A96a**, 2.5][(4)]).

Il y a toutefois une propriété des correspondances algébriques plus subtile qui pose problème lorsqu'on cherche à l'étendre aux correspondances motivées : c'est celle, pour les idempotents, de découper une famille *compatible* de réalisations ℓ-adiques (on se heurte au problème de savoir si pour tout cycle algébrique α sur une variété $Z \in \mathcal{P}(\mathbf{F}_q)$, le cup-produit $\langle \alpha . *_L (\alpha) \rangle$ calculé en cohomologie ℓ-adique est un nombre rationnel indépendant de $\ell \nmid q$).

(4) la démonstration de *loc. cit.* utilise la théorie de Fontaine. On peut s'en passer en utilisant le théorème d'altération de De Jong [**dJ96**] pour se ramener au cas d'une fibration semi-stable en inégales caractéristiques, puis en considérant la version logarithmique de l'isomorphisme de Berthelot-Ogus, due à Hyodo-Kato.

9.2.3. En remplaçant correspondances algébriques par correspondances motivées modelées sur $\mathcal{V}$ dans la construction de la catégorie des motifs 4.1 (et en se limitant aux variétés $X \in \mathcal{V}$), on construit une $\otimes$-catégorie rigide $\mathcal{M}_{\mathcal{V}}$ sur $\mathbf{Q}$, pseudo-abélienne. Comme les projecteurs de Künneth sont motivés, cette catégorie est graduée (par le poids). On peut changer la contrainte de commutativité selon la règle des signes de Koszul comme en 6.1. Indiquons de nouveau par un point ce changement. On a [**A96a**, 4.4] :

9.2.3.1. Théorème. — *La catégorie $\dot{\mathcal{M}}_{\mathcal{V}}$ est tannakienne sur $\mathbf{Q}$, semi-simple, graduée, polarisable. En outre, les réalisations sont des foncteurs conservatifs (i.e. reflètent les isomorphismes) sur $\dot{\mathcal{M}}_{\mathcal{V}}$.*

La discussion du chapitre 6 des groupes de Galois motiviques (attachés, disons, à la réalisation de Betti) est alors valable pour $\dot{\mathcal{M}}_{\mathcal{V}}$, inconditionnellement ; on note ceux-ci $G_{\mathrm{mot},\mathcal{V}}(X)$, car ils pourraient dépendre *a priori* de $\mathcal{V}$, pas seulement de l'objet X de $\mathcal{V}$.

On verra au chapitre suivant quelques calculs concrets de groupes de Galois motiviques.

9.2.3.2. Exercices

1) Montrer que l'algèbre de Lie de $G_{\mathrm{mot},\mathcal{V}}(X)$ est la réalisation de Betti d'un sous-motif de poids 0 de $\underline{\mathrm{End}}\,\mathfrak{h}(X)$ dans $\dot{\mathcal{M}}_{\mathcal{V}}$.

2) Justifier la seconde description des correspondances motivées en 9.1.3.

9.3. Par défaut : ⊗-scindage du passage au numérique

9.3.1. Catégories semi-primaires. — Tout anneau — commutatif ou non — peut être vu comme une catégorie (pré-)additive ayant un seul objet. B. Mitchell a popularisé l'idée suivant laquelle il est utile, à rebours, de voir les catégories additives comme des anneaux à plusieurs objets. Cela motive par exemple la notion d'idéal rappelée en 4.4, et suggère de définir le *radical* (de Kelly) $\mathcal{R}$ d'une catégorie additive $\mathcal{A}$ comme suit :

$$\mathcal{R}(A,B) = \{f \in \mathcal{A}(A,B) \mid \forall g \in \mathcal{A}(B,A), 1_A - gf \text{ est inversible}\}.$$

On démontre que c'est le plus grand idéal tel que la projection $\mathcal{A} \to \mathcal{A}/\mathcal{R}$ soit conservative, *i.e.* reflète les isomorphismes ; elle reflète alors aussi les morphismes inversibles à gauche (resp. à droite).

Rappelons qu'un anneau est dit semi-primaire s'il est extension d'un anneau semi-simple par un idéal nilpotent (son radical). Pour plusieurs objets, cela conduit à la définition suivante :

9.3.1.1. Définition (**[AK02a**, 2.3.1]). — $\mathcal{A}$ est dite *semi-primaire* si pour tout $A \subset \mathcal{A}$, $\mathcal{R}(A, A)$ est un idéal nilpotent de l'anneau $\mathcal{A}(A, A)$ et l'anneau quotient $\mathcal{A}(A, A)/\mathcal{R}(A, A)$ est un anneau semi-simple.

Le classique théorème de Wedderburn-Malcev dit que si F est parfait, la flèche quotient d'une F-algèbre semi-primaire par son radical admet une section, unique à conjugaison près. L'analogue à plusieurs objets est :

9.3.1.2. Théorème (**[AK02a**, 12.1.1]). — *On suppose F parfait. Soit $\mathcal{A}$ une catégorie F-linéaire semi-primaire (essentiellement petite). Alors le foncteur de projection $\mathcal{A} \to \mathcal{A}/\mathcal{R}$ admet une section, unique à isomorphisme près.*

9.3.1.3. Remarque. — Dans une catégorie pseudo-abélienne semi-primaire, le « théorème de Krull-Schmidt-Remak » est valide : tout objet est somme directe finie de facteurs indécomposables, bien définis à isomorphisme près.

9.3.2. Le théorème de $\otimes$-scindage. — Soit maintenant $\mathcal{T}$ une $\otimes$-catégorie rigide sur F. On peut se demander si son radical $\mathcal{R}$ est un $\otimes$-idéal. Il s'avère qu'il n'en est rien en général, même dans le cas où $F = \mathbf{Q}$, $\mathcal{T}$ est semi-primaire, et tout objet est de rang un entier [**AK02a**, 10.1.1].

En fait $\mathcal{R}$ est un $\otimes$-idéal si et seulement s'il coïncide avec le plus grand $\otimes$-idéal $\mathcal{N}$ (distinct de $\mathcal{T}$) [**AK02a**, 7.1.6]. Supposons que ce soit le cas, de sorte que $\mathcal{T} \to \mathcal{T}/\mathcal{R}$ est un $\otimes$-foncteur. On peut alors se demander s'il admet une $\otimes$-section.

9.3.2.1. Théorème (**[AK02a**, 13.1.1, 15.3.5]). — *Soit $\mathcal{T}$ une $\otimes$-catégorie rigide semi-primaire (essentiellement petite), sur* $\mathrm{End}(\mathbf{1}) = F$ *parfait de caractéristique $\neq 2$. On suppose $\mathcal{R} = \mathcal{N}$. Alors le $\otimes$-foncteur de projection $\mathcal{T} \to \mathcal{T}/\mathcal{N}$ admet une $\otimes$-section (compatible aux contraintes), unique à isomorphisme près.*

9.3.3. Application aux motifs. — On choisit une cohomologie classique H^* sur $\mathcal{P}(k)$ (on ne fait plus d'hypothèse sur la caractéristique de k), à coefficients dans un corps de caractéristique nulle K. Soit $\mathcal{M}$ une sous-catégorie $\mathbf{Q}$-linéaire pleine de $M_{\mathrm{hom}}(k)_{\mathbf{Q}}$, stable par sommes et facteurs directs, $\otimes$, et passage au dual.

9.3.3.1. Théorème. —

1) [**AK02b**, prop. 5] *$\mathcal{M}$ est une $\otimes$-catégorie rigide semi-primaire sur* $\mathbf{Q}$, *et $\mathcal{R} \subset \mathcal{N}$.*

2) *$\mathcal{R} = \mathcal{N}$ si le projecteur de Künneth pair de tout $M \in \mathcal{M}$ est algébrique (i.e. est dans $\mathcal{M}(M, M)$).*

(Si car $k = 0$, la première assertion est facile à vérifier, car on sait alors *via* les isomorphismes de comparaison que $\dim_{\mathbf{Q}} \mathcal{M}(M, M) < \infty$.) Pour la seconde assertion, se rappelant que $\mathcal{N}$ est l'idéal des correspondances $\sim_{\mathrm{num}} 0$, il suffit de montrer le

9.3.3.2. Lemme. — *Pour tout objet M de $\mathcal{M}$, notons π_M^+ (resp. π_M^-) le projecteur de Künneth sur la partie paire (resp. impaire) de la H-réalisation de M. On a la formule :* $\mathcal{R}(M_1, M_2) = \{f \in \mathcal{M}(M_1, M_2), \forall\, g \in \mathcal{M}(M_2, M_1), \langle f, \pi_{M_2}^+ {}^t g\rangle = \langle f, \pi_{M_2}^- {}^t g\rangle = 0\}$.

Il suit du point 1) du théorème que f appartient à $\mathcal{R}(M_1, M_2)$ si et seulement si fg est nilpotent pour tout $g \in \mathcal{M}(M_2, M_1)$. Ceci se traduit encore par : pour tout $g \in \mathcal{M}(M_2, M_1)$, $\mathrm{Tr}(f \circ g \mid H(M_2)) = 0$. En appliquant la formule des traces de Lefschetz 3.3.3 au couple $(f, g\pi_{M_2}^i)$ pour tout i, ceci se réécrit $\langle f, \pi_{M_2}^+ {}^t g\rangle = \langle f, \pi_{M_2}^- {}^t g\rangle = 0$, ce qui prouve le lemme. □

Rappelons qu'après modification de la contrainte de commutativité modifiée suivant la règle des signes de Koszul, $\mathcal{M}/\mathcal{N}$ devient tannakienne semi-simple sur $\mathbf{Q}$.

En appliquant le théorème de ⊗-scindage, on parvient au résultat suivant :

9.3.3.3. Théorème ([**AK02b**, prop. 9, cor. 10]). — *Supposons que le projecteur de Künneth pair de tout objet de $\mathcal{M}$ soit algébrique. Alors il existe une ⊗-section s de la projection $\mathcal{M} \twoheadrightarrow \mathcal{M}/\mathcal{N} \subset NM(k)_{\mathbf{Q}}$, unique à ⊗-isomorphisme près.*

Prenons $\mathcal{M} = NM(k)_{\mathbf{Q}}$ et supposons la conjecture standard de type Künneth. Alors le foncteur ${}^\spadesuit H^* : \mathcal{P}(k) \to VecGr_K^{\geqslant 0}$ composé du foncteur canonique $\mathcal{P}(k) \to NM(k)_{\mathbf{Q}}$ et de $H^* \circ s$ est une cohomologie de Weil, et l'équivalence homologique associée est l'équivalence numérique. Cette cohomologie vérifie le « théorème de Lefschetz fort » si et seulement si la conjecture standard de type Lefschetz est vraie.

9.3.3.4. Corollaire. — *Supposons que k soit un corps fini. Alors le « théorème de Lefschetz faible au niveau des motifs numériques » (* 5.2.5.1, *point* 5)) *implique la conjecture standard de type Lefschetz.*

En effet, la conjecture de standard de type Künneth est vraie sur k ([**KM74**]), et ${}^\spadesuit H^*$ est alors une cohomologie vérifiant le « théorème de Lefschetz faible ». Or, d'après [**KM74**], toute cohomologie de Weil sur k qui vérifie le « théorème de Lefschetz faible » vérifie aussi le « théorème de Lefschetz fort ». □

CHAPITRE 10

APPLICATIONS DE LA THÉORIE DES CYCLES MOTIVÉS

Jusqu'à présent, nous avons étudié comment des propriétés connues ou conjecturales des cycles algébriques se traduisent en termes de motifs. Dans ce chapitre, nous voudrions montrer qu'inversement, la théorie des motifs fournit un puissant instrument pour établir l'existence de cycles algébriques (sans les construire effectivement).

Pour ne faire appel à aucune conjecture, nous exprimerons les résultats en termes de cycles motivés (définis au chapitre précédent) ; si l'on est prêt à admettre la conjecture standard de type Lefschetz, on peut évidemment remplacer cycles motivés par cycles algébriques dans tout ce chapitre.

Nous verrons d'autres applications en 23.1.4 et 24.3 de la théorie des cycles motivés.

10.1. Transport parallèle de cycles motivés

10.1.1. Soit $f : X \to S$ un morphisme projectif lisse de but une k-variété S lisse connexe.

Supposons d'abord que k soit un sous-corps de $\mathbf{C}$. La cohomologie des fibres de f forme un système local sur $S(\mathbf{C})$: étant donné deux points $s, t \in S(\mathbf{C})$, il y a une action canonique de $\pi_1(S(\mathbf{C}), s)$ sur $H_B^*(X_s)$ (la monodromie), et un isomorphisme $H_B^*(X_s) \cong H_B^*(X_t)$ (le transport parallèle), bien défini à l'action de la monodromie près. Ce transport parallèle induit donc un isomorphisme canonique

$$\Pi_{t,s} : H_B^*(X_s)^{\pi_1(S(\mathbf{C}),s)} \cong H_B^*(X_t)^{\pi_1(S(\mathbf{C}),t)}$$

entre sous-espaces invariants sous la monodromie.

Sans hypothèse sur k, on dispose de la variante « étale » de cela : remplacer H_B par H_ℓ, s et t par des $\overline{k}$-points de S, et π_1 par le groupe fondamental géométrique $\pi_1(S_{\overline{k}}, s)$ défini par Grothendieck (groupe profini). Celui-ci a formulé la conjecture suivante [**Gro66**, note 13].

10.1.1.1. Conjecture. — *Le transport parallèle $\Pi_{t,s}$ respecte les classes de cycles algébriques.*

Si $k \subset \mathbf{C}$, et en cohomologie de De Rham plutôt qu'en cohomologie ℓ-adique, cette conjecture découle de la conjecture de Hodge[1] et est parfois appelée « conjecture de Hodge variationnelle » (*cf.* [**St87**]).

10.1.2. Dans [**A96a, A04a**], nous avons démontré que la conjecture de déformation 10.1.1.1 découle des conjectures standard. Plus précisément :

***10.1.2.1. Théorème* (sous la conjecture standard $\sim_{\mathrm{hom}} \overset{?}{=} \sim_{\mathrm{num}}$)**
Le transport parallèle est la réalisation (de Betti ou ℓ-adique) d'un isomorphisme de sous-motifs (de Grothendieck) de $\mathfrak{h}(X_t)$ et de $\mathfrak{h}(X_s)$ respectivement.

10.1.3. Considérer des cycles motivés plutôt que des cycles algébriques permet d'obtenir des résultats inconditionnels.

Plaçons-nous pour simplifier[2] dans le cas où k est un sous-corps de $\mathbf{C}$.

***10.1.3.1. Théorème* ([A96a, 5.1]).** — *Le transport parallèle est motivé : c'est la réalisation de Betti d'un isomorphisme de sous-motifs de $\mathfrak{h}(X_t)$ et de $\mathfrak{h}(X_s)$ respectivement.*

Ce résultat est à interpréter dans la catégorie (tannakienne semi-simple) $\dot{\mathcal{M}}_{\mathcal{V}}$ de 9.2.3, bâtie en termes de cycles motivés modelés sur une sous-catégorie pleine $\mathcal{V}$ *convenable* de $\mathcal{P}(k)$, stable par somme disjointe et produit ($\mathcal{V}$ doit être assez grande ; il est n'est pas suffisant, *a priori*, qu'elle contienne X_s et X_t).

10.1.3.2. Corollaire. — *Le transport parallèle de tout cycle motivé invariant sous la monodromie est encore un cycle motivé.*

Démonstration. — Quitte à introduire des points intermédiaires, on peut supposer S affine, donc X quasi-projectif. D'après Hironaka, X admet une compactification projective lisse $\overline{X}$. On note $\overline{\iota}_s : X_s \hookrightarrow \overline{X}$, $\overline{\iota}_t : X_t \hookrightarrow \overline{X}$ les inclusions. Par le « théorème de la partie fixe » de Deligne [**D71**, 4.1.1], l'application composée

$$u : H^i_B(\overline{X}) \longrightarrow H^i_B(X) \longrightarrow \Gamma(S(\mathbf{C}), R^i f^{\mathrm{an}}_* \mathbf{Q})$$

est surjective. Il s'ensuit que les applications

$$\overline{\iota}^*_s : H^i_B(\overline{X}) \longrightarrow H^i_B(X_s),\ \overline{\iota}^*_t : H^i_B(\overline{X}) \longrightarrow H^i_B(X_t)$$

ont même noyau, à savoir $\operatorname{Ker} u$, et que

$$\operatorname{Im}(\overline{\iota}^*_s) = H^i_B(X_s)^{\pi_1(S(\mathbf{C}),s)},\ \operatorname{Im}(\overline{\iota}^*_t) = H^i_B(X_t)^{\pi_1(S(\mathbf{C}),t)}.$$

Notons par ailleurs que pourvu que $\mathcal{V}$ contienne X_s, X_t et $\overline{X}$, $\overline{\iota}^*_s$ et $\overline{\iota}^*_t$ sont des correspondances motivées (et même algébriques).

[1] *via* le théorème de la partie fixe de Deligne [**D71**] : $\Pi_{t,s}$ respecte le type de Hodge.
[2] voir [**A04a**] pour l'étude du cas général.

Puisque $\dot{\mathcal{M}}_{\mathcal{V}}$ est une catégorie abélienne, et que H_B définit un foncteur exact, il existe un motif M dont la réalisation est la co-image de u (*i.e.* le quotient de $H_B^i(\overline{X})$ par le noyau de u) ; en outre $\overline{\iota}_s^*$ (resp. $\overline{\iota}_t^*$) induit un isomorphisme de M sur son image, dont la réalisation n'est autre que $H_B^i(X_s)^{\pi_1(S(\mathbf{C}),s)}$ (resp. $H_B^i(X_t)^{\pi_1(S(\mathbf{C}),t)}$). En composant l'inverse du premier isomorphisme avec le second, on obtient une correspondance motivée : c'est $\Pi_{t,s}$. □

10.1.3.3. Corollaire. — *La conjecture* $\sim_{\mathrm{hom}} \stackrel{?}{=} \sim_{\mathrm{num}}$ *implique la conjecture sur le transport parallèle 10.1.1.1.*

Quitte à remplacer H_B par H_ℓ, ceci vaut aussi en caractéristique p, *cf.* [**A04a**].

10.2. Cycles de Hodge et cycles de Tate sur les variétés abéliennes

10.2.1. Cycles de Hodge sur les variétés abéliennes complexes. — On suppose encore que k est un sous-corps algébriquement fermé de $\mathbf{C}$.

***10.2.1.1. Théorème* ([A96a, 0.6.2] pour $\mathcal{V}$ assez grand)**. — *Soit A une variété abélienne sur k. Tout cycle de Hodge sur A est motivé.*

Comme l'énoncé vaut pour les puissances de A, on obtient, en termes de groupe de Mumford-Tate (*cf.* 7.1.2.1) :

10.2.1.2. Corollaire. — $G_{\mathrm{mot},\mathcal{V}}(A) = MT(A)$.

Il s'agit là d'une version affaiblie de la conjecture de Hodge pour les variétés abéliennes. Bien que la conjecture standard de type Lefschetz soit vraie pour les variétés abéliennes, 10.2.1.1 n'entraîne pas que tout cycle de Hodge sur A soit algébrique, car $\mathcal{V}$ peut ne pas contenir que des variétés abéliennes. En fait :

10.2.1.3. Scolie. — *Tout cycle de Hodge $\xi \in H_B^{2r}(A)(r)$ est somme de classes de la forme $\mathrm{pr}_{A*}^{AY}(\alpha \cap *_L(\beta))$, où $Y \in \mathcal{V}$ est l'espace total d'un schéma abélien de base une courbe projective lisse, α et β sont des cycles algébriques sur $A \times Y$, et $*_L$ est l'inverse de l'isomorphisme de Lefschetz attaché à des polarisations arbitraires de A et Y.*

La conjecture de Hodge pour les variétés abéliennes se ramène donc à la conjecture standard de type Lefschetz pour les pinceaux abéliens compacts.

Le théorème 10.2.1.1 implique que ξ a toutes les propriétés énumérées dans 9.2.2.[3] On verra dans la troisième partie (24.3.4) une application arithmétique de ce théorème.

Le théorème 10.2.1.1 se déduit du théorème de déformation 10.1.3.1, en s'inspirant de [**D82**] qui utilise les familles « de type de Hodge » de Mumford-Shimura [**Mum69a**]. Indiquons brièvement les trois étapes (voir [**A96a**] pour les détails) :

(3) il implique notamment les théorèmes de Deligne [**D80b, D82**], Ogus [**O90**], Blasius, Wintenberger sur les propriétés des cycles de Hodge sur les variétés abéliennes.

Pas 1. — On construit un pinceau abélien $Y \to S$ dont une fibre Y_s est isogène à $A \times A$, une autre X_t a multiplication complexe, et l'image inverse de (ξ, ξ) sur Y_s est invariant sous la monodromie. Par 10.1.3.2, on est ramené au cas où A a multiplication complexe.

Pas 2. — On montre qu'il existe un corps CM (c'est-à-dire une extension totalement imaginaire d'un corps de nombres totalement réel) E, des variétés abéliennes A_j de dimension $r[E : \mathbf{Q}]$ telles que $\operatorname{End} A_j \otimes \mathbf{Q}$ contienne E, des homomorphismes $f_j : A \to A_j$, et des cycles de Hodge $\xi_j \in (\bigwedge_E^{2r} H_B^1(A_j))(r)$ tels que $\xi = \sum f_j^* \xi_j$.

Pas 3. — On construit un pinceau abélien $Y' \to S'$ dont certaines fibres Y'_{s_j} sont isogènes aux A_j, dont une fibre est isogène à la puissance d'une courbe elliptique, et l'image inverse de ξ_j sur Y'_{s_j} est invariant sous la monodromie et de Hodge. Par 10.1.3.2, on est alors ramené au cas, facile, où A est puissance d'une courbe elliptique.

10.2.2. Groupe de Galois motivique d'une variété abélienne à multiplication complexe. — Le théorème 10.2.1.1 implique que le groupe de Galois motivique d'une variété abélienne complexe (au sens de 9.2.3) coïncide avec son groupe de Mumford-Tate, *cf.* 7.1.2.1. Le calcul de ce dernier dans le cas de multiplication complexe est bien connu depuis les années 70 (*cf.* [**D79**]). Le voici.

Soit A une variété abélienne sur un corps de nombres $k \subset \mathbf{C}$, à multiplication complexe par un corps CM E (on suppose que $E = \operatorname{End} A \otimes \mathbf{Q} = \operatorname{End} A_{\mathbf{C}} \otimes \mathbf{Q}$). Alors $\Omega^1(A)$ est un $k \otimes_{\mathbf{Q}} E$-module.

Considérons l'homomorphisme déterminant :

$$\det_k(1 \otimes ? \mid \Omega^1(A)) : T_E \longrightarrow T_k$$

où T_E et T_k désignent les $\mathbf{Q}$-tores définis par E et k respectivement. On a en fait

$$\det_k(1 \otimes x \mid \Omega^1(A)) = \prod_{s : E \hookrightarrow \mathbf{C}} s(x)^{\tau(s)},$$

où τ est un type CM de poids 1 attaché à E ($\tau(s) + \tau(\overline{s}) = 1$).

Corrélativement, considérons l'homomorphisme déterminant :

$$\det_E(? \otimes 1 \mid \Omega^1(A)) : T_k \longrightarrow T_E.$$

Il existe un plus petit sous-corps CM $\widetilde{E}$ de k, appelé reflex de E, tel que cet homomorphisme se factorise à travers l'épimorphisme $N_{k/\widetilde{E}} : T_k \to T_{\widetilde{E}}$. On a en fait

$$\det_E(y \otimes 1 \mid \Omega^1(A)) = \prod_{\widetilde{s} : \widetilde{E} \hookrightarrow \mathbf{C}} \left(\widetilde{s}\big(N_{k/\widetilde{E}}(y)\big)\right)^{\widetilde{\tau}(\overline{\widetilde{s}})},$$

où $\widetilde{\tau}$ est un type CM de poids 1 attaché à $\widetilde{E}$ appelé reflex de τ.

On a donc par définition un homomorphisme $T_{\widetilde{E}} \to T_E$ dont l'image n'est autre que le groupe de Mumford-Tate cherché. C'est un quotient du pro-tore de Serre T_{Serre} introduit en 7.2.3. Voir 24.3 pour plus de détails et d'autres développements.

10.2.3. Cycles de Tate sur les variétés abéliennes sur un corps fini

Bien que la définition des cycles motivés n'ait été donnée ci-dessus (9.2.1.1) qu'en caractéristique nulle, elle garde un sens sur tout corps k (en remplaçant H_B par H_ℓ). Dans [**A04b**], on démontre l'analogue ℓ-adique suivant de 10.2.1.1 sur un corps fini de caractéristique $\neq \ell$ (en s'appuyant sur des idées de J. Milne [**Mi2**]) :

***10.2.3.1. Théorème* (pour $\mathcal{V}$ assez grand[(4)]).** — *Soient A une variété abélienne sur un corps fini k, et r un entier naturel. Tout élément de $H^{2r}_{\text{ét}}(A_{\overline{k}}, \mathbf{Q}_\ell)(r)$ invariant sous* $\mathrm{Gal}(\overline{k}/k)$ *est combinaison $\mathbf{Q}_\ell$-linéaire de cycles motivés.*

La conjecture de Tate pour les k-variétés abéliennes découle donc de la conjecture standard de type Lefschetz sur k.

10.2.4. Variétés apparentées. — Le théorème de déformation 10.1.3.1 joint à une construction de Kuga et Satake ou à des constructions de jacobiennes intermédiaires permet aussi de montrer

***10.2.4.1. Théorème* (pour $\mathcal{V}$ assez grand et** car $k = 0$**).** — *Le motif de toute surface K_3 et de toute hypersurface cubique de dimension $\leqslant 5$ est isomorphe à un motif découpé sur une variété abélienne.*

En particulier, tout cycle de Hodge sur un produit de telles variétés est motivé. On peut d'ailleurs déterminer, sur la base de calculs hodgiens dus à Zarhin (*cf.* [**Zar85**]), le groupe de Galois motivique de ces variétés ([**A96b, A96a**]). Soit $\mathfrak{t}$ le motif attaché à la partie « transcendante » de H^2 (resp. de H^4) d'une surface $K3$ (resp. hypersurface cubique de dimension 4). Alors $E := \mathrm{End}\,\mathfrak{t}$ est soit un corps totalement réel, soit un corps de nombres. La réalisation de Betti $H_B(\mathfrak{t})$ est un E-espace muni (*via* le choix d'une polarisation) d'une forme hermitienne dans le premier cas, bilinéaire dans le second cas. Le groupe de Galois motivique est alors le groupe unitaire ou orthogonal associé, vu comme $\mathbf{Q}$-groupe réductif par restriction des scalaires à la Weil.

10.3. Variation du groupe de Galois motivique dans une famille

10.3.1. Dans une famille de variétés projectives lisses complexes, les groupes de Galois motiviques varient de manière apparemment « chaotique ». Néanmoins, nous allons voir que pour les fibres « suffisamment générales », ils sont maximaux et contiennent un sous-groupe d'indice fini de la monodromie. Ce dernier fait fournit souvent un puissant outil de calcul des groupes de Galois motiviques.

Avant d'énoncer des résultats précis, considérons le cas simple d'un pinceau non-isotrivial de courbes elliptiques $X \to S$. La monodromie est alors un sous-groupe

(4) il suffit que $\mathcal{V}$ contienne les variétés abéliennes et l'espace total de tout schéma abélien de base une courbe projective lisse.

d'indice fini de $GL_2(\mathbf{Z})$. Si X_s est sans multiplication complexe, $G_{\mathrm{mot}}(X_s) = GL_2$. Par ailleurs, pour une infinité dénombrable de valeurs de s, X_s a multiplication complexe, et $G_{\mathrm{mot}}(X_s)$ est isomorphe au tore associé au corps quadratique imaginaire de multiplication complexe.

10.3.2. Soit $f : X \to S$ un morphisme projectif lisse de but une k-variété S lisse connexe.

Soit $s \in S(\mathbf{C})$. On note $G_{\mathrm{mono}}(f, s)$ l'adhérence de Zariski de la représentation de monodromie (rationnelle) en s :

$$\pi_1(S(\mathbf{C}), s) \longrightarrow GL(H_B(X_s)) = GL(H(X_s, \mathbf{Q})).$$

Sa composante neutre $G^0_{\mathrm{mono}}(f, s)$ est un groupe *semi-simple* [**D71**, 4.4].

10.3.2.1. Théorème ([**A96a**, 5.2]). — *Supposons k algébriquement fermé dans $\mathbf{C}$. Quitte à agrandir la classe $\mathcal{V}$, il existe un système local $(\Gamma_s)_{s\in S(\mathbf{C})}$ de sous-groupes algébriques réductifs de $GL(H_B(X_s))$, tel que*

a) *pour tout s, $G^0_{\mathrm{mono}}(f, s)$ est un sous-groupe* normal *de Γ_s,*

b) *pour tout s, Γ_s contient $G_{\mathrm{mot},\mathcal{V}}(X_s)$,*

c) *pour tout s hors d'une partie maigre de $S(\mathbf{C})$ (réunion dénombrable de sous-variétés algébriques fermées de S distinctes de S), $\Gamma_s = G_{\mathrm{mot},\mathcal{V}}(X_s)$,*

d) *il existe une infinité de points $s \in S(k)$ tel que $\Gamma_s = G_{\mathrm{mot},\mathcal{V}}(X_s)$.*

Hormis d), c'est une élaboration de 10.1.3.1. Pour la propriété d) (le cas difficile est lorsque k est dénombrable), on se ramène par spécialisation au cas où $k = \overline{\mathbf{Q}}$; on démontre alors, à l'aide d'une version du théorème de Hilbert due à Serre, une variante de c) où la propriété topologique de « maigreur » est remplacée par la propriété arithmétique de « minceur », *cf.* [**A96a**, 5.2].

10.3.2.2. Corollaire. — *Pour tout $s \in S(\mathbf{C})$,* $\mathrm{Lie}\, G_{\mathrm{mono}}(f, s)$ *est normalisée par $G_{\mathrm{mot},\mathcal{V}}(X_s)$, donc est la réalisation de Betti d'un facteur direct LG_s du motif $\underline{\mathrm{End}}\, \mathfrak{h}(X_s)$. Ce motif LG_s est une algèbre de Lie dans la catégorie tannakienne $\dot{\mathcal{M}}_{\mathcal{V}}$.*

Pour des résultats analogues en caractéristique p, voir [**A04a**].

10.3.2.3. Exemple. — Calculons le groupe de Galois motivique $G_{\mathrm{mot},\mathcal{V}}(Y)$ d'une hypersurface « générale » dans $\mathbb{P}^{2n}$ de degré fixé.

On fait bouger Y dans un pinceau de Lefschetz $f : X \subset \mathbb{P}^{2n} \times \mathbb{P}^1 \to \mathbb{P}^1$, $Y = f^{-1}(s) = X \cap (\mathbb{P}^{2n} \times \{s\})$. La polarisation naturelle sur Y induit une forme symplectique non dégénérée ψ sur $H^{2n-1}_B(Y)$ à valeurs dans $\mathbf{Q}(-2n-1)$; $G_{\mathrm{mot},\mathcal{V}}(Y)$ est donc contenu dans le groupe des similitudes symplectiques $Gp(\psi)$, et la composée avec l'homomorphisme $Gp(\psi) \to \mathbb{G}_m$ est surjective.

Montrons $G_{\mathrm{mot},\mathcal{V}}(Y) = Gp(\psi)$ (pour Y assez générale). Par le corollaire précédent (et compte tenu du cocaractère de poids), il suffit de montrer que $\mathrm{Lie}\, G_{\mathrm{mono}}(f, s) =$

$sp(\psi)$. Or la théorie des pinceaux de Lefschetz montre que la représentation de monodromie sur $H_B^{2n-1}(Y)$ est irréductible, et engendrée par un nombre fini d'endomorphismes de la forme $x \mapsto (2\pi i)^n \psi(x, \delta)\delta$. Le résultat découle alors d'un lemme de Kazhdan-Margulis sur les algèbres de Lie symplectiques, *cf.* [**D74a**, 5.11].

10.3.3. En combinant le théorème précédent (notamment le point d)) et 10.2.1.1, on obtient :

10.3.3.1. Corollaire. — *Si un groupe réductif donné est le groupe de Mumford-Tate d'une variété abélienne complexe, c'est aussi le groupe de Mumford-Tate d'une variété abélienne définie sur* $\overline{\mathbf{Q}}$.

Tableau synoptique

conjecture standard de type Lefschetz/$\mathbf{C}$	$\Longrightarrow$	conjecture de Grothendieck sur le transport parallèle des cycles algébriques
	$\Longrightarrow$	conjecture de Hodge pour les variétés abéliennes/$\mathbf{C}$
conjecture standard de type Lefschetz/$\mathbf{F}_p$	$\Longrightarrow$	conjecture de Tate pour les variétés abéliennes sur les corps finis de caractéristique p.

CHAPITRE 11

FILTRATIONS SUR LES ANNEAUX DE CHOW ET NILPOTENCE

Les chapitres précédents étaient dévolus aux motifs pour l'équivalence homologique ou numérique. Nous abordons ici l'étude plus fine des motifs pour une équivalence adéquate quelconque — des motifs de Chow notamment.

Dans ce chapitre, nous présentons trois conjectures fondamentales sur les propriétés de « nilpotence » des anneaux de Chow. Ces conjectures admettent plusieurs interprétations. Nous nous bornons ici aux aspects « géométriques », laissant les aspects « catégoriques » pour le chapitre suivant (12.2.3), et les interprétations en termes de motifs mixtes pour un chapitre ultérieur (21.3).

11.1. Introduction : application d'Abel-Jacobi pour les 0-cycles

11.1.1. Soit X une variété projective lisse connexe de dimension d sur $\mathbf{C}$. On lui associe sa variété d'Albanese Alb_X, qui est une variété abélienne. A tout point $x \in X$ est attaché un morphisme $X \to \mathrm{Alb}_X$, universel parmi les morphismes de X vers une variété abélienne ; il ne dépend de x que par une translation.

Il induit donc un homomorphisme de groupes, indépendant de x, du groupe $\mathcal{Z}^d(X)_0$ des 0-cycles de degré 0 sur X vers $\mathrm{Alb}_X(\mathbf{C})$. Cet homomorphisme se factorise à travers l'équivalence rationnelle, donnant lieu à l'homomorphisme d'Abel-Jacobi

$$AJ_X : \mathrm{CH}^d(X)_0 \longrightarrow \mathrm{Alb}_X(\mathbf{C}).$$

Concrètement, $\mathrm{Alb}_X(\mathbf{C}) = \Omega^1(X)^\vee/(H_1(X(\mathbf{C}), \mathbf{Z})/\mathrm{tors})$ et l'homomorphisme d'Abel-Jacobi est donné par la recette

$$\sum n_j(x_j - x) \longmapsto (\omega \in \Omega^1(X) \longmapsto \sum n_j \int_x^{x_j} \omega \text{ modulo périodes}).$$

Le théorème classique d'Abel-Jacobi dit que c'est un isomorphisme si X est une courbe. Plus récemment, A. Roitman a démontré [**Ro72**] que AJ_X est un isomorphisme si et seulement si l'application différence

$$S^N(X) \times S^N(X) \longrightarrow \mathrm{CH}^d(X)_0, \quad (\{x_1, \dots, x_N\}, \{x'_1, \dots, x'_N\}) \longmapsto \sum x_n - \sum x'_n,$$

est surjective pour $N \gg 0$, et que AJ_X est toujours un isomorphisme sur la torsion.

On sait depuis longtemps que AJ_X n'est pas toujours un isomorphisme : D. Mumford [**Mum69b**] a démontré en 1969 que *si X est une surface avec $p_g \neq 0$, alors l'application d'Abel-Jacobi n'est pas injective* (rappelons que $p_g = \dim H^2(X, \mathcal{O}_X)$, de sorte que l'hypothèse revient à dire que $\mathcal{Z}^1_{\mathrm{hom}}(X)_{\mathbf{Q}}$ ne remplit pas tout $H^2_B(X)(1)$).

11.1.1.1. Exemple **([GreG03])**. — On prend pour X le carré d'une courbe C de genre $\geqslant 2$, et on note $\delta : C \hookrightarrow X$ l'application diagonale. Pour tout diviseur D sur C, le 0-cycle $[(D,D)] - \deg D \cdot \delta_*[D] \in \mathrm{CH}^2(X)_0$ est dans le noyau de AJ_X. Green et Griffiths montrent qu'il n'est pas nul, pour D « assez général ».

11.1.2. Les efforts pour comprendre le noyau de AJ_X et son lien mystérieux avec la partie « transcendante » de la cohomologie sont à la source des développements esquissés dans ce chapitre. La « réciproque » du théorème de Mumford, conjecturée par S. Bloch, a joué un rôle moteur :

11.1.2.1. Conjecture **(Bloch [Bl75, Bl80])**. — *Si X est une surface avec $p_g = 0$, alors l'homomorphisme d'Abel-Jacobi est un isomorphisme.*

11.1.2.2. Statut. — C'est vérifié si X n'est pas de type général (Bloch-Kas-Lieberman [**BlKL76**]), et pour quelques surfaces de type général.

11.1.3. Analysons cette conjecture à la lumière des travaux de Murre sur les surfaces 4.3.4 : on a une décomposition de motifs de Chow

$$\mathfrak{h}(X) \cong \oplus_i \mathfrak{h}^i(X) \cong \mathbf{1} \oplus \mathfrak{h}^1(\mathrm{Alb}_X) \oplus \mathfrak{h}^2(X) \oplus \mathfrak{h}^1(\mathrm{Pic}^0_X)(-1) \oplus \mathbf{1}(-2).$$

Murre définit une filtration à 3 crans de $\mathrm{CH}^2(X)_{\mathbf{Q}}$:

$$F^1 = \mathrm{CH}^2(X)_0 \otimes \mathbf{Q}, \quad F^2 = \mathrm{Ker}\, AJ_X \otimes \mathbf{Q}, \quad F^3 = 0,$$

et montre que

$$F^2\,\mathrm{CH}^2(X)_{\mathbf{Q}} = \mathrm{CH}^2(\mathfrak{h}^2(X)),\ \mathrm{Gr}^1_F\,\mathrm{CH}^2(X) \cong \mathrm{CH}^2(\mathfrak{h}^3(X)) \cong \mathrm{CH}^1(\mathfrak{h}^1(\mathrm{Pic}^0_X)),$$

$$\mathrm{CH}^1(\mathfrak{h}^2(X)) \cong \mathcal{Z}^1_{\mathrm{hom}}(X) \text{ (en posant } \mathrm{CH}^r(e\mathfrak{h}(X)) := \mathit{CHM}(k)_{\mathbf{Q}}(\mathbf{1}, e\mathfrak{h}(X)(r))).$$

L'hypothèse que $p_g = 0$ se traduit par $\mathfrak{h}^2_{\mathrm{num}}(X) \cong \mathbf{1}(-1)^\rho$, où ρ est le rang du groupe de Néron-Severi. On en déduit que $\mathbf{1}(-1)^\rho$ est facteur direct de $\mathfrak{h}^2(X)$. Choisissons un supplémentaire $\mathfrak{t}^2(X)$ dans $\mathfrak{h}^2(X)$. L'image de $\mathfrak{t}^2(X)$ dans $\mathit{NM}(k)_{\mathbf{Q}}$ est donc *nulle* [(1)], et on a

$$\mathrm{CH}^2(\mathfrak{t}^2(X)) = F^2\,\mathrm{CH}^2(X)_{\mathbf{Q}} = \mathrm{Ker}\, AJ_X \otimes \mathbf{Q},\ \mathrm{CH}^1(\mathfrak{t}^2(X)) = 0.$$

Compte tenu du résultat de Roitman sur la torsion, la conclusion est que l'homomorphisme d'Abel-Jacobi est un isomorphisme si et seulement si $\mathfrak{t}^2(X) = 0$.

---

(1) de même que l'image dans $M_{\mathrm{hom}}(k)_{\mathbf{Q}}$, puisque l'équivalence numérique coïncide avec l'équivalence homologique sur la surface X.

11.1.3.1. Remarque. — Sous la conjecture de Bloch, le motif de Chow d'une surface avec $p_g = 0$ serait essentiellement trivial (somme de motifs de Tate). Pourtant, il existe des familles non constantes de telles surfaces (surfaces de Godeaux, de Campedelli, *etc.*).

11.1.3.2. Exercice. — Voici une version un peu plus générale de la conjecture de Bloch sur les surfaces : si α est une correspondance de degré 0 entre deux surfaces X et Y qui induit un isomorphisme $H^2(X, \Omega^2) \cong H^2(Y, \Omega^2)$, alors α induit un isomorphisme $\operatorname{Ker} AJ_X \cong \operatorname{Ker} AJ_Y$. L'interpréter comme ci-dessus en termes de $\mathfrak{t}^2(X)$ et $\mathfrak{t}^2(Y)$ (remarquer que $H_B(\mathfrak{t}^2(X)) \subset H_B(X)$ est la plus petite sous-structure de Hodge dont le complexifié contient $H^2(X, \Omega^2)$).

11.2. Conjectures de Bloch-Beilinson-Murre

11.2.1. On se place de nouveau sur un corps de base k quelconque. On fixe une cohomologie de Weil H^*. Les deux conjectures suivantes postulent l'existence d'une filtration remarquable sur les anneaux de Chow $\mathrm{CH}^*(X)_{\mathbf{Q}} = \mathcal{Z}^*_{\mathrm{rat}}(X)_{\mathbf{Q}}$, dans l'esprit de l'exemple précédent. L'idée d'une telle filtration remonte à l'article de Bloch [**Bl76**]. La justification philosophique, ainsi que des interprétations conjecturales, apparaissent dans le contexte des motifs mixtes (nous y reviendrons en 14.3.5, 21.3). Nous en verrons aussi dès le chapitre suivant une interprétation conceptuelle (12.2.2).

***11.2.1.1. Conjecture* (Bloch-Beilinson)**. — *Pour tout $X \in \mathcal{P}(k)$,*

a) *les projecteurs de Künneth π^i_X de X relatifs à H^* sont algébriques ($C(X)$).*

b) *Pour tout entier $r \geqslant 0$, il existe une filtration $(F^\nu \mathrm{CH}^r(X)_{\mathbf{Q}})_{\nu \geqslant 0}$ sur $\mathrm{CH}^r(X)_{\mathbf{Q}}$ telle que :*

i) $F^0 \mathrm{CH}^r(X)_{\mathbf{Q}} = \mathrm{CH}^r(X)_{\mathbf{Q}}$, $F^1 \mathrm{CH}^r(X)_{\mathbf{Q}} = \mathrm{Ker}(\mathrm{CH}^r(X)_{\mathbf{Q}} \to \mathcal{Z}^r_{\mathrm{hom}}(X)_{\mathbf{Q}})$.

ii) $F^\mu \mathrm{CH}^r(X)_{\mathbf{Q}}.F^\nu \mathrm{CH}^s(X)_{\mathbf{Q}} \subset F^{\mu+\nu} \mathrm{CH}^{r+s}(X)_{\mathbf{Q}}$.

iii) *F^ν est stable par image directe et image réciproque.*

(Les propriétés ci-dessus impliquent que les correspondances modulo l'équivalence homologique agissent sur les gradués $\mathrm{Gr}^\nu_F \mathrm{CH}^*(X)_{\mathbf{Q}}$).

iv) $(\pi^i_X)_{|\mathrm{Gr}^\nu_F \mathrm{CH}^r(X)_{\mathbf{Q}}} = \mathrm{Id}$ *si $i = 2r - \nu$, 0 sinon.*

v) $F^\nu \mathrm{CH}^r(X)_{\mathbf{Q}} = 0$ *pour $\nu \gg 0$.*

***11.2.1.2. Conjecture* (Murre)**. — *Pour tout $X \in \mathcal{P}(k)$,*

a) *les projecteurs de Künneth π^i_X de X relatifs à H^* sont algébriques ($C(X)$).*

b) *Il existe des relevés Π^i_X des π^i_X à $\mathrm{CH}^{\dim X}(X \times X)_{\mathbf{Q}}$ tels que :*

i) *les Π^i_X sont des idempotents orthogonaux de somme 1,*

ii) *Π^i_X agit par 0 sur $\mathrm{CH}^r(X)_{\mathbf{Q}}$ si $i > 2r$,*

iii) *la filtration $F^\nu \mathrm{CH}^r(X)_{\mathbf{Q}} = \bigcap_{i > 2r-\nu} \operatorname{Ker} \Pi^i_X$ est indépendante du choix des relevés Π^i_X,*

iv) $F^1 \mathrm{CH}^r(X)_{\mathbf{Q}} = \mathrm{Ker}(\mathrm{CH}^r(X)_{\mathbf{Q}} \to \mathcal{Z}^r_{\mathrm{hom}}(X)_{\mathbf{Q}})$.

***11.2.1.3. Théorème* (Jannsen).** — *Ces conjectures sont équivalentes. En outre, les filtrations qu'elles postulent coïncident.*

Cette équivalence vaut encore si on se limite à prendre X dans une sous-catégorie pleine $\mathcal{V}$ de $\mathcal{P}(k)$, stable par somme disjointe et *produit*, voir [**J94**, 5].

Dans la suite, nous appellerons ces conjectures les « *conjectures BBM* » (pour $\mathcal{V}$).

11.2.1.4. Remarques

1) Sous la conjecture standard de type Lefschetz et sous les conditions i) à iv) de 11.2.1.1, on a : $v) \Leftrightarrow F^{r+1}\operatorname{CH}^r(X)_{\mathbf{Q}} = 0 \Leftrightarrow \Pi^i_X$ agit par 0 sur $\operatorname{CH}^r(X)_{\mathbf{Q}}$ si $i < r$, *cf.* [**J94**, 2.2].

2) De nombreux travaux ont été consacrés aux relations subtiles entre la filtration BBM (conjecturale) des groupes de Chow et la filtration par le coniveau des motifs (8.1), voir par exemple [**J94**], [**J00**, 6].

La conjecture de Murre, qui ne fait pas intervenir de fonctorialité, a d'ailleurs un sens pour un X fixé (nous écrirons $11.2.1.2_X$).

***11.2.1.5. Proposition* (Corti-Hanamura [CHa00]).** — *Dans la conjecture de Murre $11.2.1.2_X$, il revient au même de remplacer les points* ii) *et* iii) *par*

v) *soit e un idempotent de $\operatorname{CH}^{\dim X}(X\times X)_{\mathbf{Q}}$ tel que $eH^i(X) = 0$ pour tout $i \leqslant 2r$. Alors $e\operatorname{CH}^r(X) = 0$.*

11.2.1.6. Statut. — $11.2.1.2_X$ i) est vrai en dimension $\leqslant 2$ [**Mur90**], pour les variétés de Kuga-Sato de dimension 3 (Gordon-Hanamura-Murre), et pour des variétés abéliennes de petite dimension, *cf.* [**Mur04**].

11.2.2. Pour les variétés abéliennes, la situation est la suivante (revoir aussi 4.3.3). Soit A une variété abélienne de dimension d sur k. Notons $[m]$ l'endomorphisme de multiplication par $m \in \mathbf{Z}$ sur A. Il existe alors un système canonique d'idempotents orthogonaux Π^i_A de $\operatorname{CH}^{\dim A}(A\times A)_{\mathbf{Q}}$ relevant les projecteurs de Künneth, tels que pour tout entier m, $\Pi^i_A[m]^* = [m]^*\Pi^i_A = m^i\cdot\mathrm{id}$. En outre, on a une décomposition canonique, due à A. Beauville,

$$\operatorname{CH}^r(A)_{\mathbf{Q}} = \bigoplus_{i=r}^{i=r+d}\operatorname{CH}^r_{(i)}(A),$$

où

$$\operatorname{CH}^r_{(i)}(A) := \{\alpha\in\operatorname{CH}^r(A)_{\mathbf{Q}} \mid [m]^*\alpha = m^i\alpha,\ \forall\, m\in\mathbf{Z}\},$$

et il est facile de voir que

$$\Pi^i_A\operatorname{CH}^r(A)_{\mathbf{Q}} = \operatorname{CH}^r_{(i)}(A).$$

Beauville conjecture que $\operatorname{CH}^r_{(i)}(A) = 0$ pour $i > 2r$. Ceci équivaut à ce que les Π^i_A vérifient les points ii) et iii) de la conjecture de Murre.

Si le point iv) valait aussi, autrement dit, si A vérifiait la conjecture de Murre, on aurait alors

$$F^{\nu}\,\mathrm{CH}^r(A)_{\mathbf{Q}} = \bigoplus_{i=r}^{i=2r-\nu} \mathrm{CH}^r_{(i)}(A).$$

11.2.2.1. Remarque. — Pour une variété abélienne, la filtration BBM de l'anneau de Chow serait donc scindée. Des exemples simples de Beauville et C. Voisin montrent qu'il n'en est pas de même en général, même si on se limite aux variétés « de type abélien », *i.e.* dont le motif est dans $M_{\sim}(VAb(k))_{\mathbf{Q}}$.

11.3. Filtration de Saito et équivalences séparées

11.3.1. Il existe plusieurs constructions de filtrations censées coïncider avec la filtration BBM conjecturale. Voici la plus élémentaire d'entre elles, proposée par S. Saito [**sSai00**].

Soient $\mathcal{V}$ une sous-catégorie pleine de $\mathcal{P}(k)$, stable par somme disjointe et produit, et $X \in \mathcal{V}$. On procède par récurrence : $F^0\,\mathrm{CH}^r(X)_{\mathbf{Q}} = \mathrm{CH}^r(X)_{\mathbf{Q}}$, et

$$F^{\nu+1}\,\mathrm{CH}^r(X)_{\mathbf{Q}} = \sum_{Y,\gamma,s} \mathrm{Im}\big(\gamma_* : F^{\nu}\,\mathrm{CH}^{r-s}(Y)_{\mathbf{Q}} \longrightarrow \mathrm{CH}^r(X)_{\mathbf{Q}}\big),$$

où $Y \in \mathcal{V}$, $s \in \mathbf{Z}$, et γ est une correspondance de degré s de Y vers X telle que l'homomorphisme

$$\pi_X^{2r-\nu} \circ \underline{\gamma} : H(Y) \longrightarrow H^{2r-\nu}(X)$$

induit par γ soit nul.

11.3.1.1. Lemme. — *La filtration de Saito vérifie les conditions i) à iv) de 11.2.1.1 b). Elle est minimale pour cette propriété. Chaque cran définit une équivalence adéquate.*

Cela se vérifie directement. La difficulté des conjectures BBM pour $\mathcal{V}$ consiste à montrer que la filtration de Saito est séparée (il est facile de voir qu'elle est stationnaire à partir du cran $2r$).

11.3.2. Il est donc naturel d'introduire l'équivalence *« séparante »* suivante (qui dépend *a priori* de H^* et de $\mathcal{V}$) : soit $\alpha \in \mathrm{CH}^*(X)_{\mathbf{Q}}$; alors

$$\alpha \sim_{\text{sép}} 0 \Longleftrightarrow \alpha \in \bigcap_{\nu} F^{\nu}\,\mathrm{CH}^*(X)_{\mathbf{Q}}.$$

Il est facile de voir qu'il s'agit bien d'une équivalence adéquate.

11.3.2.1. Définition. — Une équivalence adéquate $\sim$ est *séparée sur* $\mathcal{V}$ si

$$\sim_{\text{sép}}\ \succ\ \sim\ \succ\ \sim_{\text{hom}}.$$

Sous la conjecture standard de type Künneth, les conjectures BBM pour $\mathcal{V}$ équivalent donc à dire que $\sim_{\text{rat}}$ est séparée sur $\mathcal{V}$.

11.3.3. Dans la suite de ce paragraphe, nous supposons que *les projecteurs de Künneth de tout $X \in \mathcal{V}$ sont algébriques*. On fixe une équivalence $\sim$ séparée sur $\mathcal{V}$, et on note comme d'habitude $\mathcal{M}_\sim(\mathcal{V})_{\mathbf{Q}}$ la $\otimes$-catégorie rigide pseudo-abélienne des motifs découpés sur les objets de $\mathcal{V}$, modulo l'équivalence $\sim$.

D'après le lemme précédent, toutes les conditions des conjectures BBM sont remplies à condition de se limiter aux $X \in \mathcal{V}$, de remplacer $\mathrm{CH}^r(X)_{\mathbf{Q}} = Z_{\mathrm{rat}}(X)_{\mathbf{Q}}$ par $Z_\sim(X)_{\mathbf{Q}}$, et de prendre pour F^* la filtration de Saito.

11.3.4. Voici quelques propriétés de $\mathcal{M}_\sim(\mathcal{V})_{\mathbf{Q}}$ pour une équivalence *séparée* $\sim$.

11.3.4.1. Lemme. — *La filtration de Saito sur $\mathcal{M}_\sim(\mathcal{V})_{\mathbf{Q}}(X, X)$ est une filtration d'algèbre (pour la composition des correspondances), et $F^1\mathcal{M}_\sim(\mathcal{V})_{\mathbf{Q}}(X, X)$ est un idéal nilpotent.*

Démonstration. — La première assertion découle des points ii) et iii) de 11.2.1.1, la seconde de v). □

11.3.4.2. Corollaire. — *Deux motifs $M, M' \in \mathcal{M}_\sim(\mathcal{V})_{\mathbf{Q}}$ sont isomorphes si et seulement si leurs images dans $\mathcal{M}_{\mathrm{hom}}(\mathcal{V})_{\mathbf{Q}}$ sont isomorphes. De même M'' est facteur direct de M si et seulement s'il en est ainsi de leurs images dans $\mathcal{M}_{\mathrm{hom}}(\mathcal{V})_{\mathbf{Q}}$.*

Le lemme 11.3.4.1 entraîne que F^1 est contenu dans le radical $\mathcal{R}$ de $\mathcal{M}_\sim(\mathcal{V})_{\mathbf{Q}}$ (*cf.* 9.3.1). On déduit 11.3.4.2 du fait que le foncteur « quotient par le radical » reflète isomorphismes et morphismes inversibles à droite ou à gauche.

11.3.4.3. Corollaire. — *Soit $\Pi^{2d-i}L^i_\sim : \mathfrak{h}^i_\sim(X) \to \mathfrak{h}^{2d-i}_\sim(X)(d-i)$ le morphisme induit par le cup-produit itéré avec une polarisation. Si l'image L^i_{hom} de $\Pi^{2d-i}L^i_\sim$ dans $\mathcal{M}_{\mathrm{hom}}(\mathcal{V})_{\mathbf{Q}}$ est un isomorphisme (comme le prédit la conjecture standard de type Lefschetz), alors $\Pi^{2d-i}L^i_\sim$ est lui-même un isomorphisme.*

11.3.4.4. Corollaire. — *Les conjectures BBM impliquent la conjecture de Bloch sur les surfaces.*

Démonstration. — En effet, prenons pour $\mathcal{V}$ les sommes de puissances d'une surface complexe X avec $p_g = 0$. Reprenons les notations de 11.1.3. Il s'agit de montrer que $\mathfrak{t}^2(X)$ est nul dans $\mathcal{M}_\sim(\mathcal{V})_{\mathbf{Q}}$. Comme son image est nulle dans $\mathcal{M}_{\mathrm{hom}}(\mathcal{V})_{\mathbf{Q}}$, cela découle du corollaire précédent. □

11.3.5. Supposons encore $\sim$ séparée. Dans $\mathcal{M}_\sim(\mathcal{V})_{\mathbf{Q}}$, on peut décomposer le motif de X

$$\mathfrak{h}(X) = \bigoplus_i \mathfrak{h}^i(X), \quad \mathfrak{h}^i(X) := \Pi^i_X(\mathfrak{h}(X)).$$

Cette décomposition relève la décomposition par le poids du motif homologique de X. Elle n'est pas canonique, mais unique à isomorphisme près (fait standard d'algèbre non-commutative, compte tenu de 11.3.4.1). Cela rend raisonnable la définition suivante :

11.3.5.1. Définition. — On dit qu'un motif de $M_\sim(\mathcal{V})_{\mathbf{Q}}$ est (purement) de poids i s'il est isomorphe à un motif de la forme $e\mathfrak{h}^{2r+i}(X)(r)$.

Le motif homologique associé est bien sûr de poids i. Par la condition 11.2.1.2 b. i), tout motif de $M_\sim(\mathcal{V})_{\mathbf{Q}}$ est somme directe de motifs de divers poids.

On vérifie facilement que si M et M' sont de poids i et j respectivement, $M \otimes M'$ est de poids $i+j$, et $M^\vee$ de poids $-i$.

11.3.5.2. Proposition. — *Soient M, M' deux motifs de $M_\sim(\mathcal{V})_{\mathbf{Q}}$ de même poids i. Alors $M_\sim(k)_{\mathbf{Q}}(M, M') = M_{\mathrm{hom}}(k)_{\mathbf{Q}}(M, M')$.*

Soit M'' un autre motif, de poids $> i$. Alors $M_\sim(k)_{\mathbf{Q}}(M, M'') = 0$.

Démonstration. — En utilisant le Hom interne, on se ramène au cas $M = \mathbf{1}$, $M' = e\mathfrak{h}^{2r}(X)(r)$, $M'' = e'\mathfrak{h}^{r''}(X)(r')$ avec $r'' > 2r'$. La première assertion se ramène à montrer l'injectivité de $\mathcal{Z}^r_\sim(X)_{\mathbf{Q}} \to \mathcal{Z}^r_{\mathrm{hom}}(X)_{\mathbf{Q}}$. De la condition 11.2.1.1 b. iv), il découle que si $\alpha \in \mathcal{Z}^r_\sim(X)_{\mathbf{Q}}$ est dans F^1, alors $\mathrm{Gr}^\nu_F(\alpha) = 0$ pour tout ν. Par définition de $\sim$, on a donc $\alpha = 0$. La seconde assertion se ramène à $\Pi^{r''}_X \mathcal{Z}^{r'}_\sim(X)_{\mathbf{Q}} = 0$, ce qui est la condition 11.2.1.2 b. ii). □

11.3.5.3. Corollaire. — *La filtration (croissante) par le poids des motifs modulo une équivalence séparée est canonique.*

11.3.5.4. Remarque. — Par là, on n'entend pas, bien sûr, qu'il y a une façon canonique de choisir les $\Pi^{\leqslant n} := \sum_{i \leqslant n} \Pi^i$ — c'est déjà faux pour $n = 0$[(2)] —, mais que si (Π'^i) est un autre système de projecteurs de Murre, alors $(\mathrm{id} - \Pi'^{\leqslant n})\Pi^{\leqslant n} = 0$ pour tout n (*cf.* 4.3.2.1).

Dans l'énoncé suivant, on suppose de plus que $\mathcal{V}$ est stable par sections hyperplanes lisses.

***11.3.5.5. Théorème* ([J00, 4.1] $\sim$ séparée).** — *Sous la conjecture standard de type Lefschetz pour $\mathcal{V}$, on a $F^\nu = (F^1)^\nu$.*

Autrement dit, l'équivalence adéquate sur $\mathcal{V}$ définie par le cran F^ν de la filtration de Saito n'est autre que la « somme » de $\sim$ et de la « puissance ν-ième » de l'équivalence homologique (somme et puissance étant entendues au sens des $\otimes$-idéaux, *cf.* 4.4.1).

(2) et cela reviendrait à dire que les Π^i sont eux-mêmes canoniques : $\Pi^i = (\mathrm{id} - \Pi^{\leqslant i-1})\Pi^{\leqslant i}$.

11.4. Le cas d'un corps de base fini

11.4.1. Le résultat suivant est essentiellement dû à Beilinson (voir aussi [**J00**, 4.16]) :

11.4.1.1. Théorème. — *Si k est un corps fini $\mathbf{F}_q$, $\sim_{\mathrm{hom}}$ est la seule équivalence adéquate séparée.*

Démonstration. — On sait que la conjecture standard de type Künneth est vérifiée : plus précisément, π_X^i est un polynôme $P_i(\mathrm{Fr}_X^*)$ en Frobenius. Comme Fr_X agit par multiplication par q^r sur $\mathrm{CH}^r(X)$, il découle de la condition 11.2.1.1 b. iv) que $\mathrm{Gr}_F^\nu(F^1\mathcal{Z}^r_{\text{sép}}(X)) = 0$ pour tout ν. Par définition de $\sim_{\text{sép}}$, on a donc $F^1\mathcal{Z}^r_{\text{sép}}(X) = 0$. □

11.4.1.2. Corollaire. — *Si k est un corps fini, les conjectures BBM et la conjecture standard $\sim_{\mathrm{hom}} \overset{?}{=} \sim_{\mathrm{num}}$ impliquent que toutes les équivalences adéquates (non triviales) coïncident : $\sim_{\mathrm{rat}} = \sim_{\mathrm{num}}$.*

11.4.1.3. Statut. — Les conjectures BBM sont vraies pour les 0-cycles grâce à un résultat de K. Kato et S. Saito [**KS83**].

D'après B. Kahn [**Ka03**, 1.10], elles sont vraies pour les variétés abéliennes vérifiant la conjecture de Tate (en particulier pour les produits de courbes elliptiques). Il montre par ailleurs que la conjonction de la conjecture $\sim_{\mathrm{rat}} = \sim_{\mathrm{num}}$ et de la conjecture de Tate sur un corps fini de caractéristique p implique les conjectures BBM pour tout corps de caractéristique p [**Ka**].

11.5. Conjecture de nilpotence de Voevodsky

11.5.1. Elle concerne l'équivalence de smash-nilpotence, vue en 3.2. Voici quelques compléments.

***11.5.1.1. Lemme* (Voevodsky ; Kimura).** — *L'idéal des correspondances $\sim_{\otimes\mathrm{nil}} 0$ dans $\mathrm{CH}^*(X \times X)_{\mathbf{Q}}$ est un nil-idéal, et chacun de ses éléments est contenu dans un idéal nilpotent.*

Démonstration. — Pour tous $f, g_0, \dots, g_m \in \mathrm{CH}^*(X \times X)_{\mathbf{Q}}$, $g_0 \circ f \circ g_1 \circ \cdots \circ f \circ g_m$ se calcule en composant $g_m \otimes f \otimes \cdots \otimes f \otimes g_0$ avec la permutation cyclique des $2m+1$ facteurs, et en appliquant p_*, où $p : X \times \cdots \times X \to X \times X$ est la projection sur les deux facteurs extrêmes. Cette composée est donc nulle si $f^{\otimes m} = 0$. □

Par le même argument que pour 11.3.4.2, on a

11.5.1.2. Corollaire. — *Deux motifs de Chow M, M' sont isomorphes si et seulement si leurs images dans $M_{\otimes\mathrm{nil}}(k)_{\mathbf{Q}}$ sont isomorphes. De même, M'' est facteur direct de M si et seulement s'il en est ainsi de leurs images dans $M_{\otimes\mathrm{nil}}(k)_{\mathbf{Q}}$.*

11.5.2. La conjecture suivante apparaît dans [**Vo95**].

***11.5.2.1. Conjecture* (Voevodsky).** — $\sim_{\otimes\mathrm{nil}} = \sim_{\mathrm{num}}$.

Comme $\sim_{\otimes\mathrm{nil}}$ est plus fine que $\sim_{\mathrm{hom}}$, cette conjecture implique la conjecture standard $\sim_{\mathrm{hom}} \stackrel{?}{=} \sim_{\mathrm{num}}$ (pour toute cohomologie de Weil).

11.5.2.2. Remarque. — Pour tout $X \in \mathcal{P}(k)$ ayant mêmes nombres de Betti que $\mathbb{P}^n$, on a $\mathfrak{h}_\sim(X) \cong \mathfrak{h}_\sim(\mathbb{P}^n)$ si $\sim = \sim_{\mathrm{hom}}$ ou $\sim_{\mathrm{num}}$. On ignore s'il en est de même pour toute équivalence adéquate, même pour les surfaces ($n = 2$). Cela découlerait de la conjecture de Voevodsky (et dans le cas des surfaces, de la conjecture de Bloch 11.1.2.1).

11.5.2.3. Statut. — La conjecture de nilpotence de Voevodsky vaut pour $\mathrm{CH}^r(X)_{\mathbf{Q}}$ si $r = d$ ou $\leqslant 1$, en vertu de 3.2.4.1 et du théorème de Matsusaka 3.2.7 (pour $r = 0$ c'est trivial). Elle est donc vraie sur les surfaces.

Par le même argument que pour 11.3.4.4, en remplaçant $M_{s\acute{e}p}(k)_{\mathbf{Q}}$ par $M_{\otimes\mathrm{nil}}(k)_{\mathbf{Q}}$, sa validité pour le carré d'une surface X impliquerait la conjecture de Bloch 11.1.2.1 pour X.

11.5.3. Lien entre conjectures BBM et conjecture de nilpotence

***11.5.3.1. Théorème* (O'Sullivan).** — *Supposons vraie la conjecture standard $\sim_{\mathrm{hom}} \stackrel{?}{=} \sim_{\mathrm{num}}$ (pour une cohomologie classique fixée H^*). Alors $\sim_{\otimes\mathrm{nil}}$ est une équivalence séparée si et seulement si $\sim_{\otimes\mathrm{nil}} = \sim_{\mathrm{num}}$.*

En particulier, les conjectures BBM impliquent la conjecture de nilpotence de Voevodsky.

Démonstration. — Le point à démontrer est que si $\alpha \in F^1\mathcal{Z}^r_{\mathrm{s\acute{e}p}}(X)$, alors il existe $m > 0$ tel que $\alpha^{\otimes m} \sim_{\mathrm{s\acute{e}p}} 0$. On interprète α comme morphisme $\mathbf{1} \to \mathfrak{h}_{\mathrm{s\acute{e}p}}(X)(r)$. Par 11.2.1.2 b. i), on a un relèvement $\mathfrak{h}_{\mathrm{s\acute{e}p}}(X) = \oplus_i \mathfrak{h}^i_{\mathrm{s\acute{e}p}}(X)$ dans $M_{s\acute{e}p}(k)_{\mathbf{Q}}$ de la décomposition suivant les poids (dans $M_{\mathrm{hom}}(k)_{\mathbf{Q}}$). Raisonnant composante par composante, on peut supposer $\alpha : \mathbf{1} \to \mathfrak{h}^i_{\mathrm{s\acute{e}p}}(X)(r)$ pour i convenable. Par 11.2.1.2 b. ii), on peut même supposer $i \leqslant 2r$ (sinon $\alpha = 0$).

On raisonne par récurrence sur la dimension d de X (le cas $d = 0$ étant trivial). On peut par ailleurs supposer k infini. On a supposé la conjecture standard $\sim_{\mathrm{hom}} \stackrel{?}{=} \sim_{\mathrm{num}}$, donc la conjecture standard de type Lefschetz. Cela implique (par Lefschetz fort) que $\mathfrak{h}^i_{\mathrm{hom}}(X)(r) \cong \mathfrak{h}^{2d-i}_{\mathrm{hom}}(X)(d - i + r)$, et (par Lefschetz faible) que pour toute section hyperplane lisse Y de X, $\mathfrak{h}^i_{\mathrm{hom}}(X)$ est facteur direct de $\mathfrak{h}^i_{\mathrm{hom}}(Y)$ si $i < d$. Par le corollaire 11.3.4.2, on a les mêmes propriétés au niveau des motifs modulo $\sim_{\mathrm{s\acute{e}p}}$. Cela permet de supposer $i \leqslant d$, et même $i = d$. Donc $r \geqslant d/2$. Distinguons trois cas.

– Si $r = d/2$, on déduit de la première assertion de 11.3.5.2 que $\alpha \sim_{\mathrm{s\acute{e}p}} 0$.

– Si $r = (d+1)/2$, d est impair. Soit m le d-ième nombre de Betti de X augmenté de 1. Alors la puissance symétrique m-ième de $\mathfrak{h}^d_{\text{hom}}(X)$ est nulle. Donc celle de $\mathfrak{h}^d_{\text{sép}}(X)$ l'est aussi par 11.3.4.2. Comme $\alpha^{\otimes m} : \mathbf{1} \to (\mathfrak{h}^d_{\text{sép}}(X))^{\otimes m}$ est invariant par permutation des facteurs $\mathfrak{h}^d_{\text{sép}}(X)$, on en déduit que $\alpha^{\otimes m} \sim_{\text{sép}} 0$.

– Si $r > (d+1)/2$, on applique le lemme suivant (Kleiman-Nori-Jannsen [**J00**, 4.8]) : *Si k est infini, et si $r > d/2$, il existe une section hyperplane lisse $\iota : Y \hookrightarrow X$ et $\beta \in \mathrm{CH}^{r-1}(Y)_{\mathbf{Q}}$ tel que $\alpha = \iota_*\beta$.*

Comme $r > (d+1)/2$, on a $H^{2r-2}(Y)(r-1) \cong H^{2r}(X)(r)$ par Lefschetz faible, et on conclut que $\beta \in F^1\,\mathrm{CH}^{r-1}(Y)_{\mathbf{Q}}$. Par récurrence, on a donc $\beta^{\otimes m} = 0$ pour m convenable, d'où $\alpha^{\otimes m} \sim_{\text{sép}} 0$. □

11.5.4. Universalité des motifs numériques. — Reprenons la problématique de 4.2.4, où l'on considérait des quadruplets $(\mathcal{T}, \mathbb{L}, (\mathrm{tr}_X), c^r_X)$ et un foncteur monoïdal

$$H : \mathcal{P}(k)^{\mathrm{op}} \longrightarrow \mathcal{T}$$

soumis à certains axiomes. Dans *loc. cit.*, $\mathcal{T}$ était seulement supposée rigide, et la catégorie $\mathcal{T}$ universelle était $CHM(k)_{\mathbf{Q}}$.

Considérons maintenant le cas où $\mathcal{T}$ est comme en 7.1.1 de la forme $\mathcal{A}$-Gr (catégorie des objets $\mathbf{Z}$-gradués d'une catégorie tannakienne $\mathcal{A}$ sur un corps de caractéristique nulle K, munie de twists de Tate $\otimes K(r)_{\mathcal{A}}$). On suppose que $\mathbf{1}(1)$ s'envoie $\otimes K(1)_{\mathcal{A}}$ placé en degré -2. La conjecture de Voevodsky[3] implique que la catégorie $\mathcal{A}$ universelle est alors $N\dot{M}(k)_{\mathbf{Q}}$. En effet, H se factorise à travers $CHM(k)_{\mathbf{Q}}$, et il est clair que l'idéal $^{\otimes}\sqrt{0}$ de $CHM(k)_{\mathbf{Q}}$ s'envoie sur 0 dans la catégorie tannakienne $\mathcal{T}$. Ainsi le foncteur canonique $CHM(k)_{\mathbf{Q}} \to N\dot{M}(k)_{\mathbf{Q}}$-$Gr$ de passage modulo l'équivalence numérique, en tenant compte des poids, apparaît comme la *réalisation enrichie universelle des motifs purs* (sous la conjecture de Voevodsky).

(3) qui implique la conjecture des signes.

CHAPITRE 12

STRUCTURE DE LA CATÉGORIE DES MOTIFS PURS POUR UNE ÉQUIVALENCE ADÉQUATE QUELCONQUE

D'après Jannsen, la catégorie des motifs numériques est abélienne semi-simple. Que peut-on dire de la structure de la catégorie des motifs pour d'autres équivalences adéquates, notamment pour l'équivalence rationnelle ?

Ces catégories n'étant plus abéliennes en général, il faut des outils catégoriques appropriés pour étudier la question, abordée dans [**Ki04**], [**AK02a**], [**O'S**]. L'analyse la plus poussée est due à P. O'Sullivan.

Le lecteur trouvera dans [**A04c**] un exposé plus développé de ces questions.

12.1. Catégories de Kimura-O'Sullivan

12.1.1. Cette notion a été introduite indépendamment dans [**AK02a**, 9.1.16] (sous le nom de « catégorie de Kimura », suite au travail de S. Kimura [**Ki04**]), et dans [**O'S**] (sous le nom de « catégorie semi-positive »).

Soit F un corps de caractéristique nulle.

12.1.1.1. Définition. — Une *catégorie de Kimura-O'Sullivan* sur F est une $\otimes$-catégorie rigide $\mathcal{T}$ sur $F = \mathrm{End}(\mathbf{1})$, pseudo-abélienne, et telle que tout objet M de $\mathcal{T}$ se décompose en $M^+ \oplus M^-$, où $\wedge^n M^+ = S^n M^- = 0$ pour $n \gg 0$.

Les symboles S^n et $\wedge^n$ désignent bien entendu les puissances symétriques et extérieures (*cf.* 2.2.2.2).

12.1.1.2. Exemple. — Toute catégorie tannakienne sur F est de Kimura-O'Sullivan. En particulier, sous la conjecture des signes, $N\dot{M}(\mathcal{V})_{\mathbf{Q}}$ est de ce type, donc aussi $NM(\mathcal{V})_{\mathbf{Q}}$. C'est d'ailleurs aussi le cas des $\otimes$-catégories rigides $\dot{M}_{\mathrm{hom}}(\mathcal{V})_{\mathbf{Q}}$ et $M_{\mathrm{hom}}(\mathcal{V})_{\mathbf{Q}}$.

12.1.2. La conjecture suivante a été proposée par Kimura et O'Sullivan, indépendamment l'un de l'autre, au milieu des années 90 :

***12.1.2.1. Conjecture* (Kimura, O'Sullivan).** — *Pour toute équivalence adéquate $\sim$, $M_\sim(k)_{\mathbf{Q}}$ est une catégorie de Kimura-O'Sullivan.*

La motivation de Kimura venait principalement de l'étude du noyau de l'application d'Abel-Jacobi sur les 0-cycles. La pertinence de la conjecture dans ce domaine est illustrée par le résultat suivant :

***12.1.2.2. Théorème* (Kimura [Ki04], Guletskiĭ, Pedrini [GuP03])**

Soit X une surface complexe projective lisse avec $p_g = 0$. Les énoncés suivants sont équivalents :

i) *X vérifie la conjecture de Bloch 11.1.2.1,*

ii) *« la » composante $\mathfrak{h}^2(X)$ du motif de Chow de X (cf. 4.3.4) vérifie*

$$\wedge^{b_2(X)+1} \mathfrak{h}^2(X) = 0,$$

iii) *la $\otimes$-catégorie rigide pseudo-abélienne des motifs de Chow engendrée par $\mathfrak{h}(X)$ est de Kimura-O'Sullivan.*

12.1.2.3. Statut. — La conjecture est connue pour les motifs « de type abélien », en particulier les courbes. Plus précisément, rappelons (4.3.3) que $M_\sim(VAb(k))_{\mathbf{Q}}$ désigne la plus petite sous-catégorie pleine de $M_\sim(k)_{\mathbf{Q}}$ contenant les motifs d'Artin et les $\mathfrak{h}^1$ des variétés abéliennes, et stable par isomorphisme, sommes et facteurs directs, $\otimes$, et passage au dual. C'est une catégorie de Kimura-O'Sullivan (comme l'ont remarqué ces deux auteurs). Le point — *cf.* 12.1.3 — est qu'on peut prendre pour $\otimes$-générateurs les motifs d'Artin (leur carré extérieur est nul) et les $\mathfrak{h}^1$ de variétés abéliennes (leurs puissances symétriques assez grandes sont nulles d'après Shermenev, *cf.* 4.3.3).

12.1.3. Quelques propriétés des catégories de Kimura-O'Sullivan. — Nous renvoyons à [**AK02a**] ou [**A04c**] pour une étude détaillée des catégories de Kimura-O'Sullivan. Nous nous contenterons d'en mentionner ici quelques propriétés saillantes.

En voici une très utile : que $\mathcal{T}$ soit de Kimura-O'Sullivan se teste sur des $\otimes$-générateurs, *i.e.* sur des objets X_α tels que $\mathcal{T}$ est la plus petite sous-catégorie de $\mathcal{T}$ contenant ces objets, stable par sommes et facteurs directs, par $\otimes$, et par passage au dual [**AK02a**, 9.1.4].

Étant donné une $\otimes$-catégorie rigide $\mathcal{T}$, on reprend les notations $\mathcal{R}$ (pour le radical de Kelly), $\mathcal{N}$ (pour le plus grand $\otimes$-idéal distinct de $\mathcal{T}$), ${}^{\otimes}\sqrt{0}$ (pour le $\otimes$-idéal des morphismes dont une puissance tensorielle est nulle).

Appelons *fantôme* tout objet de $\mathcal{T}$ non nul qui devient nul dans $\mathcal{T}/\mathcal{N}$.

12.1.3.1. Exemple. — Le motif $\mathfrak{t}^2(X)$ introduit dans la discussion 11.1.3 de la conjecture de Bloch est soit nul (et dans ce cas la conjecture est vraie pour X), soit un motif fantôme (si la conjecture est fausse).

12.1.3.2. Lemme. — *Une $\otimes$-catégorie rigide qui vérifie $\mathcal{R} = \mathcal{N}$ ne possède aucun objet fantôme.*

En effet, le foncteur $\mathcal{T} \to \mathcal{T}/\mathcal{R}$ est toujours conservatif, *i.e.* reflète les isomorphismes. □

On a présenté en 9.3.1 la notion de catégorie semi-primaire. Rappelons que le quotient d'une catégorie semi-primaire pseudo-abélienne par son radical est une catégorie abélienne semi-simple [**AK02a**, 2.3].

12.1.3.3. Théorème **([AK02a**, 9.2.2]**).** — *Toute catégorie de Kimura-O'Sullivan est semi-primaire et vérifie $\mathcal{R} = \mathcal{N}$, i.e. le radical est un $\otimes$-idéal.*

12.1.3.4. Corollaire. — *Dans une telle catégorie $\mathcal{T}$, le quotient $\mathcal{T}/\mathcal{N}$ est une catégorie abélienne semi-simple et le $\otimes$-foncteur $\mathcal{T} \to \mathcal{T}/\mathcal{N}$ est conservatif.*

Les exemple, lemme et théorème précédents mis bout à bout « expliquent » l'implication iii) $\Rightarrow$ i) dans le théorème 12.1.2.2. En fait la conjecture de Bloch pour X découlerait de ce que le radical d'une (quelconque) $\otimes$-catégorie rigide de motifs de Chow contenant $\mathfrak{h}(X)$ est un $\otimes$-idéal.

Par ailleurs, le théorème précédent montre que la conjecture de Kimura-O'Sullivan entraînerait que $M_\sim(k)_\mathbf{Q}$ est une catégorie semi-primaire de radical $\mathcal{R}$ égal au $\otimes$-idéal des correspondances $\sim_{\mathrm{num}} 0$, et on en déduirait que le foncteur plein de projection $M_\sim(k)_\mathbf{Q} \to M_\approx(k)_\mathbf{Q}$ est surjectif, pour toute équivalence $\approx$ moins fine que $\sim$ (relèvement des idempotents modulo $\mathcal{N}$ en de vrais idempotents).

12.1.3.5. Remarque. — Si $\sim$ est séparée, $\mathcal{R}$ vérifie une propriété de nilpotence beaucoup plus forte que celle impliquée par la semi-primarité : pour tout $M \in M_\sim(k)_\mathbf{Q}$, on a non seulement $(\mathcal{R}(M,M))^N = 0$, mais $\mathcal{R}^N(M,M) = 0$ pour $N \gg 0$.

12.1.4. Une décomposition $M = M^+ \oplus M^-$ comme celle considérée en 12.1.1.1 n'est pas unique en général ; il peut exister des morphismes non nuls entre M^+ et M^-. De fait, dans une catégorie de Kimura-O'Sullivan $\mathcal{T}$, de telles décompositions ne proviennent pas en général d'une $\mathbf{Z}/2$-graduation de $\mathcal{T}$.

En revanche, on montre que de telles décompositions sont uniques modulo $^\otimes\sqrt{0}$, de sorte que $\mathcal{T}/^\otimes\sqrt{0}$ (et *a fortiori* $\mathcal{T}/\mathcal{N}$) admet une $\mathbf{Z}/2$-graduation, bien définie à isomorphisme près. Si l'on modifie la contrainte de commutativité suivant la règle des signes de Koszul, le quotient $\mathcal{T}/\mathcal{N}$ devient une catégorie tannakienne [**AK02a**, 9.2.2 ; 16].

12.1.5. Catégories de Voevodsky. — La définition suivante est motivée par la conjecture 11.5.2.1 :

12.1.5.1. Définition. — Une *catégorie de Voevodsky* sur F est une $\otimes$-catégorie rigide $\mathcal{T}$ sur $F = \mathrm{End}(\mathbf{1})$, pseudo-abélienne, et telle que $^\otimes\sqrt{0} = \mathcal{N}$.

12.1.5.2. Exemple. — Une catégorie tannakienne est de Voevodsky si et seulement si elle est semi-simple.

L'argument du lemme 11.5.1.1 montre que ${}^{\otimes}\sqrt{0} \subset \mathcal{R}$ (voir aussi [**AK02a**, 7.4]). Il en découle qu'une catégorie de Voevodsky vérifie $\mathcal{R} = \mathcal{N}$, donc n'a pas d'objet fantôme par le lemme précédent.

12.1.5.3. Théorème

1) [**AK02a**, 9.2] *Une catégorie de Voevodsky est de Kimura-O'Sullivan si et seulement si il en est de même de son quotient par* $\mathcal{N}$.

2) [**O'S**] *Une catégorie de Kimura-O'Sullivan est de Voevodsky si et seulement si tout* $\otimes$*-foncteur* $H : \mathcal{T} \to sVec_K$ *se factorise par* $\mathcal{N}$.

Pour 1), le point est l'existence de relèvements d'idempotents modulo $\mathcal{N}$ en de vrais idempotents, et la non-existence d'objet fantôme : on peut alors relever une décomposition $\overline{M} = \overline{M}^+ \oplus \overline{M}^-$ où $\wedge^n \overline{M}^+ = S^n \overline{M}^- = 0$ pour $n \gg 0$, en une décomposition analogue de M.

Pour 2), il est clair que tout $\otimes$-foncteur $H : \mathcal{T} \to sVec_K$ se factorise par ${}^{\otimes}\sqrt{0}$, donc par $\mathcal{N}$ si $\mathcal{T}$ est de Voevodsky. La réciproque réclame une étude plus approfondie des catégories de Kimura-O'Sullivan. Nous l'esquissons ci-dessous (12.2.4).

12.1.6. Irréductibilité de 1 et conservativité des réalisations. — Nous passons maintenant à la question de l'irréductibilité de l'objet unité **1**.

12.1.6.1. Exercices

1) Construire une catégorie de Kimura-O'Sullivan telle que **1** ne soit pas irréductible (considérer par exemple la catégorie des fibrés vectoriels sur un F-schéma projectif géométriquement connexe non réduit au point).

2) Montrer que **1** est irréductible si et seulement si c'est un objet artinien.

12.1.6.2. Lemme. — *Dans toute catégorie de Voevodsky,* **1** *est irréductible.*

Démonstration. — Soit $u : U \hookrightarrow \mathbf{1}$ un monomorphisme. Si l'image de u dans $\mathcal{T}/\mathcal{N}$ admet un inverse à droite, u lui-même admet un inverse à droite puisque $\mathrm{End}(\mathbf{1}) = F$, et il en découle que le monomorphisme u est un isomorphisme. Sinon, l'image de u dans $\mathcal{T}/\mathcal{N}$ est nulle, et il découle de la condition ${}^{\otimes}\sqrt{0} = \mathcal{N}$ que $u^{\otimes n} = 0$ pour n convenable. Factorisant $u^{\otimes n} = u \circ (u^{\otimes n-1} \otimes 1_U)$, on a $(u^{\otimes n-1} \otimes 1_U) = 0$ puisque u est un monomorphisme, d'où $u^{\otimes n-1} = 0$ et on conclut par récurrence que $u = 0$, d'où $U = 0$. □

La question de l'irréductibilité de **1** est ouverte pour la catégorie des motifs purs $M_\sim(k)_F$ modulo toute équivalence adéquate $\sim$ au moins aussi fine que l'équivalence homologique. Voici une illustration de l'importance de cette question :

12.1.6.3. Proposition. — *Soit H^* une cohomologie de Weil, et soit $\sim$ une équivalence adéquate au moins aussi fine que l'équivalence homologique (par exemple, l'équivalence rationnelle). On suppose que $\mathbf{1} \in M_{\mathrm{hom}}(k)_{\mathbf{Q}}$ est irréductible. Alors sur toute catégorie de Kimura-O'Sullivan $\mathcal{T}$ formée de motifs pour l'équivalence $\sim$, la réalisation H^* est un foncteur* conservatif.

En particulier, si M et N deux motifs annulés par de grandes puissances extérieures ou symétriques, et si f est un morphisme de M vers N tel que $H(f)$ est bijectif, alors f est un isomorphisme.

Démonstration. — D'après 12.1.3.3, le « passage au numérique » est conservatif sur $\mathcal{T}$: pour montrer que $f \in M_{\sim}(k)_F(M, N)$ est un isomorphisme, il suffit de montrer que son image f_{num} dans $M_{\mathrm{num}}(k)_F$ l'est. On peut donc supposer que $\sim = \sim_{\mathrm{hom}}$, de sorte que ${}^{\otimes}\sqrt{0} = 0$. La décomposition « en pair et impair » $M = M^+ \oplus M^-$, $N = N^+ \oplus N^-$ est alors unique, et respectée par $f : f = f^+ \oplus f^-$. On suppose $H(f)$ bijectif, donc $H(f^+)$ et $H(f^-)$ bijectifs. Posons $r_+ = \dim H(M^+) = \dim H(N^+)$, $r_- = \dim H(M^-) = \dim H(N^-)$, et considérons le motif de rang un

$$U = \wedge^{r_+} M^+ \otimes S^{r_-} M^- \otimes (\wedge^{r_+} N^+ \otimes S^{r_-} N^-)^{\vee}.$$

Alors f induit un morphisme $g : U \to \mathbf{1}$, et ce dernier est un monomorphisme puisqu'il en est de même de son image par le foncteur fidèle H. Puisque $\mathbf{1}$ est supposé irréductible, on obtient que g est un isomorphisme, et il en est alors de même de son image g_{num} dans $M_{\mathrm{num}}(k)_F$. Comme $M_{\mathrm{num}}(k)_F$ est semi-simple, f_{num} est somme directe d'un isomorphisme et d'un morphisme nul, et il est facile de conclure que « g_{num} isomorphisme $\Rightarrow f_{\mathrm{num}}$ isomorphisme ». □

En appliquant la proposition précédente à $\sim_{\mathrm{hom}}$ (pour une cohomologie de Weil fixée), on obtient le résultat suivant, qui raffine 5.4.1.5 :

12.1.6.4. Corollaire. — *Sous la conjecture des signes, et si $\mathbf{1} \in M_{\mathrm{hom}}(k)_{\mathbf{Q}}$ est irréductible, alors la réalisation des motifs homologiques est conservative.*

12.1.6.5. Exercice. — Montrer que l'irréductibilité de $\mathbf{1} \in M_{\mathrm{hom}}(k)_{\mathbf{Q}}$, jointe à la conjecture standard de type Künneth, implique la conjecture standard de type Lefschetz.

La conjecture de nilpotence 11.5.2.1 *prédit que la catégorie des motifs* $M_{\sim}(k)_{\mathbf{Q}}$ pour toute équivalence adéquate $\sim$ *est une catégorie de Voevodsky.* Compte tenu de ce qu'elle implique la conjecture standard $\sim_{\mathrm{hom}} \stackrel{?}{=} \sim_{\mathrm{num}}$, donc la conjecture standard de type Künneth, on peut appliquer 12.1.5.3 1) *via* 12.1.1.2 1).

En vertu de ce qui précède, on conclut que :

12.1.6.6. Théorème. — *La conjecture de nilpotence de Voevodsky implique la conjecture de Kimura-O'Sullivan, ainsi que l'irréductibilité de* $\mathbf{1} \in M_{\sim}(k)_{\mathbf{Q}}$ *pour tout équivalence adéquate* $\sim$.

A fortiori, elle implique la conservativité de toutes les réalisations des motifs de Chow[1]. □

La conjecture de Kimura-O'Sullivan n'implique pas à elle seule la conservativité des réalisations des motifs de Chow. En revanche, combinée à l'une quelconque des conjectures de plénitude des réalisations enrichies 7.1.7, elle implique cette conservativité. En se rappelant qu'un foncteur plein conservatif est « essentiellement injectif », c'est-à-dire injectif sur les classes d'isomorphismes d'objets, on obtient, en reprenant les notations de 7.1.1 :

12.1.6.7. Proposition. — *On suppose la conjecture de Kimura-O'Sullivan. Soit* $H^*_{\mathcal{A}}$: $CHM(k)_K \to \mathcal{A}\text{-}Gr$ *une réalisation enrichie des motifs de Chow. Si* $H^*_{\mathcal{A}}$ *est un foncteur plein, il est essentiellement injectif.* □

12.2. Lien entre motifs de Chow et groupes de Galois motiviques (aperçu de la théorie de O'Sullivan)

12.2.1. O'Sullivan a donné une remarquable description géométrique des catégories de Kimura-O'Sullivan ([**O'S**], voir aussi [**A04c**] pour une esquisse de preuve).

Soit $\mathcal{T}$ une telle catégorie. Alors $\overline{\mathcal{T}} := \mathcal{T}/\mathcal{N}$ est une $\otimes$-catégorie rigide abélienne semi-simple (qui devient tannakienne après un changement de la contrainte de commutativité). On peut y faire un peu de « géométrie algébrique affine », comme dans [**D90**, 7].

O'Sullivan démontre l'existence d'un « schéma affine » T dans $\operatorname{Ind}\overline{\mathcal{T}}$ telle que $\mathcal{T}$ soit $\otimes$-équivalente à la catégorie des « fibrés vectoriels » sur T. Il donne un dictionnaire entre propriétés de $\mathcal{T}$ et propriétés de T. Par exemple, les idéaux de $\mathcal{O}(T)$ correspondent aux $\otimes$-idéaux de $\mathcal{T}$ (cette correspondance préserve produit et inclusion). En particulier, $\mathcal{O}(T)$ est augmentée, et l'idéal d'augmentation correspond à $\mathcal{N}$.

12.2.2. Appliqué aux motifs, ce résultat catégorique fournit une réponse frappante à la question du lien entre motifs de Chow et groupes de Galois motiviques, comme suit.

Pour simplifier, supposons à la fois la *conjecture standard* $\sim_{\mathrm{hom}} = \sim_{\mathrm{num}}$ (pour une cohomologie classique fixée à coefficients dans un corps F de caractéristique nulle), et

[1] cet énoncé équivaut à la conservativité de $M_{\mathrm{rat}}(k)_{\mathbf{Q}} \to M_{\mathrm{hom}}(k)_{\mathbf{Q}}$ pour toute cohomologie de Weil H — qui découle simplement de 11.5.1.1 — jointe à la conservativité de la H-réalisation sur $M_{\mathrm{hom}}(k)_{\mathbf{Q}}$ — qu'on peut aussi déduire de $\sim_{\mathrm{hom}} \stackrel{?}{=} \sim_{\mathrm{num}}$, *cf.* 5.4.1.5, plutôt que *via* 12.1.6.2,12.1.6.3.

la *conjecture de Kimura-O'Sullivan* [(2)]. Alors H^* définit un foncteur fibre sur $\dot{NM}(k)_F$, qui est donc équivalente à $Rep_F G_{\mathrm{mot},k}$, où le F-groupe pro-réductif $G_{\mathrm{mot},k}$ est le groupe de Galois motivique pur absolu attaché à H^*. De manière équivalente, mais sans changer la contrainte de commutativité :

$$NM(k)_F \cong Rep_F\,(G_{\mathrm{mot},k}, -\mathrm{id}).$$

***12.2.2.1. Théorème* (O'Sullivan).** — *Il existe*

– *un super $G_{\mathrm{mot},k}$-schéma affine $T = \mathrm{Spec}\,\mathcal{O}(T)$ ($\mathcal{O}(T)$ étant une algèbre colimite d'objets de $Rep_F\,(G_{\mathrm{mot},k}, -\mathrm{id})$), vérifiant $\mathcal{O}(T)^{G_{\mathrm{mot},k}} = F$,*

– *un point fermé $0 \in T$ fixe sous $G_{\mathrm{mot},k}$, et*

– *une équivalence $CHM(k)_F \cong Vec(T; G_{\mathrm{mot},k}, -\mathrm{id})$ entre* motifs de Chow *et* super-fibrés vectoriels $G_{\mathrm{mot},k}$-équivariants *(pour lesquels l'action de $-\mathrm{id}$ définit la parité),*

tels que le carré suivant commute

$$\begin{array}{ccc} CHM(k)_F & \longrightarrow & Vec(T;\, G_{\mathrm{mot},k}, -\mathrm{id}) \\ {\scriptstyle can}\downarrow & & \downarrow{\scriptstyle fibre\ en\ 0} \\ NM(k)_F & \longrightarrow & Rep_F(G_{\mathrm{mot},k}, -\mathrm{id}). \end{array}$$

En outre, tout objet de $Vec(T; G_{\mathrm{mot},k}, -\mathrm{id})$ est déterminé à isomorphisme près par sa fibre en 0 (vue comme super-représentation de $G_{\mathrm{mot},k}$).

12.2.3. Ainsi *tout énoncé sur les motifs de Chow se ramène en principe à des énoncés sur les motifs numériques.* Comprendre la catégorie $CHM(k)_F$ revient alors à comprendre d'une part le groupe de Galois motivique pur absolu, et d'autre part la Ind-représentation $\mathcal{O}(T)$ de ce groupe (bien définie par les propriétés formulées dans le théorème).

Exemple : les équivalences adéquates sont en bijection avec les idéaux de $\mathcal{O}(T)$. Mieux ([**O'S**], voir aussi [**A04c**]) :

– la conjecture de Voevodsky équivaut à dire que l'idéal d'augmentation de $\mathcal{O}(T)$ (défini par 0) est un nil-idéal ; autrement dit, T est un super-schéma ponctuel (infinitésimal).

– les conjectures BBM équivalent à dire que l'idéal d'augmentation de $\mathcal{O}(T)$ est de poids > 0. En outre, la graduation par le poids scinde la filtration par les puissances de cet idéal.

---

(2) on pourrait bien entendu s'en dispenser en se limitant à des catégories $CHM(\mathcal{V})_{\mathbf{Q}}$ convenables où elles sont vérifiées. On pourrait d'autre part se dispenser de la conjecture $\sim_{\mathrm{hom}} = \sim_{\mathrm{num}}$ en prenant pour H un foncteur fibre abstrait sur $\dot{NM}(k)_F$.

12.2.4. Le point 2) du théorème 12.1.5.3 se comprend ainsi : les noyaux des $\otimes$-foncteurs $H : \mathcal{T} \to sVec_K$ à valeurs dans les super-espaces vectoriels correspondent exactement aux idéaux premiers de $\mathcal{O}(T)$. Comme en algèbre commutative usuelle, leur intersection est le nilradical de $\mathcal{O}(T)$, qui correspond exactement au $\otimes$-idéal ${}^{\otimes}\sqrt{0}$ de $\mathcal{T}$. Ainsi ${}^{\otimes}\sqrt{0} = \mathcal{N}$ si et seulement si tout H se factorise par $\mathcal{N}$. Par conséquent, dans le cas des motifs :

***12.2.4.1. Corollaire* (O'Sullivan).** — *La conjecture de Voevodsky équivaut à la conjecture de Kimura-O'Sullivan jointe à la forme forte suivante de la conjecture standard* $\sim_{\mathrm{hom}} \stackrel{?}{=} \sim_{\mathrm{num}}$ *: tout $\otimes$-foncteur $H : CHM(k)_{\mathbf{Q}} \to sVec_K$ se factorise à travers l'équivalence numérique (pour un corps K quelconque de caractéristique nulle).*

Cet énoncé met en évidence une analogie entre la conjecture de nilpotence de Voevodsky et le théorème de nilpotence de Devinatz-Hopkins-Smith en topologie algébrique, *cf.* [**Hop87**].

Tableau synoptique

Interprétation de O'Sullivan :

conjecture de Kimura-O'Sullivan $\Longrightarrow$ existence de T

$\Uparrow$

conjecture de nilpotence de Voevodsky $\Longrightarrow$ T est ponctuel (infinitésimal)

$\Uparrow$

conjectures de Bloch-Beilinson-Murre + conjecture standard $\sim_{\mathrm{hom}} \stackrel{?}{=} \sim_{\mathrm{num}}$ $\Longrightarrow$ l'idéal d'augmentation de T est de poids > 0.

---

conjecture de nilpotence de Voevodsky $\Longrightarrow$ conjecture de Kimura-O'Sullivan + irréductibilité de $\mathbf{1}_{\mathrm{hom}}$

$\Downarrow$

conservativité des réalisations des motifs de Chow

CHAPITRE 13

MOTIFS PURS VIRTUELS ATTACHÉS AUX k-VARIÉTÉS (TRANSITION VERS LA MIXITÉ)

Serre et Grothendieck ont proposé d'associer à toute k-variété, non nécessairement lisse ni projective, un « motif pur virtuel » par un procédé de découpage en morceaux, à l'aide de la résolution des singularités (lorsque $\operatorname{car} k = 0$). Gillet et Soulé, puis Guillen et Navarro-Aznar, ont montré que cette construction est bien définie, *i.e.* ne dépend pas du découpage choisi.

Cette construction permet d'associer à toute k-variété une « fonction zêta » à coefficients motiviques. La question de leur rationalité est intimement liée aux conjectures discutées au chapitre précédent.

13.1. Le jeu de Boole des k-variétés

13.1.1. Soit $\mathit{Var}(k)$ la catégorie des k-variétés, *i.e.* des schémas réduits, de type fini, séparés sur k. Soit $\mathcal{Q}(k)$ la sous-catégorie des variétés quasi-projectives lisses.

Notons $K_0(\mathit{Var}(k))$ (resp. $K_0(\mathcal{Q}(k))$) le quotient du groupe abélien libre sur les classes d'isomorphismes $[X]$ d'objets de $\mathit{Var}(k)$ (resp. $\mathcal{Q}(k)$) par le sous-groupe engendré par les éléments de la forme $[X] - [U] - [Z]$ si $X = U \coprod Z$ avec Z fermé dans X, et U l'ouvert complémentaire. On définit de même $K_0(\mathcal{P}(k))$, $X = U \coprod Z$ désignant alors une somme disjointe dans $\mathcal{P}(k)$. Le produit cartésien des variétés fait de ces groupes K_0 des anneaux commutatifs.

Comme on peut toujours trouver une partition de $X \in \mathit{Var}(k)$ en sous-variétés localement fermées quasi-projectives lisses, l'homomorphisme d'anneaux canonique

$$K_0(\mathcal{Q}(k)) \longrightarrow K_0(\mathit{Var}(k))$$

est un épimorphisme (et même un isomorphisme, comme on voit facilement).

Si $\operatorname{car} k = 0$, le théorème de Hironaka permet d'écrire chaque $U \in \mathcal{Q}(k)$ comme différence $X \smallsetminus Z$, où X est projective lisse et Z est un diviseur à croisements normaux stricts dans X. On a alors l'équation $[U] = \sum(-1)^r[X^{[r]}]$ dans $K_0(\mathcal{Q}(k))$, où $X^{[r]}$ désigne la normalisation du squelette de codimension r de la stratification de X associée au bord Z. On en déduit que l'homomorphisme d'anneaux canonique

$$K_0(\mathcal{P}(k)) \longrightarrow K_0(\mathcal{Q}(k))$$

est un épimorphisme. Son noyau a été determiné par F. Bittner à l'aide du théorème dit de « factorisation faible » (factorisation des applications birationnelles en éclatements et contractions) de Wlodarczyk et al. [**AKMW02**] :

13.1.1.1. Théorème ([**Bi04**]). — *Supposons* $\operatorname{car} k = 0$. *Le noyau de l'épimorphisme canonique* $K_0(\mathcal{P}(k)) \to K_0(\mathit{Var}(k))$ *est le groupe abélien engendré par les classes* $[\widetilde{X}] - [X] - [E] + [Z]$ *où* Z *est un fermé lisse de* $X \in \mathcal{P}(k)$, $\widetilde{X}$ *l'éclaté de* X *en* Z, *et* E *le diviseur exceptionnel.*

13.1.1.2. Remarque. — On trouve dans [**BB03**] plusieurs ensembles canoniques remarquables de générateurs d'une localisation convenable du groupe $K_0(\mathit{Var}(\mathbf{Q}))$, indexés par des graphes finis.

13.2. Le motif virtuel d'une k-variété

13.2.1. Soit F un anneau commutatif (en pratique $\mathbf{Z}$ ou $\mathbf{Q}$), et soit $\sim$ une équivalence adéquate sur les cycles algébriques à coefficients dans F. Notons $K_0(\mathcal{M}_\sim(k)_F)$ le quotient du groupe abélien libre sur les classes d'isomorphisme $[M]$ d'objets de $\mathcal{M}_\sim(k)_F$ par le sous-groupe engendré par les éléments de la forme $[M] - [M'] - [M'']$ avec $M \cong M' \oplus M''$.

Soit $\approx$ une autre équivalence adéquate, moins fine que $\sim$. Si le foncteur canonique $\mathcal{M}_\sim(k)_F \to \mathcal{M}_\approx(k)_F$ est conservatif et essentiellement surjectif, l'homomorphisme induit $K_0(\mathcal{M}_\sim(k)_F) \to K_0(\mathcal{M}_\approx(k)_F)$ est un isomorphisme.

Cela arrive par exemple si $F = \mathbf{Q}$, pour le couple d'équivalences $(\sim_{\mathrm{rat}}, \sim_{\otimes\mathrm{nil}})$ (11.5.1.2) (et *a fortiori* pour le couple $(\sim_{\mathrm{rat}}, \sim_{\mathrm{alg}})$ d'après 3.2.4.1).

Cela arrive aussi pour le couple $(\sim, \sim_{\mathrm{num}})$ si $\mathcal{M}_\sim(k)_\mathbf{Q}$ est une catégorie de Kimura-O'Sullivan (*cf.* 12.1.3.3). Sous la conjecture de Kimura-O'Sullivan (*cf.* 12.1.2.1) — et *a fortiori* sous la conjecture de nilpotence de Voevodsky —, cela arriverait en fait pour le couple $(\sim_{\mathrm{rat}}, \sim_{\mathrm{num}})$, de sorte que $K_0(\mathcal{M}_\sim(k)_\mathbf{Q})$ serait indépendant de $\sim$; il s'ensuivrait que $[M] = 0 \in K_0(\mathcal{M}_\sim(k)_\mathbf{Q})) \Rightarrow M = 0 \in \mathcal{M}_\sim(k)_\mathbf{Q}$.

13.2.1.1. Lemme. — *Supposons que* F *soit un corps et que le foncteur canonique* $\mathcal{M}_\sim(k)_\mathbf{Q} \to \mathcal{NM}(k)_\mathbf{Q}$ *soit conservatif et essentiellement surjectif. Alors* $K_0(\mathcal{M}_\sim(k)_\mathbf{Q}) = K_0(\mathcal{NM}(k)_\mathbf{Q})$, *et deux objets de* $\mathcal{M}_\sim(k)_\mathbf{Q}$ *sont isomorphes si et seulement si ils ont même classe dans* $K_0(\mathcal{M}_\sim(k)_\mathbf{Q})$.

D'après ce qui précède, il suffit de voir que deux motifs numériques ayant même classe dans $K_0(\mathcal{NM}(k)_\mathbf{Q})$ sont isomorphes, ce qui découle de la semi-simplicité de $\mathcal{NM}(k)_\mathbf{Q}$. □

13.2.2. Le foncteur naturel $\mathfrak{h} : \mathcal{P}(k)^{\mathrm{op}} \to \mathcal{M}_\sim(k)_F$ induit un homomorphisme de groupes $K_0(\mathcal{P}(k)) \to K_0(\mathcal{M}_\sim(k)_F)$. Le théorème de Gillet-Soulé et Guillen-Navarro-Aznar dit que si $\operatorname{car} k = 0$, cet homomorphisme se factorise à travers $K_0(\mathit{Var}(k))$. Ces auteurs le prouvaient à l'aide de techniques homotopiques, mais on peut aussi désormais le considérer comme un corollaire direct du théorème de Bittner (avec les notations de ce théorème, on a en effet la relation $[\mathfrak{h}(\widetilde{X})] - [\mathfrak{h}(X)] - [\mathfrak{h}(E)] + [\mathfrak{h}(Z)]$ dans $K_0(M_\sim(k)_F))$:

13.2.2.1. Corollaire. — *Supposons* car $k = 0$. *Il existe un unique homomorphisme d'anneaux de Grothendieck*

$$\chi_c^\sim : K_0(Var(k)) \longrightarrow K_0(M_\sim(k)_F)$$

tel que $\chi_c^\sim([X]) = [\mathfrak{h}(X)]$ *pour tout* $X \in \mathcal{P}(k)$.

On a par exemple $\chi_c^\sim([\mathbb{A}_k^1]) = [\mathbf{1}(-1)]$.

Le corollaire 13.2.2.1 permet d'utiliser les découpages en morceaux pour démontrer l'égalité des classes de deux motifs dans $K_0(M_\sim(k)_F)$, et même l'isomorphie de deux motifs sous l'hypothèse du lemme 13.2.1.1.

13.2.2.2. Exercice. — Si $X \to S$ est une fibration localement triviale pour la topologie de Zariski, de fibre Y, avec $X, S, Y \in \mathcal{P}(k)$. Alors $\mathfrak{h}(X) = \mathfrak{h}(Y) \otimes \mathfrak{h}(S)$ dans $NM^{\mathrm{eff}}(k)_{\mathbf{Q}}$.

L'homomorphisme $\chi_c^\sim$ avait déjà été envisagé par Grothendieck en 1964[(1)]. Le résultat de Gillet-Soulé [**GS96**] et Guillen-Navarro-Aznar [**GNa02**] est en fait bien plus précis que le corollaire ci-dessus, qui oublie complètement les morphismes dans $Var(k)$: ces auteurs attachent à toute variété — de manière contravariante pour les morphismes propres — un complexe borné de motifs de Chow bien défini à homotopie près.

13.3. Fonctions zêta motiviques

13.3.1. Si k est un corps fini, la fonction « nombre de k-points » s'étend sans ambages en un homomorphisme d'anneaux $K_0(Var(k)) \to \mathbf{Z}$. On en déduit que la fonction zêta s'étend en un homomorphisme de groupes $Z(-,T) : K_0(Var(k)) \to (1+\mathbf{Z}[[T]])^*$. On a d'ailleurs

$$Z(X,T) = 1 + |X(k)|\, T + |S^2(X)(k)|\, T^2 + \cdots$$

où les S^n désignent les puissances symétriques[(2)]. Ce qui suggère de poser, en suivant M. Kapranov [**Kap**],

$$Z_{Var}(X,T) = 1 + [X]\, T + [S^2(X)]\, T^2 + \cdots \quad \in (1 + K_0(Var(k))[[T]])^*$$

pour tout corps k et toute k-variété quasi-projective X.

---

(1) « ... La question générale qui se pose est alors de savoir ce que l'on peut dire sur cet homomorphisme, est-il très loin d'être bijectif ? [...] Je ne me hasarde à aucune conjecture générale sur l'homomorphisme plus haut, j'espère simplement par des considérations heuristiques de ce genre finir par arriver à une construction effective de la catégorie des motifs, ce qui me semble un point essentiel de mon "long-run program". » *cf.* [**GroS02**, p. 174]

(2) bien définies si X est quasi-projective, et plus généralement si tout ensemble fini de points de X est contenu dans un ouvert affine.

En vertu de la stratification $S^l(X) = \coprod_{l=m+n} S^m(Z) \times S^n(X-Z)$, on vérifie immédiatement que $Z_{Var}(X,T)$ s'étend en un homomorphisme de groupes

$$Z_{Var}(-,T) : K_0(Var(k)) \longrightarrow (1 + K_0(Var(k))[[T]])^*,$$

ce qui permet de donner sens par découpage à $Z_{Var}(X,T)$ pour une k-variété X quelconque.

On a la formule [**LL**, 3.3]

$$Z_{Var}([X][\mathbb{A}^1],T) = Z_{Var}(X,[\mathbb{A}^1]\cdot T)\ .$$

13.3.1.1. Exemple. — Par la théorie des fonctions symétriques, $S^n(\mathbb{P}^1)$ s'identifie à $\mathbb{P}^n$. Par découpage, $[\mathbb{P}^n] = \sum_0^n [\mathbb{A}^1]^j$, d'où

$$Z_{Var}(\mathbb{P}^1,T) = \sum [\mathbb{P}^n]T^n = \frac{1}{(1-T)(1-[\mathbb{A}^1]T)}\ .$$

***13.3.1.2. Proposition* (Kapranov)**. — *Pour toute courbe X, $Z_{Var}(X,T)$ est rationnelle. Dans le cas projectif lisse, $Z_{Var}(X,T)(1-T)(1-[\mathbb{A}^1]T)$ est un polynôme de degré $\leqslant 2g$ (où g est la somme des genres des composantes de X).*

Démonstration (d'après [**LL**]*, en supposant pour simplifier que $k=\bar{k}$)*

Par découpage, on se ramène au cas où X est projective lisse connexe. On fixe un point-base x_0. Comme dans la preuve du théorème de nilpotence de Voevodsky (3.2.4.1), on utilise alors le fait que le morphisme $X^n \to J(X)$ vers la jacobienne donné par $(x_1,\dots,x_n) \mapsto [x_1]+\dots+[x_n]-n[x_0]$ se factorise à travers $S^n(X)$ et fait de celui-ci un fibré projectif de rang $n-g$ sur $J(X)$, pourvu que $n \geqslant 2g-1$. Le complément de l'immersion $S^n(X) \hookrightarrow S^{n+1}(X)$ donnée par $x_1+\dots+x_n \mapsto x_0+x_1+\dots+x_n$ s'interprète alors comme fibré vectoriel de rang $n+1-g$ sur $J(X)$, et on en déduit, par découpage, que $[S^{n+1}(X)]-[S^n(X)] = [X][\mathbb{A}^1]^{n+1-g}$, d'où l'assertion. □

Kapranov a posé le problème de la rationalité de $Z_{Var}(X,T)$ pour une k-variété X quelconque. Il n'en est rien : comme l'ont montré M. Larsen et V. Lunts [**LL03, LL**], $Z_{Var}(X,T)$ est déjà irrationnelle pour tout produit de deux courbes de genre non nul.

13.3.2. Par ailleurs, on peut définir, pour tout corps k et pour tout motif $M \in M_\sim(k)_{\mathbf{Q}}$ à coefficients rationnels, la série

$$Z_{Mot}(M,T) = 1 + [M]\,T + [S^2(M)]\,T^2 + \cdots \ \in (1+K_0(M_\sim(k)_{\mathbf{Q}})[[T]])^*$$

où $S^n(M)$ désigne le facteur direct de $M^{\otimes n}$ invariant sous l'action du groupe symétrique $\mathfrak{S}_n$. En vertu de la décomposition $S^l(M\oplus N) \cong \bigoplus_{l=m+n} S^m(M)\otimes S^n(N)$, on vérifie immédiatement que $Z_{Mot}(M,T)$ s'étend en un homomorphisme de groupes

$$Z_{Mot}(-,T) : K_0(M_\sim(k)_{\mathbf{Q}}) \longrightarrow (1+K_0(M_\sim(k)_{\mathbf{Q}})[[T]])^*.$$

On a la formule

$$Z_{Mot}(M(r),T) = Z_{Mot}(M,[\mathbf{1}(r)]\cdot T).$$

En supposant de nouveau k de caractéristique nulle, on montre que $\chi_c^\sim([S^n(X)]) = S^n(\mathfrak{h}(X))$ [**dBNa98**], d'où l'on tire la formule

$$\chi_c^\sim \circ Z_{Var}(-,T) = Z_{Mot}(-,T) \circ \chi_c^\sim.$$

13.3.2.1. Remarque. — L'homomorphisme $K_0(Var(k)) \to \mathbf{Z}$ qui étend la fonction « nombre de k-points » se factorise à travers $K_0(M_\sim(k)_\mathbf{Q})$ pour n'importe quelle équivalence adéquate $\sim$ (*cf. e.g.* [**Kl70b**]), donc on peut retrouver la fonction zêta originelle par spécialisation de la fonction zêta motivique.

13.3.3. On peut alors se poser le problème de la rationalité de $Z_{Mot}(M,T)$ (qui échappe aux contre-exemples de Larsen-Lunts). Ce problème est directement lié à la conjecture de Kimura-O'Sullivan exposée au chapitre précédent :

13.3.3.1. Proposition. — *Si $M_\sim(k)_\mathbf{Q}$ est une catégorie de Kimura-O'Sullivan*[(3)]*, alors pour tout $M \in M_\sim(k)_\mathbf{Q}$, $Z_{Mot}(M,T) = \frac{1+TP(T)}{1+TQ(T)}$ où $P, Q \in K_0(M_\sim(k)_\mathbf{Q})[T]$.*

Démonstration. Supposons que $M = M^+ \oplus M^-$ avec $\wedge^m M^+ = S^m M^- = 0$. Il est clair que $Z_{Mot}(M^-,T)$ est de la forme $1 + TP(T)$ où P est un polynôme de degré $< m$ et de coefficient constant égal à M^-. Pour $Z_{Mot}(M^+,T)$, on utilise la formule suivante :

$$\sum S^n(M^+)T^n = \frac{1}{\sum \wedge^n(M^+)(-T)^n}$$

et le dénominateur est de la forme $1 + TQ(T)$ où Q est un polynôme de degré $< m$ et de coefficient constant $-M^+$. Pour justifier cette formule, on peut invoquer le fait, vu plus haut, que si $M_\sim(k)_\mathbf{Q}$ est une catégorie de Kimura-O'Sullivan, alors $K_0(M_\sim(k)_\mathbf{Q}) = K_0(NM(k)_\mathbf{Q})$; et que la sous-$\otimes$-catégorie rigide $NM^+(k)_\mathbf{Q}$ des motifs numériques de poids pair est tannakienne semi-simple, et même neutre, *cf.* 9.3.3.3. Ainsi $K_0(NM^+(k)_\mathbf{Q})$ coïncide avec l'anneau des représentations d'un schéma en groupes pro-réductif, et la formule en question est bien connue dans ce cadre. □

Nous laissons au lecteur le plaisir de spéculer sur d'éventuelles équations fonctionnelles...

(3) c'est donc le cas si pour $\sim = \sim_{\text{hom}}$ ou $\sim_{\text{num}}$ si les projecteurs de Künneth pairs sont algébriques (par exemple, si k est un corps fini).

PARTIE II

MOTIFS MIXTES

CHAPITRE 14

POURQUOI DES MOTIFS MIXTES ?

Du point de vue motivique, le passage des variétés projectives lisses aux variétés non nécessairement projectives ni lisses s'accompagne de phénomènes nouveaux d'*extensions non triviales*. La notion fondamentale de poids apparaît non plus comme une graduation, mais sous forme d'une filtration non scindée en général. La construction de motifs virtuels vue au chapitre précédent s'avère insuffisante : les extensions sont perdues (sans parler des morphismes !). Il y a lieu de mettre en place une théorie des motifs mixtes, espérant que les Ext produits rendent compte de nombreux invariants géométriques et arithmétiques intéressants.

Dans ce chapitre introductif, nous esquissons la philosophie de la mixité (due principalement à P. Deligne), et l'idée de cohomologie motivique (due à A. Beilinson et S. Lichtenbaum), ainsi que le fil conducteur de la théorie de V. Voevodsky des motifs mixtes. Il ne s'agit pas d'une reconstruction historique de la naissance de la théorie, et les notions qui y apparaissent seront détaillées dans les chapitres ultérieurs.

14.1. La filtration par le poids

14.1.1. Nous avons vu dans la partie précédente (7.1, 5.1.2, 11.3.5) jouer la notion de « poids » dans divers contextes. En théorie de Hodge, c'est simplement la graduation totale associée à la bigraduation de Hodge ; en théorie cristalline ou dans le cadre des représentations ℓ-adiques, elle est liée aux valeurs absolues d'endomorphismes de Frobenius [**D74a**].

Les cohomologies classiques des variétés projectives lisses sont munies en ces sens respectifs d'une graduation par le poids. La partie de poids i n'est autre (*via* la conjecture de Weil prouvée par Deligne, dans le cadre ℓ-adique) que le H^i. Au moins conjecturalement, cette graduation provient d'une graduation au niveau des motifs.

14.1.2. Dans le cas d'une variété non nécessairement projective ni lisse, la notion de poids subsiste, mais seulement sous la forme d'une filtration croissante, notée W_*

[**D71, D74b, D74c, D80a**]. Considérons l'exemple élémentaire du complémentaire

$$U = X \smallsetminus \{x, y\}$$

de deux points k-rationnels dans une courbe projective lisse X sur le corps k. La suite exacte de cohomologie

$$0 \longrightarrow H^1(X) \longrightarrow H^1(U) \longrightarrow H^0(\{x,y\})(-1) \longrightarrow H^2(X) \longrightarrow H^2(U) = 0$$

induit la suite exacte courte

$$0 \longrightarrow H^1(X)(1) \longrightarrow H^1(U)(1) \longrightarrow \mathbf{1} \longrightarrow 0$$

où $H^1(X)(1) = W_{-1}(H^1(U)(1))$ est purement de poids -1, et $\mathbf{1}$, engendré par $[x]-[y]$, est purement de poids 0.

Un scindage de cette suite exacte est donc donné par un morphisme $\mathbf{1} \to H^1(X)(1)$ entre structures de poids différents. Tant dans le cadre des structures de Hodge mixtes (si $H = H_B$) que dans celui des représentations de $\mathrm{Gal}(\bar{k}/k)$ (si $H = H_\ell$, en supposant k de type fini sur son sous-corps premier), on montre qu'un tel scindage existe si et seulement si $[x]-[y] \in J(X)(k)$ est un point de torsion dans la jacobienne $J(X)$, *cf.* [**J89**, II,9][(1)]. Cela n'arrive donc pas toujours (sauf si k est un corps fini), et la présence d'extensions non triviales sera la caractéristique la plus visible des théories de motifs mixtes.

14.1.3. On doit à Deligne la première construction d'un « bout » de théorie motivique mixte [**D74b**, 10] : à toute k-variété X de dimension $\leqslant 1$ est attaché son 1-*motif*, noté $h_1(X)$, qui consiste en la donnée d'un homomorphisme de k-groupes

$$\Lambda \longrightarrow G$$

d'un réseau étale[(2)] Λ vers une k-variété semi-abélienne[(3)] G (si X est une courbe projective lisse, $\Lambda = 0$ et $G = J(X)$). À tout 1-motif sont attachées diverses réalisations.

Quitte à tensoriser les morphismes avec $\mathbf{Q}$ (ou bien à modifier un peu la définition, *cf.* [**BRS03**]), les 1-motifs forment une catégorie abélienne, et la filtration par le poids est une filtration par des sous-motifs (les poids sont $-2,-1,0$) ; Gr_0^W et $\mathrm{Gr}_{-2}^W(-1)$ correspondent à des motifs d'Artin. Si X est une courbe projective lisse, on a $\mathrm{Ext}^1(\mathbf{1}, h_1(X)) = J(X)(k) \otimes \mathbf{Q}$ dans cette catégorie abélienne, ce qui « explique » le phénomène de 14.1.2.

(1) plutôt qu'une courbe, on aurait pu prendre pour X n'importe quelle variété projective lisse de dimension $d > 0$, en remplaçant $H^1(X)(1)$ par $H^{2d-1}(X)(d)$ et l'image dans la jacobienne par l'homomorphisme d'Abel-Jacobi AJ_X introduit en 11.1.1.

(2) autrement dit, d'un réseau muni d'une action finie de $\mathrm{Gal}(\bar{k}/k)$.

(3) autrement dit, une extension d'une variété abélienne par un tore.

14.2. Des motifs purs aux motifs mixtes

14.2.1. Comme nous l'avons vu dans la partie précédente (voir 1.2.3, 4.2.5, 11.5.4), la théorie des motifs purs sur un corps met en jeu des foncteurs

$$H^* = \sum H^i \ : \mathcal{P}(k)^{\mathrm{op}} \longrightarrow \mathcal{A}$$

de la catégorie des variétés projectives lisses vers une $\otimes$-catégorie $\mathcal{A}$, disons abélienne, munis d'une action des correspondances de Chow, et qui vérifient, entre autres,

$$\forall\, (X,Y) \in (\mathcal{P}(k))^2, \quad H^*(X \amalg Y) = H^*(X) \oplus H^*(Y), \quad H^*(X \times Y) = H^*(X) \otimes H^*(Y).$$

14.2.2. La théorie des *motifs mixtes* cherche à généraliser cette approche à la catégorie $\mathcal{L}(k)$ des k-variétés lisses toute entière (voire à toutes les k-variétés). Si l'on tente d'imiter l'approche précédente en étudiant les foncteurs

$$H^* : \mathcal{L}(k)^{\mathrm{op}} \longrightarrow \mathcal{A}$$

vérifiant les mêmes propriétés, on se rend vite compte qu'il « manque » certains axiomes qui ne peuvent s'exprimer lorsqu'on se restreint aux variétés projectives lisses : par exemple, les foncteurs H^* qu'on rencontre « naturellement » ont souvent la propriété d'« invariance par homotopie algébrique », c'est-à-dire que l'homomorphisme

$$H^*(X) \longrightarrow H^*(X \times \mathbf{A}^1)$$

induit par la projection est un isomorphisme ; de même, étant donné un recouvrement de $X \in \mathcal{L}(k)$ par deux ouverts U et V on s'attend à ce que le diagramme de Mayer-Vietoris :

$$H^*(X) \longrightarrow H^*(U) \oplus H^*(V) \longrightarrow H^*(U \cap V)$$

soit exact, et se prolonge même en la suite exacte longue

$$\cdots \to H^{i-1}(U \cap V) \longrightarrow H^i(X) \longrightarrow H^i(U) \oplus H^i(V) \longrightarrow H^i(U \cap V) \longrightarrow H^{i+1}(X) \to \cdots$$

Vouloir intégrer toutes les k-variétés dans ce paysage conduit d'ailleurs

– à souhaiter une variante à supports compacts H_c^* (contravariante pour les morphismes propres), duale de H^* dans le cas lisse,

– à privilégier le point de vue homologique par rapport au point de vue cohomologique, donc à s'intéresser plutôt à des foncteurs H_* (et une variante « à la Borel-Moore ») vérifiant des axiomes duaux.

14.2.3. A. Suslin et V. Voevodsky ont mis l'accent sur une autre structure : la fonctorialité de H^* ou H_* eu égard aux morphismes « multivalués », c'est-à-dire l'action des correspondances finies. Suslin s'inspirait du théorème de Dold-Thom en topologie algébrique que nous rappelons maintenant.

Soit X un espace topologique, et pour chaque entier $n \geqslant 0$, désignons par $S^n(X)$ le quotient de X^n par l'action du groupe symétrique $\mathfrak{S}_n$. Le monoïde commutatif libre engendré par X est la somme disjointe $\amalg_{n \geqslant 0} S^n(X)$ muni de la loi interne de concaténation. Le groupe abélien libre $\mathbf{Z}[X]$ sur X s'obtient en ajoutant les opposés.

Rappelons par ailleurs que $\pi_n(Y, y)$ désigne le n-ème groupe d'homotopie d'un espace topologique Y au point $y \in Y$, et que $H_n(X; \mathbf{Z})$ désigne le n-ème groupe d'homologie singulière à coefficients dans $\mathbf{Z}$ de l'espace X. Le théorème de Dold-Thom s'énonce alors ainsi [**DoTh56**] :

pour tout C.W.-complexe[4] X, *il existe un isomorphisme canonique*

$$\pi_n(\mathbf{Z}[X]) \cong H_n(X; \mathbf{Z}).$$

Suslin observe que puisque la construction $S^n(-)$ garde un sens dans la catégorie des variétés quasi-projectives, on peut définir l'analogue algébrique du monoïde commutatif librement engendré par X, et finalement, à l'aide des simplexes algébriques

$$\Delta^n := \operatorname{Spec} k[T_0, \ldots, T_n]/(T_0 + \cdots + T_n - 1)$$

définir l'analogue algébrique du membre de gauche de l'isomorphisme de Dold-Thom [**Su, SuVo96**]. Ces groupes d'homologie de Suslin sont munis, tautologiquement, d'une action des correspondances finies : toute correspondance finie (effective) de degré n de X vers Y définit un morphisme $X \to S^n(Y)$, qui induit, *via* les morphismes $S^m(S^n(Y)) \to S^{n.m}(Y)$, un homomorphisme de degré zéro sur l'homologie de Suslin $H_*(X) \to H_*(Y)$.

Cette homologie des variétés algébriques a joué un rôle moteur dans la mise en place de la théorie motivique mixte de Voevodsky.

14.2.4. Pour revenir au point initial de 14.2.2, on est conduit à s'intéresser aux foncteurs

$$H^* : \mathcal{L}(k)^{\mathrm{op}} \longrightarrow \mathcal{A}$$

(où $\mathcal{A}$ est une certaine $\otimes$-catégorie abélienne[5]) munis d'une action des correspondances finies entre k-variétés lisses, invariants par homotopie, et vérifiant la formule de Künneth et la suite exacte longue de Mayer-Vietoris. On obtient ainsi la notion de *cohomologie de Weil mixte*. Toute cohomologie de Weil mixte définit par restriction aux variétés projectives lisses une cohomologie de Weil au sens de la partie I.[6] Réciproquement, on constate que les cohomologies de Weil pures « classiques » sont obtenues par restriction d'une cohomologie de Weil mixte.

On peut alors chercher la catégorie abélienne universelle but d'un tel foncteur H^*. Cette hypothétique catégorie *abélienne* $MM(k)$ des *motifs mixtes sur* k n'est pas véritablement construite à l'heure actuelle (voir chapitre 21), bien que l'on dispose

[4] i.e. espace topologique admettant une décomposition cellulaire, par exemple une variété compacte avec ou sans bord.

[5] nous avons vu au paragraphe précédent des situations dans lesquelles on est aux prises avec des suites exactes non scindées, de sorte qu'il n'est pas raisonnable d'imposer que $\mathcal{A}$ soit semi-simple.

[6] le point clé est que l'action des correspondances finies jointes à l'invariance par homotopie implique l'action des correspondances de degré 0 lorsqu'on se restreint à $\mathcal{P}(k)$, *cf.* chapitre 18 ci-dessous.

d'un yoga très précis la concernant (en particulier, ses objets semi-simples ne seraient autres que les motifs purs de Grothendieck pour l'équivalence numérique).

14.2.5. En fait, comme l'avait suggéré Deligne dans les années 80, il s'avère plus facile de construire la catégorie *triangulée* $D^b(MM(k))$ que la catégorie abélienne $MM(k)$ elle-même.

Selon ce point de vue, les cohomologies de Weil mixtes (ou plutôt les homologies correspondantes) devraient provenir de certains types de « foncteurs fibres triangulés » $H : \mathcal{D} \to \mathcal{A}$ partant d'une $\otimes$-catégorie *triangulée* $\mathcal{D}$; celle-ci devrait être but d'un foncteur

$$M : \mathcal{L}(k) \longrightarrow \mathcal{D}$$

duquel devrait se déduire le foncteur H_* initial[(7)]. En quelque sorte, la catégorie *triangulée des motifs mixtes* devrait être la catégorie $\mathcal{D}$ (munie du foncteur M) universelle.

Les axiomes que doit vérifier cette catégorie s'obtiennent en dualisant ceux des cohomologies de Weil mixtes. Le foncteur M doit être muni de l'action des correspondances finies, doit vérifier l'invariance par homotopie algébrique, la formule de Künneth $M(X) \otimes M(Y) = M(X \times Y)$, et l'on réinterprète la suite exacte longue de Mayer-Vietoris comme l'existence d'un triangle exact de la forme

$$M(U \cap V) \longrightarrow M(U) \oplus M(V) \longrightarrow M(X) \longrightarrow M(U \cap V)[1]$$

C'est grosso modo la voie empruntée par Voevodsky, celle que nous nous proposons de décrire dans la suite. L'un des avantages de cette approche est que la construction de la catégorie triangulée de Voevodsky est, comme nous verrons, tout à fait élémentaire (chapitres 15 à 17).

Il existe d'autres approches, notamment celles de M. Levine [**Le98**] et de M. Hanamura [**Ha95, Ha, Ha99, Ha00**], dont nous ne parlerons guère[(8)]. Dans ces deux approches, les morphismes sont construits à partir des « groupes de Chow supérieurs » que S. Bloch avait introduit peu avant les groupes d'homologie de Suslin ([**Bl86**]), et qui ont aussi joué un rôle moteur dans la mise en place de la théorie motivique mixte ; ce sont les groupes d'homologie d'un complexe bâti sur le sous-groupe des $\mathcal{Z}^*(X \times \Delta^n)$ engendré par les cycles coupant proprement toutes les faces (*cf.* 18.5.2).

14.3. L'idée de cohomologie motivique

14.3.1. La philosophie de la mixité a abouti au développement de vastes théories des « coefficients (cohomologiques) mixtes » sur une base quelconque (disons lisse

(7) voir le chapitre 21.

(8) dans [**Le98**, VI.2.5.5], Levine montre que sa catégorie et celle de Voevodsky sont équivalentes. Dans [**Ha00**], Hanamura compare sa catégorie aux deux précédentes $\otimes$ **Q**. Citons enfin aussi l'approche de M. Rost [**Ros96**], que F. Déglise [**Deg03**] compare précisément à celle de Voevodsky.

sur un corps k pour simplifier) : coefficients ℓ-adiques mixtes, faisceaux pervers et modules de Hodge et, récemment, coefficients syntomiques p-adiques. Ces coefficients sont ou devraient être, aux restrictions d'usage près, stables sous les « six opérations de Grothendieck » : f^*, f_*, $f^!$, $f_!$, ${}^L\otimes$, $R\underline{Hom}$.

Ces théories produisent des cohomologies « absolues » [9] $H^*_{\mathrm{abs}}(X,*)$, distinctes des cohomologies « géométriques » de type Weil mixte, mais liées à ces dernières par le biais d'une suite spectrale du type

$$E_2^{pq} = \mathrm{Ext}^p(\mathbf{1}, H^q(X)(r)) \Longrightarrow H^{p+q}_{\mathrm{abs}}(X,r),$$

où Ext est calculé dans la catégorie de coefficients mixtes considérée.

14.3.2. Une première percée conceptuelle vers une théorie motivique mixte a eu lieu au milieu des années 80.

À la fin d'un article très influent [**Be87**], A. Beilinson esquisse un vaste programme conjectural, où est postulée une théorie des « coefficients motiviques » vérifiant un formalisme analogue à celui des coefficients cohomologiques mixtes. Pour tout $X \in \mathcal{L}(k)$, les coefficients motiviques seraient objets de la catégorie dérivée d'une $\otimes$-catégorie abélienne $MM(X)$ de faisceaux Zariski particuliers sur X, les « faisceaux motiviques ». En particulier, si $p : X \to \operatorname{Spec} k$ désigne le morphisme structural, on aurait un objet $\mathfrak{h}(X) := Rp_*\underline{\mathbf{Z}} \in D(MM(\operatorname{Spec} k))$, et des $\mathfrak{h}^i(X) := R^ip_*\underline{\mathbf{Z}} \in MM(k) := MM(\operatorname{Spec} k)$ (on aurait aussi des objets $\mathbf{1}(r) \in MM(k)$, avec $\mathbf{1}(-1) = \mathfrak{h}^2(\mathbb{P}^1)$).

Ces « faisceaux motiviques » seraient munis d'une filtration par le poids (du moins après $\otimes\, \mathbf{Q}$), à gradués semi-simples ; si X est projective, ces $\mathfrak{h}^i(X)$ s'identifieraient aux motifs de Grothendieck numériques $\mathfrak{h}^i(X)$ de la première partie (ceux-ci et leurs facteurs directs s'identifieraient d'ailleurs aux objets semi-simples de $MM(k)_{\mathbf{Q}}$). Les « coefficients motiviques » devraient être reliés aux coefficients mixtes par divers types de foncteurs exacts, appelés « réalisations ».

14.3.3. Beilinson conjecture l'existence de coefficients motiviques $\underline{\mathbf{Z}}(r)$ (complexes de faisceaux Zariski sur $\mathcal{L}(k)$) vérifiant

$$\underline{\mathbf{Z}}(0) \cong \underline{\mathbf{Z}},\ \ \underline{\mathbf{Z}}(1) \cong \mathbb{G}_m[-1],\ \ \underline{\mathbf{Z}}(r) \cong \underline{\mathbf{Z}}(1)^{{}^L\otimes r}\ \ (r \geqslant 2).$$

et définit la *cohomologie motivique* [10] par $\mathbb{H}^i_{\mathrm{Zar}}(X, \underline{\mathbf{Z}}(r))$.

De même qu'en topologie algébrique, la cohomologie singulière est liée à la K-théorie topologique par le biais de la suite spectrale d'Atiyah-Hirzebruch qui dégénère rationnellement, Beilinson postule que la cohomologie motivique est liée à la K-théorie algébrique de Quillen par le biais d'une suite spectrale naturelle en X

$$E_2^{p,q} = \mathbb{H}^{p-q}_{\mathrm{Zar}}(X, \underline{\mathbf{Z}}(-q)) \Longrightarrow K_{-p-q}(X)$$

[9] cohomologie étale continue, cohomologie de Hodge absolue, cohomologie syntomique... *cf.* [**J89**].

[10] cette idée de cohomologie motivique a aussi été lancée par Lichtenbaum, mais avec la topologie étale plutôt que la topologie de Zariski.

qui dégénère en $E_2 \otimes \mathbf{Q}$ — ce qui détermine la cohomologie motivique rationnellement. Il conjecture en outre (et entre autres) que

$$\mathbb{H}^{2r}_{\mathrm{Zar}}(X, \underline{\mathbf{Z}}(r)) = \mathrm{CH}^r(X)$$

tandis que

$$\mathbb{H}^{r}_{\mathrm{Zar}}(\operatorname{Spec} k, \underline{\mathbf{Z}}(r)) = K^M_r(k) \quad (K\text{-théorie de Milnor}).$$

Enfin, la cohomologie motivique devrait être reliée aux cohomologies absolues *via* divers « régulateurs ».

14.3.4. Une partie substantielle de ce programme a d'ores et déjà été réalisée, du moins si $\operatorname{car} k = 0$. La $\otimes$-catégorie triangulée $DM_{\mathrm{gm}}(k)$ de Voevodsky (ou celle, équivalente, de Levine) est un substitut pour $D(MM(k))$. Les $\underline{\mathbf{Z}}(r) \cong \underline{\mathbf{Z}}(1)^{\otimes r}$ ont été construits, et la cohomologie motivique se calcule en termes de l'image $\mathfrak{h}(X)$ (contravariante[(11)]) de X dans $DM_{\mathrm{gm}}(k)$:

$$\mathbb{H}^{i}_{\mathrm{Zar}}(X, \underline{\mathbf{Z}}(r)) = \operatorname{Hom}_{DM_{\mathrm{gm}}(k)}(\mathbf{1}, \mathfrak{h}(X)(r)[i]).$$

Bien plus, toutes les propriétés attendues énumérées en 14.3.3 ont désormais été établies[(12)].

14.3.5. Au-delà, disposer de $MM(k)$ et du formalisme de 14.3.1 aurait des retombées considérables même sur le monde des motifs purs. On aurait la suite spectrale de Beilinson

$$E_2^{p,q} = \operatorname{Ext}^p_{MM(k)}(\mathbf{1}, \mathfrak{h}^q(X)(r)) \Longrightarrow \operatorname{Hom}_{D(MM(k))}(\mathbf{1}, \mathfrak{h}(X)(r)[p+q]).$$

Si X est projective, on aurait $\mathfrak{h}(X)_{\mathbf{Q}} \cong \oplus\, \mathfrak{h}^i(X)_{\mathbf{Q}}[-i]$ (*cf.* [**D94**]), et cette suite spectrale dégénèrerait en $E_2 \otimes \mathbf{Q}$.

Or pour $i = 2r$, l'aboutissement coïncide, d'après ce qui précède, avec

$$\mathbb{H}^{2r}_{\mathrm{Zar}}(X, \underline{\mathbf{Z}}(r)) \otimes \mathbf{Q} = \mathrm{CH}^r(X)_{\mathbf{Q}}.$$

La filtration induite sur les groupes de Chow serait celle postulée dans la conjecture de Bloch-Beilinson vue en 11.2.1.1, et la dégénérescence de la suite spectrale de Beilinson et les propriétés précédentes impliqueraient en fait cette conjecture et la formule

$$\mathrm{Gr}^{\nu}_F \, \mathrm{CH}^r(X)_{\mathbf{Q}} = \operatorname{Ext}^{\nu}_{MM(k)}(\mathbf{1}, \mathfrak{h}^{2r-\nu}(X)(r)) \otimes \mathbf{Q}.$$

Cet argument heuristique *via* les motifs mixtes demeure jusqu'à présent, semble-t-il, la justification la plus naturelle et la plus convaincante des conjectures BBM.

---

(11) l'approche de Voevodsky étant covariante, comme nous verrons, le $\mathfrak{h}(X)$ que nous considérons ici est le dual de son $\mathrm{M}(X)$.

(12) nous renvoyons par ailleurs à [**Ka97**] pour une description du rôle éminent joué par la cohomologie motivique (et sa variante étale) dans la démonstration de la conjecture de Milnor [**Vo03**].

CHAPITRE 15

LE FORMALISME ÉLÉMENTAIRE DES MORPHISMES MULTIVALUÉS

Dans ce chapitre préliminaire, nous traitons de la notion de correspondance finie et introduisons les complexes de Suslin, avatars en géométrie algébrique des complexes de chaînes simpliciales de la topologie algébrique.

15.1. Correspondances finies entre variétés lisses et transferts

On rappelle que $\mathcal{L}(k)$ désigne *la catégorie des k-schémas lisses de type fini*, appelés simplement k-variétés lisses dans la suite.

15.1.1. On se propose de linéariser la catégorie $\mathcal{L}(k)$ en lui rajoutant des morphismes « multivalués » correspondant aux revêtements ramifiés.

15.1.1.1. Définition. — Soient $X, Y \in \mathcal{L}(k)$. Une *correspondance finie* de X vers Y (ou : entre X et Y) est une combinaison $\mathbf{Z}$-linéaire de sous-schémas fermés intègres $Z \subset X \times Y$ pour lesquels la projection $Z \to X$ est un morphisme fini qui domine une composante connexe de X.

Il est parfois commode de penser aux correspondances finies comme à des 0-*cycles sur Y paramétrés par X*. Elles forment un sous-groupe abélien de $\mathcal{Z}^{\dim X}(X \times Y)$ noté[1] $c(X, Y)$.

Si $X = \coprod_i X_i$ est la décomposition de X en ses composantes connexes (irréductibles puisque X est lisse), on voit que $c(X, Y)$ s'identifie au groupe $\oplus_i c(X_i, Y)$. On peut donc toujours se ramener au cas où X est irréductible, ce que nous ferons ci-dessous. Un morphisme fini et dominant $Z \to X$ est alors automatiquement surjectif à fibres finies, *i.e.* un *revêtement fini* (ramifié). Cette propriété est stable par image inverse.

Par exemple, tout morphisme $f : X \to Y$ définit une correspondance finie de X vers Y : on regarde le graphe de f comme un élément de $c(X, Y)$.

---

[1] c'est la notation de [**Vo00b**].

15.1.2. On peut imaginer une correspondance finie donnée par $Z \subset X \times Y$ comme un « morphisme multivalué » de X vers Y de la façon suivante. Soit $x \in X$ un point fermé. L'image réciproque de x par le morphisme fini $Z \to X$ est un 0-cycle $\Sigma_\alpha n_\alpha . z_\alpha$ sur Z et l'image de x par notre correspondance finie est le 0-cycle $\Sigma_\alpha n_\alpha . \mathrm{pr}_2(z_\alpha)$ sur Y, pr_2 désignant le morphisme évident $Z \to Y$. On peut aussi considérer que le « morphisme multivalué » de X vers Y défini par Z est le composé de pr_2 par le « morphisme multivalué » $X \to Z$, $x \mapsto \Sigma_\alpha n_\alpha . z_\alpha$, appelé *transfert*.

15.1.3. En voici une description très concrète, en supposant provisoirement Y quasi-projective. Soit $n := [k(Z) : k(X)]$ le degré du morphisme fini dominant $Z \to X$ (on suppose X irréductible). Considérons l'action du groupe symétrique $\mathfrak{S}_n$ sur le X-schéma $Z \times_X \cdots \times_X Z$ par permutation des n facteurs et le X-schéma fini quotient noté $S^n(Z|X)$. La correspondance $x \mapsto \Sigma_\alpha n_\alpha . z_\alpha$ définit un morphisme $\tau_{Z|X} : X \to S^n(Z|X)$, et en composant avec le morphisme $S^n(Z|X) \to S^n(Y)$ induit par f, on obtient le morphisme $X \to S^n(Y)$ qui correspond au transfert[(2)].

15.1.4. Pour un morphisme de k-variétés lisses $f : Y \to Y'$ et $Z \subset X \times Y$ comme ci-dessus, notons $Z' \subset X \times Y'$ l'adhérence de l'image par le morphisme $\mathrm{Id}_X \times f$: $X \times Y \to X \times Y'$ du point générique de Z. Puisque le composé $Z \to Z' \to X$ est un revêtement fini, on en déduit que $Z \to Z'$ est un revêtement fini, et le théorème de Chevalley[(3)] permet de conclure que $Z' \to X$ est un revêtement fini. On obtient ainsi un homomorphisme « image directe »

$$f_* : c(X, Y) \longrightarrow c(X, Y').$$

Donnons-nous ensuite un morphisme $g : X' \to X$ entre k-schémas lisses et $Z \subset X \times Y$ comme ci-dessus, de degré n sur X. On définit $g^*(Z) \in c(X', Y)$ comme le cycle image réciproque de $Z \subset X \times Y$ par le morphisme $X' \times Y \to X \times Y$ induit par g : $g^{-1}(Z) = Z \times_X X'$ est fini sur X' et le domine, et l'intersection est propre au sens de [**Se57**]. On obtient ainsi un homomorphisme « image inverse »

$$g^* : c(X, Y) \longrightarrow c(X', Y).$$

15.2. Une construction de Suslin-Voevodsky

15.2.1. On suppose Y quasi-projective lisse sur k. L'ensemble de morphismes $\mathrm{Mor}_k(X, \coprod_{n \geqslant 0} S^n(Y))$ devient un monoïde commutatif grâce aux morphismes $S^n(Y) \times S^m(Y) \to S^{n+m}(Y)$, induits par passage au quotient grâce à l'inclusion $\mathfrak{S}_n \times \mathfrak{S}_m \subset \mathfrak{S}_{n+m}$. Finalement cette construction induit, pour tout $X \in \mathcal{L}(k)$, un homomorphisme

$$\vartheta : c(X, Y) \longrightarrow \mathrm{Mor}_k(X, \coprod_{n \geqslant 0} S^n(Y))^+$$

(l'exposant $^+$ désignant le groupe obtenu à partir du monoïde).

(2) on prendra garde au fait que $S^n(Y)$ est quasi-projective mais non lisse en général.

(3) si Z est un schéma affine et $Z \to Z'$ un revêtement fini, alors Z' est affine.

Dans [**SuVo96**], A. Suslin et V. Voevodsky montrent que cet homomorphisme induit toujours un isomorphisme

$$c(X, Y) \otimes \mathbf{Z}[1/p] \longrightarrow \mathrm{Mor}_k(X, \textstyle\coprod_{n \geqslant 0} S^n(Y))^+ \otimes \mathbf{Z}[1/p],$$

p désignant l'exposant caractéristique de k. En particulier ϑ lui-même est toujours un monomorphisme (et même un isomorphisme en caractéristique 0).

« L'inverse » de ϑ se construit ainsi. Soit n un entier > 0. Le morphisme

$$Y \times S^{n-1}(Y) \longrightarrow S^n(Y)$$

considéré ci-dessus s'identifie au morphisme

$$Y \times S^{n-1}(Y) = Y^n/\mathfrak{S}_{n-1} \longrightarrow Y^n/\mathfrak{S}_n = S^n(Y)$$

(le groupe $\mathfrak{S}_{n-1} \subset \mathfrak{S}_n$ laissant fixe le premier facteur) et est donc un revêtement fini de degré n. Si $f : X \to S^n(Y)$ est un morphisme, le produit fibré $X \times_{S^n(Y)} (Y^n/\mathfrak{S}_{n-1})$ est un revêtement fini de X (par la première projection) de degré n et s'identifie à un sous-schéma fermé de $X \times Y$ (car le morphisme évident $Y \times S^{n-1}(Y) \to Y \times S^n(Y)$ est bien une immersion fermée). Cette construction définit un homomorphisme de groupes

$$\mathrm{Mor}_k(X, \textstyle\coprod_{n \geqslant 0} S^n(Y))^+ \to c(X, Y)$$

qui est un inverse de ϑ, après inversion de l'exposant caractéristique de k.

15.2.1.1. Exemple. — On obtient en particulier un homomorphisme de monoïdes

$$\mathrm{Mor}_k(X, \textstyle\coprod_{n \geqslant 0} S^n(\mathbb{P}^1)) \to c(X, \mathbb{P}^1).$$

Pour $X = \mathbb{P}^n$, on obtient une correspondance finie $u \in c(\mathbb{P}^n, \mathbb{P}^1)$ correspondant à l'isomorphisme $\mathbb{P}^n \cong S^n(\mathbb{P}^1)$. Pour $n \geqslant 1$, c'est la correspondance finie définie par le sous-schéma fermé intègre $\mathbb{P}^{n-1} \times \mathbb{P}^1 \subset \mathbb{P}^n \times \mathbb{P}^1$ dont la projection sur $\mathbb{P}^n$ est le revêtement fini (de degré n) $\mathbb{P}^{n-1} \times \mathbb{P}^1 \simeq S^{n-1}(\mathbb{P}^1) \times \mathbb{P}^1 \to S^n(\mathbb{P}^1) \cong \mathbb{P}^n$.

15.2.1.2. Remarque. — Dans la situation de 15.1.4, si Y est quasi-projective, on peut aussi construire $g^*(Z)$ comme suit : soit $X \to S^n(Y)$ le morphisme (transfert) qui correspond à Z par le procédé ci-dessus. Alors le composé $X' \to X \to S^n(Y)$ est dans l'image de l'injection $\vartheta : c(X', Y) \subset \mathrm{Mor}_k(X', \coprod_{n \geqslant 0} S^n(Y))^+$, c'est $\theta(g^*(Z))$.

15.3. La catégorie $c\mathcal{L}(k)$

15.3.1. Soient X, Y, Z trois k-variétés lisses, et soient $\alpha \in c(X, Y)$ et $\beta \in c(Y, Z)$. Les deux cycles $\alpha_{12} := (\mathrm{pr}^{XYZ}_{XY})^*(\alpha)$ et $\beta_{23} := (\mathrm{pr}^{XYZ}_{YZ})^*(\beta)$ sur $X \times Y \times Z$ se coupent proprement car l'intersection de leurs supports respectifs est revêtement fini d'une composante connexe de X. Soit $\alpha_{12}.\beta_{23}$ leur intersection au sens de Serre [**Se57**]. L'image directe $(\mathrm{pr}^{XYZ}_{XZ})_*(\alpha_{12}.\beta_{23})$ de ce cycle est alors un élément bien défini

$$\alpha \circ \beta \in c(X_1, X_3)$$

qu'on appelle le composé de α et de β.

La *catégorie* $c\mathcal{L}(k)$ *des correspondances finies entre* k*-variétés lisses* est construite comme suit[(4)] : les objets de $c\mathcal{L}(k)$ sont ceux de $\mathcal{L}(k)$ et les morphismes sont définis par

$$c\mathcal{L}(k)(X,Y) := c(X,Y).$$

15.3.2. On dispose du foncteur évident $\mathcal{L}(k) \to c\mathcal{L}(k)$, $X \mapsto [X]$ qui est l'identité sur les objets et qui à un morphisme de variétés lisses $f : X \to Y$ associe la correspondance finie $[f] \in c(X,Y)$ somme des composantes irréductibles du graphe $\Gamma_f \subset X \times Y$.

La catégorie $c\mathcal{L}(k)$ est *additive* ; $[X] \oplus [Y] = [X \amalg Y]$. Elle est munie d'une structure canonique de $\otimes$-catégorie $\otimes : c\mathcal{L}(k) \times c\mathcal{L}(k) \to c\mathcal{L}(k)$, $(X,Y) \mapsto [X] \otimes [Y] := [X \times Y]$ de telle sorte que le foncteur $X \mapsto [X]$ est un $\otimes$-foncteur.

15.3.2.1. Exemple. — La *catégorie* $AM(k)_{\mathbf{Z}}$ *des correspondances finies entre* k*-variétés lisses de dimension* 0 est, par définition, la sous-catégorie pleine de $c\mathcal{L}(k)$ dont les objets sont les variétés de dimension 0 (c'est une version entière de la catégorie des motifs d'Artin $AM(k)_{\mathbf{Q}}$).

Une clôture séparable $\overline{k}$ de k étant fixée, on sait par la théorie de Galois que le foncteur $X \mapsto X(\overline{k})$ induit une équivalence entre la catégorie des k-variétés lisses de dimension 0 et celle des ensembles finis munis d'une action continue du groupe profini $\mathrm{Gal}(\overline{k}/k)$. Si X et Y sont deux k-variétés lisses de dimension 0, le groupe $c(X,Y)$ est donc le groupe abélien libre sur les points du schéma $X \times Y \cong \mathrm{Gal}(\overline{k}/k)\backslash(X(\overline{k}) \times Y(\overline{k}))$ des orbites sous $\mathrm{Gal}(\overline{k}/k)$ du produit $X(\overline{k}) \times Y(\overline{k})$.

Supposons que $X = \operatorname{Spec} k'$ soit le spectre d'une extension finie (séparable) de k, si bien que l'on peut écrire $X(\overline{k}) = \mathrm{Gal}(\overline{k}/k)/H$ avec H le groupe de Galois absolu de k'. Le quotient $\mathrm{Gal}(\overline{k}/k)\backslash(X(\overline{k}) \times Y(\overline{k}))$ s'identifie alors au quotient $H\backslash Y(\overline{k})$ et dans ce cas $c(X,Y) \cong \mathbf{Z}[H\backslash Y(\overline{k})]$ s'identifie *via* l'isomorphisme $\mathbf{Z}[Y(\overline{k})]^H \cong \mathbf{Z}[H\backslash Y(\overline{k})]$ au groupe des homomorphismes H-équivariants de $\mathbf{Z}[X(\overline{k})]$ vers $\mathbf{Z}[Y(\overline{k})]$. Par là, $AM(k)_{\mathbf{Z}}$ est équivalente à la catégorie dont les objets sont les ensembles finis munis d'une action continue de H et dont les morphismes de S vers T sont les homomorphismes H-équivariants de $\mathbf{Z}[S]$ vers $\mathbf{Z}[T]$, elle-même équivalente à celle des $\mathrm{Gal}(\overline{k}/k)$-modules de permutation, c'est-à-dire celle des $\mathrm{Gal}(\overline{k}/k)$-modules discrets qui admettent comme $\mathbf{Z}$-module une base finie stable sous l'action de $\mathrm{Gal}(\overline{k}/k)$.

15.4. Homologie de Suslin

15.4.1. Soit n un entier $\geqslant 0$. On pose

$$\Delta^n := \operatorname{Spec} k[T_0, T_1, \ldots, T_n]/(T_0 + \cdots + T_n - 1)$$

et on l'appelle le *n-ème simplexe standard*.

(4) elle est notée $SmCor(k)$ dans [**Vo00b**] et Cor_k dans [**MVW**].

Bien sûr, Δ^n est isomorphe à l'espace affine $\mathbb{A}^n$, mais il n'y a pas (ou plutôt trop ?) d'isomorphisme canonique : il faut choisir un élément $i \in \{0, \ldots, n\}$ pour identifier $k[T_0, \ldots, T_n]/(T_0 + \cdots + T_n - 1)$ à l'anneau de polynômes à n indéterminées. L'intérêt des Δ^n tient au fait que mis ensemble, ils possèdent une structure *cosimpliciale* canonique.

On désigne usuellement par Δ la catégorie ayant pour objets les ensembles ordonnés $\underline{n} := \{0, \ldots, n\}$ et pour morphismes les applications croissantes (au sens large). Un objet cosimplicial (resp. simplicial) d'une catégorie $\mathcal{C}$ est un foncteur

$$A^\bullet : \Delta \longrightarrow \mathcal{C},\ \underline{n} \longmapsto A^n \quad (\text{resp. } A_\bullet : \Delta^{\mathrm{op}} \longrightarrow \mathcal{C},\ \underline{n} \longmapsto A_n).$$

15.4.2. La structure d'objet cosimplicial sur les Δ^n se définit ainsi. Soit $\phi : \underline{n} \to \underline{m}$ une application croissante. L'homomorphisme de k-algèbres

$$k[T_0, \ldots, T_m]/\big(\textstyle\sum_i T_i - 1\big) \longrightarrow k[T_0, \ldots, T_n]/\big(\textstyle\sum_i T_i - 1\big), \quad T_i \longmapsto \displaystyle\sum_{\{i \mid \phi(j) = i\}} T_j$$

donne, en passant aux spectres

$$\Delta(\phi) : \Delta^n \longrightarrow \Delta^m$$

et l'on vérifie aisément que l'on obtient ainsi une k-variété lisse cosimpliciale $\Delta^\bullet$, donc aussi un objet cosimplicial de $c\mathcal{L}(k)$.

Pour tout $X \in c\mathcal{L}(k)$, la règle $n \mapsto c(\Delta^n, X)$ définit par suite un groupe abélien simplicial dont on note $C_*(X)(k)$ le complexe associé (qu'on peut voir comme groupe des 0-cycles sur X paramétrés par la k-variété lisse cosimpliciale $\Delta^\bullet$). Les groupes d'homologie de ce complexe, notés $H_i^S(X)$, sont les groupes d'homologie introduits par Suslin [**Su, SuVo96**].

15.4.3. Plus généralement, la règle $(Y \in \mathcal{L}(k),\ n) \mapsto c(Y \times \Delta^n, X)$ définit un préfaisceau simplicial sur $\mathcal{L}(k)$ dont on note $\underline{C}_*(X)$ le complexe de chaînes associé (concentré en degrés positifs). Si on préfère, on peut le transformer en un complexe de cochaînes $\underline{C}^*(X)$ (concentré en degrés négatifs) par la règle habituelle $\underline{C}^{-n}(X) = \underline{C}_n(X)$.

CHAPITRE 16

MOTIFS MIXTES DE VOEVODSKY

Nous définissons suivant [**Vo00b**], en termes de correspondances finies, la catégorie triangulée des motifs mixtes effectifs sur un corps.

16.1. Complexes dans $c\mathcal{L}(k)$

16.1.1. On note $\mathcal{C}^b_*(c\mathcal{L}(k))$ la catégorie des complexes de chaînes[(1)] bornés à coefficients dans $c\mathcal{L}(k)$. Un objet C_* de cette catégorie est donc un diagramme dans $c\mathcal{L}(k)$

$$\cdots \longrightarrow C_n \longrightarrow C_{n-1} \longrightarrow \cdots$$

tel que le composé de deux morphismes consécutifs est nul, et tel que $C_n = 0$ si $|n|$ est suffisamment grand. Les morphismes $C_n \to C_{n-1}$ dans un tel complexe seront souvent notés simplement ∂. Un morphisme de complexes $C_* \to D_*$ est bien sûr un diagramme commutatif.

On note $C_*[i]$ le décalé de C_* de i crans vers la *gauche*, ∂ étant multiplié par $(-1)^i$: $(C_*[i])_n = C_{n-i}$.

On dispose sur le groupe abélien des morphismes $C_* \to D_*$ de la relation d'homotopie qui est une relation d'équivalence : deux morphismes de complexes f_* et g_* sont dits *homotopes* s'il existe pour chaque entier $n \in \mathbf{Z}$ un morphisme $h_n : C_n \to D_{n+1}$ tel que $\partial \circ h_n + h_{n-1} \circ \partial = g_* - f_*$.

Comme la composition des morphismes de complexes respecte la relation d'homotopie, on peut définir la catégorie $\mathcal{H}^b(c\mathcal{L}(k))$ des complexes bornés de la catégorie des correspondances finies entre variétés lisses à homotopie près. C'est une catégorie additive, la somme de deux complexes se calculant degré par degré. La $\otimes$-structure sur

(1) les complexes sont indexés « de façon homologique » c'est-à-dire avec une différentielle de degré -1 ; on passe librement de cette convention à la convention cohomologique (différentielle de degré $+1$) en définissant le complexe de cochaînes C^* : $C^{-n} = C_n$.

$c\mathcal{L}(k)$ induit une $\otimes$-structure sur $\mathcal{C}^b_*(c\mathcal{L}(k))$ et sur $\mathcal{H}^b(c\mathcal{L}(k))$ par la formule habituelle

$$(C_* \otimes D_*)_n = \bigoplus_{p+q=n} C_p \otimes D_q, \quad \partial(x \otimes y) = \partial(x) \otimes y + (-1)^{\deg(x)} x \otimes \partial(y)$$

16.1.1.1. Exemple. — L'exemple 15.3.2.1 montre que la sous-catégorie pleine de $\mathcal{H}^b(c\mathcal{L}(k))$ dont les termes des objets sont de dimension 0 s'identifie à la catégorie des complexes bornés à homotopie près de $\mathrm{Gal}(\overline{k}/k)$-modules de permutation.

16.1.2. Soient X une k-variété lisse et U, V deux ouverts de X qui recouvrent X. On note $i : U \subset X$, $j : V \subset X$, $j' : U \cap V \to U$ et $i' : U \cap V \to V$ les immersions ouvertes évidentes. On vérifie aisément que le diagramme suivant de $c\mathcal{L}(k)$:

$$\underset{2}{[U \cap V]} \xrightarrow{[j'] - [i']} \underset{1}{[U] \oplus [V]} \xrightarrow{[i] + [j]} \underset{0}{[X]}$$

est un complexe que l'on note $MV_{X,U,V}$ et que l'on appelle *complexe de type Mayer-Vietoris* associé au recouvrement U, V de X.

Plus généralement, soient X une k-variété lisse, U un ouvert de X et $f : V \to X$ un morphisme étale tel que le morphisme de schémas $f^{-1}((X-U)_{\text{réd}}) \to (X-U)_{\text{réd}}$ soit un isomorphisme. On note W le produit fibré $U \times_X V$, c'est-à-dire $f^{-1}(U)$, $f' : W \to U$, $i' : W \to V$ et $i : U \to X$ les morphismes évidents. Le carré cartésien

$$\begin{array}{ccc} W & \xrightarrow{i'} & V \\ {\scriptstyle f'}\downarrow & & \downarrow{\scriptstyle f} \\ U & \xrightarrow{i} & X \end{array}$$

s'appelle *carré distingué*.

On vérifie aussi aisément que le diagramme suivant de $c\mathcal{L}(k)$:

$$\underset{2}{[W]} \xrightarrow{[j'] - [i']} \underset{1}{[U] \oplus [V]} \xrightarrow{[i] + [j]} \underset{0}{[X]}$$

est un complexe que l'on note $N_{X,U,f}$ et que l'on appelle *complexe de type Nisnevich* associé aux données U, f sur X.

Les complexes de type Mayer-Vietoris sont de type Nisnevich.

16.1.3. Soit X une k-variété lisse. Le complexe suivant de $c\mathcal{L}(k)$

$$H_X : \underset{1}{[X \times \mathbb{A}^1]} \longrightarrow \underset{0}{[X]}$$

s'appelle *complexe d'homotopie* associé à X.

16.1.4. Si $f : C_* \to D_*$ est un morphisme dans $\mathcal{C}^b_*(c\mathcal{L}(k))$, on note $\mathrm{Cône}(f)$ le complexe défini comme suit : $\mathrm{Cône}(f)_n := D_n \oplus C_{n-1}$ et

$$\partial_n^{\mathrm{Cône}(f)} = \begin{pmatrix} \partial_n^D & (-1)^n f \\ 0 & \partial_{n-1}^C \end{pmatrix}$$

Ce complexe s'appelle le *cône* du morphisme f. Le cône du morphisme nul $C_* \to 0$ est le décalé $C_*[1]$.

Observons que l'on dispose de morphismes évidents $i : D_* \to \mathrm{Cône}(f)$ et $\partial : \mathrm{Cône}(f) \to C_*[1]$.

La catégorie $\mathcal{H}^b(c\mathcal{L}(k))$ est une catégorie *triangulée*. Sans entrer dans l'axiomatique détaillée de cette structure, rappelons que cela correspond aux données :

1) du foncteur de décalage

$$\mathcal{H}^b(c\mathcal{L}(k)) \longrightarrow \mathcal{H}^b(c\mathcal{L}(k)), \quad C_* \longrightarrow C_*[1],$$

2) de la notion de *triangle distingué* : un triangle est un diagramme formé de trois complexes A_*, B_* et C_* et de trois morphismes (de $\mathcal{H}^b(c\mathcal{L}(k))$) $f_* : A \to B_*$, $g_* : B_* \to C_*$ et $h : C_* \to A_*[1]$ et ce triangle est dit distingué s'il est isomorphe (dans $\mathcal{H}^b(c\mathcal{L}(k))$) à un triangle de la forme $f : C_* \to D_*$, $i_* : D_* \to \mathrm{Cône}(f)$ et $\partial : \mathrm{Cône}(f) \to C_*[1]$.

Rappelons également que les triangles distingués induisent lorsqu'on les place en source (ou en but) des longues suites exactes de groupes abéliens de morphismes vers (ou depuis) un objet fixe.

Observons que cette structure triangulée est compatible à la $\otimes$-structure en un sens évident[(2)]. Par exemple le produit tensoriel par un objet fixe d'un triangle distingué est encore un triangle distingué.

16.2. La catégorie triangulée $DM^{\mathrm{eff}}_{\mathrm{gm}}(k)$

La catégorie triangulée des motifs mixtes effectifs selon Voevodsky se bâtit, grosso modo, à partir de $\mathcal{H}^b(c\mathcal{L}(k))$ en rendant nuls les complexes de type Mayer-Vietoris et d'homotopie, et en passant à l'enveloppe pseudo-abélienne. Voici les détails de la construction [**Vo00b**].

16.2.1. On dit qu'une sous-catégorie pleine $\mathcal{C}$ d'une catégorie triangulée $\mathcal{D}$ est *épaisse* si elle vérifie les conditions suivantes :

– $0 \in \mathcal{C}$;

– Pour tout triangle distingué $A \to B \to C \to A[1]$, si deux des « sommets » A, B ou C est dans $\mathcal{C}$, il en est de même pour le troisième.

– Si A est facteur direct de B et si $B \in \mathcal{C}$, alors $A \in \mathcal{C}$.

Observons que $\mathcal{C}$ est alors stable par sommes finies et par décalage.

(2) évident aux signes près ! *cf.* [**MVW**, 8A.1].

Pour toute sous-catégorie épaisse $\mathcal{C}$ on définit la catégorie « quotient » $\mathcal{D}/\mathcal{C}$ comme suit. Ses objets sont ceux de $\mathcal{D}$; le groupe des morphismes entre A et B est par définition $\varinjlim_{A' \to A} \mathcal{D}(A', B)$, $A' \to A$ parcourant la catégorie des morphismes (dans $\mathcal{D}$) dont le cône est dans $\mathcal{C}$.

16.2.1.1. Lemme. — *Soit C un objet de $\mathcal{D}$. Alors il y a équivalence entre :*

i) *Le morphisme $C \to 0$ est un isomorphisme dans la catégorie $\mathcal{D}/\mathcal{C}$;*

ii) $C \in \mathcal{C}$.

Démonstration. — i) se traduit par : le morphisme identique de C devient nul dans $\mathcal{D}/\mathcal{C}$, *i.e.* il existe un morphisme $f : C' \to C$ dont le cône est dans $\mathcal{C}$ et tel que $\mathrm{Id}_C \circ f = 0$ dans $\mathcal{D}$. Ainsi l'identité de C se factorise par Cône(f) qui est dans $\mathcal{C}$ par hypothèse. Autrement dit, C est facteur direct d'un objet de $\mathcal{C}$, donc lui-même dans $\mathcal{C}$. □

On remarque qu'il existe une structure canonique de catégorie triangulée sur $\mathcal{D}/\mathcal{C}$ qui fait du foncteur évident $\mathcal{D} \to \mathcal{D}/\mathcal{C}$ un *foncteur triangulé*, c'est-à-dire commutant au décalage et envoyant triangles distingués sur triangles distingués.

Si $\mathcal{C}$ est un $\otimes$-idéal (bilatère), autrement dit si l'on a la propriété suivante : pour tout $C \in \mathcal{C}$ et tout $D \in \mathcal{D}$ le produit tensoriel $C \otimes D$ est dans $\mathcal{C}$, alors la catégorie $\mathcal{D}/\mathcal{C}$ devient une $\otimes$-catégorie et $\mathcal{D} \to \mathcal{D}/\mathcal{C}$ est un $\otimes$-foncteur.

16.2.2. *On note $\mathcal{T} \subset \mathcal{H}^b(c\mathcal{L}(k))$ la plus petite sous catégorie épaisse contenant les complexes $MV_{X,U,V}$ du type Mayer-Vietoris et les complexes H_X de type homotopique.*

La catégorie $\mathcal{T}$ s'obtient comme réunion de sous-catégories pleines $\mathcal{T}^{(n)}$ de $\mathcal{H}^b(c\mathcal{L}(k))$ construites par récurrence, comme suit : $\mathcal{T}^{(0)}$ est la sous-catégorie dont les objets sont exactement l'objet nul et ceux de la forme $MV_{X,U,V}$ et H_X. On passe ensuite de $\mathcal{T}^{(n-1)}$ à $\mathcal{T}^{(n)}$ en prenant pour objets les facteurs directs des cônes de morphismes entre des objets de $\mathcal{T}^{(n-1)}$.

Voici un résultat de nature géométrique de Voevodsky, que nous « expliquerons » plus loin (19.3.2) :

16.2.2.1. Proposition. — *Tous les complexes de type Nisnevich $N_{X,U,f}$ appartiennent à la catégorie $\mathcal{T}$.*

16.2.3. D'après Voevodsky, *la catégorie triangulée des motifs mixtes (géométriques) effectifs sur k est l'enveloppe pseudo-abélienne $(\mathcal{H}^b(c\mathcal{L}(k))/\mathcal{T})^\natural$,* et se note $DM^{\mathrm{eff}}_{\mathrm{gm}}(k)$.

On a un foncteur canonique[3]

$$\mathrm{M} : \mathcal{L}(k) \longrightarrow DM^{\mathrm{eff}}_{\mathrm{gm}}(k), \quad X \longmapsto \mathrm{M}(X)$$

[3] la notation M est celle de [**FrV00**] ; dans [**Vo00b**], il est noté M_{gm}.

qui à X associe l'image du complexe $[X]$ (concentré en degré zéro). Pour un morphisme f, $\mathrm{M}(f)$ est aussi noté f_*.

Notons que c'est le point de vue covariant (ou homologique) qui est privilégié ici (contrairement à l'usage — grothendieckien — dans le domaine des motifs purs).

Bien que la catégorie $\mathcal{H}^b(c\mathcal{L}(k))/\mathcal{T}$ soit triangulée, il n'est pas manifeste que $DM_{\mathrm{gm}}^{\mathrm{eff}}(k)$ le soit. Balmer et Schlichting [**BS01**] ont démontré que cela est pourtant automatique : si $\mathcal{C}$ est une catégorie triangulée, il en est de même pour son enveloppe pseudo-abélienne $\mathcal{C}^\natural$[(4)].

De même, la $\otimes$-structure de $\mathcal{H}^b(c\mathcal{L})$ induit sur $DM_{\mathrm{gm}}^{\mathrm{eff}}(k)$ une $\otimes$-structure de telle sorte que dans $DM_{\mathrm{gm}}^{\mathrm{eff}}(k)$, $\mathrm{M}(X) \otimes \mathrm{M}(Y) = \mathrm{M}(X \times Y)$.

L'objet unité est $\mathrm{M}(\operatorname{Spec} k)$, que l'on note $\mathbf{1}$ ou $\mathbf{Z}(0)$, ou encore, par abus, tout simplement $\mathbf{Z}$. Les contraintes a, c, u sont les contraintes « évidentes » héritées de $\mathcal{P}(k)$; les axiomes se vérifient sans difficulté.

16.2.3.1. Exercice. — Montrer que la catégorie $\mathcal{H}^b(AM(k)_{\mathbf{Z}})$ des complexes bornés de correspondances finies entre variétés lisses de dimension zéro, qui est une sous-catégorie pleine de $\mathcal{H}^b(c\mathcal{L})$ s'envoie pleinement fidèlement dans $DM_{\mathrm{gm}}^{\mathrm{eff}}(k)$ (observer que $X \mapsto c(X,Y)$ est un faisceau pour la topologie Zariski, ce qui implique que pour tout complexe de type Mayer-Vietoris $M_{X,U,V}$ et tout $n \in \mathbf{Z}$ on a $\mathcal{H}^b(c\mathcal{L}(k))(M_{X,U,V}, [Y][i]) = 0$; de même, $\dim Y = 0 \Rightarrow c(X,Y) \cong c(X \times \mathbb{A}^1, Y) \Rightarrow \mathcal{H}^b(c\mathcal{L}(k))(H_X, [Y][i]) = 0$).

16.2.4. Motifs à coefficients. — Soit F un anneau commutatif. On peut refaire toutes les constructions en remplaçant partout le groupe $c(X,Y)$ des correspondances finies entre deux variétés lisses par le groupe $c(X,Y) \otimes F$. On obtient ainsi la $\otimes$-catégorie $DM_{\mathrm{gm}}^{\mathrm{eff}}(k)_F$ des motifs mixtes effectifs sur k à coefficients dans F.

L'objet unité est $\mathrm{M}(\operatorname{Spec} k)$ que l'on note $\mathbf{1}$ ou $F(0)$, ou encore, par abus, tout simplement F.

On dispose bien sûr pour chaque homomorphisme d'anneaux $F \to K$ d'un $\otimes$-foncteur triangulé

$$DM_{\mathrm{gm}}^{\mathrm{eff}}(k)_F \longrightarrow DM_{\mathrm{gm}}^{\mathrm{eff}}(k)_K$$

16.2.5. Le motif réduit d'une variété. — Soit X une k-variété lisse munie d'un point rationnel $x : \operatorname{Spec} k \hookrightarrow X$. On note $p : X \to \operatorname{Spec} k$ le morphisme structural. On a alors dans $DM_{\mathrm{gm}}^{\mathrm{eff}}(k)$ la décomposition

$$\mathrm{M}(X) = \mathbf{1} \oplus \widetilde{\mathrm{M}}(X)$$

avec $\widetilde{\mathrm{M}}(X) = (1 - (x_* p_*)\,\mathrm{M}(X)$, qui s'appelle le *motif réduit* de la variété pointée lisse (X,x).

[(4)]en fait, ici, la structure triangulée résulte également (c'est ainsi que procède Voevodsky) du théorème de plongement que nous verrons plus loin (19.3).

16.3. Triangles de Mayer-Vietoris

16.3.1. Terminons ce chapitre par quelques propriétés élémentaires de $DM^{\mathrm{eff}}_{\mathrm{gm}}(k)_F$.

16.3.1.1. Lemme. — *Pour toute k-variété lisse X, le morphisme*

$$\mathrm{M}(X \times \mathbb{A}^1) \longrightarrow \mathrm{M}(X)$$

induit par la projection est un isomorphisme.

En particulier, les deux flèches $i_{0*}, i_{1*} : \mathrm{M}(X) \to \mathrm{M}(X \times \mathbb{A}^1)$ *induites par* i_0 *et* $i_1 : X \hookrightarrow X \times \mathbb{A}^1$ *respectivement (fibres en* 0 *et en* 1*) coïncident (comme inverse du morphisme précédent).*

En effet, par construction de $DM^{\mathrm{eff}}_{\mathrm{gm}}(k)_F$ le morphisme $H_X \to 0$ est un isomorphisme. Mais puisque H_X est le cône du morphisme $\mathrm{M}(X \times \mathbb{A}^1) \to \mathrm{M}(X)$, le lemme en résulte. □

16.3.1.2. Corollaire. — *Pour tout* $c \in c(X \times \mathbb{A}^1, Y)$*, les fibres* c_x $(x \in \mathbb{A}^1)$ *induisent le même morphisme de motifs* $\mathrm{M}(X) \to \mathrm{M}(Y)$.

On dit parfois que c est une « homotopie algébrique » reliant c_0 et c_1.

16.3.1.3. Exemple. — Prenons $X = Y = \mathbb{P}^1$, et c donné par le morphisme composé $\mathbb{P}^1 \times \mathbb{A}^1 \twoheadrightarrow \mathbb{A}^1 \hookrightarrow \mathbb{P}^1$. Alors $c_x = x_* p_*$, et on voit que la décomposition $\mathrm{M}(\mathbb{P}^1) = \mathbf{1} \oplus \widetilde{\mathrm{M}}(\mathbb{P}^1)$ est indépendante de x.

16.3.1.4. Lemme. — *Soit*

$$\begin{array}{ccc} W & \longrightarrow & V \\ \downarrow & & \downarrow f \\ U & \longrightarrow & X \end{array}$$

un carré cartésien distingué (au sens de 16.1.2). Il existe alors un triangle distingué dans $DM^{\mathrm{eff}}_{\mathrm{gm}}(k)_F$ *de la forme*

$$\mathrm{M}(W) \xrightarrow{\delta} \mathrm{M}(U) \oplus \mathrm{M}(V) \xrightarrow{\sigma} \mathrm{M}(X) \longrightarrow \mathrm{M}(W)[1]$$

dans lequel le premier morphisme est la différence des deux morphismes évidents et le second morphisme est la somme des deux morphismes évidents.

Par définition de la structure triangulée, le triangle suivant

$$\mathrm{M}(W) \xrightarrow{\delta} \mathrm{M}(U) \oplus \mathrm{M}(V) \longrightarrow \mathrm{C\hat{o}ne}(\delta) \longrightarrow \mathrm{M}(W)[1]$$

est distingué. Il nous suffit maintenant d'observer que le morphisme évident $\mathrm{C\hat{o}ne}(\delta) \to \mathrm{M}(X)$ est un isomorphisme dans $DM^{\mathrm{eff}}_{\mathrm{gm}}(k)_F$, ce qui résulte du fait que son cône s'identifie au complexe du type Nisnevich $N_{X,U,f}$ et, d'après 16.2.2.1, du fait que les complexes de la forme $N_{X,U,f}$ appartiennent à $\mathcal{T}$: ainsi le morphisme

$N_{X,U,f} \to 0$ est un isomorphisme dans $DM^{\text{eff}}_{\text{gm}}(k)_F$ et il en est donc de même pour $\text{Cône}(\delta) \to \mathrm{M}(X)$. □

16.3.1.5. Remarque. — Étant donné un carré distingué comme ci-dessus et un objet N de $DM^{\text{eff}}_{\text{gm}}(k)_F$, ce lemme nous fournit une suite exacte longue

$$\longrightarrow DM^{\text{eff}}_{\text{gm}}(\mathrm{M}(X), N) \longrightarrow DM^{\text{eff}}_{\text{gm}}(\mathrm{M}(U), N) \oplus DM^{\text{eff}}_{\text{gm}}(\mathrm{M}(V), N) \longrightarrow DM^{\text{eff}}_{\text{gm}}(\mathrm{M}(W), N) \longrightarrow DM^{\text{eff}}_{\text{gm}}(\mathrm{M}(X), N[1]) \longrightarrow$$

de type Mayer-Vietoris.

16.3.1.6. Remarque. — Donnons-nous un point rationnel $x \in W$. Les quatre variétés lisses intervenant dans le carré distingué deviennent alors pointées et les morphismes respectent les points bases. Le triangle distingué du lemme 16.3.1.4 permet alors d'obtenir un triangle distingué

$$\widetilde{\mathrm{M}}(W) \xrightarrow{\ \delta\ } \widetilde{\mathrm{M}}(U) \oplus \widetilde{\mathrm{M}}(V) \xrightarrow{\ \sigma\ } \widetilde{\mathrm{M}}(X) \longrightarrow \widetilde{\mathrm{M}}(W)[1]$$

Dans la situation de Mayer-Vietoris (W est l'intersection de deux ouverts U et V), on n'a pas besoin d'invoquer 16.2.2.1.

16.3.1.7. Exemple. — Prenons le recouvrement de $\mathbb{P}^1$ par les deux ouverts $\mathbb{P}^1 \smallsetminus \{\infty\}$ et $\mathbb{P}^1 \smallsetminus \{0\}$ (tous deux isomorphes à $\mathbb{A}^1$). L'intersection de ces deux ouverts s'identifie au groupe multiplicatif $\mathbb{G}_m$. On pointe la situation par $1 \in \mathbb{G}_m$. Puisque le morphisme $\mathrm{M}(\mathbb{A}^1) \to \mathrm{M}(\operatorname{Spec} k) = \mathbf{1}$ est un isomorphisme d'après 16.3.1.1, on a $\widetilde{\mathrm{M}}(\mathbb{A}^1) = 0$ et le triangle distingué « réduit » de type Mayer-Vietoris associé prend ici la forme $\widetilde{\mathrm{M}}(\mathbb{G}_m) \to 0 \oplus 0 \to \widetilde{\mathrm{M}}(\mathbb{P}^1) \to \widetilde{\mathrm{M}}(\mathbb{G}_m)[1]$; autrement dit, on obtient un isomorphisme canonique

$$\widetilde{\mathrm{M}}(\mathbb{P}^1) = \widetilde{\mathrm{M}}(\mathbb{G}_m)[1].$$

16.3.2. Voici une application immédiate des deux lemmes précédents, à rapprocher de 13.2.2.2 :

16.3.2.1. Corollaire. — *Soit $f : Y \to X$ un morphisme entre k-variétés lisses tel qu'il existe un recouvrement de X par des ouverts U_α tels que le morphisme induit $f^{-1}(U_\alpha) \to U_\alpha$ soit isomorphe à la projection $\mathbb{A}^{n_\alpha} \times U_\alpha \to U_\alpha$ d'un espace affine sur U_α. Alors $f_* : \mathrm{M}(Y) \to \mathrm{M}(X)$ est un isomorphisme.*

16.3.2.2. Corollaire. — *La fibration $\mathbb{P}^n \smallsetminus \{0\} \to \mathbb{P}^{n-1}$ induit un isomorphisme*

$$\mathrm{M}(\mathbb{P}^n \smallsetminus \{0\}) \cong \mathrm{M}(\mathbb{P}^{n-1}).$$

16.3.2.3. Exemple. — J.-P. Jouanolou a démontré que pour toute k-variété quasi-projective X, il existe un fibré vectoriel ξ et un torseur $T \to X$ sous ce fibré vectoriel tel que T est un schéma affine [**Jou73**]. L'argument a été généralisé par R. Thomason [**Tho85**] pour les schémas admettant une famille ample de fibrés en droites, ce qui est le cas par exemple des variétés lisses non nécessairement quasi-projectives.

Un tel torseur T vérifie les propriétés du corollaire précédent et l'on en déduit que le morphisme $\mathrm{M}(T) \to \mathrm{M}(X)$ est un isomorphisme dans $DM^{\mathrm{eff}}_{\mathrm{gm}}(k)_F$. On voit ainsi que le motif de toute k-variété lisse est isomorphe au motif d'une k-variété lisse *affine*.

CHAPITRE 17

TWISTS ET COHOMOLOGIE MOTIVIQUE

Dans ce chapitre, nous donnons la définition des twists, de la catégorie $DM_{\mathrm{gm}}(k)$ obtenue par inversion formelle du motif réduit de la droite projective, puis la définition (géométrique élémentaire) de la cohomologie motivique ainsi que quelques propriétés qui en découlent directement.

17.1. Twists et définition de $DM_{\mathrm{gm}}(k)$

17.1.1. Suivant le point de vue « homologique » (par opposition à « cohomologique ») choisi par Voevodsky, il est naturel de considérer le motif réduit de la droite projective $\widetilde{\mathrm{M}}(\mathbb{P}^1)$ (*cf.* 16.3.1.3) comme un $\mathfrak{h}_2(\mathbb{P}^1)[2]$ motivique (et non comme un $\mathfrak{h}^2(\mathbb{P}^1)[-2]$). C'est pourquoi Voevodsky appelle $\widetilde{\mathrm{M}}(\mathbb{P}^1)[-2]$ le *motif de Tate* (et non de Lefschetz). On le note $\mathbf{1}(1)$ ou $F(1)$.

Compte tenu de 16.3.1.7, on a donc

$$\boxed{\mathbf{1}(1) := \widetilde{\mathrm{M}}(\mathbb{P}^1)[-2] = \widetilde{\mathrm{M}}(\mathbb{G}_m)[-1]}$$

dans $DM^{\mathrm{eff}}_{\mathrm{gm}}(k)_F$ (ainsi, au sens de Voevodsky, $\mathbf{1}(1)$ est un motif effectif !). On a un isomorphisme canonique

$$\mathrm{M}(\mathbb{P}^1) = \mathbf{1} \oplus \mathbf{1}(1)[2].$$

17.1.2. Pour tout $r \geqslant 0$, on pose

$$\mathbf{1}(r) := \mathbf{1}(1)^{\otimes r},$$

qu'on note aussi $F(r)$ (pour $r = 0$, c'est $\mathbf{1}$)[1].

Cette notation n'est vraiment raisonnable que parce que, comme elle le suggère, le foncteur évident du monoïde $\mathbf{N}$ (vu comme catégorie discrète monoïdale symétrique)

[1] dans la suite, on veillera à ne pas confondre les twists (r) et les décalages $[i]$.

vers $DM^{\text{eff}}_{\text{gm}}(k)_F$, qui envoie 1 sur $\mathbf{1}(1)$, est un foncteur monoïdal. Le seul point non trivial à vérifier est :

17.1.2.1. Lemme. — *L'interversion des facteurs*

$$\mathbf{1}(1) \otimes \mathbf{1}(1) \cong \mathbf{1}(1) \otimes \mathbf{1}(1)$$

est l'identité dans $DM^{\text{eff}}_{\text{gm}}(k)_F$. *A fortiori, la permutation* $\mathbf{1}(r)[i] \otimes \mathbf{1}(s)[j] \cong \mathbf{1}(s)[j] \otimes \mathbf{1}(r)[i]$ *vaut* $(-1)^{ij}$.

Comme l'observe F. Morel, la preuve ne peut pas être trop « formelle » : si le corps k admet un plongement réel, l'interversion des facteurs sur le « smash-produit »

$$\mathbb{P}^1(\mathbf{R}) \wedge \mathbb{P}^1(\mathbf{R}) \cong \mathbb{P}^1(\mathbf{R}) \wedge \mathbb{P}^1(\mathbf{R})$$

n'est pas l'identité, mais une application de degré -1.

Démonstration (d'après F. Morel). — Puisque, par définition du produit tensoriel de complexes, l'interversion des facteurs $\mathbf{1}[1] \otimes \mathbf{1}[1] \cong \mathbf{1}[1] \otimes \mathbf{1}[1]$ est égale à -1, et comme l'isomorphisme $\widetilde{\mathrm{M}}(\mathbb{A}^2 \smallsetminus \{0\})[1] \cong \mathbf{1}(2)[4]$ (*cf* 17.1.2.2) définit en fait un isomorphisme

$$\widetilde{\mathrm{M}}(\mathbb{A}^2 \smallsetminus \{0\})[1] \cong \mathbf{1}(1)[2] \otimes \mathbf{1}(1)[2]$$

$\mathbf{Z}/2$-équivariant pour l'action par interversion des facteurs dans le membre de à droite et l'action évidente

$$(x, y) \longmapsto (y, x)$$

dans le membre de gauche, on voit qu'il suffit d'établir que le morphisme précédent induit l'identité sur $\widetilde{\mathrm{M}}(\mathbb{A}^2 \smallsetminus \{0\})$. Pour cela, on constate que cet automorphisme est donné par l'action sur $\mathbb{A}^2 \smallsetminus \{0\}$ de la matrice :

$$\begin{pmatrix} 0 & 1 \\ 1 & 0 \end{pmatrix} = \begin{pmatrix} -1 & 0 \\ 0 & 1 \end{pmatrix} \cdot \begin{pmatrix} 1 & -1 \\ 0 & 1 \end{pmatrix} \cdot \begin{pmatrix} 1 & 0 \\ 1 & 1 \end{pmatrix} \cdot \begin{pmatrix} 1 & -1 \\ 0 & 1 \end{pmatrix}.$$

Les trois matrices de droite sont des matrices élémentaires de $SL_2(k)$. Elles agissent trivialement sur $\widetilde{M}(\mathbb{A}^2 \smallsetminus \{0\})$: les matrices

$$\begin{pmatrix} 1 & \lambda \\ 0 & 1 \end{pmatrix} \quad \text{et} \quad \begin{pmatrix} 1 & 0 \\ \lambda & 1 \end{pmatrix}$$

définissent respectivement des « homotopies algébriques »

$$\mathbb{A}^2 \smallsetminus \{0\} \times \mathbb{A}^1 \longrightarrow \mathbb{A}^2 \smallsetminus \{0\}.$$

On déduit de ce qui précède que notre automorphisme agit comme le morphisme

$$\mathbb{A}^2 \smallsetminus \{0\} \longrightarrow \mathbb{A}^2 \smallsetminus \{0\}, \quad (x, y) \longmapsto (-x, y)$$

et il suffit donc de montrer que le morphisme

$$\phi : \mathbb{P}^1 \longrightarrow \mathbb{P}^1, \quad [x_0, x_1] \longmapsto [-x_0, x_1]$$

agit trivialement sur $\widetilde{\mathrm{M}}(\mathbb{P}^1)$, car $\widetilde{\mathrm{M}}(\mathbb{A}^2 \smallsetminus \{0\}) \cong \widetilde{\mathrm{M}}(\mathbb{P}^1) \otimes \widetilde{\mathrm{M}}(\mathbb{G}_m)$.

Cela résulte de l'homotopie « algébrique »

$$\mathbb{P}^1 \times \mathbb{A}^1 \longrightarrow \mathbb{P}^1, \quad [x_0, x_1] \longmapsto [(1-2\lambda)x_0, x_1]$$

qui lie id à ϕ. □

17.1.2.2. Exercice. — Exhiber un isomorphisme canonique

$$\mathrm{M}(\mathbb{A}^n \smallsetminus \{0\}) = \mathbf{1} \oplus \mathbf{1}(n)[2n-1]$$

(utiliser la suite exacte de Mayer-Vietoris et le recouvrement ouvert de $\mathbb{A}^n \smallsetminus \{0\}$ par $\mathbb{A}^{n-1} \smallsetminus \{0\} \times \mathbb{A}^1$ et $\mathbb{A}^{n-1} \times \mathbb{A}^1 \smallsetminus \{0\}$).

17.1.3. Inversion du motif de Tate et définition de $DM_{\mathrm{gm}}(k)$. — Comme dans le cas des motifs purs, il est désirable d'inverser le motif réduit de $\mathbb{P}^1$, dans le but d'obtenir une $\otimes$-catégorie *rigide* $DM_{\mathrm{gm}}(k)$ (la *catégorie triangulée des motifs mixtes* de Voevodsky)). Cette opération s'avère ici un peu plus délicate.

Par définition, les objets de $DM_{\mathrm{gm}}(k)_F$ sont les couples (M, m) où M est un objet de $DM^{\mathrm{eff}}_{\mathrm{gm}}(k)_F$ et $m \in \mathbf{Z}$. Les morphismes sont donnés par la formule

$$DM_{\mathrm{gm}}(k)_F((M,m),(N,n)) := \varinjlim_{r \geqslant -m,-n} DM^{\mathrm{eff}}_{\mathrm{gm}}(k)_F(M(r+m), N(r+n)).$$

C'est une catégorie F-linéaire, pseudo-abélienne, triangulée.

En outre, en utilisant le lemme 17.1.2.1, on montre que la $\otimes$-structure de $DM^{\mathrm{eff}}_{\mathrm{gm}}(k)_F$ en induit une sur $DM_{\mathrm{gm}}(k)_F$[(2)].

Le motif $\mathbf{1}(1)$ est alors $\otimes$-inversible dans $DM_{\mathrm{gm}}(k)$, et l'on pose bien entendu

$$\mathbf{1}(-r) := \mathbf{1}(r)^{\otimes(-1)} = \mathbf{1}(1)^{\otimes(-r)}$$

pour tout $r > 0$.

N.B. Au sens large (et par abus), on appelle souvent aussi « motif de Tate » tout objet de $DM_{\mathrm{gm}}(k)_F$ isomorphe à $\mathbf{1}(r)$ pour un entier r arbitraire, voire une somme finie de tels objets (éventuellement décalés).

17.2. La cohomologie motivique

17.2.1. Soit $X \in \mathcal{L}(k)$, et soient $i \in \mathbf{Z}$, $r \in \mathbf{N}$ des entiers.

17.2.1.1. Définition. — Suivant Voevodsky, on pose[(3)]

$$\boxed{H^i(X, F(r)) = DM^{\mathrm{eff}}_{\mathrm{gm}}(k)_F(\mathrm{M}(X), \mathbf{1}(r)[i]).}$$

Le F-module bigradué $H^*(X, F(*))$ s'appelle la *cohomologie motivique* de X à coefficients dans F.

(2) comme l'a mis en évidence Voevodsky [**Vo98**, 4.3], on a besoin d'un peu moins que 17.1.2.1 : le point-clé est que la permutation cyclique de $\mathbf{1}(1) \otimes \mathbf{1}(1) \otimes \mathbf{1}(1)$ est l'identité.

(3) d'autres notations courantes sont $H^i_{\mathcal{M}}(X, F(r))$ et $H^{i,r}(X, F)$.

En particulier, pour chaque $r \in \mathbf{N}$, on obtient un foncteur

$$H^*(-, F(r)) : \mathcal{L}(k)^{\mathrm{op}} \longrightarrow VecGr_F.$$

On note simplement f^* l'image d'un morphisme f par ce foncteur.

17.2.1.2. Remarque. — Nous verrons plus loin (19.4) que le groupe $H^i(X, F(r))$ s'annule dès que $i > \dim X + r$. La nullité de $H^i(X, F(r))$ pour tout $r \geqslant 0$ et tout entier $i < 0$ est une tout autre affaire : pour $F = \mathbf{Q}$, c'est la *conjecture d'annulation* de Beilinson-Soulé (ou plutôt sa reformulation en termes de cohomologie motivique), *cf.* 20.2.2.1.

17.2.1.3. Lemme. — *Pour toute k-variété lisse X, tout entier i et tout anneau commutatif F, l'homomorphisme évident :*

$$H^*(X, F(r)) \longrightarrow H^*(X \times \mathbb{A}^1, F(r))$$

est un isomorphisme.

Cela résulte du lemme 16.3.1.1.

17.2.1.4. Lemme. — *Pour tout carré distingué*

$$\begin{array}{ccc} W & \longrightarrow & V \\ \downarrow & & \downarrow f \\ U & \longrightarrow & X \end{array}$$

de $\mathcal{L}(k)$ et tout entier i, on dispose d'une suite exacte longue

$$\to H^i(W, F(r)) \to H^i(U, F(r)) \oplus H^i(V, F(r)) \to H^i(X, F(r)) \to H^{i+1}(W, F(r)) \to \cdots$$

Cela résulte de la remarque 16.3.1.5.

17.2.2. Soient $(X, Y) \in (\mathcal{L}(k))^2$, $\alpha \in H^i(X, F(r))$ et $\beta \in H^j(Y, F(s))$ des classes de cohomologie motivique. On représente ces classes par des morphismes $\alpha : \mathrm{M}(X) \to \mathbf{1}(r)[i]$ et $\beta : \mathrm{M}(Y) \to \mathbf{1}(s)[j]$. Leur *produit extérieur* est le morphisme

$$\alpha \otimes \beta : \mathrm{M}(X \times Y) = \mathrm{M}(X) \otimes \mathrm{M}(Y) \longrightarrow \mathbf{1}(r+s)[i+j]$$

qui correspond donc à une classe de cohomologie motivique

$$\alpha \otimes \beta \in H^{i+j}(X \times Y, F(r+s))$$

Lorsque $X = Y$, on définit le *cup-produit* de α et β par

$$\alpha \cup_F \beta = \Delta_X^*(\alpha \otimes \beta) \in H^{i+j}(X, F(r+s)).$$

Compte tenu du lemme 17.1.2.1, on a :

17.2.2.1. Lemme. — *Le foncteur $\oplus_r H^*(X, F(r))$ est compatible à la $\otimes$-structure. En particulier*

1) *pour tout $\alpha \in H^i(X, F(r))$ et $\beta \in H^j(Y, F(s))$, on a*

$$\alpha \otimes \beta = (-1)^{ij} \tau^*(\beta \otimes \alpha),$$

où $\tau : X \times Y \cong Y \times X$ est l'interversion des facteurs ;

2) *pour tout $X \in \mathcal{L}(k)$, le cup-produit en cohomologie motivique induit une structure de F-algèbre bigraduée commutative sur la cohomologie motivique $H^*(X, F(*))$.*

(La commutativité au sens bigradué signifie que pour tout $\alpha \in H^i(X, F(r))$ et tout $\beta \in H^j(X, F(s))$ on a dans $H^{i+j}(X, F(r+s))$, $\alpha \cup \beta = (-1)^{ij} \beta \cup \alpha$).

17.3. Première classe de Chern d'un fibré en droites et formule du fibré projectif

17.3.1. Nous allons définir un homomorphisme naturel « classe de Chern »

$$c_1 : \mathrm{Pic}(X) \longrightarrow H^2(X, F(1))$$

(qui sera même un isomorphisme si $F = \mathbf{Z}$, *cf.* 19.4.2.2).

On procède comme suit. D'après la remarque 16.3.2.3, on peut trouver un torseur $T \to X$ sous un fibré vectoriel sur X tel que T soit un schéma affine. Les homomorphismes induits

$$\mathrm{Pic}(X) \longrightarrow \mathrm{Pic}(T) \quad \text{et} \quad H^2(X, F(1)) \longrightarrow H^2(T, F(1))$$

sont alors des isomorphismes et l'on en déduit aisément qu'il suffit de définir c_1 pour les k-variétés *affines* lisses X. Soient X une telle k-variété et $\mathcal{L} \in \mathrm{Pic}(X)$ un(e classe de) fibré en droites sur X. Puisque X est affine, $\mathcal{L}$ est engendré par ses sections globales et il existe donc un morphisme $f : X \to \mathbb{P}^n$ tel que $\mathcal{L} = f^*(\mathcal{O}(1))$.

D'après 15.2.1.1, pour chaque entier $n \geqslant 0$, on dispose de la correspondance $u \in c(\mathbb{P}^n, \mathbb{P}^1)$. Celle-ci définit un morphisme $\mathrm{M}(\mathbb{P}^n) \to \mathrm{M}(\mathbb{P}^1) = \mathbf{1} \oplus \mathbf{1}(1)[2]$, d'où une classe de cohomologie motivique $u \in H^2(\mathbb{P}^n, F(1))$.

On pose alors

$$c_1(\mathcal{L}) := f^*(u) \in H^2(X, F(1)).$$

On montre que cette construction est indépendante des choix et définit une transformation naturelle, dite « première classe de Chern »

$$c_1 : \mathrm{Pic}(-) \longmapsto H^2(-, F(1)).$$

17.3.2. Pour tout $r \in \mathbf{N}$, la classe $u^r \in H^{2r}(\mathbb{P}^n, F(r))$ correspond donc au morphisme $u^r : \mathrm{M}(\mathbb{P}^n) \to \mathbf{1}(r)[2r]$ composé du morphisme diagonal $\mathrm{M}(\mathbb{P}^n) \to \mathrm{M}(\mathbb{P}^n)^{\otimes r}$ et de $u^{\otimes r} : \mathrm{M}(\mathbb{P}^n)^{\otimes r} \to (\mathbf{1}(1)[2])^{\otimes r} = \mathbf{1}(r)[2r]$.

17.3.2.1. Proposition. — *Pour tout entier $n \geqslant 0$, la classe*

$$u^{n+1} \in H^{2(n+1)}(\mathbb{P}^n, F(n+1))$$

est nulle et le morphisme $\oplus u^r : \mathrm{M}(\mathbb{P}^n) \to \bigoplus_0^n \mathbf{1}(r)[2r]$ est un isomorphisme.

Démonstration. — Considérons le recouvrement de $\mathbb{P}^n$ par les ouverts $\mathbb{P}^n \smallsetminus \{0\}$ et $\mathbb{A}^n$. L'ouvert $\mathbb{P}^n \smallsetminus \{0\}$ s'identifie à l'espace total du fibré en droites canonique sur $\mathbb{P}^{n-1} \subset \mathbb{P}^n$, c'est-à-dire $\mathbb{A}^1 \times^{\mathbb{G}_m} (\mathbb{A}^n \smallsetminus \{0\})$. Le triangle de type Mayer-Vietoris (une fois réduit) associé comme dans 16.3.1.4 à ce recouvrement ouvert

$$\widetilde{\mathrm{M}}(\mathbb{A}^n \smallsetminus \{0\}) \longrightarrow \widetilde{\mathrm{M}}(\mathbb{P}^n \smallsetminus \{0\}) \oplus \widetilde{\mathrm{M}}(\mathbb{A}^n) \longrightarrow \widetilde{\mathrm{M}}(\mathbb{P}^n) \longrightarrow \widetilde{\mathrm{M}}(\mathbb{A}^n \smallsetminus \{0\})[1]$$

prend donc la forme suivante, après simplification (compte tenu de 16.3.2.2 et 17.1.2.2) :

$$\mathbf{1}(n)[2n-1] \longrightarrow \widetilde{\mathrm{M}}(\mathbb{P}^{n-1}) \longrightarrow \widetilde{\mathrm{M}}(\mathbb{P}^n) \longrightarrow \mathbf{1}(n)[2n].$$

Par récurrence sur n, si le théorème est démontré pour $\mathbb{P}^{n-1}$, on en déduit facilement que le morphisme $\mathbf{1}(n)[2n-1] \to \widetilde{\mathrm{M}}(\mathbb{P}^{n-1})$ est nul et que le triangle est « scindé », ce qui permet d'obtenir l'énoncé pour $\mathbb{P}^n$. □

17.3.3. Soient ξ un fibré vectoriel sur $X \in \mathcal{L}(k)$, $\pi_\xi : \mathbb{P}(\xi) \to X$ le projectif associé, et $u \in H^2(\mathbb{P}(\xi), F(1)) = DM^{\mathrm{eff}}_{\mathrm{gm}}(k)_F(\mathrm{M}(\mathbb{P}(\xi)), \mathbf{1}(1)[2])$ la première classe de Chern du fibré inversible canonique sur $\mathbb{P}(\xi)$. Pour chaque entier $r \in \mathbf{N}$, la classe $u^r \in H^{2r}(\mathbb{P}(\xi), F(r))$ s'interprète comme un morphisme $\mathrm{M}(\mathbb{P}(\xi)) \to \mathbf{1}(r)[2r]$. On note alors

$$X \cap u^r : \mathrm{M}(\mathbb{P}(\xi)) \longrightarrow \mathrm{M}(X) \otimes \mathbf{1}(r)[2r] = \mathrm{M}(X)(r)[2r]$$

le composé de la diagonale $\mathrm{M}(\Delta_{\mathbb{P}(\xi)}) : \mathrm{M}(\mathbb{P}(\xi)) \to \mathrm{M}(\mathbb{P}(\xi) \times \mathbb{P}(\xi)) = \mathrm{M}(\mathbb{P}(\xi)) \otimes \mathrm{M}(\mathbb{P}(\xi))$ et du produit tensoriel $\mathrm{M}(\pi_\xi) \otimes u^r$.

17.3.3.1. Proposition. — *Pour tout fibré vectoriel ξ de rang n sur $X \in \mathcal{L}(k)$, le morphisme*

$$\oplus X \cap u^r : \mathrm{M}(\mathbb{P}(\xi)) \longrightarrow \bigoplus_0^{n-1} \mathrm{M}(X)(r)[2r]$$

est un isomorphisme.

Lorsque ξ est trivial, le théorème résulte immédiatement de 17.3.2.1, et on se ramène facilement à ce cas par Mayer-Vietoris. □

Nous avons maintenant posé les définitions de base, et fait le tour des propriétés élémentaires de la catégorie triangulée des motifs mixtes et de la cohomologie motivique.

CHAPITRE 18

PROPRIÉTÉS FONDAMENTALES DE $DM_{\mathrm{gm}}(k)$

Nous nous proposons de passer en revue les propriétés fondamentales de $DM_{\mathrm{gm}}^{\mathrm{eff}}(k)$ et $DM_{\mathrm{gm}}(k)$, et de la cohomologie motivique. Ces résultats[(1)] représentent les avancées majeures de la théorie des motifs mixtes de la dernière décennie. Les démonstrations requièrent de nouveaux outils, notamment le point de vue faisceautique que nous esquisserons au chapitre suivant.

Dans tout ce chapitre, on suppose que k est un *corps parfait.*

18.1. Éclatements et triangle de Gysin

18.1.1. Soit $X \in \mathcal{L}(k)$ et soit $Z \subset X$ une sous-variété fermée lisse purement de codimension c. On note $\widetilde{X}$ l'éclaté de X en Z, E le diviseur exceptionnel.

18.1.1.1. Théorème (**[Vo00b**, 3.5.3, 3.5.4])

1) *Dans $DM_{\mathrm{gm}}^{\mathrm{eff}}(k)$, on a un triangle distingué canonique*

$$\mathrm{M}(E) \longrightarrow \mathrm{M}(Z) \oplus \mathrm{M}(\widetilde{X}) \longrightarrow \mathrm{M}(X) \longrightarrow \mathrm{M}(E)[1]$$

et un isomorphisme canonique

$$\mathrm{M}(\widetilde{X}) = \mathrm{M}(X) \oplus \bigoplus_{r=1}^{c-1} \mathrm{M}(Z)(r)[2r].$$

2) *On a un triangle distingué canonique (dit* de Gysin*)*

$$\mathrm{M}(X - Z) \longrightarrow \mathrm{M}(X) \longrightarrow \mathrm{M}(Z)(c)[2c] \longrightarrow \mathrm{M}(X - Z)[1].$$

---

(1) dus à Voevodsky, en partie en collaboration avec Friedlander et Suslin, — et dont la plupart sont aussi prouvés, indépendamment, par Levine dans le cadre de sa catégorie (qui est équivalente à $DM_{\mathrm{gm}}(k)$). Nous passerons sous silence les propriétés de la cohomologie motivique à coefficients finis, notamment les opérations de Steenrod — qui jouent pourtant un rôle fondamental dans la preuve de la conjecture de Milnor [**Vo03**], mais cela nous entraînerait trop loin.

Dans 1), l'isomorphisme se déduit du triangle en appliquant 17.3.3.1 à E. Dans 2), le morphisme de Gysin $\mathrm{M}(X) \to \mathrm{M}(Z)(c)[2c]$ se construit par une variante du procédé de déformation au cône normal(2).

18.1.1.2. Corollaire. — *Si* $\operatorname{car} k = 0$, *la catégorie triangulée* $DM_{\mathrm{gm}}^{\mathrm{eff}}(k)$ *est « engendrée » par les facteurs directs des objets* $\mathrm{M}(X)$, *avec* X *projectif lisse.*

En toute caractéristique, c'est du moins vrai pour $DM_{\mathrm{gm}}^{\mathrm{eff}}(k)_{\mathbf{Q}}$.

La première assertion se déduit du point 2) précédent, à l'aide de la résolution des singularités de Hironaka [**Vo00b**, 3.5.5]. Pour la seconde assertion(3), on applique un raisonnement par récurrence sur la dimension devenu standard (*cf.* [**Ge00**]) à l'aide du théorème d'altération de De Jong (on utilise le fait que si $Y \to X$ est un morphisme fini étale dans $\mathcal{L}(k)$, $\mathrm{M}(X)$ est facteur direct de $\mathrm{M}(Y)$ dans $DM_{\mathrm{gm}}^{\mathrm{eff}}(k)_{\mathbf{Q}}$).

18.2. Simplifiabilité des twists

18.2.1. Le résultat suivant est prouvé dans [**Vo00b**, 4.3.1] sous l'hypothèse $\operatorname{car} k = 0$, et dans [**Vo02a**] en général.

18.2.1.1. Théorème. — *Pour tous* $M, N \in DM_{\mathrm{gm}}^{\mathrm{eff}}(k)$, *l'homomorphisme canonique*

$$DM_{\mathrm{gm}}^{\mathrm{eff}}(k)(M, N) \longrightarrow DM_{\mathrm{gm}}^{\mathrm{eff}}(k)(M(1), N(1))$$

est un isomorphisme. A fortiori, le foncteur canonique

$$DM_{\mathrm{gm}}^{\mathrm{eff}}(k) \longrightarrow DM_{\mathrm{gm}}(k) = DM_{\mathrm{gm}}^{\mathrm{eff}}(k)[(\mathbf{1}(1))^{-1}]$$

est pleinement fidèle.

18.3. Lien avec les motifs de Chow

18.3.1. Soient $X, Y \in \mathcal{P}(k)$. On a $c(X,Y) \subset \mathcal{Z}^{\dim Y}(X \times Y)$, d'où un homomorphisme

$$c(X,Y) \longrightarrow \mathrm{CH}^{\dim Y}(X \times Y),$$

qui se factorise à travers $\operatorname{Coker}(c(X \times \mathbb{A}^1, Y) \to c(X,Y))$.

Dans [**FrV00**, th. 7.1], Friedlander et Voevodsky établissent que l'homomorphisme

$$\operatorname{Coker}(c(X \times \mathbb{A}^1, Y) \longrightarrow c(X,Y)) \longrightarrow \mathrm{CH}^{\dim Y}(X \times Y)$$

(2) plus précisément, le diviseur exceptionnel de l'éclaté $\widetilde{X \times \mathbb{A}^1}$ de $X \times \mathbb{A}^1$ en $Z \times 0$ est le fibré projectif associé à un fibré vectoriel ξ de rang $c+1$. Par 17.3.3.1, il suffit de construire un morphisme canonique $\mathrm{M}(X) \to \mathrm{M}(\mathbb{P}(\xi))$, ou, ce qui revient au même par le point 1), deux morphismes $\mathrm{M}(X) \to \mathrm{M}(Z \times 0) \oplus \mathrm{M}(\widetilde{X \times \mathbb{A}^1})$ ayant même seconde composante (et dont on prendra la différence). Le premier morphisme est le composé du scindage de $\mathrm{M}(Z) \oplus \mathrm{M}(\widetilde{X}) \to \mathrm{M}(X)$ donné par 1) (et 17.3.3.1) et du morphisme évident $\mathrm{M}(Z) \oplus \mathrm{M}(\widetilde{X}) \to \mathrm{M}(Z \times 0) \oplus \mathrm{M}(\widetilde{X \times \mathbb{A}^1})$; le second est induit par le morphisme $\mathrm{M}(X) \to \mathrm{M}(X \times \mathbb{A}^1)$ induit par $\mathrm{id} \times 1$.

(3) qui nous a été signalée par B. Kahn.

est un isomorphisme : il s'agit d'un « lemme de déplacement » plus subtil que celui de Chow, qui met en position « relativement finie » au-dessus de l'un des facteurs tout cycle de la bonne dimension sur le produit. Comme l'homomorphisme

$$c(X,Y) \longrightarrow DM_{\mathrm{gm}}(k)(\mathrm{M}(X),\mathrm{M}(Y))$$

se factorise aussi clairement à travers $\mathrm{Coker}(c(X\times\mathbb{A}^1,Y)\to c(X,Y))$, on a un homomorphisme canonique

$$\mathrm{CH}^{\dim Y}(X\times Y) \longrightarrow DM_{\mathrm{gm}}(k)(\mathrm{M}(X),\mathrm{M}(Y)).$$

Ce résultat conduit au premier point du théorème suivant, qui fait le pont entre motifs purs et motifs mixtes ([**Vo00b**, 4.2.6], [**Vo02b**]) :

18.3.1.1. Théorème

1) *Pour tout anneau commutatif F, on a un diagramme commutatif de foncteurs monoïdaux*

$$\begin{array}{ccc} \mathcal{P}(k) & \hookrightarrow & \mathcal{L}(k) \\ \mathfrak{h}\downarrow & & \downarrow \mathrm{M} \\ (CHM(k)_F)^{\mathrm{op}} & \xrightarrow{\mathrm{R}} & DM_{\mathrm{gm}}(k)_F \end{array}$$

2) *le foncteur du bas* R *envoie* $\mathbf{1}(-1)$ *sur* $\mathbf{1}(1)[2]$ *et envoie motif effectif sur motif effectif ;*

3) R *est pleinement fidèle.*

18.4. Dualité

18.4.1. Le résultat suivant est prouvé dans [**Vo00b**, 4.3.2, 4.3.7] si $\mathrm{car}\, k = 0$.

18.4.1.1. Théorème

1) *Si* $\mathrm{car}\, k = 0$, $DM_{\mathrm{gm}}(k)$ *est une* $\otimes$*-catégorie rigide : il existe une autodualité* $^\vee : DM_{\mathrm{gm}}(k) \to (DM_{\mathrm{gm}}(k))^{\mathrm{op}}$ *telle que pour tout objet* N, *le foncteur* $?\otimes N^\vee$ *est adjoint à gauche de* $?\otimes N$, *et* $N^\vee\otimes ?$ *est adjoint à droite de* $N\otimes ?$.

En toute caractéristique, c'est du moins vrai pour $DM_{\mathrm{gm}}(k)_{\mathbf{Q}}$.

2) *Si* X *est projectif lisse de dimension* d, *on a* $\mathrm{M}(X)^\vee = \mathrm{M}(X)(-d)[-2d]$, *l'accouplement de dualité étant induit par le morphisme diagonal* $X \hookrightarrow X\times X$.

Comme nous l'a signalé B. Kahn, il existe une preuve bien plus simple que celle de *loc. cit.*, et valide en toute caractéristique quitte à tensoriser avec $\mathbf{Q}$. L'argument est dû à M. Levine : d'après 18.1.1.2 et 18.2.1, l'image essentielle du foncteur R engendre la catégorie triangulée $DM_{\mathrm{gm}}(k)$ (si $\mathrm{car}\, k = 0$ ou après tensorisation par $\mathbf{Q}$ en toute caractéristique). Comme tout objet de cette image a un dual, il en est alors de même de tout objet de $DM_{\mathrm{gm}}(k)$ et ceci donne lieu à une autodualité $^\vee$: $DM_{\mathrm{gm}}(k) \to (DM_{\mathrm{gm}}(k))^{\mathrm{op}}$, [**Le98**, IV.1.2.5].

18.4.1.2. Remarques

1) On peut définir le motif à support compact $M^c(X)$ de tout $X \in \mathcal{L}(k)$ purement de dimension d comme étant $M(X)^\vee(d)[2d]$, où $M(X)^\vee$ désigne le dual de $M(X)$ (en fait, si $\operatorname{car} k = 0$, Voevodsky le définit par voie directe, et vérifie cette égalité *a posteriori*).

Plus généralement, à toute k-variété X, *non nécessairement lisse*, Voevodsky associe des objets $\mathrm{M}(X), \mathrm{M}^c(X)$ de $DM_{\mathrm{gm}}(k)$, et démontre l'analogue des propriétés connues de l'homologie et de l'homologie à support compact (si $\operatorname{car} k = 0$). Parallèlement à la cohomologie motivique $H^i(X, \mathbf{Z}(r)) = DM_{\mathrm{gm}}(k)(\mathrm{M}(X), \mathbf{1}(r)[i])$, il introduit la *cohomologie motivique à supports compacts*

$$H^i_c(X, \mathbf{Z}(r)) = DM_{\mathrm{gm}}(k)(\mathrm{M}^c(X), \mathbf{1}(r)[i]),$$

ainsi que l'*homologie motivique de Borel-Moore*

$$H^{\mathrm{BM}}_i(X, \mathbf{Z}(r)) = DM_{\mathrm{gm}}(k)(\mathbf{1}(r)[i], \mathrm{M}^c(X)).$$

Ce sont des foncteurs (contravariant et covariant respectivement) pour les morphismes propres de k-variétés, vérifiant aussi une variance dans l'autre sens (avec décalage) pour les morphismes plats équidimensionnels. Ces deux théories motiviques vérifient les propriétés de localisation usuelles : si Z est fermé dans X d'ouvert complémentaire U, on a des suites exactes longues

$$\to H^i_c(U, \mathbf{Z}(r)) \longrightarrow H^i_c(X, \mathbf{Z}(r)) \longrightarrow H^i_c(Z, \mathbf{Z}(r)) \longrightarrow H^{i+1}_c(U, \mathbf{Z}(r)) \to \cdots$$
$$\to H^{\mathrm{BM}}_i(Z, \mathbf{Z}(r)) \longrightarrow H^{\mathrm{BM}}_i(X, \mathbf{Z}(r)) \longrightarrow H^{\mathrm{BM}}_i(U, \mathbf{Z}(r)) \longrightarrow H^{\mathrm{BM}}_{i-1}(Z, \mathbf{Z}(r)) \to \cdots$$

En outre, $H^i_c(X, \mathbf{Z}(r)) = H^i(X, \mathbf{Z}(r))$ si X est propre, et $H^{\mathrm{BM}}_i(X, \mathbf{Z}(r)) = H^{2d-i}(X, \mathbf{Z}(d-r))$ si X est lisse de dimension d, *cf.* [**Vo00b**, § 4], [**FrV00**, § 9].

2) Le foncteur R est donc un foncteur *contravariant* de $CHM(k)_F$ vers $DM_{\mathrm{gm}}(k)_F$. Or, pour transcrire énoncés sur les motifs de Chow en énoncés dans $DM_{\mathrm{gm}}(k)_F$, il est souvent plus commode de le remplacer par un foncteur *covariant* (et qui ne change pas le signe des twists). Il y a deux manières d'y parvenir : appliquer une dualité $^\vee$, soit au niveau de $CHM(k)_F$, soit au niveau de $DM_{\mathrm{gm}}(k)_F$.

En utilisant la dualité sur $DM_{\mathrm{gm}}(k)$, on peut reformuler 18.3.1.1, si $\operatorname{car} k = 0$ ou si F est une $\mathbf{Q}$-algèbre, comme l'existence d'un $\otimes$-foncteur R fidèle faisant commuter le diagramme

$$\begin{array}{ccc} \mathcal{P}(k)^{\mathrm{op}} & \hookrightarrow & \mathcal{L}(k)^{\mathrm{op}} \\ \mathfrak{h} \downarrow & & \downarrow \mathrm{M}^\vee \\ CHM(k)_F & \xrightarrow{R} & DM_{\mathrm{gm}}(k)_F \end{array}$$

où $\mathrm{M}^\vee$ désigne la composition de M avec l'anti-équivalence de dualité ci-dessus : $\mathrm{M}^\vee(X) = \mathrm{M}(X)^\vee$. Noter que R envoie $\mathbf{1}(-1)$ sur $\mathbf{1}(-1)[-2]$, mais ne respecte pas l'effectivité (pour Voevodsky, $\mathbf{1}(1)$ est un motif effectif, et non $\mathbf{1}(-1)$).

18.5. Comparaison avec les groupes d'homologie de Suslin, avec les groupes de Chow supérieurs et avec la K-théorie

18.5.1. Soit $X \in \mathcal{L}(k)$.

18.5.1.1. Théorème. — $H_i^S(X) \cong DM_{\mathrm{gm}}(k)(\mathbf{Z}[i], \mathrm{M}(X))$.

Ce résultat [**Vo00b**, 3.2.7] n'est guère surprenant, compte tenu de la définition de l'homologie de Suslin en termes de correspondances finies (voir aussi 19.3.1.2).

18.5.2. Dans [**Bl86, Bl94**], S. Bloch avait déjà introduit des groupes de « cohomologie motivique » attachés à toute variété lisse X sur un corps k. Ces groupes et leurs propriétés sont à la base des constructions de catégories triangulées de motifs mixtes mises en œuvre par M. Levine dans [**Le98**] et M. Hanamura dans [**Ha95, Ha, Ha99**].

La cohomologie motivique à la Bloch de $X \in \mathcal{L}(k)$ est $\mathrm{CH}^r(X, 2r - i)$ en bidegré (i, r), où le *groupe de Chow supérieur* $\mathrm{CH}^r(X, i)$ est défini comme suit.

Soit $z^r(X, n)$ le sous-groupe de $\mathcal{Z}^r(X \times \Delta^n)$ engendré par les cycles coupant proprement toutes les faces. Quand n varie, ces groupes s'organisent en un groupe abélien simplicial $z^r(X, *)$. Les groupes d'homologie $H_i(z^r(X, *))$ du complexe de chaînes associé sont les groupes de Chow supérieurs $\mathrm{CH}^r(X, i)$. Pour $i = 0$, on retrouve les groupes de Chow usuels.

18.5.3. Il était connu depuis [**Vo00b**] et [**Le98**] que, sous l'hypothèse de résolution des singularités, les groupes de cohomologie motivique définis au chapitre précédent coïncident avec ceux de Bloch et que la catégorie $DM^{\mathrm{eff}}_{\mathrm{gm}}(k)$ de Voevodsky est équivalente à celle de Levine. Dans [**Vo02b**], s'appuyant sur [**FrS02**], Voevodsky a établi, sans faire appel à la résolution des singularités, que ses groupes coïncident avec ceux de Bloch.

18.5.3.1. Théorème (**[Vo02b]**). — *On a*

$$\mathrm{CH}^r(X, i) \cong H^{2r-i}(X, \mathbf{Z}(r)) = DM_{\mathrm{gm}}(k)(\mathrm{M}(X); \mathbf{Z}(r)[2r - i]).$$

Pour $i = 0$, on retrouve le fait que $\mathrm{CH}^r(X) = H^{2r}(X, \mathbf{Z}(r))$ (18.3.1.1 3)), maintenant étendu à toute k-variété lisse X (voir aussi 19.4.2.4).

18.5.3.2. Remarque. — D'après Bloch (et Levine [**Le94**]), on a un isomorphisme naturel

$$\mathrm{CH}^r(X, q) \otimes \mathbf{Q} \cong K_q(X)^{(r)}_{\mathbf{Q}},$$

où $K_q(X)^{(r)}_{\mathbf{Q}}$ est le sous-espace de poids r (pour les opérations d'Adams) dans la K-théorie de Quillen rationnelle de X. La définition de cette dernière, qu'on ne rappellera pas, est beaucoup plus compliquée que celle de la cohomologie motivique.

Les égalités précédentes donnent donc

$$\boxed{H^i(X,\mathbf{Q}(r)) = \mathrm{CH}^r(X,2r-i)_{\mathbf{Q}} = K_{2r-i}(X)^{(r)}_{\mathbf{Q}}.}$$

18.5.4. La K-théorie de Milnor $K^M_*(k)$ d'un corps k est le quotient de l'algèbre tensorielle $T(k^*)$ du $\mathbf{Z}$-module k^* par l'idéal engendré par les éléments de la forme $x \otimes (1-x)$, $x \in k^*, x \neq 1$.

18.5.4.1. Théorème. — $K^M_r(k) \cong H^r(\operatorname{Spec} k, \mathbf{Z}(r)) = DM_{\mathrm{gm}}(k)(\mathbf{1};\mathbf{Z}(r)[r])$.

Voir [**MVW**, § 5] pour une preuve concise.

CHAPITRE 19

COMPLEXES DE FAISCEAUX MOTIVIQUES

Avec la définition élémentaire de $DM_{\mathrm{gm}}^{\mathrm{eff}}(k)$ et de la cohomologie motivique, on ne peut guère aller au-delà des propriétés simples énumérées dans les chapitres 15 à 17. Les propriétés profondes passées en revue au chapitre précédent se démontrent toutes en plongeant $DM_{\mathrm{gm}}^{\mathrm{eff}}(k)$ dans une certaine catégorie de « complexes de faisceaux motiviques » et en réinterprétant la cohomologie motivique en termes de ces objets plus souples.

Ce chapitre est consacré à l'étude de ce plongement. L'idée de base est de remplacer $\mathrm{M}(X)$ par le complexe de Suslin $\underline{C}^*(X)$ défini en 15.4.3 (vu comme complexe de faisceaux pour la topologie de Nisnevich). Pour un traitement détaillé et beaucoup plus complet des thèmes de ce chapitre, on pourra consulter [**MVW**].

19.1. Préfaisceaux avec transferts et invariance par homotopie

19.1.1. Dans tout ce chapitre, le corps de base k est supposé parfait.

19.1.1.1. Définition. — Un *préfaisceau avec transferts* est un foncteur additif

$$\mathcal{F} : (c\mathcal{L}(k))^{\mathrm{op}} \longrightarrow \mathcal{A}b.$$

Les préfaisceaux avec transferts forment une catégorie abélienne.

19.1.1.2. Exemples

1) Tout préfaisceau représentable $c(-, X)$ dans $c\mathcal{L}(k)$ définit tautologiquement un préfaisceau avec transferts, noté $\mathbf{Z}_{\mathrm{tr}}(X)$ [(1)] (c'est un analogue des groupes abéliens libres $\mathbf{Z}(X)$ en topologie algébrique).

Par Yoneda, on obtient ainsi un plongement de $c\mathcal{L}(k)$ dans la catégorie des préfaisceaux avec transferts.

Si X est pointé, le préfaisceau avec transferts $\mathbf{Z}_{\mathrm{tr}}(X)$ se décompose en $\mathbf{Z} \oplus \widetilde{\mathbf{Z}}_{\mathrm{tr}}(X)$.

[(1)] comme dans [**SuVo00**] et [**MVW**] ; dans [**Vo00b**], il est noté $L(X)$.

2) Tout k-schéma en groupes abélien G définit un préfaisceau avec transferts, encore noté G. En effet, soit $f \in c\mathcal{L}(k)^{\mathrm{op}}(Y, X)$, vu comme transfert $X \to S^n(Y)$ (*cf.* 15.1). Le morphisme correspondant $G(Y) \to G(X)$ n'est autre que le composé $X \xrightarrow{f} S^n(Y) \xrightarrow{S^n(g)} S^n(G) \to G$ où le dernier morphisme est donné par la somme des coordonnées. On vérifie aisément la compatibilité eu égard à la composition des transferts.

19.1.2. Soit $\mathcal{F}$ un préfaisceau avec transferts. Généralisant la définition de 15.4.3, on définit le complexe $\underline{C}_*(\mathcal{F})$ comme étant le complexe de chaînes associé au préfaisceau simplicial $(Y \in \mathcal{L}(k), n) \mapsto \mathcal{F}(Y \times \Delta^n)$, ainsi que le complexe de cochaînes $\underline{C}^*(\mathcal{F})$ en posant $\underline{C}^{-n}(\mathcal{F}) = \underline{C}_n(\mathcal{F})$ (appelé *complexe de Suslin de* $\mathcal{F}$).

Avec la notation de *loc. cit.*, on a alors, tautologiquement, $\underline{C}^*(\mathbf{Z}_{\mathrm{tr}}(X)) = \underline{C}^*(X)$.

19.1.3.

19.1.3.1. Définition. — Un préfaisceau avec transferts $\mathcal{F}$ est dit *invariant par homotopie* si le morphisme

$$\mathcal{F}(X) \longrightarrow \mathcal{F}(X \times \mathbb{A}^1)$$

défini par la projection est un isomorphisme.

Les préfaisceaux avec transferts invariants par homotopie forment une catégorie abélienne.

Par un argument classique, l'invariance par homotopie équivaut à la coïncidence des deux flèches $i_0^*, i_1^* : \mathcal{F}(X \times \mathbb{A}^1) \to \mathcal{F}(X)$ induites par i_0 et $i_1 : Y \hookrightarrow Y \times \mathbb{A}^1$ respectivement (fibres en 0 et en 1).

19.1.3.2. Exemples

1) Soit $\mathcal{F}$ un préfaisceau avec transferts. Alors *les préfaisceaux* $\underline{H}^i(\underline{C}^*(\mathcal{F}))$ *de cohomologie du complexe de Suslin* $\underline{C}^*(\mathcal{F})$ *sont invariants par homotopie.* Cela se démontre en construisant, pour tout $Y \in \mathcal{L}(k)$, une homotopie s entre les deux morphismes

$$\underline{C}^*(Y \times \mathbb{A}^1) \longrightarrow \underline{C}^*(Y)$$

induits par i_0 et i_1. En voici une qui fait l'affaire : au cran $\underline{C}^{-n} = \underline{C}_n$, on pose

$$s_n : \mathcal{F}(Y \times \mathbb{A}^1 \times \Delta^n) \longrightarrow \mathcal{F}(Y \times \Delta^{n+1}),\ s_n = \sum_0^n (-1)^i (\mathrm{id}_Y \times \psi_i)^*,$$

où ψ_i est l'isomorphisme $\Delta^{n+1} \to \Delta^n \times \mathbb{A}^1$ qui envoie le sommet $(0, \ldots, 1, \ldots 0)$ (un seul 1 à la j-ème place) sur $(0, \ldots, 1, \ldots 0, 0)$ (1 à la j-ème place) si $j \leqslant i$, et sur $(0, \ldots, 1, \ldots 0, 1)$ (1 aux $(j-1)$-ème et n-ième places) sinon. On a $sd + ds = i_1^* - i_0^*$ ([**Wei94**, 8.3.13]).

2) Tout k-schéma en groupes abélien G isomorphe à *un tore, à une variété abélienne, à une variété semi-abélienne*[(2)], *ou bien à un réseau (étale)*, définit un préfaisceau avec transferts *invariant par homotopie*. Cela traduit le fait bien connu que, dans chacun de ces cas, tout morphisme $X \times \mathbb{A}^1 \to G$ est constant sur $\mathbb{A}^1$, *i.e.* se factorise à travers la projection $X \times \mathbb{A}^1 \to X$.

***19.1.3.3. Proposition* (*cf.* [Vo00a, 4.17], [MVW, 11.3]).** — *Soit $\mathcal{F}$ un préfaisceau avec transferts invariant par homotopie. Soient $X \in \mathcal{L}(k)$, V un ouvert dense de X, et x un point de X. Alors il existe un voisinage ouvert U de x, et un homomorphisme $\lambda : \mathcal{F}(V) \to \mathcal{F}(U)$ rendant le diagramme*

$$\begin{array}{ccc} \mathcal{F}(X) & \longrightarrow & \mathcal{F}(V) \\ \downarrow & \swarrow_{\lambda} & \\ \mathcal{F}(U) & & \end{array}$$

commutatif.

Donnons une brève indication sur la preuve. On note Z le complémentaire de V dans X.

– Pas 1 : on peut restreindre X à un voisinage connexe de x. Par une variante, due à M. Walker, des bons voisinages d'Artin, on peut trouver un tel voisinage qui admette une fibration en courbes et une bonne compactification relative [**MVW**, 11.17] ; autrement dit, on peut supposer que $X \to S$ est une courbe lisse relative sur S affine lisse, admettant une compactification relative $\overline{X} \to S$ (avec $\overline{X}$ normal), telle que $\partial X \coprod Z$ admette un voisinage affine dans $\overline{X}$ (on a posé $\partial X = \overline{X} \setminus X$)[(3)].

– Pas 2 : pour toute courbe lisse relative $Y \to U$ de base affine lisse connexe sur k, notons $c(Y/U)$ le groupe abélien libre engendré par les sous-schémas fermés intègres de Y qui sont finis surjectifs sur U, et posons

$$h_0^S(Y/U) := \operatorname{Coker}(c(Y \times \mathbb{A}^1/U \times \mathbb{A}^1) \xrightarrow{i_0^* - i_1^*} c(Y/U)).$$

Supposons que $Y \to U$ admette une bonne compactification relative $\overline{Y}$, de bord ∂Y, et soit $\operatorname{Pic}(\overline{Y}, \partial Y)$ le groupe de Picard relatif, *i.e.* le groupe des classes d'isomorphisme de fibrés en droites sur $\overline{Y}$ trivialisés au-dessus de ∂Y. L'homomorphisme canonique $c(Y/U) \to \operatorname{Pic}(\overline{Y}, \partial Y)$ se factorise à travers $h_0^S(Y/U)$, et induit en fait un isomorphisme

$$h_0^S(Y/U) \cong \operatorname{Pic}(\overline{Y}, \partial Y)$$

([**MVW**, 7.16], voir aussi [**Li93**] et 20.1.3 ci-dessous dans le cas où U est un point).

---

(2) *i.e.* une extension d'une variété abélienne par un tore.

(3) les bons voisinages d'Artin n'étaient que des voisinages étales, mais ils permettaient de supposer ∂X étale sur S, ce qui n'importe pas ici.

– Pas 3 : on applique cela en prenant pour U un voisinage ouvert de x tel que le fibré en droites $\mathcal{L}_\Delta$ sur $\overline{Y} := U \times_S \overline{X}$ associé à la diagonale se trivialise au dessus de $U \times_S Z$, et en prenant $Y = U \times_S (X \smallsetminus Z)$. Ce fibré en droites $\mathcal{L}_\Delta$ donne lieu à un élément ℓ de $h_0^S(Y/U)$ d'après ce qui précède, et se relève donc en un élément $\widetilde{\ell}$ de $c(Y/U) \subset c(U, X \smallsetminus Z)$. Puisque $\mathcal{F}$ admet des transferts, on obtient $\lambda : \mathcal{F}(V) \to \mathcal{F}(U)$. Puisque $\mathcal{F}$ est invariant par homotopie, λ ne dépend pas du choix de $\widetilde{\ell}$, et est compatible à l'homomorphisme analogue qu'on obtiendrait en prenant $Z = \varnothing$; or ce dernier est l'homomorphisme canonique de restriction $\mathcal{F}(X) \to \mathcal{F}(V)$, *cf.* [**MVW**, 11.15].

19.2. Topologie de Nisnevich et transferts

19.2.1.

19.2.1.1. Définition. — La *topologie de Nisnevich* sur $\mathcal{L}(k)$ est la topologie de Grothendieck engendrée par les familles couvrantes $(f_j : Y_j \to X)$, $X \in \mathcal{L}(k)$, telles que les f_j soient étales, et que pour tout point $x \in X$, il existe i et un point $y \in Y_j$ au-dessus de x tels que le morphisme de corps résiduels $\kappa(x) \to \kappa(y)$ soit un isomorphisme.

Elle est intermédiaire entre la topologie étale et la topologie de Zariski. Les anneaux locaux pour cette topologie sont les k-algèbres henseliennes.

19.2.2. On note $\mathcal{N}is(k)$ la catégorie (abélienne) des faisceaux abéliens sur $\mathcal{L}(k)$ pour la topologie de Nisnevich.

19.2.2.1. Définition. — Un *faisceau Nisnevich avec transferts* est un préfaisceau avec transferts $\mathcal{F} : (c\mathcal{L}(k))^{\mathrm{op}} \to \mathcal{A}b$ dont la restriction à $\mathcal{L}(k)^{\mathrm{op}}$ est dans $\mathcal{N}is(k)$.

On note $\mathcal{N}is_{\mathrm{tr}}(k)$ la catégorie qu'ils forment[(4)].

Les deux exemples de 19.1.1.2 sont en fait dans $\mathcal{N}is_{\mathrm{tr}}(k)$. *Via* Yoneda, le premier donne :

19.2.2.2. Lemme. — *Pour tout $\mathcal{F} \in \mathcal{N}is_{\mathrm{tr}}$ et tout $X \in \mathcal{L}(k)$, $\mathcal{N}is_{\mathrm{tr}}(k)(\mathbf{Z}_{\mathrm{tr}}(X), \mathcal{F}) = \mathcal{F}(X)$.*

19.2.3. Que la topologie de Nisnevich (tout comme la topologie étale) soit adaptée à l'étude des morphismes multivalués se voit déjà sur le lemme suivant [**Vo00b**, 3.1.3], dont l'analogue zariskien serait faux.

19.2.3.1. Lemme. — *Soit $(f_j : Y_j \to X)$ une famille couvrante au sens de Nisnevich, et posons $Y = \coprod Y_j$. Le complexe*

$$\cdots \longrightarrow \mathbf{Z}_{\mathrm{tr}}(Y \times_X Y) \longrightarrow \mathbf{Z}_{\mathrm{tr}}(Y) \longrightarrow \mathbf{Z}_{\mathrm{tr}}(X) \longrightarrow 0,$$

de différentielles les sommes alternées des projections, est exact dans $\mathcal{N}is(k)$.

(4) elle est notée $Shv_{\mathrm{Nis}}(SmCor(k))$ dans [**Vo00b**] et $Shv_{\mathrm{Nis}}(Cor_k)$ dans [**MVW**].

Démonstration. — Puisque les anneaux locaux de Nisnevich sont les k-algèbres henseliennes, il suffit, en passant à la limite, de montrer que si S est le spectre d'un anneau local henselien, le complexe de groupes abéliens

$$A_* = [\cdots \longrightarrow \mathbf{Z}_{\mathrm{tr}}(Y \times_X Y)(S) \longrightarrow \mathbf{Z}_{\mathrm{tr}}(Y)(S) \longrightarrow \mathbf{Z}_{\mathrm{tr}}(X)(S) \longrightarrow 0]$$

est acyclique. Notons $Y^{\times_X n}$ le X-schéma $Y \times_X \cdots \times_X Y$ (n facteurs).

Pour tout sous-schéma fermé intègre $Z \subset X \times S$ fini surjectif sur S, notons provisoirement $A_*[Z]$ le sous-complexe (facteur direct) engendré par les sous-schémas fermés intègres Z_n des $Y^{\times_X n} \times S$, finis surjectifs sur S, et d'image Z dans $X \times S$. Alors A_* est somme directe de ces sous-complexes, et il suffit de montrer que chaque $A_*[Z]$ est contractile.

Le point est que Z est henselien, tout comme S, donc la projection $Z \to S$ se relève en $h : Z \to Y$. Le morphisme $Z_n \to Y^{\times_X n} \times_X Y \times S$ induit par la projection $Z_n \to Z$ suivie de h est une immersion fermée, d'image notée $h_n(Z_n) \subset Y^{\times_X (n+1)} \times S$. La règle $Z_n \to h_n(Z_n)$ définit un homomorphisme $h_n : A_n[Z] \to A_{n+1}[Z]$. Les h_n pris ensemble forment une homotopie contractante pour $A_*[Z]$. $\square$

19.2.3.2. Proposition. — *Soit $\mathcal{F}$ un préfaisceau avec transferts. Alors le faisceau Nisnevich $\mathcal{F}_{\mathrm{Nis}} \in \mathcal{N}is(k)$ est canoniquement muni de transferts. La faisceautisation Nisnevich est adjointe à gauche du foncteur d'inclusion*

$$\mathcal{N}is_{\mathrm{tr}}(k) \hookrightarrow \{\text{préfaisceaux avec transferts}\}.$$

Démonstration (esquisse). — Munir $\mathcal{F}_{\mathrm{Nis}}$ de transferts revient à construire naturellement, pour tout $X \in \mathcal{L}(k)$ et toute section $\phi \in \mathcal{F}_{\mathrm{Nis}}(X)$ un morphisme $[\phi] : \mathbf{Z}_{\mathrm{tr}}(X) \to \mathcal{F}_{\mathrm{Nis}}$ dans $\mathcal{N}is(k)$. Voici comment faire, d'après [**Vo00b**, 3.1.6] : on choisit un recouvrement Nisnevich ($Y = \coprod Y_j \to X$) assez fin pour qu'il existe une section ϕ' de $\mathcal{F}(Y)$ qui s'envoie sur $\phi_{|Y}$ dans $\mathcal{F}_{\mathrm{Nis}}(Y)$, et sur 0 dans $\mathcal{F}(Y \times_X Y)$ par l'application différence. Par Yoneda, ϕ' définit un morphisme $\mathbf{Z}_{\mathrm{tr}}(Y) \to \mathcal{F}_{\mathrm{Nis}}$, dont le composé avec l'application différence $\mathcal{F}_{\mathrm{Nis}}(Y) \to \mathcal{F}_{\mathrm{Nis}}(Y \times_X Y)$ s'annule. Il provient d'un morphisme $[\phi] : \mathbf{Z}_{\mathrm{tr}}(X) \to \mathcal{F}_{\mathrm{Nis}}$, car en vertu du lemme précédent, la suite

$$0 \longrightarrow \mathcal{N}is(k)(\mathbf{Z}_{\mathrm{tr}}(X), \mathcal{F}_{\mathrm{Nis}}) \longrightarrow \mathcal{N}is(k)(\mathbf{Z}_{\mathrm{tr}}(Y), \mathcal{F}_{\mathrm{Nis}}) \longrightarrow \mathcal{N}is(k)(\mathbf{Z}_{\mathrm{tr}}(Y \times_X Y), \mathcal{F}_{\mathrm{Nis}})$$

est exacte. Il reste à vérifier l'indépendance des choix (unicité). $\square$

19.2.3.3. Corollaire. — *$\mathcal{N}is_{\mathrm{tr}}(k)$ est une catégorie abélienne, ayant assez d'injectifs.*

19.2.4. Par ailleurs, la topologie de Nisnevich reste proche de celle de Zariski. Par exemple, la dimension cohomologique de X, au sens Nisnevich ou bien Zariski, est finie et égale à $\dim X$ (*cf.* [**Ni89**]). La parenté est encore plus frappante dans le cadre des préfaisceaux avec transferts invariants par homotopie, comme le montre le résultat fondamental suivant [**Vo00b**, 3.1.12]

19.2.4.1. Théorème. — *Soit $\mathcal{F}$ un préfaisceau avec transferts invariant par homotopie. Alors le faisceau Nisnevich avec transferts $\mathcal{F}_{\mathrm{Nis}} \in \mathcal{N}is_{\mathrm{tr}}(k)$ associé à $\mathcal{F}$ (cf.* proposition précédente*) est invariant par homotopie. Comme préfaisceau sur $\mathcal{L}(k)$, il coïncide avec le faisceau zariskien $\mathcal{F}_{\mathrm{Zar}}$ associé à $\mathcal{F}$. En outre, les préfaisceaux $H^i_{\mathrm{Nis}}(X, \mathcal{F}_{\mathrm{Nis}})$ sur $\mathcal{L}(k)$ sont canoniquement munis de transferts et invariants par homotopie, et coïncident avec $H^i_{\mathrm{Zar}}(X, \mathcal{F}_{\mathrm{Zar}})$.*

Le point-clé est l'égalité $\mathcal{F}_{\mathrm{Zar}} = \mathcal{F}_{\mathrm{Nis}}$. Voici comment elle se déduit de 19.1.3.3, en admettant que tant $\mathcal{F}_{\mathrm{Zar}}$ que $\mathcal{F}_{\mathrm{Nis}}$ sont des préfaisceaux avec transferts invariants par homotopie. Il en est alors de même des noyau et conoyau du morphisme canonique $\mathcal{F}_{\mathrm{Zar}} \to \mathcal{F}_{\mathrm{Nis}}$. En outre, ceux-ci sont des faisceaux Zariski qui s'annulent sur les spectres d'extensions séparables de type fini de k[(5)]. Pour voir qu'ils sont nuls, on invoque alors le fait — qui découle directement de 19.1.3.3 — que *pour tout faisceau Zariski avec transferts invariant par homotopie, les homomorphismes de restriction $\mathcal{F}(X) \to \mathcal{F}(U)$ sont injectifs* ([**Vo00a**, 4.19]).

19.2.5. Considérons la catégorie dérivée bornée à droite $D^-(\mathcal{N}is_{\mathrm{tr}}(k))$ de la catégorie abélienne $\mathcal{N}is_{\mathrm{tr}}(k)$.

Suivant [**SuVo00**][(6)], on note *$DM^-(k)$ la sous-catégorie pleine de $D^-(\mathcal{N}is_{\mathrm{tr}}(k))$ dont les faisceaux de cohomologie sont invariants par homotopie.*

C'est une catégorie additive pseudo-abélienne. Ses objets, parfois appelés « complexes de faisceaux motiviques » (ou complexes motiviques), jouent un peu le rôle des complexes de groupes abéliens en topologie algébrique.

Via la suite spectrale d'hypercohomologie, et compte tenu du fait que la dimension cohomologique Nisnevich est finie et coïncide avec la dimension algébrique, le théorème 19.2.4.1 implique :

19.2.5.1. Corollaire. — *Pour tout $\mathcal{F}^* \in DM^-(k)$ et tout $X \in \mathcal{L}(k)$,*

$$\mathbb{H}^i_{\mathrm{Nis}}(X, \mathcal{F}^*) = \mathbb{H}^i_{\mathrm{Zar}}(X, \mathcal{F}^*).$$

Ce groupe est nul si $\mathcal{F}^*$ est concentré en degrés $< i - \dim X$.

Compte tenu de 19.1.3.2, la première assertion de 19.2.4.1 implique aussi :

19.2.5.2. Corollaire. — *Pour tout $\mathcal{F} \in \mathcal{N}is_{\mathrm{tr}}(k)$, les faisceaux de cohomologie $H^i_{\mathrm{Nis}}(\underline{C}^*(\mathcal{F}))$ sont dans $DM^-(k)$.*

Plus généralement, $\underline{C}^*$ définit un foncteur

$$D^-(\mathcal{N}is_{\mathrm{tr}}(k)) \longrightarrow DM^-(k),$$

(5) leurs valeurs sur de tels spectres η sont définies comme colimites des valeurs sur des affines lisses connexes dont η est le point générique.

(6) la notation de [**Vo00b**] est $DM^{\mathrm{eff}}_{-}(k)$.

encore noté $\underline{C}^*$, qui est d'ailleurs un foncteur triangulé, à l'aide duquel on peut donner une autre description très utile de $DM^-(k)$:

19.2.5.3. Proposition (**[Vo00b**, 3.2.3], [**SuVo00**, 1.12]). — *$\underline{C}^*$ est adjoint à gauche du plongement $DM^-(k) \hookrightarrow D^-(\mathcal{N}is_{\mathrm{tr}}(k))$, et fournit une équivalence entre DM^- et la localisée de $D^-(\mathcal{N}is_{\mathrm{tr}}(k))$ en la sous-catégorie épaisse engendrée par les complexes $\mathcal{F}^*$ tels que $\underline{C}^*(\mathcal{F}^*)$ soit acyclique.*

À partir de là, on établit le lien suivant entre cohomologie de Nisnevich et DM^- :

19.2.5.4. Proposition. — *Pour tout $\mathcal{F}^* \in D^-(\mathcal{N}is_{\mathrm{tr}}(k))$ et tout $X \in \mathcal{L}(k)$, on a*

$$\mathbb{H}^i_{\mathrm{Nis}}(X, \mathcal{F}^*) = DM^-(k)(\underline{C}^*(X), \mathcal{F}^*[i]).$$

Démonstration (esquisse). — La proposition précédente montre que

$$DM^-(k)(\underline{C}^*(X), \mathcal{F}^*[i]) = D^-(\mathcal{N}is_{\mathrm{tr}}(k))(\mathbf{Z}_{\mathrm{tr}}(X), \mathcal{F}^*[i]).$$

D'après 19.2.3.3, $\mathcal{N}is_{\mathrm{tr}}(k)$ a assez d'injectifs. Compte tenu de 19.2.2.2, il suffit alors, pour montrer que

$$D^-(\mathcal{N}is_{\mathrm{tr}}(k))(\mathbf{Z}_{\mathrm{tr}}(X), \mathcal{F}^*[i]) = \mathbb{H}^i_{\mathrm{Nis}}(X, \mathcal{F}^*),$$

de faire voir que pour tout injectif $\mathcal{I} \in \mathcal{N}is_{\mathrm{tr}}(k)$, $H^i_{\mathrm{Nis}}(X, \mathcal{I}) = 0$ (voir [**SuVo00**, 1.5] pour plus de détail). Grâce à la suite spectrale de Cartan-Leray, il suffit en fait de montrer que les groupes de cohomologie de Čech $\check{\mathrm{H}}^i_{\mathrm{Nis}}((Y = \coprod Y_j/X), \mathcal{I})$ d'un recouvrement de Nisnevich s'annulent si $i > 0$. Ces groupes sont les groupes de cohomologie du complexe

$$\begin{array}{ccccc} \mathcal{I}(Y) & \longrightarrow & \mathcal{I}(Y \times_X Y) & \longrightarrow & \cdots \\ \downarrow {\scriptstyle =} & & \downarrow {\scriptstyle =} & & \\ \mathcal{N}is_{\mathrm{tr}}(k)(\mathbf{Z}_{\mathrm{tr}}(Y), \mathcal{I}) & \longrightarrow & \mathcal{N}is_{\mathrm{tr}}(k)(\mathbf{Z}_{\mathrm{tr}}(Y \times_X Y), \mathcal{I}) & \longrightarrow & \cdots \end{array}$$

Compte tenu du fait que $\mathcal{I}$ est injectif, le lemme 19.2.3.1 montre que ce complexe est acyclique en degré > 0. □

19.3. Le théorème de plongement

19.3.1. Revenons à la catégorie triangulée des motifs mixtes. Voici le théorème fondamental qui la relie aux complexes de faisceaux motiviques [**Vo00b**, 3.2.6].

19.3.1.1. Théorème. — *Le foncteur composé*

$$\mathcal{H}^b(c\mathcal{L}(k)) \xrightarrow{\mathbf{Z}_{\mathrm{tr}}} D^-(\mathcal{N}is_{\mathrm{tr}}(k)) \xrightarrow{\underline{C}^*} DM^-(k)$$

se factorise à travers $DM^{\mathrm{eff}}_{\mathrm{gm}}(k)$, et le foncteur

$$\iota : DM^{\mathrm{eff}}_{\mathrm{gm}}(k) \longrightarrow DM^-(k)$$

induit est pleinement fidèle. $\iota(\mathrm{M}(X))$ *n'est autre que le complexe de Suslin* $\underline{C}^*(X)$, *vu comme objet de* $DM^-(k)$.

Pour l'existence de ι, il s'agit de vérifier que les complexes d'homotopie et les complexes de Mayer-Vietoris s'envoient sur 0 dans $DM^-(k)$. C'est plus ou moins automatique pour les premiers. Pour les seconds, il s'agit de prouver que le complexe total associé au bicomplexe

$$0 \longrightarrow \underline{C}^*(U \cap V) \longrightarrow \underline{C}^*(U) \oplus \underline{C}^*(V) \longrightarrow \underline{C}^*(X) \longrightarrow 0$$

est acyclique. Seule l'exactitude à droite fait problème, qu'on résout en invoquant à nouveau le lemme 19.2.3.1. La plénitude est plus délicate, *cf. loc. cit.*

En vertu de 19.2.5.4 et 19.2.5.1, on en déduit :

19.3.1.2. Corollaire (**[Vo00b**, 3.2.7]). — *Soient* $X, Y \in \mathcal{L}(k)$ *et* $i \in \mathbf{N}$. *On a*

$$DM^{\mathrm{eff}}(\mathrm{M}(X), \mathrm{M}(Y)[i]) = \mathbb{H}^i_{\mathrm{Nis}}(X, \underline{C}^*(Y)) = \mathbb{H}^i_{\mathrm{Zar}}(X, \underline{C}^*(Y)).$$

Le théorème 18.5.1.1 en découle immédiatement (pour $X = \operatorname{Spec} k$).

19.3.1.3. Remarque. — Les catégories $\mathcal{N}is_{\mathrm{tr}}(k)$ et $D^-(\mathcal{N}is_{\mathrm{tr}}(k))$ admettent une $\otimes$-structure naturelle. On montre qu'il existe une $\otimes$-structure canonique sur $DM^-(k)$ compatible au foncteur $\underline{C}^*$ (non compatible, en revanche, à l'inclusion de $DM^-(k)$ dans $D^-(\mathcal{N}is_{\mathrm{tr}}(k))$). Avec cette structure, le foncteur ι est un $\otimes$-foncteur.

Le foncteur ι ne s'étend pas à la catégorie $DM_{\mathrm{gm}}(k)$ des motifs non effectifs. Il existe toutefois une façon indirecte d'inverser $\iota(\mathbf{1}(1))$ dans $DM^-(k)$ (technique des spectres)(7).

19.3.2. À titre d'illustration de la méthode faisceautique, démontrons la proposition 16.2.2.1 : *tous les complexes de type Nisnevich* $N_{X,U,f}$ *appartiennent à* $\mathcal{T}$.

D'après le théorème du plongement, il suffit de montrer que $\mathbf{Z}_{\mathrm{tr}}(N_{X,U,f}) = 0$ dans $D^-(\mathcal{N}is_{\mathrm{tr}}(k))$. Mais cela résulte immédiatement du lemme 19.2.3.1 appliqué au recouvrement Nisnevich $U \coprod V$ de X.

19.4. Nouvelle description de la cohomologie motivique

19.4.1. Commençons par définir, pour tout $r \geqslant 0$, des complexes de faisceaux motiviques $\underline{\mathbf{Z}}(r)$ concentrés en degré $\leqslant r$.

Soient (X_i, x_i), $i = 1, \dots, r$ des k-variétés lisses pointées. On pose

$$\widetilde{\mathbf{Z}}_{\mathrm{tr}}(X_1 \wedge \cdots \wedge X_r)$$
$$= \operatorname{Coker}\Big[\oplus \mathbf{Z}_{\mathrm{tr}}(X_1 \times \cdots \times \widehat{X}_i \times \cdots \times X_r) \xrightarrow{\mathrm{id} \times x_i^* \times \mathrm{id}} \mathbf{Z}_{\mathrm{tr}}(X_1 \times \cdots \times X_r)\Big].$$

(7) F. Déglise a prouvé que la catégorie qu'on obtient ainsi est équivalente à celle des modules de cycles de Rost, *cf.* [**Deg03**].

C'est en fait un facteur direct de $\mathbf{Z}_{\mathrm{tr}}(X_1\times\cdots\times X_r)$ dans $\mathcal{N}is_{\mathrm{tr}}(k)$, *cf.* [**MVW**, 2.12]. Le cas qui nous intéresse est $(X_i, x_i) = (\mathbb{G}_m, 1)$; on a alors une décomposition canonique dans $\mathcal{N}is_{\mathrm{tr}}(k)$ (*cf.* [**SuVo00**, § 3]) :

$$\mathbf{Z}_{\mathrm{tr}}(\mathbb{G}_m)^{\otimes n} \cong \mathbf{Z}_{\mathrm{tr}}(\mathbb{G}_m^n) = \bigoplus_{r\leqslant n}\ \bigoplus_{I\subset\{1,\dots,r\}} \widetilde{\mathbf{Z}}_{\mathrm{tr}}((\mathbb{G}_m)^{\wedge\#I}).$$

On définit

$$\boxed{\underline{\mathbf{Z}}(r) \;=\; \underline{C}^*(\widetilde{\mathbf{Z}}_{\mathrm{tr}}(\mathbb{G}_m^{\wedge r})[-r]}$$

qu'on voit (compte tenu de 19.2.5.2) comme un objet de $DM^-(k)$ concentré en degré $\leqslant r$. On a $\underline{\mathbf{Z}}(0) = \underline{C}^*(\mathbf{Z}) \cong \mathbf{Z}$, $\underline{\mathbf{Z}}(1) = \underline{C}^*(\widetilde{\mathbf{Z}}_{\mathrm{tr}}(\mathbb{G}_m))[-1] = \iota(\mathbf{Z}(1))$ d'après 19.3.1.1.

Par la décomposition canonique ci-dessus, on obtient un isomorphisme canonique $\underline{\mathbf{Z}}(r) \cong (\underline{\mathbf{Z}}(1))^{\otimes r}$, d'où (compte tenu de la définition de $\otimes$ dans $DM^-(k)$) :

19.4.1.1. Lemme. — *Pour tout $r \geqslant 0$, on a un isomorphisme canonique $\iota(\mathbf{Z}(r)) \cong \underline{\mathbf{Z}}(r)$.*

Voici alors l'interprétation faisceautique annoncée de la cohomologie motivique :

19.4.1.2. Théorème. — *Pour tout $X \in \mathcal{L}(k)$,*

$$\boxed{H^i(X, \mathbf{Z}(r)) = \mathbb{H}^i_{\mathrm{Zar}}(X, \underline{\mathbf{Z}}(r))}.$$

Ce groupe s'annule si $i > \dim X + r$.

Démonstration. — Il suffit de mettre bout à bout 19.3.1.1, 19.2.5.4, 19.2.5.1, 19.4.1.1 :

$$DM^{\mathrm{eff}}_{\mathrm{gm}}(\mathrm{M}(X), \underline{\mathbf{Z}}(r)[i]) = DM^-(\underline{C}^*(X), \underline{\mathbf{Z}}(r)[i]) = \mathbb{H}^i_{\mathrm{Nis}}(X, \underline{\mathbf{Z}}(r)) = \mathbb{H}^i_{\mathrm{Zar}}(X, \underline{\mathbf{Z}}(r)).$$

□

19.4.2. Cette interprétation permet par exemple de « calculer » $H^i(X, \mathbf{Z}(1))$ pour tout i, grâce au résultat suivant

19.4.2.1. Théorème. — *On a $\boxed{\underline{\mathbf{Z}}(1) \cong \mathbb{G}_m[-1]}$. Autrement dit, $\iota(\mathrm{M}(\mathbb{G}_m)) = \mathbb{G}_m$*

Dans cet énoncé, on a noté $\mathbb{G}_m$ tant l'objet de $\mathcal{L}(k)$ que l'objet de $\mathcal{N}is_{\mathrm{tr}}(k)$ (*cf.* 19.1.3.2 2)) attaché au groupe multiplicatif sur k.

19.4.2.2. Corollaire. — $H^1(X, \mathbf{Z}(1)) = \mathcal{O}^*(X)$, $H^2(X, \mathbf{Z}(1)) = \mathrm{Pic}(X)$.

(Il resterait à vérifier que cette identification est compatible à l'homomorphisme c_1 défini en 17.3.1 — la naturalité ne laissant guère d'ambiguïté qu'un signe). Cela redonne aussi le cas $r = 1$ de 18.5.4.1 et de 18.3.1.1 2).

Démonstration. — Il suffit de définir un épimorphisme de préfaisceaux avec transferts

$$\lambda : \mathbf{Z}_{\mathrm{tr}}(\mathbb{G}_m) \longrightarrow \mathbf{Z} \oplus \mathbb{G}_m$$

tel que pour tout $X \in \mathcal{L}(k)$, $\underline{C}^*(\mathrm{Ker}\,\lambda)$ soit acyclique.

Voici comment procéder, selon [**MVW**, §4]. Comme $\mathrm{Pic}(X \times \mathbb{P}^1) \cong \mathrm{Pic}(X) \times \mathbf{Z}$, on peut associer à tout $Z \in c(X, \mathbb{A}^1) \subset c(X, \mathbb{P}^1)$, de manière unique, un couple (n, f) formé d'un entier n et d'une fonction rationnelle f sur $X \times \mathbb{P}^1$ ayant pour diviseur Z et telle que $f/t^n = 1$ sur $X \times \{\infty\}$ (on note t la coordonnée standard sur $\mathbb{A}^1$). Si $Z \in c(X, \mathbb{G}_m) \subset c(X, \mathbb{A}^1)$, on a en outre $f_{|t=0} \in \mathcal{O}(X)^*$, et on pose alors

$$\lambda(X)(Z) = (n, (-1)^n f_{|t=0}) \in \mathbf{Z} \oplus \mathbb{G}_m(X).$$

L'homomorphisme $\lambda(X)$ est surjectif : $(n, u) = \lambda(X)(\mathrm{Div}(t^{n-1}(t-u)))$. Son noyau s'identifie au groupe $\mathcal{K}(X)$ multiplicatif des fonctions rationnelles sur $X \times \mathbb{P}^1$ définies et égales à 1 sur $X \times \{0, \infty\}$.

On obtient ainsi un épimorphisme $\lambda : \mathbf{Z}_{\mathrm{tr}}(\mathbb{G}_m) \to \mathbf{Z} \oplus \mathbb{G}_m$ de préfaisceaux sur $\mathcal{L}(k)$. Pour voir qu'il respecte les transferts, un passage à la limite permet de remplacer X par un corps K de type fini sur k, et l'on déduit la compatibilité du fait que pour toute extension galoisienne K'/K de degré d, on a $\lambda(\mathrm{Spec}\, K' \to \mathrm{Spec}\, K) = (\cdot d,\ N_{K'/K})$. Il suit que $X \mapsto \mathcal{K}(X)$ définit un préfaisceau avec transferts $\mathcal{K}$.

19.4.2.3. Lemme. — *$\underline{C}^*(\mathcal{K})$ est acyclique.*

Démonstration (esquisse). — Supposons pour simplifier que X soit affine lisse sur k. Soit $f \in \mathcal{K}(X \times \Delta^n)$ un cocycle. Cela signifie que le produit alterné des valeurs de f sur chaque face de $X \times \Delta^n \times \mathbb{P}^1$ fait 1. On préférerait que chacune de ces valeurs soit 1 ; pour cela, il suffit de remplacer $\underline{C}^*(\mathcal{K})$ par le sous-complexe normalisé $N\underline{C}^*(\mathcal{K})$ à la Dold-Kan (qui lui est quasi-isomorphe). Ceci fait, soit g une fonction rationnelle sur $X \times \Delta^{(n+1)} \times \mathbb{P}^1$ définie et valant 1 sur un ouvert dense de $X \times \Delta^{(n+1)} \times \{0, \infty\}$ et sur un ouvert dense de chaque face de $X \times \Delta^{(n+1)} \times \mathbb{P}^1$ sauf la première, où on impose à g de coïncider avec f (un tel g existe car les faces s'intersectent proprement). Alors f est le cobord de g, d'où le résultat. □

19.4.2.4. Remarques

1) Le théorème de plongement joint à 17.3.2.1 donne un isomorphisme canonique

$$\underline{\mathbf{Z}}(r) = \underline{C}^*(\mathbf{Z}_{\mathrm{tr}}(\mathbb{P}^r)/\mathbf{Z}_{\mathrm{tr}}(\mathbb{P}^{r-1}))[-2r].$$

2) Soit $z_{\mathrm{equi}}(X, 0)$ le faisceau Nisnevich qui à $Y \in \mathcal{L}(k)$ associe le groupe des cycles sur $Y \times X$ qui sont quasi-finis sur Y. Dans [**FrS02**], Friedlander et Suslin prouvent que

$$\mathbb{H}^i_{\mathrm{Zar}}(X, \underline{C}^*(z_{\mathrm{equi}}(\Delta^r, 0)[-2r])) = \mathrm{CH}^r(X, 2r - i).$$

Par ailleurs, identifiant Δ^r à un ouvert de $\mathbb{P}^r \smallsetminus \mathbb{P}^{r-1}$, on obtient un morphisme

$$\mathbf{Z}_{\mathrm{tr}}(\mathbb{P}^r)/\mathbf{Z}_{\mathrm{tr}}(\mathbb{P}^{r-1}) \longrightarrow z_{\mathrm{equi}}(\Delta^r, 0)[-2r]$$

dans $\mathcal{N}is_{\mathrm{tr}}(k)$, dont Voevodsky [**Vo02b**] montre qu'il induit un quasi-isomorphisme après application de $\underline{C}^*$. En utilisant la remarque précédente, on voit donc que $\underline{\mathbf{Z}}(r)$ est quasi-isomorphe à $\underline{C}^*(z_{\mathrm{equi}}(\Delta^r, 0)[-2r])$, d'où le lien 18.5.3.1 entre cohomologie motivique et groupes de Chow supérieurs.

CHAPITRE 20

EXEMPLES : 1-MOTIFS ET MOTIFS DE TATE MIXTES

Nous nous proposons de passer brièvement en revue deux classes importantes d'exemples de motifs mixtes.

On suppose que k est un *corps de caractéristique nulle.*

20.1. 1-Motifs

20.1.1. Deligne [**D74b**, 10] définit un 1-*motif sur* k comme étant la donnée

- d'un réseau Λ muni d'une action continue de $\mathrm{Gal}(\overline{k}/k)$,
- d'un tore T, d'une variété abélienne A, et d'une extension G de A par T,
- d'un morphisme $\Lambda \to G(\overline{k})$ équivariant sous $\mathrm{Gal}(\overline{k}/k)$.

Il est commode de considérer un 1-motif comme un complexe de faisceaux abéliens pour la topologie fidèlement plate de présentation finie

$$\underset{-1}{[\Lambda} \to \underset{0.}{G]}$$

Les 1-motifs forment une catégorie additive, notée $1\text{-}Mot(k)$. La catégorie $\mathbf{Q}$-linéaire $1\text{-}Mot(k)_{\mathbf{Q}}$ qui s'en déduit par $\otimes\,\mathbf{Q}$ est *abélienne*. Ses objets s'appellent 1-isomotifs, ou 1-motifs à isogénie près.

Elle contient la catégorie $AM(k)_{\mathbf{Q}}$ des motifs d'Artin, identifiés aux 1-motifs (à isogénie près) de type $[\Lambda \to 0]$.

20.1.2. On a vu en 19.1.3.2 2) que chacun des constituants G, Λ définit un faisceau Nisnevich avec transferts invariant par homotopie. En voyant un 1-motif comme complexe de tels faisceaux (de longueur un), on en déduit un foncteur canonique

$$1\text{-}Mot(k) \longrightarrow DM^{-}(k)$$

d'où, après $\otimes\,\mathbf{Q}$ et passage au complexe simple associé, un foncteur canonique

$$D^b(1\text{-}Mot(k)_{\mathbf{Q}}) \longrightarrow DM^{-}(k)_{\mathbf{Q}}.$$

20.1.2.1. Proposition. — *Ce foncteur est pleinement fidèle, et son image s'identifie à la sous-catégorie pleine épaisse de* $DM_{\mathrm{gm}}^{\mathrm{eff}}(k)_{\mathbf{Q}}$ *engendrée par les motifs* $\mathrm{M\,M}(X)$ *pour* X *lisse de dimension* $\leqslant 1$ *sur* k.

Pour la démonstration de ce résultat (annoncé dans [**Vo00b**]), nous renvoyons à [**Or04**, III]. Elle procède par réduction aux 1-motifs « homologiques » attachés aux courbes ([**D74b**, 10.3]), puis par dévissage suivant les différents constituants Λ, T, et A (une jacobienne).

20.1.3. En fait, S. Lichtenbaum [**Li93**] a mis en lumière un lien direct entre le complexe de Suslin d'une courbe X et le 1-motif homologique $h_1(X)$ attaché à X (sans tensoriser avec $\mathbf{Q}$) : $h_1(X)$ apparaît comme cran intermédiaire d'une filtration en trois crans de $C_*(X)$ dans la catégorie $DM^-(k)$. Dans le cas où X est affine lisse connexe de complété $\overline{X}$, et k algébriquement clos, $h_1(X)$ se réduit à la jacobienne généralisée $G = \mathrm{Pic}^0(\overline{X}, \overline{X} \smallsetminus X)$ (qui s'inscrit dans une suite exacte

$$0 \longrightarrow T = \mathbb{G}_m^{\#(\overline{X}\smallsetminus X)} \longrightarrow G \longrightarrow A = \mathrm{Pic}^0(\overline{X}) \longrightarrow 0),$$

le complexe de Suslin est acyclique en degré > 0, et la filtration de Lichtenbaum se réduit à la suite exacte

$$0 \longrightarrow G(k) \longrightarrow H_0^S(X) \xrightarrow{\text{degré}} \mathbf{Z} \longrightarrow 0.$$

20.1.4. Si $k = \mathbf{C}$, 1-$Mot(k)_{\mathbf{Q}}$ est canoniquement équivalente à la catégorie abélienne des structures de Hodge mixtes sur $\mathbf{Q}$ de type $(0,0)+(0,1)+(1,0)+(1,1)$ à gradué polarisable [**D74b**, 10][(1)]. On peut donc attacher à toute $\mathbf{C}$-variété X (non nécessairement lisse ni projective) et tout entier r un objet de 1-$Mot(k)_{\mathbf{Q}}$ (à isomorphisme près) correspondant à la plus grande sous-structure de Hodge mixte de $H^*X(\mathbf{C}), \mathbf{Q})(r)$ de type $(0,0)+(0,1)+(1,0)+(1,1)$. Dans [**BRS03**] et [**Ram04**], on trouve une construction purement algébrique de ce 1-motif pour $r = 0$.

20.2. Motifs de Tate mixtes

20.2.1. Soit $\mathcal{D}$ une catégorie triangulée. Un objet E de $\mathcal{D}$ est dit *extension* de A par B s'il s'inscrit dans un triangle distingué $B \to E \to A \to B[1]$.

Soit $\mathcal{A}$ une sous-catégorie abélienne pleine de $\mathcal{D}$. On peut se demander si la sous-catégorie pleine de $\mathcal{D}$ formée des extensions successives d'objets de $\mathcal{A}$ est encore abélienne.

20.2.1.1. Lemme **([BBD82**, 1.2.4+1.3.14**])**. — *Pour qu'il en soit ainsi, il suffit que pour tous* $A, B \in \mathcal{A}$ *et tout* $i < 0$, $\mathcal{D}(A, B[i]) = 0$.

[(1)]en fait cette équivalence est donnée par la réalisation de Hodge dont il sera question en 22.1.3, avec un twist (-1).

20.2.2. Un *motif de Tate mixte* sur k à coefficients rationnels est une extension itérée d'objets du type $\mathbf{1}(r)$, $r \in \mathbf{Z}$, dans la catégorie triangulée $\mathbf{Q}$-linéaire des motifs mixtes $DM_{\mathrm{gm}}(k)_{\mathbf{Q}}$. On note $MTM(k)_{\mathbf{Q}}$ la sous-catégorie pleine de $DM_{\mathrm{gm}}(k)_{\mathbf{Q}}$ qu'ils forment.

La sous-catégorie pleine $\mathcal{A}$ de la catégorie triangulée $DM_{\mathrm{gm}}(k)_{\mathbf{Q}}$ formée des sommes finies $\oplus\, \mathbf{1}(r_n)$ est équivalente à $VecGr_{\mathbf{Q}}$, donc abélienne. Examinons la condition du lemme précédent dans cette situation. Par additivité, on se ramène au cas où $A = \mathbf{1}(s)$ et $B = \mathbf{1}(r+s)$. On a alors

$$DM_{\mathrm{gm}}(k)_{\mathbf{Q}}(\mathbf{1}(s), \mathbf{1}(r+s)[i]) = DM_{\mathrm{gm}}(k)_{\mathbf{Q}}(\mathbf{1}, \mathbf{1}(r)[i])$$

qui s'annule si $r < 0$, et qui se réécrit

$$H^i(\operatorname{Spec} k, \mathbf{Q}(r))$$

si $r \geqslant 0$. La condition de 20.2.1.1, dans notre cas, équivaut donc à la

***20.2.2.1. Conjecture* (d'annulation de Beilinson-Soulé [So85], [Be87])**
Pour tout $i < 0$ et tout $r \geqslant 0$, $H^i(\operatorname{Spec} k, \mathbf{Q}(r)) = 0$.

En termes de K-théorie, cette conjecture se traduit, *via* 18.5.2, par : $K_n(k)_{\mathbf{Q}}^{(r)} = 0$ si $n > 2r$. Nous renvoyons à [**Ka04**] pour une discussion approfondie. La conjecture est notamment vraie lorsque k est un corps de nombres (en vertu du calcul de Borel des $K_n(k)_{\mathbf{Q}}$ [**Bor74**]) ; d'où :

***20.2.2.2. Proposition* ([Le93]).** — *Si k est un corps de nombres, $MTM(k)_{\mathbf{Q}}$ est abélienne, et même tannakienne sur $\mathbf{Q}$.*

Rappelons que la théorie des motifs purs attribue le poids -2 au motif de Tate $\mathbf{1}(1)$. On déduit de la définition des motifs de Tate mixtes l'existence et l'unicité d'une filtration par le poids W_*, indexée par les entiers pairs négatifs, telle que $\mathrm{Gr}^W_{-2r}(M)$ soit somme de copies de $\mathbf{Q}(r)$. Posant $\omega_r(M) = MTM(k)_{\mathbf{Q}}(\mathbf{1}(r), \mathrm{Gr}^W_{-2r})$, on a donc $\mathrm{Gr}^W_{-2r} = \mathbf{1}(r) \otimes \omega_r(M)$, et, comme l'a remarqué Beilinson, $M \mapsto \omega(M) = \oplus \omega_r(M)$ définit un foncteur fibre sur $MTM(k)_{\mathbf{Q}}$.

Nous étudierons au dernier chapitre de cet ouvrage le groupe tannakien correspondant à quelques sous-catégories pleines de $MTM(\mathbf{Q})_{\mathbf{Q}}$.

20.2.3. Le calcul de Borel montre que $K_{2n}(k)_{\mathbf{Q}} = 0$ et $K_{2n-1}(k)_{\mathbf{Q}} = K_{2n-1}(k)_{\mathbf{Q}}^{(n)}$. On en déduit ([**Le93**, 4.3]) que

$$\operatorname{Ext}^2_{MTM(k)_{\mathbf{Q}}}(\mathbf{1}, \mathbf{1}(r)) \subset H^2(\operatorname{Spec} k, \mathbf{Q}(r)) = K_{2r-2}(k)_{\mathbf{Q}}^{(r)} = 0$$

puis que

$$\operatorname{Ext}^i_{MTM(k)_{\mathbf{Q}}}(\mathbf{1}, \mathbf{1}(r)) = H^i(\operatorname{Spec} k, \mathbf{Q}(r)) = K_{2r-i}(k)_{\mathbf{Q}}^{(r)} = 0 \quad \text{pour tout } i > 2.$$

Cela a pour conséquence :

20.2.3.1. Proposition. — *La sous-catégorie (triangulée) pleine $DTM(k)_{\mathbf{Q}}$ de $DM_{\mathrm{gm}}(k)_{\mathbf{Q}}$ formée des extensions itérées d'objets de la forme $\mathbf{1}(r)[i]$ (motifs de Tate* décalés*) est canoniquement isomorphe à $D^b(MTM(k)_{\mathbf{Q}})$.*

20.2.3.2. Remarque. — Les triangles fondamentaux de DM_{gm}, notamment celui de Mayer-Vietoris, permettent d'exhiber par dévissage de nombreuses k-variétés X telles que $\mathrm{M}(X) \in DTM(k)_{\mathbf{Q}}$: par exemple les espaces projectifs, les variétés de drapeaux, l'espace $\mathcal{M}_{0,n}$ des modules de courbes de genre 0 avec n points marqués, ou bien son compactifié canonique $\overline{\mathcal{M}}_{0,n}$.

D'autres approches des motifs de Tate mixtes existent, qui tâchent d'éviter la conjecture de Beilinson-Soulé dans leurs fondements, *cf.* [**BlKr94**], [**KrM94**].

20.3. Motifs de Kummer

20.3.1. L'intersection entre ces deux classes d'exemples est décrite dans la proposition suivante (k étant encore un corps de nombres) :

20.3.1.1. Proposition. — *Les* 1*-motifs à isogénie près de la forme* $[\mathbf{Z} \stackrel{1\mapsto q}{\longrightarrow} \mathbb{G}_m]$, $q \in k^*$, *parfois appelés* motifs de Kummer, *sont des motifs de Tate mixtes extensions de* $\mathbf{1}$ *par* $\mathbf{1}(1)$. *Réciproquement, toute extension de* $\mathbf{1}$ *par* $\mathbf{1}(1)$ *est un motif de Kummer.*

La réciproque vient de ce que $\mathrm{Ext}^1_{MTM(k)_{\mathbf{Q}}}(\mathbf{1}, \mathbf{1}(1)) = H^1(\operatorname{Spec} k, \mathbf{Q}(1)) = k^* \otimes \mathbf{Q}$ d'après 19.4.2.1.

CHAPITRE 21

VERS LE CŒUR DE $DM_{\mathrm{gm}}(k)$

Nous traitons du passage problématique de la catégorie *triangulée* des motifs mixtes à une hypothétique catégorie *abélienne* des motifs mixtes contenant les motifs numériques, ainsi que des liens avec (et des retombées sur) les motifs de Chow.

On suppose le corps de base k parfait.

21.1. En quête de $MM(k)$. Problèmes de t-structure et peines de cœur

21.1.1. Rappelons que la catégorie $NM(k)_{\mathbf{Q}}$ des motifs purs numériques est abélienne semi-simple et munie d'un foncteur

$$\mathfrak{h} = \mathfrak{h}_{\mathrm{num}} : \mathcal{P}(k)^{\mathrm{op}} \longrightarrow NM(k)_{\mathbf{Q}}$$

censé jouer le rôle de cohomologie de Weil pure universelle.

L'idée directrice de la philosophie des motifs mixtes est l'« extension » de $NM(k)_{\mathbf{Q}}$ en une catégorie $MM(k)_{\mathbf{Q}}$ abélienne, dont $NM(k)_{\mathbf{Q}}$ est la sous-catégorie pleine des objets semi-simples, et l'extension de $\mathfrak{h}$ en un foncteur

$$\mathfrak{h} : Var(k)^{\mathrm{op}} \longrightarrow MM(k)_{\mathbf{Q}}$$

censé jouer le rôle de cohomologie de Weil mixte universelle.

Pour compléter le yoga de $MM(k)_{\mathbf{Q}}$:

– il devrait y avoir une filtration (croissante) par le poids de $MM(k)_{\mathbf{Q}}$ étendant la graduation par le poids de $NM(k)_{\mathbf{Q}}$ (qui existe sous la conjecture standard de type Künneth). Le gradué associé à tout objet devrait être semi-simple, donc dans $NM(k)_{\mathbf{Q}}$.

– $MM(k)_{\mathbf{Q}}$ devrait être munie d'une $\otimes$-structure étendant celle de la catégorie tannakienne $\dot{NM}(k)_{\mathbf{Q}}$ (c'est-à-dire $NM(k)_{\mathbf{Q}}$ avec contrainte de commutativité modifiée), qui en fait elle-même une catégorie tannakienne. Le $\otimes$-foncteur

$$\mathrm{Gr}^W : MM(k)_{\mathbf{Q}} \longrightarrow \dot{NM}(k)_{\mathbf{Q}}$$

(passage au gradué par le poids) serait un quasi-inverse à gauche, fidèle et exact, de l'inclusion $NM(k)_{\mathbf{Q}} \hookrightarrow MM(k)_{\mathbf{Q}}$.

– comme cohomologie de Weil mixte universelle, le foncteur $\mathfrak{h}$ étendu devrait vérifier Künneth[(1)], invariance par homotopie et propriété de Mayer-Vietoris.

Il devrait avoir des compagnons $\mathfrak{h}_c$ et $\mathfrak{h}^{\mathrm{BM}}$ (de variance opposée), définis seulement pour les morphismes propres, censés jouer le rôle de cohomologie à supports compacts et d'homologie de Borel-Moore universelles (et vérifier en particulier la propriété de localisation usuelle).

21.1.2. On n'est jamais parvenu, même conjecturalement, à construire $MM(k)_{\mathbf{Q}}$ par une extension de la construction des motifs de Grothendieck aux variétés non nécessairement projectives.

Cet échec pourrait s'expliquer par une question de signe. En effet, si une telle extension était possible, la contrainte de commutativité naturelle de $MM(k)_{\mathbf{Q}}$ étendrait celle de $NM(k)_{\mathbf{Q}}$; il y aurait lieu, comme pour $NM(k)_{\mathbf{Q}}$, de la changer pour obtenir une catégorie tannakienne. Or il n'y a pas moyen d'étendre la contrainte de commutativité naturelle de $MM(k)_{\mathbf{Q}}$ au cas mixte, même dans le petit monde des courbes.

En effet, comme dans 14.1.2, notons U le complémentaire de deux k-points x, y dans une courbe projective lisse X, $[x]-[y]$ non de torsion dans $J(X)(k)$. On a une suite exacte non scindée : $0 \to \mathfrak{h}^1(X) \xrightarrow{j^*} \mathfrak{h}^1(U) \to \mathbf{1}(-1) \to 0$. La contrainte de commutativité fournirait une involution de $\mathfrak{h}^1(U) \otimes \mathfrak{h}^1(U)$, dont la partie où elle agit par -1 serait le sous-motif $\mathfrak{h}^1(X) \otimes \mathfrak{h}^1(X)$ (ceci se voit par passage au Gr^W). D'où une rétraction de $j^* \otimes j^*$. La composer à droite avec $1_{\mathfrak{h}^1(U)} \otimes j^*$ fournirait une rétraction de $j^* \otimes 1_{\mathfrak{h}^1(X)}$. C'est un exercice de montrer (en tensorisant par $\mathfrak{h}^1(X)^\vee$ et en jouant avec $\varepsilon_{\mathfrak{h}^1(X)}$ et $c_{\mathfrak{h}^1(X)^\vee, \mathfrak{h}^1(X)} \circ \eta_{\mathfrak{h}^1(X)}$, *cf.* 2.2.2) que j^* admettrait aussi une rétraction : contradiction. La situation est donc inverse de celle de 6.1.2.2 : c'est la contrainte de commutativité modifiée de $NM(k)_{\mathbf{Q}}$ qu'on ne peut pas relever à $CHM(k)_{\mathbf{Q}}$.

21.1.3. Observant que les théories cohomologiques usuelles proviennent d'un foncteur $R\Gamma$ à valeurs dans une catégorie triangulée (en pratique, une catégorie dérivée) et que les correspondances de Chow agissent au niveau de $R\Gamma$, P. Deligne a suggéré, dans les années 80, qu'une meilleure voie serait de construire *d'abord* la catégorie triangulée $\mathcal{D} = D^b(MM(k)_{\mathbf{Q}})$ (ou un avatar) accompagnée d'un foncteur $\mathit{Var}(k)^{\mathrm{op}} \to \mathcal{D}$ (dont $\mathfrak{h}$ se déduirait par passage à la somme des objets de cohomologie), plutôt que la catégorie abélienne $MM(k)_{\mathbf{Q}}$ elle-même (munie d'une extension de $\mathfrak{h}$ à $\mathit{Var}(k)^{\mathrm{op}}$).

Cette idée s'est avérée féconde puisque trois constructions d'une telle catégorie triangulée accompagnée d'un tel foncteur ont vu le jour (Voevodsky, Levine, Hanamura), notamment la catégorie $DM_{\mathrm{gm}}(k)_{\mathbf{Q}}$ étudiée dans les chapitres précédents.

(1) mais attention à la règle des signes...

Une fois cette catégorie triangulée — disons $DM_{\mathrm{gm}}(k)_{\mathbf{Q}}$ — construite, le second volet de l'idée de Deligne est de tâcher de récupérer $MM(k)_{\mathbf{Q}}$ comme « cœur » de $DM_{\mathrm{gm}}(k)_{\mathbf{Q}}$ munie d'une « t-structure » convenable. Rappelons brièvement ces notions ([**BBD82**]).

21.1.4. Soit $\mathcal{D}$ une catégorie triangulée. Une *t-structure* sur $\mathcal{D}$ est la donnée de deux sous-catégories strictement pleines[(2)] $\mathcal{D}^{\leqslant 0}$, $\mathcal{D}^{\geqslant 0}$, telles que

a) pour tout $A \in \mathcal{D}^{\leqslant 0}$ et tout $B \in \mathcal{D}^{\geqslant 0}$, $\mathcal{D}(A[1], B) = 0$,

b) $\mathcal{D}^{\leqslant 0}[1] \subset \mathcal{D}^{\leqslant 0}$ et $\mathcal{D}^{\geqslant 0} \subset \mathcal{D}^{\geqslant 0}[1]$,

c) pour tout objet E de $\mathcal{D}$, il existe un triangle distingué $A \to E \to B[-1] \to A[1]$ avec $A \in \mathcal{D}^{\leqslant 0}, B \in \mathcal{D}^{\geqslant 0}$.

L'inclusion de $\mathcal{D}^{\leqslant 0}$ (resp. $\mathcal{D}^{\geqslant 0}$) dans $\mathcal{D}$ admet alors un adjoint à droite $\tau_{\leqslant 0}$ (resp. un adjoint à gauche $\tau_{\geqslant 0}$). Dans c), on a $A = \tau_{\leqslant 0} E$, $B = \tau_{\geqslant 0}(E[1])$ (à isomorphisme unique près).

Le *cœur* de $\mathcal{D}$ munie de sa t-structure est la sous-catégorie pleine $\mathcal{A} = \mathcal{D}^{\leqslant 0} \cap \mathcal{D}^{\geqslant 0}$.

21.1.4.1. Exemple. — Soit $\mathcal{A}$ une catégorie abélienne. La t-structure naturelle sur $D^b(\mathcal{A})$ (ou $D^+(\mathcal{A})$, *etc.*) est celle pour laquelle $\mathcal{D}^{\leqslant 0}$ (resp. $\mathcal{D}^{\geqslant 0}$) est formée des complexes acycliques en degré > 0 (resp. < 0). Le cœur est $\mathcal{A}$.

Le résultat principal [**BBD82**, 1.3.6, 1.3.7] est le suivant.

21.1.4.2. Lemme

1) *Le cœur $\mathcal{A}$ est une catégorie abélienne ;*

2) *les foncteurs ${}^{\tau}H^i : \mathcal{D} \to \mathcal{A}$, $A \mapsto \tau_{\geqslant 0}\tau_{\leqslant 0}(A[i])$ sont des foncteurs cohomologiques ;*

3) *si $\bigcap_{j \in \mathbf{N}} \mathcal{D}^{\leqslant 0}[j] = \bigcap_{j \in \mathbf{N}} \mathcal{D}^{\geqslant 0}[-j] = \{0\}$, alors le système des ${}^{\tau}H^i$ est conservatif, et un objet $A \in \mathcal{D}$ quelconque est dans $\mathcal{D}^{\leqslant 0}$ (resp. $\mathcal{D}^{\geqslant 0}$) si et seulement si les ${}^{\tau}H^i(A)$ sont nuls pour tout $i > 0$ (resp. $i < 0$).*

21.1.5. Un problème central de la théorie des motifs mixtes est donc, à présent, de définir une t-structure convenable sur $\mathcal{D} = DM_{\mathrm{gm}}(k)_{\mathbf{Q}}$, de cœur $\mathcal{A} = MM(k)_{\mathbf{Q}}$, dite *$t$-structure motivique*, donnant lieu à un diagramme commutatif de foncteurs

$$\boxed{\begin{array}{ccc} CHM(k)_{\mathbf{Q}} & \xhookrightarrow{R} & DM_{\mathrm{gm}}(k)_{\mathbf{Q}} \\ \big\downarrow & ? & \big\downarrow {\scriptstyle \sum {}^{\tau}H^i} \\ NM(k)_{\mathbf{Q}} & \hookrightarrow & MM(k)_{\mathbf{Q}} \end{array}}$$

(2) *i.e.* pleines et telles que tout objet de $\mathcal{D}$ isomorphe à un objet de la sous-catégorie soit un objet de la sous-catégorie.

où R désigne le foncteur de 18.4.1.2 2), « mod $\mathcal{N}$ » la réduction modulo le plus grand $\otimes$-idéal, et où les foncteurs horizontaux sont pleinement fidèles.

21.1.5.1. Remarque. — Qu'il s'agisse d'un problème difficile se voit d'emblée en remarquant que les conditions a) et b) d'une t-structure, pour $A = \mathbf{1}, B = \mathbf{1}(r)$ (qui devraient être dans le cœur), impliquent immédiatement la conjecture d'annulation de Beilinson-Soulé pour k (20.2.2.1).

21.1.6. L'existence d'une filtration par le poids pour tout motif mixte en découlerait, compte tenu de 18.1.1.2 (le gradué par le poids n'étant autre que le semi-simplifié, la graduation étant celle de $NM(k)_{\mathbf{Q}}$). En particulier, tout objet de $MM(k)_{\mathbf{Q}}$ serait artinien, et tout objet semi-simple de $MM(k)_{\mathbf{Q}}$ serait isomorphe à l'image d'un objet de $NM(k)_{\mathbf{Q}}$.

21.1.7. Une bonne t-structure devrait en outre être comptatible à la $\otimes$-structure sur $DM_{\mathrm{gm}}(k)_{\mathbf{Q}}$, et le diagramme précédent devrait provenir d'un diagramme commutatif de $\otimes$-*foncteurs* (en supposant la conjecture standard de type Künneth) :

$$\boxed{\begin{array}{ccc} CHM(k)_{\mathbf{Q}} & \overset{R}{\hookrightarrow} & DM_{\mathrm{gm}}(k)_{\mathbf{Q}} \\ {\scriptstyle \mathrm{mod}\ \mathcal{N}}\downarrow & ? & \downarrow{\scriptstyle \oplus\, {}^{\tau}H^{i}} \\ NM(k)_{\mathbf{Q}} & \overset{S}{\hookrightarrow} & MM(k)_{\mathbf{Q}}\text{-Gr} \end{array}}$$

où :

– $MM(k)_{\mathbf{Q}}$-Gr est la $\otimes$-catégorie rigide abélienne dont les objets sont les objets $\mathbf{Z}$-gradués de $MM(k)_{\mathbf{Q}}$ (avec la contrainte de commutativité donnée par la règle de Koszul),

– le $\otimes$-foncteur S du bas associe à un motif numérique pur de poids i son image dans $MM(k)_{\mathbf{Q}}$ placée en degré i.

Prenant le foncteur somme $MM(k)_{\mathbf{Q}}\text{-Gr} \to MM(k)_{\mathbf{Q}}$ évident, on en déduit que le foncteur du bas du diagramme précédent

$$\boxed{N\dot{M}(k)_{\mathbf{Q}} \hookrightarrow MM(k)_{\mathbf{Q}}}$$

serait un $\otimes$-*foncteur*, après changement de la contrainte de commutativité de naturelle de $NM(k)_{\mathbf{Q}}$.

21.1.8. En étant encore plus optimiste, on peut s'attendre à une équivalence canonique de $\otimes$-catégories rigides triangulées

$$\boxed{D^b(MM(k)_{\mathbf{Q}}) \overset{?}{\cong} DM_{\mathrm{gm}}(k)_{\mathbf{Q}}.}$$

21.1.8.1. Statut. — Pour k un corps de nombres, une t-structure avec les propriétés voulues est construite sur la sous-catégorie triangulée pleine $DTM(k)_{\mathbf{Q}}$ de $DM_{\mathrm{gm}}(k)_{\mathbf{Q}}$, son cœur étant la catégorie abélienne des motifs de Tate mixtes $MTM(k)_{\mathbf{Q}}$, *cf.* 20.2.2.2, 20.2.3.1.

21.1.8.2. Remarque. — Supposons que k soit un *corps fini*. Frobenius scinderait la filtration par le poids de $MM(k)_{\mathbf{Q}}$, qui serait donc semi-simple et coïnciderait avec $N\dot{M}(k)_{\mathbf{Q}}$. Alors le diagramme commutatif de foncteurs de 21.1.5 se réduirait à dire que $CHM(k)_{\mathbf{Q}} = NM(k)_{\mathbf{Q}}$ et que R est une section de $\sum {}^{\tau}H^i$. On aurait en fin de compte une équivalence canonique $DM_{\mathrm{gm}}(k)_{\mathbf{Q}} \overset{?}{\cong} D^b(N\dot{M}(k)_{\mathbf{Q}})$, d'où une description triviale de la cohomologie motivique d'une variété X projective lisse sur un corps fini :

$$H^i(X, \mathbf{Q}(r)) \overset{?}{=} 0 \quad \text{si } i \neq 2r, \quad H^{2r}(X, \mathbf{Q}(r)) \overset{?}{=} \mathrm{CH}^r(X)_{\mathbf{Q}} \overset{?}{=} Z^r_{\mathrm{num}}(X)_{\mathbf{Q}}.$$

21.2. Motifs des variétés affines lisses et « théorème » de Lefschetz faible en cohomologie motivique

21.2.1. Voici une proposition *conjecturale* pour la t-structure motivique ([**Vo92**][(3)], [**Be02**]) : $\mathcal{D}^{\geqslant 0}$ serait formé des objets B tels que pour toute k-variété affine lisse U de dimension d et pour tout $i > d$, $DM_{\mathrm{gm}}(k)_{\mathbf{Q}}(B, \mathrm{M}^{\vee}(U)[i]) = 0$; $\mathcal{D}^{\leqslant 0}$ serait formé des objets A tels que pour tout $B \in \mathcal{D}^{\geqslant} 0$, $DM_{\mathrm{gm}}(k)(A[1], B) = 0$ (de sorte que la condition a) soit vérifiée).

L'idée est qu'un tel U devrait vérifier ${}^{\tau}H^i(\mathrm{M}^{\vee}(U)) = 0$ pour $i > d$.

21.2.2. En appliquant cela à $B = \mathbf{1}(r-d) \in \mathcal{D}^{\geqslant 0}$, et en écrivant $\mathrm{M}^c(U) = \mathrm{M}^{\vee}(U)(d)[2d]$, on obtiendrait que la cohomologie motivique à supports compacts $H^j_c(U, \mathbf{Q}(r)) = DM_{\mathrm{gm}}(k)_{\mathbf{Q}}(\mathrm{M}^c(U), \mathbf{Q}(r)[j])$ s'annulerait en tout degré $j < d$.

Soient alors $X \in \mathcal{P}(k)$ et $\iota : Y \hookrightarrow X$ l'inclusion d'une section hyperplane lisse dans un plongement projectif donné. Le complémentaire $U = X \setminus Y$ est affine lisse. Compte tenu de ce que $H = H_c$ pour les variétés projectives lisses, on déduirait de ce qui précède et de la suite exacte longue de cohomologie motivique à supports compacts (*cf.* 18.4.1.2, 1))

$$\longrightarrow H^i_c(U, \mathbf{Q}(r)) \longrightarrow H^i_c(X, \mathbf{Q}(r)) \xrightarrow{\iota^*} H^i_c(Y, \mathbf{Q}(r)) \longrightarrow H^{i+1}_c(U, \mathbf{Q}(r)) \longrightarrow \cdots$$

l'analogue, en cohomologie motivique rationnelle, du théorème de Lefschetz faible : $H^i(X, \mathbf{Q}(r)) \xrightarrow{\iota^*} H^i(Y, \mathbf{Q}(r))$ *est un isomorphisme pour* $i < d-1$, *et injectif pour* $i = d-1$.

(3) la proposition de Voevodsky est en fait duale de celle qui suit (usage de M au lieu de $\mathrm{M}^{\vee}$, mutatis mutandis), et se limite à $DM^{\mathrm{eff}}_{\mathrm{gm}}(k)_{\mathbf{Q}}$.

Pour $i = 2$ et $r = 1$, on reconnaît là, *via* 19.4.2.2, un théorème bien connu de Lefschetz sur le groupe de Picard d'une section hyperplane lisse (d'ailleurs vrai même sans tensoriser par $\mathbf{Q}$).

21.2.2.1. Remarque. — De même (dualement), $H^i(U, \mathbf{Q}(r))$ s'annulerait en tout degré $i > d$. Par la suite exacte longue de cohomologie motivique fermé lisse attachée au triangle de Gysin 18.1.1.1, on déduirait que le morphisme de Gysin

$$H^{i-2}(Y, \mathbf{Q}(r-1)) \xrightarrow{\iota_*} H^i(X, \mathbf{Q}(r))$$

est un isomorphisme pour $i > d$, et surjectif pour $i = d$.

21.3. Motifs mixtes et conjectures de Bloch-Beilinson-Murre

21.3.1. Suivant Beilinson ([**Be87**], développé dans [**J94, J95**] et [**J00**, 7]), l'existence d'une t-structure convenable sur la catégorie triangulée des motifs mixtes implique l'existence de la filtration BBM sur les groupes de Chow $\otimes \mathbf{Q}$, *i.e.* sur les morphismes de $CHM(k)_{\mathbf{Q}}$, *cf.* 11.2. Voici comment, en supposant la conjecture standard de type Lefschetz.

Cette dernière se traduit, pour toute variété projective lisse polarisée X de dimension d, par le « théorème de Lefschetz fort » au niveau du motif numérique de X : $\mathfrak{h}^i_{\mathrm{num}}(X) \cong \mathfrak{h}^{2d-i}_{\mathrm{num}}(X)(d-i)$ (*cf.* 5.2.5.1).

Notons que $\mathrm{M}^\vee(X) = R(\mathfrak{h}_{\mathrm{rat}}(X))$, et d'après le second diagramme commutatif de foncteurs ci-dessus, $S(\mathfrak{h}_{\mathrm{num}}(X))$ serait somme des $\mathfrak{h}^i_{\mathrm{num}}(X)$ placés en degré i.

En fait le théorème de décomposition de Deligne ([**D94**]) dans les catégories triangulées munies d'une t-structure impliquerait que déjà au niveau de $DM_{\mathrm{gm}}(k)_{\mathbf{Q}}$, on aurait une décomposition (non canonique)

$$\mathrm{M}^\vee(X) \cong \oplus\, \mathfrak{h}^i_{\mathrm{num}}(X)[-i]$$

qui devrait être le reflet, *via* R, de « la » décomposition de $\mathfrak{h}_{\mathrm{rat}}(X)$ indiquée par les conjectures BBM.

21.3.2. Compte tenu des isomorphismes canoniques

$$\mathrm{CH}^r(X)_{\mathbf{Q}} = H^{2r}(X, \mathbf{Q}(r)) = DM_{\mathrm{gm}}(k)_{\mathbf{Q}}(\mathbf{1}, \mathrm{M}^\vee(X)(r)[2r]),$$

on pourrait alors définir la filtration BBM $F^\nu\, \mathrm{CH}^r(X)_{\mathbf{Q}}$ comme correspondant *via* ces isomorphismes au sous-espace $DM_{\mathrm{gm}}(k)_{\mathbf{Q}}(\mathbf{1}, \tau_{\leqslant 0}(\mathrm{M}^\vee(X)[2r\text{-}\nu])(r)[\nu])$ de $DM_{\mathrm{gm}}(k)_{\mathbf{Q}}(\mathbf{1}, \mathrm{M}^\vee(X)(r)[2r])$.

On aurait donc $\mathrm{Gr}^\nu_F\, \mathrm{CH}^r(X)_{\mathbf{Q}} = DM_{\mathrm{gm}}(k)_{\mathbf{Q}}(\mathbf{1}, \mathfrak{h}^{2r-\nu}_{\mathrm{num}}(X)(r)[\nu])$, et, sous l'isomorphisme conjectural $D^b(MM(k)_{\mathbf{Q}}) \cong DM_{\mathrm{gm}}(k)_{\mathbf{Q}}$, la formule de Beilinson

$$\boxed{\mathrm{Gr}^\nu_F\, \mathrm{CH}^r(X)_{\mathbf{Q}} \overset{?}{=} \mathrm{Ext}^\nu_{MM(k)_{\mathbf{Q}}}(\mathbf{1}, \mathfrak{h}^{2r-\nu}(X)(r)).}$$

En d'autres termes, la filtration BBM serait la filtration sur $DM_{\mathrm{gm}}(k)_{\mathbf{Q}}(\mathbf{1}, \mathrm{M}^{\vee}(X)(r)[2r])$ issue de la suite spectrale (dégénérée)

$$\mathrm{Ext}^p_{MM(k)_{\mathbf{Q}}}(\mathbf{1}, \mathfrak{h}^q(X)(r)) \Longrightarrow D^b(MM(k)_{\mathbf{Q}})(\mathbf{1}, \mathrm{M}^{\vee}(X)(r)[p+q])$$

dans le cas $p+q=2r$.

21.3.3. Plaçons-nous sous la conjecture standard $\sim_{\mathrm{hom}} \stackrel{?}{=} \sim_{\mathrm{num}}$. Nous venons de voir comment l'existence d'une bonne t-structure sur la catégorie triangulée des motifs mixtes entraîne les conjectures BBM et la conjecture d'annulation de Beilinson-Soulé. Réciproquement, ces conjectures entraînent l'existence d'une bonne t-structure, *cf.* [**Ha99**, III, 3.4].

21.4. La catégorie abélienne des motifs mixtes de Nori

21.4.1. Une approche tout à fait différente de $MM(k)_{\mathbf{Q}}$ a été proposée par M. Nori [**Nori**], pour $k \subset \mathbf{C}$. Il construit inconditionnellement une catégorie tannakienne que nous noterons provisoirement $MM'(k)_{\mathbf{Q}}$, et même une version entière $MM'(k)_{\mathbf{Z}}$.

Le principe sous-jacent est très général : à partir d'un « carquois » Q (catégorie où la composition des morphismes n'est pas définie), et d'une « représentation » $T : Q \to \mathcal{A}b$, on enrichit T en une représentation $Q \to (\mathrm{End}\, T)\text{-}Mod$ si Q est fini (où $\mathrm{End}\, T$ est l'anneau des transformations naturelles de T), et, dans le cas général, en une représentation $Q \to C(T)\text{-}Mod$, où $C(T)$ est la limite des $(\mathrm{End}\, T_{|Q'})\text{-}Mod$ sur tous les sous-carquois finis Q' de Q.

21.4.2. Nori considère alors le carquois Q suivant :

– objets : triplets (X, Y, i) formés d'une k-variété affine, d'un fermé $Y \subset X$ et d'un entier $i \geqslant 0$,

– morphismes : d'une part, les morphismes de triplets $(X, Y, i) \to (X', Y', i)$ au sens évident ; d'autre part, un morphisme spécial $(X, Y, i) \to (Y, Z, i-1)$ pour chaque chaîne $Z \subset Y \subset X$, $i > 0$.

La représentation T considérée est l'homologie relative $(X, Y, i) \mapsto H_i(X(\mathbf{C}), Y(\mathbf{C}), \mathbf{Z})$.

On définit une $\otimes$-structure sur $C(T)$, et la $\otimes$-catégorie abélienne $MM'(k)_{\mathbf{Z}}$ se déduit de $C(T)$ en inversant le motif de Tate $H_1(\mathbb{G}_m)$. On démontre l'existence d'un $\otimes$-foncteur triangulé

$$DM_{\mathrm{gm}}(k) \longrightarrow D^b(MM'(k)_{\mathbf{Z}}).$$

CHAPITRE 22

RÉALISATIONS MIXTES ET RÉGULATEURS

En 7.1, nous avons construit certaines réalisations enrichies des motifs purs, notamment les réalisations de Hodge, de Tate, et de De Rham-Betti.

Nous esquissons ici la généralisation de ces réalisations au cas mixte. Ces réalisations mixtes, construites par A. Huber [**Hu00**] et par M. Levine [**Le98**, V.2], sont des $\otimes$-foncteurs triangulés de source $DM_{\mathrm{gm}}(k)$, à valeurs dans certaines catégories de complexes (à quasi-isomorphisme près) bornés à gauche.

On en déduit des homomorphismes, appelés *régulateurs*, de la cohomologie motivique vers certaines cohomologies dites « absolues ».

Dans ce chapitre, on suppose $\operatorname{car} k = 0$.

22.1. Réalisations de De Rham-Betti, de Hodge, et de Tate

22.1.1. Principe. — Partons d'une catégorie $\mathcal{A}$ tannakienne sur un corps K de caractéristique nulle, munie[(1)] de twists de Tate $\otimes K(r)_{\mathcal{A}}$, et d'un foncteur

[illegible]

vérifiant la formule de Künneth (à quasi-isomorphisme près, *cf.* [**Hu00**, 2.1.1] pour plus de détails).

Sous certaines conditions techniques (dont les principales sont les « propriétés d'homotopie et de Mayer-Vietoris, la descente pour les revêtements galoisiens et les morphismes propres »), il est prouvé dans [**Hu00**, 2.1.6][(2)] que $C_{\mathcal{A}}$ s'étend en un $\otimes$-foncteur triangulé

$$(DM_{\mathrm{gm}}(k)_K)^{\mathrm{op}} \longrightarrow D^+(\mathcal{A})$$

(1) voir [**Saa72**] pour la formalisation de cette notion.

(2) complété par le corrigendum de 2002 qui corrige l'hypothèse abusive que tous les systèmes de recouvrements intervenant dans *loc. cit.* sont filtrés.

envoyant $\mathbf{1}(r)$ sur $K(-r)$ (où $D^+(\mathcal{A})$ désigne bien sûr la catégorie dérivée bornée à gauche de $\mathcal{A}$). Composant comme dans 18.4.1.2 2) avec l'anti-équivalence de dualité de $DM_{\mathrm{gm}}(k)_K$, on obtient un *$\otimes$-foncteur triangulé*

$$R_{\mathcal{A}} : DM_{\mathrm{gm}}(k)_K \longrightarrow D^+(\mathcal{A})$$

envoyant $\mathbf{1}(r)$ *sur* $K(r)$.

22.1.2. Exemples de réalisations simples ($\mathcal{A} = Vec_K$)

1) Si $k \subset \mathbf{C}$, on peut prendre pour $C_{Vec_{\mathbf{Q}}}$ le foncteur « $X \mapsto$ complexe de cochaînes singulières attaché à $X(\mathbf{C})$ », et on obtient ainsi la *réalisation de Betti* (mixte)

$$DM_{\mathrm{gm}}(k)_{\mathbf{Q}} \longrightarrow D^+(Vec_{\mathbf{Q}}).$$

2) On peut prendre pour C_{Vec_k} le foncteur $X \mapsto \Gamma(X, \mathrm{God}(\Omega^*_{X/k}))$, où God désigne la résolution de Godement. On obtient ainsi la *réalisation de De Rham* (mixte)

$$DM_{\mathrm{gm}}(k)_k \longrightarrow D^+(Vec_k).$$

22.1.3. Exemples de réalisations enrichies

1) (Pour $k \subset \mathbf{C}$) L'isomorphisme de comparaison (3.4.2) entre cohomologie de De Rham algébrique et cohomologie de Betti — ou isomorphisme des périodes — s'étend à tout $X \in \mathcal{L}(k)$ comme l'a montré Grothendieck [**Gro66**], et on en déduit que pour X donné, les complexes des exemples précédents deviennent quasi-isomorphes après $\otimes\mathbf{C}$. On peut ainsi, en les combinant, prendre pour $Vec_{k,\mathbf{Q}}$ la catégorie tannakienne définie dans 7.1.6, et on obtient la *réalisation de De Rham-Betti* ou *réalisation des périodes*

$$R_{Vec_{k,\mathbf{Q}}} : DM_{\mathrm{gm}}(k)_{\mathbf{Q}} \longrightarrow D^+(Vec_{k,\mathbf{Q}}).$$

Des variantes du principe ci-dessus, où la construction de $C_{\mathcal{A}}$ est plus délicate, donnent les réalisations enrichies suivantes ([**Hu00**, 2.3.4, 2.3.5] :

4) (Pour $k \subset \mathbf{C}$) On prend pour $\mathcal{A}$ la catégorie tannakienne $MHS_{\mathbf{R}}$ sur $\mathbf{R}$ des structures de Hodge mixtes réelles (espaces vectoriels réels munis d'une filtration croissante W_* et d'une filtration décroissante F^* qui induit une structure de Hodge pure sur les Gr_n^W, [**D71**]). On obtient la *réalisation de Hodge réelle*

$$R_{MHS_{\mathbf{R}}} : DM_{\mathrm{gm}}(k)_{\mathbf{R}} \longrightarrow D^+(MHS_{\mathbf{R}})$$

et d'autres variantes plus fines (à coefficients rationnels, munies d'un « Frobenius réel », *etc.*).

5) (Pour k de type fini sur $\mathbf{Q}$) On prend pour $\mathcal{A}$ la catégorie tannakienne sur $\mathbf{Q}_\ell$ des représentations ℓ-adiques continues de dimension finie de $\mathrm{Gal}(\overline{k}/k)$. On obtient la *réalisation de Tate*

$$R_{\mathrm{Gal}(\overline{k}/k)} : DM_{\mathrm{gm}}(k)_{\mathbf{Q}_\ell} \longrightarrow D^+(Rep_\ell\ \mathrm{Gal}(\overline{k}/k)).$$

22.1.4. Il existe bien d'autres variantes [**Hu00**], [**Le98**], y compris une variante p-adique [**Bes00**]. Toutes les réalisations raisonnables sont censées vérifier la

22.1.4.1. Conjecture

i) $R_{\mathcal{A}}$ *est à valeurs dans la sous-catégorie bornée* $D^b(\mathcal{A})$ *de* $D^+(\mathcal{A})$,

ii) $R_{\mathcal{A}}$ *est un foncteur* conservatif *(i.e. reflète les isomorphismes).*

Comme $R_{\mathcal{A}}$ est un foncteur triangulé, ii) équivaut à :

$M \in DM_{\mathrm{gm}}(k)_K$ *est nul si est seulement si pour tout* i, $H^i R_{\mathcal{A}}(M) = 0$ *dans* $\mathcal{A}$.

Notons par ailleurs que sous i), on peut composer $R_{\mathcal{A}}$ avec $\oplus H^i$ à gauche, puis à droite avec le foncteur $R : CHM(k)_K \hookrightarrow DM_{\mathrm{gm}}(k)_K$ de 18.3.1.1, et l'on « retrouve » les réalisations pures

$$CHM(k)_K \longrightarrow \mathcal{A}$$

associées (voir 5.4.1.5, 12.1.6.6 pour la conjecture de conservativité des réalisations pures).

22.2. Régulateurs

22.2.1. Puisque $DM_{\mathrm{gm}}(k)_K$ est à la fois une $\otimes$-catégorie rigide et une catégorie triangulée engendrée par les facteurs directs des $\mathrm{M}^\vee(X)(r)$ (avec $X \in \mathcal{P}(k)$ si l'on veut, *cf.* ch. 18), le « calcul » des réalisations sur les morphismes se ramène, pour l'essentiel, au cas particulier de la cohomologie motivique $DM_{\mathrm{gm}}(k)_K(\mathbf{1}, \mathrm{M}^\vee(X)(r)[i]) = H^i(X, K(r))$.

En composant $R_{\mathcal{A}}$ avec le foncteur

$$R^+\mathcal{A}(K, -) : D^+(\mathcal{A}) \longrightarrow D^+(\mathit{Vec}_K),$$

on obtient pour tout $X \in \mathcal{L}(k)$ (ou même $X \in \mathit{Var}(k)$) et tout $r \in \mathbf{Z}$ des objets

$$R_{\mathcal{A}}(X, r) := R^+\mathcal{A}(K, R\Gamma(X)(r)) \in D^+(\mathit{Vec}_K)$$

dont les K-espaces de cohomologie $H^i_{\mathcal{A}}(X, r)$ sont parfois qualifiés d'*absolus*, notamment dans les deux derniers exemples. On dispose d'une suite spectrale

$$\mathrm{Ext}^p_{\mathcal{A}}(K, H^q R_{\mathcal{A}}(\mathrm{M}^\vee(X))) \Rightarrow H^{p+q}_{\mathcal{A}}(X, r).$$

Examinons séparément le cas de la réalisation de Hodge et de la réalisation de Tate.

Hodge. — La suite spectrale précédente inscrit les espaces de cohomologie de Hodge absolue dans une suite exacte

$$0 \longrightarrow \mathrm{Ext}^1_{MHS_{\mathbf{R}}}(\mathbf{R}, H^{i-1}_B(X(\mathbf{C}), \mathbf{R}(r))) \longrightarrow H^i_{MHS_{\mathbf{R}}}(X, \mathbf{R}(r)) \longrightarrow MHS_{\mathbf{R}}(\mathbf{R}, H^i_B(X(\mathbf{C}), \mathbf{R}(r))) \longrightarrow 0.$$

On observe ensuite que pour tout $V \in MHS_{\mathbf{R}}$, $R^+ MHS_{\mathbf{R}}(\mathbf{R}, -)$ est représenté par le complexe

$$W_0 V \oplus F^0(W_0 V)_{\mathbf{C}} \longrightarrow (W_0 V)_{\mathbf{C}}$$

donné par la différence des deux inclusions, d'où le calcul de $\mathrm{Ext}^i_{MHS_{\mathbf{R}}}(\mathbf{R}, V)$.

Tate. — Pour $Rep_\ell \,\mathrm{Gal}(\overline{k}/k)$, les groupes de cohomologie absolue sont les groupes de cohomologie ℓ-adique continue de Jannsen. Ils s'inscrivent de même dans une suite exacte

$$0 \longrightarrow \mathrm{Ext}^1_{\mathrm{Gal}(\overline{k}/k)}(\mathbf{Q}_\ell, H^{i-1}_\ell(X_{\overline{k}}, \mathbf{Q}_\ell(r))) \longrightarrow H^i_{\mathrm{cont}}(X, \mathbf{Q}_\ell(r)) \\ \longrightarrow \mathrm{Hom}_{\mathrm{Gal}(\overline{k}/k)}(\mathbf{Q}_\ell, H^i_\ell(X_{\overline{k}}, \mathbf{Q}_\ell(r))) \longrightarrow 0.$$

22.2.2. Les homomorphismes

$$H^i(X, \mathbf{R}(r)) \longrightarrow H^i_{MHS_{\mathbf{R}}}(X, \mathbf{R}(r)), \quad H^i(X, \mathbf{Q}_\ell(r)) \longrightarrow H^i_{\mathrm{cont}}(X, \mathbf{Q}_\ell(r))$$

induits par les réalisations de Hodge et de Tate sont appelés *régulateurs* réels et ℓ-adiques respectivement.

22.2.2.1. Exemple. — Prenons $X = \mathrm{Spec}\, k$, $r = 1$. Le seul cas non trivial est $i = 1$. On a

$$H^1(X, \mathbf{Z}(1)) = k^*, \quad H^1_{MHS_{\mathbf{R}}}(X, \mathbf{R}(1)) = \mathbf{R},$$
$$H^1_{\mathrm{cont}}(X, \mathbf{Q}_\ell(r)) = H^1(\mathrm{Gal}(\overline{k}/k), \mathbf{Q}_\ell(1)) = \widehat{k^*}[1/\ell],$$

où $\widehat{k^*}$ désigne le complété ℓ-adique de k^*. À normalisation près, le régulateur réel(3) est donné par $q \in k^* \mapsto \log|q|$, et le régulateur ℓ-adique par $q \mapsto q \otimes 1 \in \widehat{k^*}[1/\ell]$.

Ces régulateurs s'interprètent aussi en termes de comparaison des réalisations du motif de Kummer $[\mathbf{Z} \xrightarrow{q} \mathbb{G}_m]$.

22.3. Propriétés attendues des réalisations de $MM(k)$

Dans ce paragraphe et le suivant, on suppose disposer du formalisme des motifs mixtes comme exposé au chapitre précédent, c'est-à-dire d'une bonne t-structure sur $DM_{\mathrm{gm}}(k)_{\mathbf{Q}}$.

22.3.1. Une telle t-structure devrait vérifier(4) :

22.3.1.1. Conjecture. — *Toute réalisation mixte comme ci-dessus $R_{\mathcal{A}} : DM_{\mathrm{gm}}(k)_K \to D^+(\mathcal{A})$ respecte la t-structure (eu égard à la t-structure canonique sur $D^+(\mathcal{A})$).*

(3) si k est un corps de nombres, et en prenant les divers plongements de k dans $\mathbf{C}$ à conjugaison près, on retrouve le régulateur de Dirichlet.

(4) d'après *cf.* [**Ha99**, III, 3.4], la conjecture standard $\sim_{\mathrm{hom}} \stackrel{?}{=} \sim_{\mathrm{num}}$, les conjectures BBM et la conjecture d'annulation de Beilinson-Soulé devraient entraîner l'existence d'une bonne t-structure avec des réalisations classiques t-exactes.

Ceci joint à la conjecture de conservativité déterminerait en fait la t-structure de $DM_{\mathrm{gm}}(k)$. En outre, $R_{\mathcal{A}}$ induirait alors un $\otimes$-foncteur fidèle, exact, conservatif (*cf.* [**BBD82**, 1.3.17])

$$MM(k)_K \longrightarrow \mathcal{A},$$

étendant la réalisation correspondante de la sous-catégorie tannakienne $N\dot{M}(k)_K$.

Ainsi, à toute réalisation mixte (simple, à coefficients dans un corps K) serait attaché un *K-groupe de Galois motivique mixte absolu*, extension du *K-groupe de Galois motivique pur absolu* (groupe pro-réductif attaché à la réalisation des motifs purs obtenue en restreignant la réalisation mixte aux objets semi-simples de $MM(k)_{\mathbf{Q}}$) par un groupe pro-unipotent.

Les conjectures de plénitude (style Hodge/Tate) devraient s'étendre au cas mixte.

22.3.2. Nous avons vu en 21.3 que la filtration BBM sur $\mathrm{CH}^r(X)_{\mathbf{Q}}$ serait la filtration sur $DM_{\mathrm{gm}}(k)_{\mathbf{Q}}(\mathbf{1}, \mathrm{M}^\vee(X)(r)[2r])$ issue de la suite spectrale pour $p+q=2r$

$$\mathrm{Ext}^p_{MM(k)_{\mathbf{Q}}}(\mathbf{1}, \mathfrak{h}^q(X)(r)) \Longrightarrow D^b(MM(k)_{\mathbf{Q}})(\mathbf{1}, \mathrm{M}^\vee(X)(r)[p+q]).$$

La réalisation ℓ-adique envoie cette suite spectrale sur la suite spectrale de type Hochschild-Serre

$$\mathrm{Ext}^p_{\mathrm{Gal}(\overline{k}/k)}(\mathbf{Q}_\ell, H^q(X_{\overline{k}}, \mathbf{Q}_\ell))(r)) \Longrightarrow H^{p+q}_{\mathrm{cont}}(X, \mathbf{Q}_\ell(r))$$

liant cohomologie étale « géométrique » et cohomologie étale continue. Cela fournit une interprétation particulièrement éclairante de la filtration BBM.

En fait, si le régulateur ℓ-adique (ou « classe de cycle absolue »)

$$\mathrm{CH}^r(X)_{\mathbf{Q}} = H^{2r}(X, \mathbf{Q}(r)) \longrightarrow H^{2r}_{\mathrm{cont}}(X, \mathbf{Q}_\ell(r))$$

est injectif, on peut définir une filtration sur $\mathrm{CH}^r(X)_{\mathbf{Q}}$ par cette voie ℓ-adique et prouver que c'est la filtration BBM [**J94**, 2.7]. Une conjecture très optimiste de Bloch-Beilinson prédit l'injectivité de ce régulateur si k est de type fini sur son sous-corps premier. Il s'ensuivrait que *la filtration BBM s'annule toujours au-delà du cran égal à la dimension de Kronecker de k*.

En particulier, si le corps de base k est un *corps de nombres*, la filtration de $\mathrm{CH}^r(X)$ n'aurait que deux crans. En particulier, l'application d'Abel-Jacobi AJ_X de 11.1.1 serait injective pour X défini sur k et des 0-cycles k-rationnels, et l'exemple 11.1.1.1 ne se produirait donc pour aucun cycle défini sur k.

22.3.3. De l'existence d'une bonne t-structure vérifiant 22.3.1.1 pour la réalisation ℓ-adique ($\ell \neq \mathrm{car}\, k$), et en supposant cette dernière conservative, Beilinson déduit la curieuse conséquence suivante ([**Be02**, 4.10]). Soient X une k-variété projective lisse connexe de dimension d, et η son point générique. Posons $\mathrm{CH}^d(\eta \times \eta) = \varinjlim \mathrm{CH}^d(U \times U)$, où U parcourt les ouverts denses de X. C'est une $\mathbf{Q}$-algèbre pour la composition, qui agit linéairement sur $\overline{H}^d_\ell(\eta) = \varinjlim \mathrm{Im}(H^d_\ell(X) \to H^d_\ell(U))$.

La conséquence des conjectures précédentes serait que $\mathrm{CH}^d(\eta \times \eta)$ est une algèbre *semi-simple de dimension finie* agissant *fidèlement* sur $\overline{H}^d_\ell(\eta)$.

22.3.3.1. Remarque. — Supposons $d = 2$, et considérons la partie « transcendante » $\mathfrak{t}^2(X)$ du motif de Chow $\mathfrak{h}^2(X)$, *cf.* 11.1.3. Sa réalisation ℓ-adique $T^2_\ell(X)$ n'est autre que $\overline{H}^2_\ell(\eta)$. Par ailleurs, suivant [**Mur**], $\mathrm{CH}^2(\eta \times \eta)$ s'identifie canoniquement à $\operatorname{End} \mathfrak{t}^2(X)$.

D'après ce qui précède, $\operatorname{End} \mathfrak{t}^2(X)$ serait donc semi-simple et agirait fidèlement sur l'espace $T^2_\ell(X)$. Si $p_g = 0$, cet espace est nul, d'où $\mathfrak{h}^2(X) = 0$ et $\mathrm{CH}^2(\mathfrak{t}^2(X)) = \operatorname{Ker} AJ_X \otimes \mathbf{Q} = 0$: on retrouve la conjecture de Bloch.

22.4. Valeurs de fonctions L, périodes, régulateurs

22.4.1. On peut définir la fonction L d'un motif mixte M sur un corps de nombres k par la même formule cohomologique que pour un motif pur, *cf.* 7.1.4. On conjecture encore qu'elle définit une série de Dirichlet à coefficients rationnels indépendants des nombres premiers ℓ auxiliaires employés, et qu'elle se prolonge en une fonction méromorphe sur $\mathbf{C}$ tout entier.

Nous nous intéressons ici au cas $k = \mathbf{Q}$ et aux valeurs de L en tout entier r non pôle de L (voire aux valeurs principales en les pôles de L — qui sont conjecturés être des entiers en nombre fini —, et en les zéros entiers de L).

22.4.2. À cause des places de mauvaise réduction, il n'est pas toujours vrai que $L(M, s) = L(\mathrm{Gr}^W M, s)$, où $\mathrm{Gr}^W M$ désigne le gradué par le poids de M, *i.e.* son semi-simplifié. C'est toutefois vrai si la filtration par le poids de $H_\ell(M)$ se scinde en tant que représentation du groupe d'inertie en p pour tout couple de premiers distincts (ℓ, p). Suivant Scholl, on dit alors que M est un *motif mixte sur* $\mathbf{Z}$ (c'est une terminologie commode, mais un peu abusive car tout objet de $NM(\mathbf{Q})_\mathbf{Q}$ est un motif mixte sur $\mathbf{Z}$ en ce sens ![5]). On note $MM(\mathbf{Z})_\mathbf{Q}$ la sous-catégorie (abélienne) pleine de $MM(\mathbf{Q})_\mathbf{Q}$ formée des motifs mixtes sur $\mathbf{Z}$.

22.4.2.1. Remarque. — Le seul motif de Kummer dans $MM(\mathbf{Z})_\mathbf{Q}$ est $\mathbf{1} \oplus \mathbf{1}(1)$.

22.4.3. Soit r un entier. L'isomorphisme de comparaison canonique

$$H_B(M(r)) \otimes_\mathbf{Q} \mathbf{C} \longrightarrow H_{\mathrm{DR}}(M(r)) \otimes_\mathbf{Q} \mathbf{C}$$

donne lieu à un homomorphisme

$$H_B(M(r))^+ \otimes_\mathbf{Q} \mathbf{R} \longrightarrow (H_{\mathrm{DR}}(M(r)) \otimes_\mathbf{Q} \mathbf{R})/F^0$$

[5] il existe une (ébauche de) théorie plus fine de motifs sur $\mathbf{Z}$, ou sur l'anneau des entiers d'un corps de nombres k (Deninger, Nart, Scholl), pour laquelle $\mathrm{Ext}^2(\mathbf{1}, \mathbf{1}(1)) = 0$ n'est pas nul, mais égal au premier groupe d'Arakelov-Chow de $\operatorname{Spec} \mathcal{O}_k$ au sens de Gillet-Soulé, *cf.* [**J95**].

où $H_B(M(r))^+ = H(M(r)_{\mathbf{C}}, \mathbf{Q})^+$ désigne la partie fixe sous la conjugaison complexe, et F^0 le cran 0 de la filtration de Hodge.

On dit que r est une *valeur critique* pour $L(M, s)$ si cet homomorphisme est bijectif[(6)]. On note alors $c^+(M(r)) \in \mathbf{R}^*$ le déterminant de cet homomorphisme relativement à des bases rationnelles fixées (l'ambiguïté est dans $\mathbf{Q}^{*}$[(7)]).

La conjecture de Deligne [**D80b**], généralisée par A. Scholl [**Sc91**] au cas mixte, s'énonce :

22.4.3.1. Conjecture. — *Soit M un motif mixte sur $\mathbf{Z}$. Si r est une valeur critique, $L(M, r)/c^+(M(r)) \in \mathbf{Q}$.*

La conjecture de Beilinson [**Be85, Be87**], reformulée par A. Scholl [**Sc91**], s'énonce :

22.4.3.2. Conjecture

a) *Soit M un motif mixte sur $\mathbf{Z}$. Alors*

$$\mathrm{ord}_{s=r} L(M, s) = \dim \mathrm{Ext}^1_{MM(\mathbf{Z})}(M(r), \mathbf{1}(1)) - \dim MM(\mathbf{Z})(M(r), \mathbf{1}(1)).$$

b) *En outre, si*

$$(*) \qquad \begin{aligned} \mathrm{Ext}^1_{MM(\mathbf{Z})}(M(r), \mathbf{1}(1)) = MM(\mathbf{Z})(M(r), \mathbf{1}(1)) &= \mathrm{Ext}^1_{MM(\mathbf{Z})}(\mathbf{1}, M(r)) \\ &= MM(\mathbf{Z})(\mathbf{1}, M(r)) = 0, \end{aligned}$$

alors r est une valeur critique pour $L(M, s)$ (et $L(M, r) \neq 0$).

22.4.4. L'astuce suivante (due à Scholl) permet d'obtenir, à partir des deux conjectures précédentes, la valeur principale de la fonction L de tout motif mixte sur $\mathbf{Z}$ en *tout entier* r. Le point est que l'on peut attacher à M et r un autre motif mixte M_r sur $\mathbf{Z}$, tel que

i) $L(M_r, s) = L(M, s) \cdot \zeta(s - r)^m \zeta(s - r + 1)^n$ pour des entiers m, n convenables,

ii) la condition $(*)$ vaut pour M_r (r serait donc une valeur critique pour $L(M_r, s)$).

Ce motif M_r s'obtient en quatre étapes :

– quotienter $M(r)$ par la somme des sous-motifs $\cong \mathbf{1}$,

– prendre le noyau commun de tous les morphismes vers $\mathbf{1}(1)$ (on note N_r le motif ainsi obtenu),

– prendre l'extension universelle (dans $MM(\mathbf{Z})_{\mathbf{Q}}$) par $\mathbf{1}(1)$ à gauche et l'extension universelle par $\mathbf{1}$ à droite,

– twister par $(-r)$.

(6) prendre garde que cette notion n'équivaut pas à la notion analogue pour le gradué par le poids de M.

(7) et c'est 1 par convention si $H_B(M(r))^+ \otimes_{\mathbf{Q}} \mathbf{R} = (H_{\mathrm{DR}}(M(r)) \otimes_{\mathbf{Q}} \mathbf{R})/F^0 = 0$. On pourra investiguer ce cas en détail à titre d'exercice.

Au final, $M_r(r)$ admet une filtration en trois crans, de gradués $\mathrm{Ext}^1_{MM(\mathbf{Z})}(\mathbf{1}, M(r))\otimes\mathbf{1}$, N_r et $\mathrm{Ext}^1_{MM(\mathbf{Z})}(M(r), \mathbf{1}(1))^\vee \otimes \mathbf{1}(1)$.

À partir de là, pour expliciter la valeur principale de $L(M, s)$ en s, il reste à comprendre $c^+(M_r(r))$. Si l'un des crans extrêmes de cette filtration est non nul, on voit apparaître un régulateur réel. Si ces deux crans sont simultanément non nuls (ce qui arrive typiquement si M est pur de poids $2r - 1$), intervient en outre un « accouplement de hauteur » à valeurs réelles entre un cran et le dual de l'autre.

Nous renvoyons à [**D80b**], [**Be85**], [**Be87**], [**Sc91**] pour les détails et au survol [**Ne94**] pour le statut de ces conjectures, ainsi qu'au survol [**Kin03**] pour l'exposé et le statut de la conjecture de Bloch-Kato qui précise le nombre rationnel $L(M_r, r)/c^+(M_r(r))$ (en généralisant la conjecture de Birch-Swinnerton-Dyer sur les fonctions L de variétés abéliennes).

22.4.4.1. Exemple. — Les conjectures de Deligne-Beilinson valent pour $M = \mathbf{1}$ et tout entier r. En effet :

– r est une valeur critique pour $L(M, s) = \zeta(s) = \sum n^{-s}$ si et seulement si r est un entier pair strictement positif ou un entier impair négatif. La conjecture de Deligne dans ce cas élémentaire dit que $\zeta(2n)/\pi^{2n} \in \mathbf{Q}$ et $\zeta(-2n - 1) \in \mathbf{Q}$ (Euler).

– Le point a) de la conjecture de Beilinson énonce dans ce cas le fait bien connu que $\mathrm{ord}_r\,\zeta = 1$ si $r = -2n$ est un entier pair strictement négatif, $\mathrm{ord}_1\,\zeta = -1$, et $\mathrm{ord}_r\,\zeta = 0$ sinon. Pour $r = -2n$, le point b) de cette conjecture s'applique au motif M_r, qui est un motif de Tate mixte sur $\mathbf{Z}$ ayant deux poids 0 et $2(r-1)$; r est bien valeur critique de $L(M_r, s) = \zeta(s)\zeta(s + 2(r - 1))$, et nous verrons au dernier chapitre (25.6.1) que la conjecture 22.4.3.1 est vraie dans ce cas : en vertu du théorème de Borel [**Bor74**], la période $c^+(M_r(r))$ — qui est dans ce cas un régulateur — est rationnellement proportionnelle à $\pi^{-n}\zeta(2n+1)$, donc aussi à $\zeta'(r)$ en vertu de l'équation fonctionnelle.

– Si l'on tente d'appliquer la construction M_r pour traiter le cas r impair > 1, on n'obtient rien d'intéressant car il y a élimination de $\zeta(r)$ dans le passage de $L(M, s)$ à $L(M_r, s)$.

PARTIE III

PÉRIODES

CHAPITRE 23

RELATIONS DE PÉRIODES

Les « périodes » d'une variété lisse définie sur un sous-corps k de $\mathbf{C}$ — ou plus généralement d'un motif défini sur k — sont des nombres complexes qui apparaissent comme « coefficients » de l'isomorphisme de comparaison entre cohomologie de De Rham et cohomologie de Betti. Les endomorphismes du motif et de ses puissances fournissent des relations algébriques entre périodes à coefficients dans k, et la conjecture de Grothendieck prédit que l'on épuise ainsi toutes les relations si k est algébrique sur $\mathbf{Q}$. Cette philosophie, déjà esquissée au chapitre 7 dans le cadre « pur », s'étend au cas « mixte ».

Concrètement, les périodes se présentent comme intégrales de formes différentielles algébriques sur des domaines définis par des équations et inéquations algébriques (à coefficients rationnels) ; ce sont des objets d'étude privilégiés de la théorie des nombres transcendants. Dans les chapitres ultérieurs, nous étudierons en détail deux cas particuliers : valeurs de la fonction gamma d'Euler et nombres polyzêta, et nous verrons que toutes les relations « connues » entre ces nombres sont bel et bien d'« origine motivique », c'est-à-dire s'expliquent en termes de cycles algébriques.

Sans l'hypothèse que k est algébrique sur $\mathbf{Q}$, il est facile de créer *ad libitum* des relations entre périodes de k-variétés. Nous proposons néanmoins une minoration conjecturale très générale du degré de transcendance sur $\mathbf{Q}$ de la k-algèbre des périodes, minoration qui s'avère contenir et unifier un grand nombre de conjectures de transcendance classiques (Schanuel, *etc.*).

23.1. Retour sur la conjecture des périodes de Grothendieck

23.1.1. Soit X une variété lisse sur un sous-corps k de $\mathbf{C}$. On lui associe

i) sa cohomologie de De Rham algébrique $H^*_{\mathrm{DR}}(X)$ (un k-espace gradué de dimension finie),

ii) sa cohomologie de Betti rationnelle $H^*_B(X)$ (un $\mathbf{Q}$-espace gradué de dimension finie),

iii) l'isomorphisme de comparaison de Grothendieck [**Gro66**]

$$\varpi : H^*_{\mathrm{DR}}(X) \otimes_k \mathbf{C} \longrightarrow H^*_B(X) \otimes_{\mathbf{Q}} \mathbf{C}.$$

Les coefficients de la matrice de ϖ dans des bases convenables de $H^*_{\mathrm{DR}}(X)$ et $H^*_B(X)$ s'appellent *périodes* de X.

23.1.1.1. Remarque. — Si X est affine, $H^*_{\mathrm{DR}}(X)$ n'est autre que la cohomologie du complexe de De Rham global $(\Omega^*(X), d)$, et ϖ est induit par l'accouplement classique de périodes

$$\Omega^i(X)^{d=0} \otimes_{\mathbf{Q}} Z_i(X(\mathbf{C}), \mathbf{Q}) \longrightarrow \mathbf{C}, \quad \omega \otimes \gamma \longmapsto \oint_\gamma \omega$$

où $Z_i(X(\mathbf{C}), \mathbf{Q})$ est le $\mathbf{Q}$-espace engendré par les i-cycles topologiques sur $X(\mathbf{C})$.

C'est pourquoi nous appelons périodes les coefficients de la matrice de ϖ, et non ceux de son inverse comme font plusieurs auteurs (dont P. Deligne). Avec notre définition, $2\pi i$ est période de $\mathbb{G}_m$.

23.1.2. On obtient ainsi un $\otimes$-foncteur

$$\mathcal{L}(k)^{\mathrm{op}} \longrightarrow VecGr_{k,\mathbf{Q}}, \quad X \longmapsto (H^*_{\mathrm{DR}}(X), H^*_B(X), \varpi)$$

de la catégorie monoïdale symétrique (non additive) $\mathcal{L}(k)$ des k-variétés lisses vers la $\otimes$-catégorie rigide $VecGr_{k,\mathbf{Q}}$ dont les objets sont formés d'un k-espace gradué de dimension finie, d'un $\mathbf{Q}$-espace gradué, et d'un isomorphisme entre leurs complexifiés 7.1.6.

23.1.3. Considérons la restriction de ce $\otimes$-foncteur à une sous-catégorie pleine $\mathcal{V}$ de $\mathcal{L}(k)$ formée de variétés projectives, stable par produits et sommes disjointes (finis). Il se factorise à travers la $\otimes$-catégorie rigide des motifs de Grothendieck découpés sur $\mathcal{V}$ (modulo toute équivalence adéquate au moins aussi fine que l'équivalence homologique), et même à travers la $\otimes$-catégorie rigide des motifs $\mathcal{M}_{\mathcal{V}}$ définis en termes de correspondances motivées modelées sur $\mathcal{V}$ (*cf.* 9.2) :

$$\mathcal{V}^{\mathrm{op}} \longrightarrow \mathcal{M}_{\mathcal{V}} \longrightarrow VecGr_{k,\mathbf{Q}}.$$

Cela reflète juste le fait que pour tout $X \in \mathcal{V}$, les cycles motivés sur X ont des classes dans $\oplus_r H^{2r}_{\mathrm{DR}}(X)(r)$ et $\oplus_r H^{2r}_B(X)(r)$ qui se correspondent *via* ϖ, d'où des relations k-linéaires entre périodes. *Via* Künneth, les cycles motivés sur les puissances de X donnent lieu à des relations polynomiales à coefficients dans k entre les périodes (et $2\pi i$, période de $\mathbf{1}(-1)$).

En changeant la contrainte de commutativité suivant la règle de Koszul, puis en oubliant la graduation, on obtient un $\otimes$-foncteur fidèle exact

$$\dot{\mathcal{M}}_{\mathcal{V}} \longrightarrow Vec_{k,\mathbf{Q}}$$

entre catégories tannakiennes sur $\mathbf{Q}$.

Soit $G_{\mathrm{mot},\mathcal{V}}(X) = \underline{\mathrm{Aut}}^{\otimes} H_{B|\langle \mathfrak{h}_{\mathcal{V}}(X)\rangle^{\otimes}}$ le groupe tannakien attaché à la sous-catégorie tannakienne $\langle \mathfrak{h}_{\mathcal{V}}(X)\rangle^{\otimes}$ de $\dot{\mathcal{M}}_{\mathcal{V}}$ engendrée par le motif de X.

Le *torseur des périodes* $\mathfrak{P}_{\mathcal{V}}(X)$ est le $G_{\mathrm{mot},\mathcal{V}}(X)_k$-torseur défini comme schéma d'isomorphismes $\underline{\mathrm{Iso}}^{\otimes}(H_{\mathrm{DR}}, H_B \otimes k)$, ces foncteurs fibres étant restreints à $\langle \mathfrak{h}_{\mathcal{V}}(X)\rangle^{\otimes}$. L'isomorphisme ϖ_X s'identifie à un $\mathbf{C}$-point de $\mathfrak{P}_{\mathcal{V}}(X)$.

23.1.4. La conjecture des périodes de Grothendieck prédit que si $k \subset \overline{\mathbf{Q}}$, toutes les relations polynomiales en les périodes de X, à coefficients dans k, sont d'origine motivique. Un énoncé plus précis est que l'idéal de ces relations est engendré par les relations provenant des cycles algébriques (sur les puissances de X).

La discussion de 7.5.2 se plaçait sous la conjecture standard (de type Lefschetz). Considérer la catégorie $\dot{\mathcal{M}}_{\mathcal{V}}$ permet de s'en affranchir, le torseur des périodes étant défini inconditionnellement dans ce cadre. En utilisant la description des cycles motivés de 9.1.3, on voit qu'il revient au même de dire que l'idéal des relations entre périodes de X est engendré par les relations provenant des cycles *motivés* sur les puissances de X, ou qu'il est engendré par les relations provenant des cycles *algébriques* sur le produit d'une puissance de X par une variété auxiliaire $Y \in \mathcal{V}$.

Si l'on considère la conjecture des périodes simultanément pour tout $X \in \mathcal{V}$, il est donc indifférent de remplacer cycle algébrique par cycle motivé modelé sur $\mathcal{V}$.

En raisonnant comme dans 7.5.2.2, on parvient alors à l'énoncé suivant :

23.1.4.1. Proposition. — *Les conditions suivantes sont équivalentes :*

i) *la conjecture de Grothendieck vaut pour tout $X \in \mathcal{V}$,*

ii) *pour tout $X \in \mathcal{V}$, l'image de ϖ_X dans le torseur des périodes $\mathfrak{P}_{\mathcal{V}}(X)$ est le point générique.*

iii) *pour tout $X \in \mathcal{V}$,*

$$\deg \operatorname{transc}_{\mathbf{Q}} k(\Omega_X) = \dim G_{\mathrm{mot},\mathcal{V}}(X),$$

et $\mathfrak{P}_{\mathcal{V}}(X)$ est connexe.

Elles impliquent la pleine fidélité de la réalisation de De Rham-Betti sur $\dot{\mathcal{M}}_{\mathcal{V}}$ (et que $G_{\mathrm{mot},\mathcal{V}}(X)$ et $\mathfrak{P}_{\mathcal{V}}(X)$ ne changent pas si on remplace $\mathcal{V}$ par une catégorie plus petite). □

23.1.4.2. Remarque. — Rappelons que le groupe de Mumford-Tate $MT(X)$ est contenu dans $G_{\mathrm{mot},\mathcal{V}}(X)$, et que ces groupes coïncident si les cycles de Hodge sur les puissances de X sont motivés. En pratique, il est souvent plus commode de calculer le groupe de Mumford-Tate $MT(X)$, et donc d'écrire la conjecture des périodes sous la forme affaiblie suivante :

$$\deg \operatorname{transc}_{\mathbf{Q}} k(\Omega_X) \geqslant \dim MT(X).$$

Il faut toutefois garder à l'esprit que, ce faisant, l'inégalité dans l'autre sens devient aussi conjecturale.

23.2. Estimation du degré de transcendance de certains sous-corps du corps des périodes

23.2.1. La conjecture de Grothendieck fournit le degré de transcendance conjectural de l'extension de $k \subset \overline{\mathbf{Q}}$ engendrée par *toutes* les périodes attachées à une variété (disons projective lisse pour le moment), ou plus généralement un motif, donné.

Or il arrive fréquemment en théorie des nombres transcendants que l'on s'intéresse à minorer le degré de transcendance non de $k(\Omega_X)$ tout entier, mais d'un sous-corps L (pas forcément de la forme $k(\Omega_M)$ pour un facteur M de $\mathfrak{h}(X)$).

Ce degré est conjecturalement $\dim G_{\mathrm{mot},\mathcal{V}}(X) - \deg\operatorname{transc}_L k(\Omega_X)$, et une estimation grossière de $\deg\operatorname{transc}_{\mathbf{Q}} L$ s'obtient, en pratique, en exhibant des éléments $x_1, \ldots, x_m$ de $k(\Omega_X)$ tels que $k(\Omega_X, x_1, \ldots, x_m)$ soit algébrique sur L, et en majorant $\deg\operatorname{transc}_L k(\Omega_X)$ par m. Ce procédé mène toutefois rarement à la minoration optimale, pour laquelle il y a lieu de prendre en compte la *géométrie du torseur des périodes*.

23.2.2. Voici un exemple concret. Soit A une variété abélienne de dimension g définie sur $k \subset \mathbf{C}$. On a $k(\Omega_X) = k(\Omega_{\mathfrak{h}^1(A)})$, et pour $\mathcal{V}$ assez grand, $G_{\mathrm{mot},\mathcal{V}}(A) = MT(A)$, le groupe de Mumford-Tate de A (*cf.* 10.2.1.1).

Supposons A munie d'une polarisation principale ϕ. On peut alors choisir une base « symplectique » de $H^1(A(\mathbf{C}), \mathbf{Z})$, choisir une base « symplectique » de $H^1_{\mathrm{DR}}(A)$ dont la première moitié engendre le sous-espace lagrangien $F^1 H^1_{\mathrm{DR}}(A) = \Omega^1(A)$, et écrire la matrice des périodes de $\mathfrak{h}^1(A)$ relativement à ces bases sous forme de blocs de taille g

$$\begin{pmatrix} \Omega_1 & N_1 \\ \Omega_2 & N_2 \end{pmatrix},$$

avec ${}^t\Omega_2 N_1 - {}^t\Omega_1 N_2 = 2\pi i \cdot \mathrm{Id}$, ${}^t\Omega_1\Omega_2$ et ${}^tN_1 N_2$ étant symétriques. Alors

$$(A, \phi) \cong (\mathbf{C}^g/(\mathbf{Z}^g + \tau\mathbf{Z}^g),\ \text{forme symplectique standard sur } \mathbf{Z}^g + \tau\mathbf{Z}^g)$$

où

$$\tau := \Omega_2(\Omega_1)^{-1}$$

est dans le demi-espace de Siegel $\mathfrak{H}_g$ formé des matrices symétriques d'ordre g, de partie imaginaire définie positive.

Soit d'autre part $\mathcal{A}_g$ la $\mathbf{Q}$-variété de modules (grossière) des variétés abéliennes principalement polarisées de dimension g. On a

$$\mathcal{A}_g(\mathbf{C}) \cong {}_{Sp_{2g}(\mathbf{Z})}\backslash \mathfrak{H}_g$$

et l'application j_g qui à $\tau \in \mathfrak{H}_g$ associe le point modulaire de

$$(A_\tau, \phi_\tau) := (\mathbf{C}^g/(\mathbf{Z}^g + \tau\mathbf{Z}^g),\ \text{forme symplectique standard sur } \mathbf{Z}^g + \tau\mathbf{Z}^g)$$

induit la projection naturelle

$$j_g : \mathfrak{H}_g \longrightarrow \mathcal{A}_g(\mathbf{C}) \cong {}_{Sp_{2g}(\mathbf{Z})}\backslash \mathfrak{H}_g.$$

Si (A_τ, ϕ_τ) est définie sur k, alors k contient $\mathbf{Q}(j_g(\tau))$.

23.2.3. Que peut-on dire du k-degré de transcendance $\deg\operatorname{transc}_k k(\tau)$ des coefficients de la matrice τ ?

Donnons d'abord un majorant de ce degré de transcendance. On peut associer à (A_τ, ϕ_τ)

– son groupe de Mumford-Tate $MT(A_\tau)$,

– un groupe à un paramètre $U_1(\mathbf{R}) \to MT(A_\tau)(\mathbf{R})$, et

– l'espace symétrique $\mathcal{D}$ de ses conjugués, qui est un domaine hermitien symétrique pour le groupe adjoint $MT(A_\tau)(\mathbf{R})^{\mathrm{ad}}$ et qu'on peut voir de manière naturelle comme sous-domaine de $\mathfrak{H}_g$ contenant le point t.

On sait par la théorie des variétés de Shimura que

$$j_g(\mathcal{D}) \cong {}_{Sp_{2g}(\mathbf{Z})\cap MT(A_\tau)}\backslash\mathcal{D}$$

admet une structure de sous-variété algébrique de $\mathcal{A}_g$ définie sur $\overline{\mathbf{Q}}$ (variété de modules grossière pour les variétés abéliennes principalement polarisées du type de Hodge de (A_τ, ϕ_τ)). Par ailleurs, le plongement $\mathcal{D} \hookrightarrow \mathfrak{H}_g$ se prolonge en un plongement des compacts duaux $\mathcal{D}^c \hookrightarrow \mathfrak{H}_g^c$. C'est une immersion fermée de variétés algébriques définies sur $\overline{\mathbf{Q}}$ (et la $\overline{\mathbf{Q}}$-structure de $\mathfrak{H}_g^c$ est compatible à la $\overline{\mathbf{Q}}$-structure naturelle sur l'espace des matrices carrées de taille g). On en déduit l'inégalité

$$\deg\operatorname{transc}_k k(\tau) \leqslant \dim \mathcal{D}^c = \dim_{\mathbf{C}} j_g(\mathcal{D}).$$

En particulier, $\deg\operatorname{transc}_{\mathbf{Q}} \mathbf{Q}(\tau, j_g(\tau)) = 0$ si A_τ est à multiplication complexe ($\mathcal{D}$ étant réduit à un point dans ce cas) ; la réciproque est d'ailleurs vraie, d'après P. Cohen, H. Shiga et J. Wolfart, *cf.* [**SW95**], ce qui généralise un théorème classique de T. Schneider dans le cas des courbes elliptiques.

23.2.4. Supposons donc à présent que A_τ soit définie sur $k \subset \overline{\mathbf{Q}}$ (d'où $j_g(\tau) \in \overline{\mathbf{Q}}$), et tâchons de minorer $\deg\operatorname{transc}_{\mathbf{Q}} \mathbf{Q}(\tau)$.

23.2.4.1. Proposition. *La conjecture des périodes entraîne que*

$$\deg\operatorname{transc}_{\mathbf{Q}} \mathbf{Q}(\tau) = \dim_{\mathbf{C}} j_g(\mathcal{D}).$$

Indication[(1)]. — On observe les faits suivants :

– $\mathcal{D}^c$, espace homogène à gauche sous $MT(A_\tau)^{\mathrm{ad}}(\mathbf{C})$, se plonge de manière équivariante dans $\mathfrak{H}_g^c$ relativement à $MT(A_\tau)^{\mathrm{ad}}(\mathbf{C}) \to Sp_{2g}(\mathbf{C})$. Tout cela est défini sur $\overline{\mathbf{Q}}$.

– L'application rationnelle $\mu : \mathfrak{P}_{\mathcal{V}}(\mathfrak{h}^1(A)) \to (\mathfrak{H}_g^c)_{\overline{\mathbf{Q}}}$, $\left(\begin{smallmatrix} A_1 & B_1 \\ A_2 & B_2 \end{smallmatrix}\right) \mapsto A_2(A_1)^{-1}$ est définie sur $\overline{\mathbf{Q}}$, $MT(A_\tau)$-équivariante, et se factorise à travers $\mathcal{D}^c$. Son image est dense dans $\mathcal{D}^c$.

(1) ceci, et l'esquisse qui suit, représente la réponse de l'auteur — vers fin 1995 — à la question posée par Wolfart de l'estimation de $\deg\operatorname{transc}_{\mathbf{Q}} \mathbf{Q}(\tau)$. La démonstration a été rédigée en détail dans la thèse de A. Präve (Frankfurt, 1997, non publiée).

– La conjecture de Grothendieck implique que $\begin{pmatrix}\Omega_1 & N_1\\ \Omega_2 & N_2\end{pmatrix}$ s'envoie sur le point générique de $\mathfrak{P}_{\mathcal{V}}(\mathfrak{h}^1(A))$, donc τ (son image par μ) s'envoie sur le point générique de $\mathcal{D}^c$.

23.3. Extension au cas mixte

23.3.1. Au début de ce chapitre, on a parlé de périodes dans le contexte général des variétés lisses. Cette notion devrait s'étendre du reste à tout motif mixte.

L'existence d'une t-structure appropriée (compatible au $\otimes$) dans $DM_{\mathrm{gm}}(k)_{\mathbf{Q}}$ permettrait de définir, en passant au cœur, une bonne catégorie tannakienne $MM(k)_{\mathbf{Q}}$ de motifs mixtes, et de leur associer un groupe de Galois motivique et un torseur des périodes (*cf.* 21.1.5, 22.1.3, 22.3). On pourrait alors étendre à ce cadre la conjecture des périodes de Grothendieck.

23.3.2. Faute de savoir définir cette t-structure, on peut tout de même construire des torseurs de périodes « mixtes », et formuler une conjecture des périodes mixtes, de différentes manières. La meilleure, dans cet esprit, est celle M. Kontsevich basée sur la catégorie de Nori (voir ci-dessous).

Un procédé moins conceptuel, mais fournissant des minorations commodes (et conjecturalement optimales) du degré de transcendance des périodes consiste à remplacer groupes de Galois motiviques par groupes de Mumford-Tate des structures de Hodge mixtes attachées aux variétés lisses ou motifs mixtes M en question (supposés définis sur $k \subset \overline{\mathbf{Q}}$), c'est-à-dire à conjecturer

$$(?) \qquad \deg\mathrm{transc}_{\mathbf{Q}}\, k(\Omega_M) \geqslant \dim MT(M)$$

comme dans la remarque 23.1.4.2 (l'inégalité dans l'autre sens $\leqslant$ étant aussi conjecturale).

23.3.3. Le cas des 1-motifs (*cf.* 20.1) définis sur $\overline{\mathbf{Q}}$ est particulièrement intéressant[(2)]. Dans le cas simple où M est le motif de Kummer $[\mathbf{Z} \xrightarrow{1\mapsto q} \mathbb{G}_m]$ (qu'on peut aussi voir comme un motif de Tate mixte de poids -2 et 0), la matrice des périodes dans les bases naturelles s'écrit

$$\begin{pmatrix} 1/2\pi i & (\log q)/2\pi i \\ 0 & 1 \end{pmatrix}$$

(pour une détermination quelconque du logarithme) et $MT(M)$ est un groupe de matrices de la forme $\begin{pmatrix} * & * \\ 0 & 1\end{pmatrix}$, de dimension 1 ou 2 selon que $q \in \overline{\mathbf{Q}}$ est une racine de l'unité ou non. La conjecture des périodes « mixte » prédit dans ce cas que si q n'est pas une racine de l'unité, alors $\log q$ et π sont algébriquement indépendants sur $\mathbf{Q}$.

Pour un 1-motif général défini sur $\overline{\mathbf{Q}}$, la conjecture se réduit à un énoncé d'indépendance algébrique sur les logarithmes de points algébriques sur un groupe algébrique

(2) l'inégalité $\leqslant$ est acquise dans ce cas grâce à un théorème de J.-L. Brylinski [**Bry83**].

commutatif. On ne sait traiter à présent que l'indépendance linéaire sur $\overline{\mathbf{Q}}$ de tels nombres, *cf.* 7.5.2.3.

23.3.4. Le point de vue de M. Kontsevich [KZ01, § 4]. — Il est basé sur l'approche de M. Nori [**Nori**], qui a construit une catégorie tannakienne $MM'(k)_{\mathbf{Q}}$ de motifs mixtes définis sur un sous-corps k de $\mathbf{C}$ (*cf.* 21.4). Ici $k = \mathbf{Q}$.

Kontsevich considère le $\mathbf{Q}$-espace des périodes effectives « formelles » engendré par les symboles $[(X, D, \omega, \gamma)]$, où X est (affine) lisse sur $\mathbf{Q}$, $D \subset X$ est un diviseur à croisements normaux, $\omega \in \Omega^{\dim X}(X)$ et $\gamma \in H_{\dim X}(X(\mathbf{C}), D(\mathbf{C}), \mathbf{Q})$, modulo les relations

i) linéarité en ω et en γ,

ii) pour tout morphisme $f : (X, D) \to (X', D')$, et $\omega \in \Omega^{\dim X'}(X')$ et $\gamma \in H_{\dim X}(X(\mathbf{C}), D(\mathbf{C}), \mathbf{Q})$, on a

$$[(X, D, f^*\omega, \gamma)] = [(X, D, \omega, f_*\gamma)],$$

iii) notant $D^{[1]}$ (resp. $D^{[2]}$ la normalisation de D (resp. de la seconde strate d'intersection de D), on a, pour tout $\eta \in \Omega^{\dim X-1}(X)$

$$[(X, D, d\eta, \gamma)] = [(D^{[1]}, D^{[2]}, \eta_{|D^{[1]}}, \partial\gamma)].$$

C'est en fait une $\mathbf{Q}$-algèbre, et sa localisée $\widehat{\mathcal{P}}$ après inversion de la classe $[(\mathbb{A}^1, 0, dz/z, \gamma)]$ (où γ est le lacet standard autour de 0) s'identifie à l'algèbre du pro-torseur des périodes au sens de Nori. La conjecture des périodes dans le cas mixte (exprimée en termes de la catégorie de Nori $MM'(\mathbf{Q})_{\mathbf{Q}}$) se traduit alors par

(?) *l'homomorphisme* $\widehat{\mathcal{P}} \longrightarrow \mathbf{C}$, $[(X, D, \omega, \gamma)] \longmapsto \int_\gamma \omega$, *est injectif.*

Autrement dit, les relations entre périodes proviendraient toujours de changements de variables algébriques et de la formule de Stokes.

23.4. Extension au cas d'un corps de base transcendant

23.4.1. Revenant à la situation « pure » de départ, que dire du degré de transcendance du corps engendré par les périodes de X lorsque k n'est plus supposé algébrique ?

On a toujours l'inégalité

$$\deg \mathrm{transc}_k\, k(\text{périodes}(X)) \leqslant \dim G_{\mathrm{mot},\mathcal{V}}(X),$$

d'où :

$$\deg \mathrm{transc}_{\mathbf{Q}}\, k(\text{périodes}(X)) \leqslant \dim G_{\mathrm{mot},\mathcal{V}}(X) + \deg \mathrm{transc}_{\mathbf{Q}}\, k.$$

Il n'y a pas de borne inférieure non triviale pour $\deg\operatorname{transc}_k k(\text{périodes}(X))$, mais nous avons proposé[(3)] la *conjecture des périodes généralisée* suivante :

$$\boxed{\deg\operatorname{transc}_{\mathbf{Q}} k(\text{périodes}(X)) \overset{?}{\geqslant} \dim G_{\mathrm{mot},\mathcal{V}}(X).}$$

Cet énoncé devrait être étendu au cas des motifs mixtes (quitte à remplacer, en première approximation, $G_{\mathrm{mot},\mathcal{V}}(X)$ par le groupe de Mumford-Tate $MT(M)$ de la structure de Hodge mixte attachée à M).

23.4.2. Le cas des 1-motifs est encore particulièrement intéressant. Appliquée au cas du 1-motif $M = [\mathbf{Z} \xrightarrow{1\mapsto q} \mathbb{G}_m]$, la conjecture des périodes généralisée prédit que si q est un nombre complexe non nul qui n'est pas une racine de l'unité, deux au moins des trois nombres π, q et $\log q$ sont algébriquement indépendants sur $\mathbf{Q}$.

Plus généralement, C. Bertolin [**Ber02**] a vérifié que *la conjecture des périodes généralisée pour les* 1*-motifs sans partie abélienne équivaut à la conjecture de Schanuel* : si $x_1, \dots, x_n$ sont linéairement indépendants sur $\mathbf{Q}$, alors

$$\deg\operatorname{transc}(x_1, \dots, x_n, e^{x_1}, \dots, e^{x_n}) \geqslant n.$$

23.4.3. Voici un autre exemple. Soit q un nombre complexe tel que $0 < |q| < 1$. Soit $J(q) = \frac{1}{q} + 744 + \dots$ l'invariant modulaire de la courbe elliptique $\mathbf{C}^*/q^{\mathbf{Z}}$, et soit A un modèle sur $\overline{\mathbf{Q}}(J(q))$ de $\mathbf{C}^*/q^{\mathbf{Z}}$. Considérons le 1-motif $M_q = [\mathbf{Z} \xrightarrow{u} \mathbb{G}_m \times A]$ avec $u(1) = (q, 0)$, défini sur le corps $k = \overline{\mathbf{Q}}(q, J(q))$. On vérifie que $\dim MT(M_q) = 3$ ou 5 selon que A est à multiplication complexe ou non. Nous noterons $\left(\begin{smallmatrix}\omega_1 & \eta_1\\ \omega_2 & \eta_2\end{smallmatrix}\right)$ « la » matrice des périodes standard de A. Dans le cas CM, on a $k(\text{périodes}(M_q)) = \overline{\mathbf{Q}}(q, \pi, \omega_1)$, et la conjecture des périodes généralisée donne dans ce cas

$$\deg\operatorname{transc}_{\mathbf{Q}} \overline{\mathbf{Q}}(q, \pi, \omega_1) = 3,$$

ce qui a été prouvé par Y. Nesterenko [**N96**]. S'il n'y a pas multiplication complexe, on a $k(\text{périodes}(M_q)) = \mathbf{Q}(q, J(q), \omega_1, \omega_2, \eta_1, \pi)$, et la conjecture des périodes généralisée prédit que

$$\deg\operatorname{transc}_{\mathbf{Q}} \mathbf{Q}(q, J(q), \omega_1, \omega_2, \eta_1, \pi) \geqslant 5.$$

En utilisant les formules

$$E_2(q) = 3\frac{\omega_1\eta_1}{\pi^2}, \quad E_4(q) = \frac{3}{4}\Big(\frac{\omega_1}{\pi}\Big)^4 g_2, \quad E_6(q) = \frac{27}{8}\Big(\frac{\omega_1}{\pi}\Big)^6 g_3,$$

on voit que cette inégalité entraîne que

$$\deg\operatorname{transc}_{\mathbf{Q}} \mathbf{Q}(q, E_2(q), E_4(q), E_6(q)) \geqslant 3.$$

Ce dernier énoncé, démontré par Nesterenko [**N96**], est en fait valable sans hypothèse sur les endomorphismes de A, et redonne $\deg\operatorname{transc}\mathbf{Q}(q, \pi, \omega_1) = 3$ dans le cas CM.

Ces considérations ont aussi été généralisées dans [**Ber02**].

(3) dans une prépublication non publiée de 1997 : « Quelques conjectures de transcendance issues de la géométrie algébrique ».

23.4.4. Reprenons enfin la situation de 23.2.2, mais sans supposer le corps de base k algébrique (autrement dit, sans supposer $j_g(\tau)$ défini sur $\overline{\mathbf{Q}}$).

Le même argument que celui de 23.2.4.1 montre que la conjecture des périodes généralisée entraîne que

$$\operatorname{deg\,transc}_{\mathbf{Q}} \mathbf{Q}(\tau, j_g(\tau)) \geqslant \dim j_g(\mathcal{D}).$$

Cette inégalité conjecturale se généralise sans difficulté à toute variété de Shimura.

23.5. Vers une théorie de Galois pour des nombres transcendants ?

23.5.1. Revenons au cas où le corps de base k est algébrique, et même égal à $\mathbf{Q}$ pour simplifier. Pour tout nombre complexe algébrique α, on a la notion de nombres conjugués de α, et ces nombres sont permutés par le groupe de Galois de la clôture galoisienne de $\mathbf{Q}[\alpha]$ au-dessus de $\mathbf{Q}$.

Y a-t-il quelque chose d'analogue pour des nombres α transcendants ?

Pour un nombre α appartenant à la « $\mathbf{Q}$-algèbre des périodes » (*i.e.* l'algèbre engendrée par les périodes de tous les motifs définis sur $\mathbf{Q}$, en inversant $2\pi i$), la théorie des motifs suggère que oui : le sens profond de la conjecture des périodes de Grothendieck est de pouvoir faire agir le groupe des points rationnels du Galois motivique absolu sur cette algèbre des périodes.

De manière concrète, l'idée est de considérer l'algèbre des fonctions $\mathbf{Q}[\mathfrak{P}]$ du torseur des périodes d'un motif M choisi minimal pour que $\mathbf{Q}[\mathfrak{P}]$ contienne $\mathbf{Q}[\alpha]$. On note $G_{\mathrm{mot}}(M)$ le $\mathbf{Q}$-groupe de Galois motivique associé (pour la réalisation de Betti). Alors, sous la conjecture des périodes, $G_{\mathrm{mot}}(M)(\mathbf{Q})$ agit sur $\mathbf{Q}[\mathfrak{P}]$, et les « conjugués » de α sont les points de l'orbite de α sous $G_{\mathrm{mot}}(M)(\mathbf{Q})$ (qui joue le rôle de groupe de Galois). La « clôture galoisienne » de $\mathbf{Q}[\alpha]$ est la plus petite sous-algèbre de $\mathbf{Q}[\mathfrak{P}]$ contenant α et stable sous $G_{\mathrm{mot}}(M)(\mathbf{Q})$.

23.5.2. Voici quatre exemples élémentaires :

– si $\mathbf{Q}[\alpha]$ est un corps de nombres, on prend pour M le motif d'Artin qu'il définit. Alors $\mathbf{Q}[\mathfrak{P}]$ est la clôture galoisienne de $\mathbf{Q}[\alpha]$ et le groupe de Galois usuel s'identifie au groupe des $\mathbf{Q}$-points du groupe de Galois motivique (qui est fini constant sur $\mathbf{Q}$), de sorte qu'on retrouve la notion usuelle de « conjugués ».

– si $\alpha = 2\pi i$, on prend pour M le motif de Lefschetz $\mathbf{1}(-1)$, le groupe de Galois est $\mathbf{Q}^*$, et on trouve que les conjugués de $2\pi i$ sont ses multiples rationnels non nuls ; donc $\mathbf{Q}[2\pi i]$ est « galoisien » sur $\mathbf{Q}$.

– si $\alpha = \omega_1$ est une période de première espèce d'une courbe elliptique A définie sur $\mathbf{Q}$, on prend $M = \mathfrak{h}^1(A)$. Le groupe de Galois s'identifie à $GL_2(\mathbf{Q})$ sans multiplication complexe sur $\mathbf{C}$, et au normalisateur d'un tore de Cartan $E^* \subset GL_2(\mathbf{Q})$ si A est à multiplication complexe par E. Dans les deux cas, les conjugués de ω_1 seraient[4] les éléments non nuls de $\mathbf{Q}\cdot\omega_1 \oplus \mathbf{Q}\cdot\omega_2$, où ω_2 est une autre période de première espèce indépendante de ω_1. La clôture galoisienne de $\mathbf{Q}[\omega_1]$ est donc $\mathbf{Q}[\omega_1,\omega_2]$ (qui n'est autre que $E[\omega_1]$ dans le cas à multiplication complexe).

– si $\alpha = \log q$, $q \in \mathbf{Q} \smallsetminus \{-1,0,1\}$, on prend pour M le 1-motif $[\mathbf{Z} \overset{1\mapsto q}{\longrightarrow} \mathbb{G}_m]$. Le groupe de Galois est extension de $\mathbf{Q}^*$ par $\mathbf{Q}$, et les conjugués de $\log q$ seraient[5] les éléments $\log q + 2\pi i\lambda$, $\lambda \in \mathbf{Q}$. La clôture galoisienne de $\mathbf{Q}[\log q]$ est donc $\mathbf{Q}[\log q, 2\pi i]$.

Nous verrons un autre exemple au dernier chapitre (25.7.4.2).

(4) dans le cas sans multiplication complexe, ceci est conditionné à la conjecture de Grothendieck pour A.

(5) sous la conjecture de Grothendieck pour M, c'est-à-dire l'indépendance de $\log q$ et de π.

CHAPITRE 24

MOTIFS ET VALEURS SPÉCIALES DE LA FONCTION Γ

En nous appuyant sur les travaux de G. Shimura, A. Weil, D. Rohrlich, P. Deligne, G. Anderson, A. Ogus et d'autres (*cf.* [**W76**], [**D80b**], [**gA85**], [**Scha88**], [**O90**]), nous nous proposons d'élucider le réseau de relations algébriques que satisfont les nombres réels $\Gamma(a)$, $a \in \mathbf{Q} \setminus -\mathbf{N}$, et de les interpréter dans le contexte des motifs. Cela va nous conduire à étudier les relations entre périodes de variétés abéliennes à multiplication complexe, et à prouver que toutes celles connues s'expliquent, conformément à la conjecture de Grothendieck, par la présence de cycles algébriques.

24.1. Valeurs de Γ et périodes d'intégrales abéliennes

24.1.1. Ces nombres apparaissent déjà dans le calcul de certaines périodes elliptiques

$$\int_0^1 \frac{dx}{\sqrt{1-x^4}} = \frac{\pi}{2\sqrt{2}} F(1/2, 1/2, 1; 1/2) = \frac{1}{4\sqrt{2\pi}} (\Gamma(1/4))^2.$$

En fait, ils interviennent *via* les valeurs de la fonction Beta d'Euler

$$B(a,b) = \int_0^1 x^{a-1}(1-x)^{b-1}dx = \frac{\Gamma(a)\Gamma(b)}{\Gamma(a+b)}$$

qui, pour a, b rationnels, sont des périodes des courbes de Fermat.

Rappelons pourquoi. Laissant de côté quelques cas triviaux, on peut supposer sans perte de généralité que $a, b, a+b \notin \mathbf{Z}$. Notons N le dénominateur commun de a et b, et posons $a = r/N$, $b = s/N$, $\zeta = e^{2\pi i/N}$.

Considérons la courbe de Fermat F_N de degré N, donnée en coordonnées projectives par $x^N + y^N = z^N$. C'est une courbe de genre $(N-1)(N-2)/2$; une base de $H^1_{\mathrm{DR}}(F_N)$ est donnée par les $(N-1)(N-2)$ classes (modulo les différentielles exactes) des différentielles de seconde espèce [**W76**], [**L82**, II] :

$$x^{r-1}y^{s-1}\frac{dx}{y^{N-1}}, \quad 1 \leqslant r, s \leqslant N-1,\ r+s \neq N.$$

Soit G_N le quotient du produit de trois copies du groupe μ_N des racines N-ièmes de l'unité par le sous-groupe diagonal. Il agit sur F_N coordonnée par coordonnée

$$\underline{\zeta}^* x = \zeta_0 x, \quad \underline{\zeta}^* y = \zeta_1 y, \quad \underline{\zeta}^* z = \zeta_2 z.^{(1)}$$

Soit γ le chemin $[0,1] \to F_N(\mathbf{C})$, $t \mapsto (t, (1-t^N)^{1/N})$. On a

$$\oint x^{r-1} y^{s-1} \frac{dx}{y^{N-1}} = (1-\zeta^r)(1-\zeta^s) \int_\gamma x^{r-1} y^{s-1} \frac{dx}{y^{N-1}}$$

où la première intégrale est prise sur le lacet $\gamma - (1,\zeta)_*\gamma + (\zeta,\zeta)_*\gamma - (\zeta,1)_*\gamma$, et

$$N \int_\gamma x^{r-1} y^{s-1} \frac{dx}{y^{N-1}} = N \int_0^1 t^{r-1} (1-t^N)^{(s-1)/N} \frac{dx}{(1-t^N)^{1-1/N}} = B(r/N, s/N).$$

24.1.2. Il est douteux que le nombre $\Gamma(a)$ soit lui-même une période en général, mais nous allons voir de deux manières différentes que l'une de ses puissances l'est : ce sera en fait une période d'un produit de courbes de Fermat.

– Première voie : on a $\Gamma(r/N)^N = (N-1)! \prod_{i=1}^{i=N-1} B(r/N, ir/N)$.

– Deuxième voie (utile pour la suite) : observons d'abord que l'inverse

$$B(r/N, s/N)^{-1} \sim B(1-r/N, 1-s/N)/\pi \quad \text{mod. } \overline{\mathbf{Q}}^*$$

est encore une période ; il suffit donc de montrer :

24.1.2.1. Proposition. — *Il existe n entier > 0 tel que $\Gamma(r/N)^n$ soit, à un facteur dans $\overline{\mathbf{Q}}^*$ près, un monôme en les $B(s/N, s/N)$, $s \in \{1, \ldots N-1\}$, et leurs inverses.*

Pour démontrer cette proposition, nous nous plaçons dans le groupe multiplicatif $\mathbf{C}^*/\overline{\mathbf{Q}}^*$. Ce groupe étant « uniquement divisible », on peut le voir, et nous le verrons, comme $\mathbf{Q}$-espace vectoriel[(2)].

Considérons l'application $\mathbf{Q}$-linéaire de $\mathbf{Q}[\mathbf{Z}/N\mathbf{Z}]$ vers $\mathbf{C}^*/\overline{\mathbf{Q}}^*$ donnée par

$$\sum_{s \in \mathbf{Z}/N\mathbf{Z}} n_s [s] \longmapsto \prod (\Gamma(s/N))^{n_s} \text{ mod. } \overline{\mathbf{Q}}^*$$

(bien définie en vertu de l'équation fonctionnelle $\Gamma(z+1) = z\Gamma(z)$). À l'aide de cette application et de la formule $B(s/N, s/N) = \dfrac{\Gamma(s/N)^2}{\Gamma(2s/N)}$, la proposition se déduit du lemme élémentaire suivant

24.1.2.2. Lemme. — *Les éléments $2[s] - [2s]$, $s \in \mathbf{Z}/N\mathbf{Z}$, forment une base de $\mathbf{Q}[\mathbf{Z}/N\mathbf{Z}]$.*

---

(1) c'est la convention de [**L82**], mais l'inverse de la convention de [**D82**] et [**O90**].

(2) il n'est nul besoin d'invoquer le logarithme ici.

Démonstration. — Soit B le $\mathbf{Q}$-espace engendré par les $B_s := 2[s] - [2s]$. Pour tout $s \in \mathbf{Z}/N\mathbf{Z}$, on a $2[s] \equiv [2s]$ d'où $2^k[s] \equiv [2^k s]$ mod. B. Soient $i \neq j$ deux entiers tels que $2^i s \equiv 2^j s$ mod. N. Alors $[2^i s] = [2^j s]$ dans $\mathbf{Q}[\mathbf{Z}/N\mathbf{Z}]$ et $2^i[s] \equiv 2^j[s]$ mod. B, d'où $[s] \in B$. □

24.2. Distributions et relations de distribution

24.2.1. Commençons par une

24.2.1.1. Définition. — Une *distribution* [3] est une fonction $\mathbf{Q}/\mathbf{Z} \xrightarrow{g} V$ à valeurs dans un $\mathbf{Q}$-espace vectoriel V, qui vérifie le système d'équations dites « de distribution »

$$g(z) = \sum_{Ny=z} g(y)$$

pour tout entier $N > 0$ (et tout $z \in \mathbf{Q}/\mathbf{Z}$). Elle est dite *impaire* si $g(-z) = -g(z)$.

Un *morphisme entre distributions* $\mathbf{Q}/\mathbf{Z} \xrightarrow{g} V$ et $\mathbf{Q}/\mathbf{Z} \xrightarrow{h} W$ est une application linéaire $V \xrightarrow{\varphi} W$ telle que $h = \varphi \circ g$.[4]

Les distributions forment une catégorie, d'où une notion de distribution universelle (resp. distribution impaire universelle).

Trois exemples de distributions impaires

1) Pour tout $z \in \mathbf{Q}/\mathbf{Z}$, notons $\langle s \rangle$ son représentant dans $]0, 1]$. La fonction

$$g(z) = \frac{1}{2} - \langle z \rangle$$

est une distribution. Elle devient une distribution impaire si l'on modifie sa valeur en 0 en posant $g(0) = 0$.

2) Le groupe profini $\widehat{\mathbf{Z}}^* = \varprojlim (\mathbf{Z}/N\mathbf{Z})^*$ s'identifie au groupe des automorphismes du groupe discret $\mathbf{Q}/\mathbf{Z}$. Notons $\check{s} \in \mathbf{Q}^{(\mathbf{Z}/N\mathbf{Z})^*}$ la fonction qui prend la valeur 1 en s et 0 ailleurs. Les applications

$$\check{s}' \longmapsto \sum_{\substack{s \in (\mathbf{Z}/N\mathbf{Z})^* \\ s \equiv s' \text{ mod. } N'}} \check{s}, \quad \text{pour } N'|N,$$

définissent par $\mathbf{Q}$-linéarité un système inductif, dont on note

$$V = \varinjlim \mathbf{Q}^{(\mathbf{Z}/N\mathbf{Z})^*} \subset \mathbf{Q}^{\widehat{\mathbf{Z}}^*}$$

---

(3) cette terminologie vient de « relations de distribution », et n'a rien à voir *a priori* avec les distributions de Schwartz ; toutefois, il s'avère que ces distributions donnent bel et bien lieu à des distributions au sens de l'analyse... p-adique, *cf.* [**L78**, 2].

(4) noter que la classe d'isomorphisme de g détermine l'espace vectoriel engendré par l'image de g dans V (à isomorphisme près), mais non V lui-même.

la limite. Pour tout $z \in \frac{1}{N}\mathbf{Z}/\mathbf{Z}$, on définit l'*élément de Stickelberger* [5]

$$\mathrm{St}_N(z) = \sum_{s \in (\mathbf{Z}/N\mathbf{Z})^*} \Big(\frac{1}{2} - \langle s^{-1}z\rangle\Big)\check{s} \quad \text{si } z \neq 0, \ \mathrm{St}_N(0) = 0.$$

Compte tenu de l'exemple 1), cette expression ne dépend en fait que de l'image de z dans $\mathbf{Q}/\mathbf{Z}$ et non de N, et définit une distribution impaire St, la *distribution de Stickelberger*.

3) À partir des équations fonctionnelles de la fonction Gamma

a) $$\Gamma(z+1) = z\Gamma(z), \quad (z \notin -\mathbf{N})$$

b) $$\Gamma(z)\Gamma(1-z) = \frac{\pi}{\sin \pi z}, \quad (z \notin \mathbf{Z})$$

c) $$\prod_0^{N-1} \frac{1}{\sqrt{2\pi}}\Gamma(z+s/N) = \frac{1}{\sqrt{2\pi}}\Gamma(Nz)N^{1/2-Nz}, \quad (z \notin -\frac{1}{N}\mathbf{N})$$

on voit que la fonction $\frac{1}{\sqrt{\pi}}\Gamma$ induit une application

$$\widetilde{\Gamma} : (\mathbf{Q}/\mathbf{Z}) \smallsetminus \{0\} \longrightarrow \mathbf{C}/\overline{\mathbf{Q}}^*$$

qu'on prolonge en 0 en posant $\widetilde{\Gamma}(0) = 1$, et qui vérifie le système d'équations

$$\widetilde{\Gamma}(-z) = \widetilde{\Gamma}(z)^{-1} = \prod_{Ny=z} \widetilde{\Gamma}(y) \ \text{ pour tout entier } N > 0.$$

En d'autres termes, $\widetilde{\Gamma} : \mathbf{Q}/\mathbf{Z} \to \mathbf{C}/\overline{\mathbf{Q}}^*$ est une *distribution impaire*.

24.2.2. Notons comme d'habitude $\phi(N) = |(\mathbf{Z}/N\mathbf{Z})^*|$ l'indicateur d'Euler.

***24.2.2.1. Proposition* (Kubert, *cf.* [L78],2.9).** — *Soit $g : \mathbf{Q}/\mathbf{Z} \to V$ une distribution. Notons $r_N(g)$ la dimension du sous-espace de V engendré par $g(\frac{1}{N}\mathbf{Z}/\mathbf{Z})$.*

i) *On a $r_N(g) \leqslant \phi(N)$ (resp. $\leqslant \phi(N)/2$ si g est impaire et $N > 2$).*

ii) *g est une distribution universelle (resp. distribution impaire universelle) si et seulement si $r_N(g) = \phi(N)$ pour tout $N > 1$ (resp. $= \phi(N)/2$ pour tout $N > 2$ si g est impaire). Dans ce cas, toutes les relations entre les éléments de $g(\frac{1}{N}\mathbf{Z}/\mathbf{Z})$ proviennent des relations de distribution restreintes au sous-groupe $\frac{1}{N}\mathbf{Z}/\mathbf{Z}$ de $\mathbf{Q}/\mathbf{Z}$.*

Dans le cas de la distribution impaire $\widetilde{\Gamma}$, la borne $\phi(N)/2$ avait été conjecturée par Legendre, et obtenue par Stern (1867). Cette borne ne doit pas laisser penser que des générateurs du $\mathbf{Q}$-espace engendré par $g(\frac{1}{N}\mathbf{Z}/\mathbf{Z})$ sont donnés par les $\phi(N)/2$ quantités $g(s/N)$, $s \in \{1, \ldots, [N/2]\}$ premier à N. C'est déjà faux pour $N = 24$: on a la relation

$$g(1/24) + g(11/24) = g(5/24) + g(7/24).$$

[5] à des normalisations (variables) près, c'est bien là l'élément de Stickelberger de la théorie des corps cyclotomiques, une fois identifié $(\mathbf{Z}/N\mathbf{Z})^*$ avec $\mathrm{Hom}(\mathbf{Q}(\mu_N), \mathbf{C})$ par le choix d'une racine primitive N-ième de 1.

Dans le cas de $\widetilde{\Gamma}$, cette relation reflète l'identité plus précise (*cf.* [**BoZ92**])

$$\frac{\Gamma(1/24)\,\Gamma(11/24)}{\Gamma(5/24)\,\Gamma(7/24)} = \sqrt{3}\sqrt{2+\sqrt{3}}.$$

24.2.2.2. Proposition. — *La distribution de Stickelberger est une distribution impaire universelle. En particulier, il y a un morphisme canonique de la distribution de Stickelberger vers la distribution* $\widetilde{\Gamma}$.

Nous construirons explicitement un tel morphisme en 24.5, par le biais des périodes de motifs.

Démonstration. — Par le critère de Kubert, il s'agit de montrer que pour tout $N > 2$, le sous-espace

$$\mathrm{CM}_{N,\mathbf{Q}} \subset \mathbf{Q}^{(\mathbf{Z}/N\mathbf{Z})^*}$$

engendré par $\sum \check{s}$ et les $\mathrm{St}_N(z)$, $z \in \frac{1}{N}\mathbf{Z}/\mathbf{Z}$, $z \neq 0$, est de dimension $\frac{\phi(N)}{2} + 1$. Cela suit du lemme classique suivant :

24.2.2.3. Lemme. — *L'inclusion* $\mathrm{CM}_{N,\mathbf{Q}} \subset \{\sum x_s \check{s},\ x_s \in \mathbf{Q},\ x_s + x_{-s} = cst.\}$ *est une égalité.*

Esquissons l'argument. Ces deux sous-espaces de $\mathbf{Q}^{(\mathbf{Z}/N\mathbf{Z})^*}$, identifié provisoirement à l'anneau de groupe $\mathbf{Q}[(\mathbf{Z}/N\mathbf{Z})^*]$, sont en fait des idéaux. Il suffit donc de montrer qu'ils sont annulés par les mêmes caractères de $(\mathbf{Z}/N\mathbf{Z})^*$. Ceci revient à montrer que les caractères impairs χ n'annulent pas tous les $\mathrm{St}_N(z)$. Or pour χ primitif, on a $\chi(\mathrm{St}_N(1/N)) = \sum(\frac{1}{2} - \langle\frac{-i}{N}\rangle)\chi(i) = L(\chi, 0) \neq 0$. En général, χ provient d'un caractère primitif de $(\mathbf{Z}/N'\mathbf{Z})^*$, avec $N'|N$, et on trouve de même $\chi(\mathrm{St}_N(1/N')) \neq 0$. □

24.3. Types CM et motifs de type CM

24.3.1. Soit E un corps CM, c'est-à-dire une extension totalement imaginaire d'un corps de nombres totalement réel[6]. La notion de conjugaison complexe sur E est indépendante du choix d'un plongement $E \hookrightarrow \mathbf{C}$. On note $s \mapsto \overline{s}$ l'action de la conjugaison complexe sur $\mathrm{Hom}(E, \mathbf{C})$.

24.3.1.1. Définition. — Un *type* CM de E est une fonction τ à valeurs entières sur $\mathrm{Hom}(E, \mathbf{C})$ telle que $w(\tau) := \tau(s) + \tau(\overline{s})$ soit indépendant de s ; $w(\tau)$ s'appelle le *poids* de τ (terminologie justifiée en 24.3.6 ci-dessous).

L'ensemble des types CM de E forme un groupe abélien pour l'addition, noté CM^E. on note aussi $\mathrm{CM}^E_{\mathbf{Q}}$ le $\mathbf{Q}$-espace qu'il engendre.

24.3.1.2. Lemme. — CM^E *est libre de rang* $\frac{[E:\mathbf{Q}]}{2} + 1$.

[6] par commodité, on admettra aussi $\mathbf{Q}$ parmi les corps CM dans ce chapitre.

Démonstration. — En effet, si l'on fixe une partition $\mathrm{Hom}(E,\mathbf{C}) = \Phi \coprod \overline{\Phi}$ en deux sous-ensembles échangés par la conjugaison complexe, un type CM est donné par son poids et une fonction à valeurs entières arbitraires sur Φ. □

24.3.2. Pour tout morphisme $\mathrm{Spec}\, E \xrightarrow{u} \mathrm{Spec}\, E'$ correspondant à une extension $E' \overset{\iota_u}{\hookrightarrow} E$ de corps CM, on a un homomorphisme injectif

$$\mathrm{CM}^{E'} \xrightarrow{u^*} \mathrm{CM}^{E}, \quad u^*(\tau')(s) = \tau'(s \circ u).$$

Il y a aussi un homomorphisme dans l'autre sens (transfert)

$$\mathrm{CM}^{E} \xrightarrow{u_*} \mathrm{CM}^{E'}, \quad u_*(\tau)(s') = \sum_{s \circ \iota_u = s'} \tau(s),$$

et on a $u_* u^* = [E : E'] \cdot \mathrm{id}$ sur $\mathrm{CM}^{E'}$. En particulier $\mathrm{Aut}(E)$ agit sur CM^E *via* $\iota_u \mapsto u^*$, et on a $u_* = (u^*)^{-1}$.

Les injections u^* permettent de définir sans ambiguïté la notion de type CM sur le compositum $\mathbf{Q}^{\mathrm{cm}}$ de tous les corps CM dans $\overline{\mathbf{Q}} \subset \mathbf{C}$.

24.3.3. La notion de « type CM » est apparue d'abord dans la théorie des variétés abéliennes à multiplication complexe (ou « de type CM ») au sens suivant (*cf.* [**Shi98**], [**Mum69a**]).

24.3.3.1. Définition. — Une *variété abélienne à multiplication complexe par E* est la donnée d'une variété abélienne A et d'un plongement $E \hookrightarrow (\mathrm{End}\, A) \otimes \mathbf{Q}$ tel que $2 \dim A = [E : \mathbf{Q}]$.

La théorie de Shimura-Taniyama [**Shi98**] montre (entre autres) que toute variété abélienne complexe A à multiplication complexe est canoniquement définie sur $\overline{\mathbf{Q}} \subset \mathbf{C}$ (En outre, A est, à isogénie près, produit de variétés abéliennes simples à multiplication complexe par des sous-corps de E ; A est simple si et seulement si le plongement $E \hookrightarrow (\mathrm{End}\, A) \otimes \mathbf{Q}$ est un isomorphisme).

À toute variété abélienne A à multiplication complexe par E est attachée une partition $\mathrm{Hom}(E,\mathbf{C}) = \Phi \coprod \overline{\Phi}$ en deux sous-ensembles échangés par la conjugaison complexe : les éléments de Φ sont les plongements complexes de E à travers lesquels se fait l'action de E sur $F^1 H^1_{\mathrm{DR}}(A) = \Omega^1(A)$. Le type CM attaché à A est par définition la fonction caractéristique de Φ.

24.3.4. Revenons à présent aux motifs. Nous allons travailler avec la catégorie de motifs purs $\dot{\mathcal{M}}_{\mathcal{V}}$ définie en termes de correspondances motivées modelées sur $\mathcal{V}$, la catégorie annexe $\mathcal{V}$ contenant au moins les variétés abéliennes à multiplication complexe (par un corps *CM* quelconque) et les espaces totaux de schémas abéliens sur une $\overline{\mathbf{Q}}$-courbe projective lisse. Ceci nous assure que tous les cycles de Hodge sur les variétés abéliennes à multiplication complexe sont motivés, *i.e.* sont des morphismes dans $\dot{\mathcal{M}}_{\mathcal{V}}$ (Partie 1, 10.2.1).

Soit E un corps CM. Considérons la catégorie $\dot{\mathcal{M}}_{\mathcal{V}}^{E}$ dont les morphismes sont les objets M de $\dot{\mathcal{M}}_{\mathcal{V}}$ munis d'un homomorphisme $E \hookrightarrow \operatorname{End} M$, et dont les morphismes sont ceux de $\dot{\mathcal{M}}_{\mathcal{V}}$ compatibles à l'action de E. C'est une catégorie abélienne E-linéaire. Elle est même munie d'une $\otimes$-structure

$$\otimes_E : \dot{\mathcal{M}}_{\mathcal{V}}^{E} \times \dot{\mathcal{M}}_{\mathcal{V}}^{E} \longrightarrow \dot{\mathcal{M}}_{\mathcal{V}}^{E},$$

qui en fait une catégorie tannakienne sur E, et qui correspond à prendre le produit tensoriel sur E au niveau des réalisations de Betti (qui sont des E-espaces vectoriels).

Notons $\langle VAb^E \rangle^{\otimes}$ la sous-catégorie tannakienne de $\dot{\mathcal{M}}_{\mathcal{V}}^{E}$ engendrée par les $\mathfrak{h}^1(A)$ des variétés abéliennes sur $\overline{\mathbf{Q}}$ à multiplication complexe par E, et notons CM_{VAb}^{E} l'ensemble des classes d'isomorphisme d'objets de $\langle VAb^E \rangle^{\otimes}$ qui sont inversibles eu égard à $\otimes_E$ (par exemple, la classe d'isomorphisme de $\mathfrak{h}^1(A)$). On notera qu'un objet de $\langle VAb^E \rangle^{\otimes}$ qui représente une classe dans CM_{VAb}^{E} est bien défini à isomorphisme près, isomorphisme unique à composition par E^* près.

24.3.5. Pour tout morphisme $\operatorname{Spec} E \xrightarrow{u} \operatorname{Spec} E'$ comme en 24.3.2, on a un foncteur évident $\dot{\mathcal{M}}_{\mathcal{V}}^{E'} \to \dot{\mathcal{M}}_{\mathcal{V}}^{E}$, qui induit un homomorphisme

$$u^* = \otimes_{E'} E : \mathrm{CM}_{VAb}^{E'} \longrightarrow \mathrm{CM}_{VAb}^{E}.$$

Il y a aussi un homomorphisme dans l'autre sens

$$u_* = \bigwedge_{E'}^{[E:E']} : \mathrm{CM}_{VAb}^{E} \longrightarrow \mathrm{CM}_{VAb}^{E'},$$

et on a $u_* u^* = [E : E'] \cdot \mathrm{id}$ sur $\mathrm{CM}_{VAb}^{E'}$. En particulier $\operatorname{Aut}(E)$ agit sur CM_{VAb}^{E} *via* $\iota_u \mapsto u^*$, et on a $u_* = (u^*)^{-1}$.

24.3.6. À tout élément $M^E = (M, E \hookrightarrow \operatorname{End} M)$ de CM_{VAb}^{E}, on associe son *type CM*, noté $\tau(M^E) \in \mathrm{CM}^E$, de la manière suivante.

Comme $H_{\mathrm{DR}}(M)$ est un $(E \otimes_{\mathbf{Q}} \overline{\mathbf{Q}})$-module libre de rang un, on a une décomposition canonique de $\overline{\mathbf{Q}}$-espaces

$$H_{\mathrm{DR}}(M) = \bigoplus_{s \in \operatorname{Hom}(E, \mathbf{C})} H_{\mathrm{DR}}(M)_s$$

où E agit sur la droite $H_{\mathrm{DR}}(M)_s$ *via* s. On pose

$$\tau(M^E)(s) = \sup\{i \mid H_{\mathrm{DR}}(M)_s \subset F^i H_{\mathrm{DR}}(M)\},$$

où F^i désigne la filtration de Hodge.

Le poids de M est le poids de $\tau(M^E)$ au sens de 24.3.1.1 :

$$\tau(M^E)(s) + \tau(M^E)(\overline{s}) = w(\tau(M^E)) = w(M).$$

En outre

$$F^i H_{\mathrm{DR}}(M) = \sum_{s, \tau(M^E)(s) \geqslant i} H_{\mathrm{DR}}(M)_s.$$

Notons aussi que le type CM associé au twist $E(r) = E \otimes \mathbf{1}(r)$ est la fonction constante $\underline{-r}$ de valeur $-r$.

24.3.6.1. Théorème. — *L'application $M^E \mapsto \tau(M^E)$ est un isomorphisme de groupes abéliens*

$$\mathrm{CM}^E_{VAb} \xrightarrow{\sim} \mathrm{CM}^E$$

compatible aux fonctorialités u^*, u_* en $\operatorname{Spec} E$.

Démonstration

– L'additivité vient du fait que la filtration de Hodge de $H_{\mathrm{DR}}(M \otimes_E N)$ est la filtration produit tensoriel des filtrations de Hodge. Le même argument montre que $\tau((M^E)^{\otimes_E(-1)}) = -\tau(M^E)$. La compatibilité avec u^* vient du fait que la filtration de Hodge de $H_{\mathrm{DR}}(M' \otimes_{E'} E)$ est induite par la filtration de Hodge de $H_{\mathrm{DR}}(M')$. La compatibilité avec u_* n'est pas beaucoup plus difficile, compte tenu de la formule $H_{\mathrm{DR}}(\bigwedge_{E'}^{[E:E']} M)_{s'} = \bigotimes_{s \circ \iota_u = s'} (H_{\mathrm{DR}}(M)_s)$.

– Surjectivité. On fixe une partition $\mathrm{Hom}(E, \mathbf{C}) = \Phi \coprod \overline{\Phi}$ en deux sous-ensembles échangés par la conjugaison complexe. Par additivité, il suffit de montrer que tout $\tau \in \mathrm{CM}^E$ de poids 1, prenant la valeur 1 en un élément arbitraire s_i de Φ, et s'annulant sur les autres, est de la forme $\tau(M^E)$. Considérons un autre partition $\mathrm{Hom}(E, \mathbf{C}) = \Phi_i \coprod \overline{\Phi}_i$, où Φ_i est constitué de s_i et des conjugués des autres éléments de Φ. L'anneau d'entiers $\mathcal{O}_E$ agit sur $\mathbf{C}^{\overline{\Phi}_i}$ coordonnée par coordonnée à travers les éléments de Φ_i. Il est classique (*cf.* [**Shi98**]) que $A^\tau_{\mathbf{C}} = \mathbf{C}^{\overline{\Phi}_i}/\mathcal{O}_E$ munie du plongement évident $\mathcal{O}_E \hookrightarrow \operatorname{End} A^\tau_{\mathbf{C}}$ définit une variété abélienne sur $\mathbf{C}$ à multiplication complexe par E ; elle descend en une variété abélienne A^τ sur $\overline{\mathbf{Q}}$ à multiplication complexe par E, et on a $\tau = \tau(\mathfrak{h}^1(A^\tau))$.

– Injectivité : c'est le point essentiel. Si $\tau(M^E) = 0$, M^E est un objet de $\langle VAb^E \rangle^{\otimes}$ de poids nul et de filtration de Hodge concentrée en degré 0. Ainsi, $H_B(M^E)$ est formé de cycles de Hodge, donc motivés d'après [**A96a**]. Donc M^E est l'objet unité $E(0)$ de $\langle VAb^E \rangle^{\otimes}$. □

24.3.6.2. Corollaire. — *Le groupe abélien CM^E_{VAb} est libre de rang $\frac{[E:\mathbf{Q}]}{2}+1$ et engendré par le $\mathfrak{h}^1$ des variétés abéliennes à multiplication complexe par E.*

24.4. Nature motivique des relations monomiales de Shimura

24.4.1. Soit τ un type CM de E, et soit $(M_\tau, E \hookrightarrow \operatorname{End} M_\tau)$ un objet de $\langle VAb^E \rangle^{\otimes}$, inversible eu égard à $\otimes_E$, et de type CM égal à τ. D'après le théorème 24.3.6.1, un tel objet existe, et est unique à isomorphisme près (lui-même unique à multiplication par E^* près).

L'isomorphisme des périodes

$$\mathcal{P} = \mathcal{P}_\tau : H_{\mathrm{DR}}(M_\tau) \otimes_{\overline{\mathbf{Q}}} \mathbf{C} \xrightarrow{\sim} H_B(M_\tau) \otimes_{\mathbf{Q}} \mathbf{C}$$

est un isomorphisme $E \otimes \mathbf{C}$-linéaire entre $E \otimes \mathbf{C}$-modules libres de rang un munis de $(E \otimes \overline{\mathbf{Q}})$-structures naturelles. Il donne donc naissance à un élément

$$\underline{p}(\tau) = (\ldots, p(\tau, s), \ldots) \in (E \otimes \mathbf{C})^*/(E \otimes \overline{\mathbf{Q}})^* = (\mathbf{C}^*/\overline{\mathbf{Q}}^*)^{\mathrm{Hom}(E,\mathbf{C})}$$

qui ne dépend que de τ.

24.4.1.1. Définition. — Les composantes $p(\tau, s)$ sont les *périodes de Shimura*(7) attachées au type CM τ.

Noter que la composante $p(\tau, s)$ correspond à $H_{\mathrm{DR}}(M_\tau)_s \otimes_{\overline{\mathbf{Q}}} \mathbf{C} \xrightarrow{\sim} H_B(M_\tau, \mathbf{C})_s$, où $H_B(M_\tau, \mathbf{C})_s$ est la partie de $H_B(M) \otimes \mathbf{C}$ où E agit à travers s.

24.4.2. Le théorème 24.3.6.1 entraîne les égalités

$$\begin{aligned} H_B(M_{\tau_1+\tau_2}) &= H_B(M_{\tau_1}) \otimes_E H_B(M_{\tau_2}), \\ H_{\mathrm{DR}}(M_{\tau_1+\tau_2}) &= H_{\mathrm{DR}}(M_{\tau_1}) \otimes_{E\otimes\overline{\mathbf{Q}}} H_{\mathrm{DR}}(M_{\tau_2}), \\ \mathcal{P}_{\tau_1+\tau_2} &= \mathcal{P}_{\tau_1} \otimes_{E\otimes\overline{\mathbf{Q}}} \mathcal{P}_{\tau_2}, \quad M_{\underline{1}} = E(-1), \end{aligned}$$

d'où les relations

a) $$p(\tau_1 + \tau_2, s) = p(\tau_1, s) p(\tau_2, s)$$

b) $$p(\underline{1}, s) \equiv \pi \ \in \mathbf{C}^*/\overline{\mathbf{Q}}^*.$$

24.4.3. Pour tout morphisme $\operatorname{Spec} E \xrightarrow{u} \operatorname{Spec} E'$ comme en 24.3.2, on a un homomorphisme injectif évident

$$u^* : (E' \otimes \mathbf{C})^*/(E' \otimes \overline{\mathbf{Q}})^* \hookrightarrow (E \otimes \mathbf{C})^*/(E \otimes \overline{\mathbf{Q}})^*.$$

Il y a aussi un homomorphisme dans l'autre sens u_* induit par la norme $N_{E/E'}$, et on a $u_* u^* = [E : E'] \cdot \mathrm{id}$. Il n'est pas difficile de voir que $M_\tau \mapsto \underline{p}(\tau)$ est compatible à u^*, u_*. La même compatibilité valant pour $\tau \mapsto M_\tau$, on en tire les relations

c) $$p(u^*\tau', s) = p(\tau', s \circ \iota_u)$$

d) $$p(u_*\tau, s') = \prod_{s \circ \iota_u = s'} p(\tau, s).$$

Ceci s'applique notamment pour $\iota_u \in \mathrm{Aut}(E)$ (dans le cas particulier de la conjugaison complexe, cela s'écrit $p(\overline{\tau}, s) = p(\tau, \overline{s})$, d'où $p(\tau, \overline{s}) = p(\tau, s)^{-1} \cdot \pi^{-w(\tau)}$ en combinant avec les relations précédentes).

(7) c'est la convention de [**O90**], mais pas celle de [**Scha88**], qui utilise $\mathcal{P}^{-1}$ au lieu de $\mathcal{P}$; ainsi les périodes de Shimura de [**Scha88**] sont-elles les inverses des nôtres. On trouve encore d'autres normalisations dans la littérature.

24.4.4. Les relations a) à d) sont les *relations de Shimura basiques* relatives à CM^E (*cf.* [**Shi80**], [**D80b**]). Elles entraînent une pléthore de *relations monomiales modulo* $\overline{\mathbf{Q}}^*$ *entre les périodes de variétés abéliennes à multiplication complexe*, dites *relations de Shimura*.

Ce qui précède (24.3.6.1) montre que les relations monomiales de Shimura sont *de nature motivique : elles « proviennent » de cycles algébriques* (sur des produits de variétés abéliennes à multiplication complexe et de pinceaux abéliens compacts[(8)]). C'est là un point nouveau par rapport aux travaux mentionnés dans le préambule de ce chapitre.

24.5. Da capo : valeurs de Γ comme périodes de Shimura

Nous allons calculer les périodes de Shimura attachées à tout type CM d'un corps CM E *abélien sur* $\mathbf{Q}$ (donc se plongeant dans un corps cyclotomique $\mathbf{Q}(\mu_N)$ d'après Kronecker).

24.5.1. Identifions un générateur de μ_N à $e^{2\pi i/N} \in \mathbf{C}$. Cela identifie $(\mathbf{Z}/N\mathbf{Z})^*$ à $\mathrm{Hom}(\mathbf{Q}(\mu_N), \mathbf{C})$, l'espace vectoriel $\mathrm{CM}_{\mathbf{Q}}^{\mathbf{Q}(\mu_N)}$ au groupe $\mathrm{CM}_{N,\mathbf{Q}}$ du lemme 24.2.2.3, et les applications de transition du système inductif $(\mathrm{CM}_{N,\mathbf{Q}})$ aux $u_{N,N'}^*$ (pour $\iota_{u_{N,N'}} : \mathbf{Q}(\mu'_N) \hookrightarrow \mathbf{Q}(\mu_N)$).

On peut donc voir les éléments de Stickelberger $\mathrm{St}(z)$ comme des « ind-types CM », *i.e.* des éléments de $\mathrm{CM}_{\infty,\mathbf{Q}} := \varinjlim \mathrm{CM}_{\mathbf{Q}}^{\mathbf{Q}(\mu_N)}$.

24.5.1.1. Lemme. — $\mathrm{St}(z)$ *est de poids nul.*

Démonstration. — Cela suit de la formule classique de Gauss

$$\sum_{j\in(\mathbf{Z}/N'\mathbf{Z})^*} \langle \frac{j}{N'} \rangle = \phi(N')/2$$

appliquée au dénominateur N' de z si $z \neq 0$ ($\mathrm{St}(0) = 0$). □

24.5.2. Considérons de nouveau, pour $N > 2$, la courbe de Fermat F_N, munie de l'action de G_N (*cf.* 24.1.1). Considérons aussi son image $F_{r,r}$ par $x \mapsto x^N$, $y \mapsto x^r y^r z^{N-2r}$, $z \mapsto z^N$ pour $r \in \{1, \dots, N-1\}$ premier à N ; c'est une courbe de genre $\phi(N)/2$, munie de l'action induite de G_N (*cf.* [**L82**, II]). Sa jacobienne $J_{r,r}$ est à multiplication complexe par $\mathbf{Q}(\mu_N)$, de sorte que $\mathfrak{h}^1(J_{r,r}) \in \mathrm{CM}_{VAb}^{\mathbf{Q}(\mu_N)}$.

Par ailleurs, une base de $H^1_{\mathrm{DR}}(F_{r,r})$ est donnée par les $\phi(N)$ classes des différentielles de seconde espèce :

$$x^{N\langle rs/N\rangle-1} y^{N\langle rs/N\rangle-1} \frac{dx}{y^{N-1}}, \quad s \in (\mathbf{Z}/N\mathbf{Z})^*,$$

(8) on se dispenserait de ces derniers si l'on disposait de la conjecture de Hodge pour les variétés abéliennes à multiplication complexe, *cf.* 10.2.1.

et le sous-espace $F^1 H^1_{\mathrm{DR}}(F_{r,r})$ est engendré par celles pour lesquelles $\langle rs/N \rangle < 1/2$ (*cf. loc. cit.*). Le type CM $\tau_{r,r}$ de $\mathfrak{h}^1(J_{r,r})$ est donc

$$\tau_{r,r}(s) = 2\langle -rs/N \rangle + \langle 2rs/N \rangle - 1$$

(qui vaut bien 1 si $\langle rs/N \rangle < 1/2$ et 0 sinon). Enfin, par le calcul de 24.1.1, on trouve

$$p(\tau_{r,r}, s) = B(rs/N, rs/N) \quad \text{dans } \mathbf{C}^*/\overline{\mathbf{Q}}^*.$$

24.5.3. L'homomorphisme $\tau \mapsto \underline{p}(\tau)$ s'étend de manière évidente à $\mathrm{CM}_{\infty,\mathbf{Q}}$, et $p(\tau, s)$ a alors un sens pour tout $s \in \widehat{\mathbf{Z}}^*$. D'après 24.2.2.3, $\mathrm{CM}_{\infty,\mathbf{Q}}$ est engendré par $\underline{1}$ et les $\mathrm{St}(z)$, $z \in \mathbf{Q}/\mathbf{Z} \smallsetminus \{0\}$. On a $p(\underline{1}, s) = \pi$ (dans $\mathbf{C}^*/\overline{\mathbf{Q}}^*$), et il nous reste à calculer $p(\mathrm{St}(z), s)$.

24.5.3.1. Lemme. — *Pour tout $z \in \mathbf{Q}/\mathbf{Z}$, définissons $\tau_z \in \mathrm{CM}_{\infty,\mathbf{Q}}$ par $\tau_z(s) = \langle sz \rangle$ (pour tout $s \in \widehat{\mathbf{Z}}^*$). Si $z \neq 0, \neq 1/2$, on a*

$$p(2\tau_z(-s) - \tau_z(-2s), s) = B(sz, sz) \quad \textit{dans } \mathbf{C}^*/\overline{\mathbf{Q}}^*.$$

Démonstration. — Soit N le dénominateur ($\rangle 2$) de $\langle z \rangle$ et posons $r = N\langle z \rangle$. Alors r est premier à N, $2\tau_z(-s) - \tau_z(-2s) = 2\tau_z(-s) + \tau_z(2s) - 1$, et l'assertion découle du calcul de $p(\tau_{r,r}, s)$ ci-dessus. □

Le résultat suivant est implicite chez Anderson [**gA85**][9] :

24.5.3.2. Théorème. — *Pour tout $z \in \mathbf{Q}/\mathbf{Z}$ et tout $s \in \widehat{\mathbf{Z}}^*$, les périodes de Shimura attachées à l'ind-type CM de Stickelberger* $\mathrm{St}(z)$ *sont données par*

$$p(\mathrm{St}(z), s) = \widetilde{\Gamma}(s^{-1}z).$$

En particulier, $p(-, 1)$ induit un morphisme de distributions de St vers $\widetilde{\Gamma}$.

(Rappelons que $\widetilde{\Gamma} = \frac{1}{\sqrt{\pi}}\Gamma$ modulo $\overline{\mathbf{Q}}^*$.)

Démonstration. — Écartons le cas trivial $z = 0$. La conjugaison complexe agit sur $\mathrm{CM}_{\infty,\mathbf{Q}}$ par la formule $\overline{\tau}(s) = \tau(s) - \tau(s^{-1})$. On a donc $\mathrm{St}(z) = \frac{1}{2} \cdot \underline{1} - \overline{\tau}_z$, d'où $p(\mathrm{St}(z), s) = \sqrt{\pi}\, p(\tau_z, s^{-1})^{-1}$. La formule voulue se ramène donc à $p(\tau_z, s) = \pi\Gamma(sz)^{-1}$ (dans $\mathbf{C}^*/\overline{\mathbf{Q}}^*$). Cette formule est vraie pour $z = 1/2$ ($\tau_{1/2} = \frac{1}{2} \cdot \underline{1}$), et est au moins compatible avec celle du lemme précédent pour $z \neq 0, \neq 1/2$ puisque $B(sz, sz) \equiv \pi^2/(\Gamma(-sz))^2\Gamma(2sz)$. On conclut qu'elle est valide pour tout z en recourant au lemme 24.1.2.2. □

24.5.3.3. Corollaire. — *Les périodes de tout objet de la sous-catégorie tannakienne de $\mathcal{M}_{\mathcal{V}}$ engendrée par les variétés abéliennes à multiplication complexe par des sous-corps de $\mathbf{Q}(\mu_N)$ sont combinaisons $\overline{\mathbf{Q}}$-linéaires de produits $\pi^{r_0/2}\prod_{0<j<N}\Gamma(j/N)^{r_j}$ avec $r_j \in \mathbf{Q}$.* □

[9] et correspond à la formule 1 de [**O90**, 3.13] ; l'approche d'Anderson est plus sophistiquée et donne les périodes à $\mathbf{Q}^*$ près.

24.5.4. Dans le cas d'une *courbe elliptique* A à multiplication complexe par un corps quadratique imaginaire $E = \mathbf{Q}(\sqrt{-N})$ de discriminant N, on peut être plus explicite.

Fixons un plongement $E \overset{\iota}{\hookrightarrow} \mathbf{C}$, et supposons que le type CM τ_A de $(A, E \hookrightarrow \operatorname{End} A)$ vaille 1 sur ι (donc 0 sur $\bar{\iota}$). Notons, selon l'usage, w le nombre de racines de l'unité dans E, $h = |\operatorname{Pic} \mathcal{O}_E|$ le nombre de classes de E, ε le caractère quadratique de Dirichlet non trivial sur $(\mathbf{Z}/N\mathbf{Z})^*$ (étendu à $\mathbf{Z}/N\mathbf{Z}$ par 0).

24.5.4.1. Lemme

$$\frac{2h}{w} \cdot \tau_A = \frac{h}{w} \cdot \underline{1} - \sum_{\varepsilon(j)=-1} \operatorname{St}_N(j/N) = \frac{h}{w} \cdot \underline{1} + \frac{1}{2} \sum \varepsilon(j) \operatorname{St}_N(j/N).$$

Démonstration. — Cela résulte des formules classiques de Dirichlet

$$\sum_{\varepsilon(j)=1} \Big(\frac{1}{2} - \langle\frac{j}{N}\rangle\Big) = \frac{h}{w}, \quad \sum_{\varepsilon(j)=-1} \Big(\frac{1}{2} - \langle\frac{j}{N}\rangle\Big) = -\frac{h}{w}. \qquad \square$$

En appliquant le théorème précédent, on parvient alors à la formule dite de *Lerch-Chowla-Selberg* pour les périodes de A (*cf.* aussi [**Gr78**]) :

24.5.4.2. Corollaire. — *Un élément non nul $\gamma \in H_1(A(\mathbf{C}), \mathbf{Q})$ étant fixé, il existe un générateur ω de $H^1_{\mathrm{DR}}(A)_\iota = F^1 H^1_{\mathrm{DR}}(A)$ (resp. η de $H^1_{\mathrm{DR}}(A)_{\bar{\iota}}$) tel que*

$$\int_\gamma \omega = \sqrt{\pi} \cdot \prod_{j \in (\mathbf{Z}/N\mathbf{Z})^*} (\Gamma(j/N))^{\varepsilon(j) w/4h},$$

$$\int_\gamma \eta = \sqrt{\pi} \cdot \prod_{j \in (\mathbf{Z}/N\mathbf{Z})^*} (\Gamma(-j/N))^{\varepsilon(j) w/4h}. \qquad \square$$

24.5.4.3. Exercice. — Montrer que $(\int_\gamma \omega \cdot \int_\gamma \eta) \in \pi\sqrt{N} \cdot \mathbf{Q}_{>0}$ (noter que $\prod_{\varepsilon(j)=1} \sin(\frac{j\pi}{N}) \in N^{h/2} \cdot \mathbf{Q}^*$). En déduire que si e est un élément quelconque de E de partie imaginaire égale à $\pi(\int_\gamma \omega \cdot \int_\gamma \eta)^{-1}$, le déterminant de la matrice des périodes attachée aux bases (ω, η) et $(e\gamma, \gamma)$ respectivement est $2\pi i$.

24.6. Conjecture de Rohrlich-Lang et conjecture des périodes

24.6.1. La conjecture originale de D. Rohrlich (*cf.* [**L78**]) sur les valeurs de la fonction Γ est

$(R\Gamma_1)_?$ $\quad \widetilde{\Gamma}$ *est une distribution impaire universelle à valeurs dans* $\mathbf{C}^*/\overline{\mathbf{Q}}^*$.

Une version légèrement renforcée est :

$(R\Gamma_2)_?$ $\quad \widetilde{\Gamma}$ *induit une distribution impaire universelle à valeurs dans* $\mathbf{C}^*/\overline{\mathbf{Q}}^* \cdot \pi^{\mathbf{Q}}$.

Variantes :

$(R\Gamma_3)_?$ *Pour tout $N > 2$, le $\mathbf{Q}$-sous-espace de l'espace vectoriel $\mathbf{C}^*/\overline{\mathbf{Q}}^* \cdot \pi^{\mathbf{Q}}$ engendré par les valeurs $\Gamma(\frac{r}{N})$, $r \in \{1,\dots,N-1\}$, est de dimension $\phi(N)/2$.*

$(R\Gamma_4)_?$ *Les seules relations monomiales mod. $\overline{\mathbf{Q}}^* \cdot \pi^{\mathbf{Q}}$ entre les valeurs $\Gamma(a)$, $a \in \mathbf{Q} \smallsetminus -\mathbf{N}$, proviennent des équations fonctionnelles de Γ.*

$(R\Gamma_5)_?$ *Les seules relations monomiales mod. $\overline{\mathbf{Q}}^*$ entre les valeurs $\Gamma(a)$, $a \in \mathbf{Q} \smallsetminus -\mathbf{N}$, proviennent des équations fonctionnelles de la fonction Γ.*

En liaison avec la conjecture de Rohrlich, S. Lang a suggéré que

$(L\Gamma)_?$ *Les seules relations polynomiales mod. $\overline{\mathbf{Q}}^*$ entre les valeurs $\Gamma(a)$, $a \in \mathbf{Q} \smallsetminus -\mathbf{N}$, proviennent des équations fonctionnelles de Γ.*

24.6.1.1. Lemme. — $(L\Gamma)_? \Rightarrow (R\Gamma_5)_? \Leftrightarrow (R\Gamma_4)_? \Leftrightarrow (R\Gamma_3)_? \Leftrightarrow (R\Gamma_2)_? \Rightarrow (R\Gamma_1)_?$.

Démonstration. — Les deux implications simples sont triviales. L'équivalence $(R\Gamma_2)_? \Leftrightarrow (R\Gamma_4)_?$ est aussi immédiate, de même que $(R\Gamma_4)_? \Leftrightarrow (R\Gamma_5)_?$ si l'on remarque que $\pi = \Gamma(1/2)^2$ (identité qui provient de l'équation fonctionnelle b) ou c) de Γ). Enfin, $(R\Gamma_2)_? \Leftrightarrow (R\Gamma_3)_?$ est un cas particulier du critère de Kubert. □

24.6.2. Notons $\langle VAb^{\mathrm{cm}}\rangle^{\otimes}$ la sous-catégorie tannakienne de $\dot{\mathcal{M}}_{\mathcal{V}}$ engendrée par les $\mathfrak{h}^1(A)$ des variétés abéliennes sur $\overline{\mathbf{Q}}$ à multiplication complexe. Le théorème 10.2.1.1 admet aussi la conséquence suivante :

24.6.2.1. Théorème. — *Le groupe de Galois motivique attaché à $\langle VAb^{\mathrm{cm}}\rangle^{\otimes}$ est le pro-tore de Serre T_{Serre}, de groupe de caractères $CM(\mathbf{Q}^{\mathrm{cm}})$*, (*cf.* 7.2.3, et aussi 10.2.2).

24.6.3. Considérons à présent la réalisation des périodes (*cf.* 7.1.6) restreinte aux variétés abéliennes à multiplication complexe :

$$\langle VAb^{\mathrm{cm}}\rangle^{\otimes} \longrightarrow Vec_{\overline{\mathbf{Q}},\mathbf{Q}}.$$

Dans cette situation, le torseur des périodes $\mathfrak{P}$ est un torseur sous $(T_{\mathrm{Serre}})_{\overline{\mathbf{Q}}}$. Son point complexe canonique peut se décrire, modulo d'action de $T_{\mathrm{Serre}}(\overline{\mathbf{Q}})$, comme suit, en termes des périodes de Shimura : si l'on identifie $\mathfrak{P}(\mathbf{C})$ modulo $T_{\mathrm{Serre}}(\overline{\mathbf{Q}})$ à $T_{\mathrm{Serre}}(\mathbf{C})/T_{\mathrm{Serre}}(\overline{\mathbf{Q}}) = \mathrm{Hom}(CM(\mathbf{Q}^{\mathrm{cm}}), \mathbf{C}^*/\overline{\mathbf{Q}}^*)$, le point canonique correspond à $p(-,1)$. Comme $CM(\mathbf{Q}^{\mathrm{cm}})$ est un groupe sans torsion (ce qui traduit le fait que T_{Serre} est connexe), la pleine fidélité de la réalisation des périodes se traduit par l'injectivité de

$$p(-,1) : CM(\mathbf{Q}^{\mathrm{cm}}) \longrightarrow \mathbf{C}^*/\overline{\mathbf{Q}}^*.$$

On en déduit :

24.6.3.1. Proposition

1) *La réalisation des périodes sur* $\langle VAb^{\mathrm{cm}}\rangle^{\otimes}$ *est pleinement fidèle si et seulement si les relations monomiales de Shimura engendrent toutes les relations* monomiales *entre périodes de Shimura.*

2) *La conjecture des périodes de Grothendieck pour* $\langle VAb^{\mathrm{cm}}\rangle^{\otimes}$ *est vraie si et seulement si les relations monomiales de Shimura engendrent toutes les relations* polynomiales *à coefficients dans* $\overline{\mathbf{Q}}$ *entre périodes de Shimura.*

On a des variantes évidentes, où $\mathbf{Q}^{\mathrm{cm}}$ est remplacé par un sous-corps CM E (de préférence galoisien sur $\mathbf{Q}$, sinon intervient la notion de corps reflex). Prenons le sous-corps $\mathbf{Q}^{\mathrm{ab}} = \varinjlim \mathbf{Q}(\mu_N)$, et notons $\langle VAb^{\mathrm{cm,ab}}\rangle^{\otimes}$ la sous-catégorie tannakienne de $\langle VAb^{\mathrm{cm}}\rangle^{\otimes}$ engendrée par les $\mathfrak{h}^1(A)$ des variétés abéliennes sur $\overline{\mathbf{Q}}$ à multiplication complexe par un corps abélien sur $\mathbf{Q}$. Compte tenu de 24.5.3.2 et 24.6.1.1, on obtient :

24.6.3.2. Variante

1) *La pleine fidélité de la réalisation des périodes sur* $\langle VAb^{\mathrm{cm,ab}}\rangle^{\otimes}$ *équivaut à la conjecture de Rohrlich* $(R\Gamma_1)_?$.

2) *La conjecture des périodes de Grothendieck pour* $\langle VAb^{\mathrm{cm,ab}}\rangle^{\otimes}$ *équivaut à la conjecture de Lang* $(L\Gamma)_?$.

CHAPITRE 25

MOTIFS ET NOMBRES POLYZÊTA

Dans ce chapitre final, nous décrivons sommairement les valeurs de la fonction ζ de Riemann aux entiers > 1, et plus généralement les « nombres polyzêta », comme périodes de motifs de Tate mixtes, ainsi que les relations algébriques remarquables qui lient ces nombres (relations de double mélange et de l'associateur). L'objectif est de décrire l'arrière-plan motivique de ces relations, et notamment de formuler concrètement ce que signifie la conjecture des périodes de Grothendieck dans le cas particulier des motifs de Tate mixtes sur $\mathbf{Z}$.

Les relations entre nombres polyzêta ont été étudiées de plusieurs points de vue : combinatoire (la « dimorphie » d'Écalle), représentations de groupes de tresses, diagrammes de Feynman, formes modulaires, *etc.* Le point de vue motivique a plusieurs avantages, parmi lesquels celui de fournir une borne explicite — et conjecturalement optimale — pour le nombre maximal de nombres polyzêta $\mathbf{Q}$-linéairement indépendants de poids donné, et aussi de faire le pont avec la « cyclotomie supérieure » (théorie d'Ihara-Anderson).

25.1. Nombres polyzêta et périodes de motifs de Tate mixtes

25.1.1. Les *nombres polyzêta* (ou *nombres zêta multiples*, ou *séries harmoniques multiples* ou encore *séries d'Euler-Zagier*) sont les quantités

$$\zeta(\underline{s}) = \zeta(s_1, \ldots, s_k) = \sum_{n_1 > \cdots > n_k \geqslant 1} \frac{1}{n_1^{s_1} \cdots n_k^{s_k}} \tag{1}$$

où les s_i sont des entiers $\geqslant 1$ et $s_1 \geqslant 2$ (ce qui assure la convergence de la série). Ces nombres réels apparaissent déjà chez Euler (pour la longueur $k \leqslant 2$). Ils ont été redécouverts récemment, et popularisés notamment par J. Écalle, A. Goncharov, M. Hoffman, M. Kontsevich et D. Zagier (*cf. e.g.* [**E02**], [**Go'**], [**Hof97**], [**Z94**]).

Pour $s = s_1 + \cdots + s_k$ fixé, ces nombres engendrent un sous-**Q**-espace de **R** que nous noterons $\mathfrak{Z}_s$. Nous poserons $\mathfrak{Z}_0 = \mathbf{Q}$, $\mathfrak{Z}_1 = 0$, et

$$\mathfrak{Z} = \sum_{s \geqslant 0} \mathfrak{Z}_s.$$

25.1.2. Ces nombres polyzêta sont les valeurs spéciales en 1 des polylogarithmes généralisés

$$\mathrm{Li}_{\underline{s}}(z) = \sum_{n_1 > \cdots > n_k \geqslant 1} \frac{z^{n_1}}{n_1^{s_1} \cdots n_k^{s_k}} \tag{2}$$

(qui convergent sur le disque unité fermé, sauf pour $s_1 = z = 1$), ou plus généralement

$$\mathrm{Li}_{\underline{s}}(z_1, \ldots, z_k) = \sum_{n_1 > \cdots > n_k \geqslant 1} \frac{z_1^{n_1} \cdots z_k^{n_k}}{n_1^{s_1} \cdots n_k^{s_k}}. \tag{3}$$

25.1.3. Les nombres polyzêta, et plus généralement les polylogarithmes généralisés, s'écrivent aussi sous forme intégrale, comme suit. Posons

$$\omega_0(t) = \frac{dt}{t}, \quad \omega_1(t) = \frac{dt}{1-t}, \quad \omega_\sigma = \omega_0^{\wedge(\sigma-1)} \wedge \omega_1 \text{ pour } \sigma \geqslant 2.$$

Comme

$$\frac{d}{dz} \mathrm{Li}_{s_1,\ldots,s_k}(z) = \frac{1}{z} \mathrm{Li}_{s_1-1,s_2,\ldots,s_k}(z) \quad \text{pour } s = s_1 + \cdots + s_k \geqslant 2,$$

et

$$\frac{d}{dz} \mathrm{Li}_{1,s_2,\ldots,s_k}(z) = \frac{1}{1-z} \mathrm{Li}_{s_2,\ldots,s_k}(z),$$

on obtient (par itération) la formule

$$\mathrm{Li}_{\underline{s}}(z) = \int_{z > t_1 > \cdots > t_s > 0} \omega_{s_1} \cdots \omega_{s_k}. \tag{4}$$

Ceci suggère que les $\zeta(\underline{s}) = \mathrm{Li}_{\underline{s}}(1)$ sont des périodes.

25.1.4. En fait, les intégrales (4) sont des intégrales itérées à la Chen. Dans [**Go'**, §6], (voir aussi [**DG**]) Goncharov interprète motiviquement certains groupes fondamentaux comme motifs mixtes, et calcule leurs périodes en termes d'intégrales itérées à la Chen. En particulier, il interprète le groupe fondamental de $\mathbb{P}^1_{\overline{\mathbf{Q}}} \smallsetminus \{0, 1, \infty\}$ rendu unipotent (et muni de points-base tangentiels convenables) — comme ind-objet dans la catégorie tannakienne des motifs de Tate mixtes, et montre que ses périodes réelles sont les combinaisons **Q**-linéaires de nombres polyzêta. Nous y reviendrons (25.7.1).

25.1.5. Une incarnation plus concrète de ces nombres a été proposée par Goncharov et Manin, qui ont montré dans [**GoM04**] que $\zeta(\underline{s})$ est une « période relative » de l'espace de modules

$$\mathcal{M}_{0,s+3} \cong (\mathbb{P}^1 \smallsetminus \{0,1,\infty\})^s \smallsetminus \{\text{diagonales}\}$$

des courbes de genre 0 avec $s+3$ points marqués (distincts et ordonnés). Soit $\overline{\mathcal{M}}_{0,s+3}$ la compactification lisse canonique (l'espace de modules des courbes stables de genre 0 avec $s+3$ points marqués) ; alors $\partial\overline{\mathcal{M}}_{0,s+3} = \overline{\mathcal{M}}_{0,s+3} - \mathcal{M}_{0,s+3}$ est un diviseur à croisements normaux, et le couple $(\overline{\mathcal{M}}_{0,s+3}, \partial\overline{\mathcal{M}}_{0,s+3})$ est défini sur $\mathbf{Z}$.

Pour toutes composantes[(1)] A et B de $\partial\overline{\mathcal{M}}_{0,s+3}$ sans composante irréductible commune, Goncharov et Manin construisent un motif de Tate mixte

$$\mathfrak{h}^s\big(\overline{\mathcal{M}}_{0,s+3} - A, B - A \cap B\big)$$

de poids[(2)] compris entre 0 et $2s$, dont les réalisations (Betti, étale, De Rham) sont données par la cohomologie relative attendue[(3)].

Le résultat est que $\zeta(\underline{s})$ est une période de $\mathfrak{h}^s\big(\overline{\mathcal{M}}_{0,s+3} - A_{\underline{s}}, B_{\underline{s}} - A_{\underline{s}} \cap B_{\underline{s}}\big)$, pour certaines composantes $A_{\underline{s}}, B_{\underline{s}}$ dépendant explicitement de $\underline{s}$.

25.1.5.1. Exemple. — Bien entendu, $\zeta(2) = -(2\pi i)^2/24$ est tout simplement période du motif pur $\mathbf{1}(-2)$ à coefficients rationnels, mais l'interprétation qui suit le présente comme période d'un motif mixte « à coefficients entiers ». Par (4), $\zeta(2) = \iint_{0<t_2<t_1<1} \frac{dt_1}{t_1} \wedge \frac{dt_2}{1-t_2}$. D'autre part, $\mathcal{M}_{0,5} \cong (\mathbb{P}^1 \smallsetminus \{0,1,\infty\})^2 -$ diagonale, et $\overline{\mathcal{M}}_{0,5}$ s'identifie à l'éclaté de $\mathbb{P}^1 \times \mathbb{P}^1$ aux points $(0,0), (1,1), (\infty,\infty)$. Le bord $\partial\overline{\mathcal{M}}_{0,5}$ se décompose en deux pentagones complémentaires : on prend pour A le pentagone donné par la préimage des diviseurs $t_1 = 0$, $t_1 = \infty$, $t_2 = 1$, $t_2 = \infty$ ainsi que le diviseur exceptionnel attaché à (∞,∞), et pour B le pentagone complémentaire donné par la préimage des diviseurs $t_1 = 1$, $t_2 = 0$ et de la diagonale, ainsi que les diviseurs exceptionnels attachés à $(0,0)$ et $(1,1)$; le point est que, « contrairement aux apparences », la préimage de $\omega_2 = \frac{dt_1}{t_1} \wedge \frac{dt_2}{1-t_2}$ sur $\overline{\mathcal{M}}_{0,5}$ n'a de singularité que sur A, et non sur le diviseur exceptionnel attaché à $(1,1)$: $[\omega_2] \in \mathrm{Gr}_4^W H^2_{\mathrm{DR}}(\overline{\mathcal{M}}_{0,5} - A)$, *cf.* [**GoM04**, § 1.3].

25.1.5.2. Remarque. — Une troisième interprétation des nombres polyzêta comme périodes est donnée dans [**Te02**].

(1) union de composantes irréductibles.

(2) prendre garde à une terminologie répandue dans la littérature : l'entier $s = s_1 + \cdots + s_k$ est appelé le « *poids* » de $\underline{s}$.

(3) en particulier, l'action de $\mathrm{Gal}(\overline{\mathbf{Q}}/\mathbf{Q})$ sur la réalisation étale ℓ-adique est partout non-ramifiée en dehors de ℓ, ce qu'on exprime en disant que $\mathfrak{h}^s(\overline{\mathcal{M}}_{0,s+3} - A, B - A \cap B)$ est un motif de Tate mixte sur $\mathbf{Z}$ (voir ci-dessous, 25.5).

25.2. Relations de double mélange régularisé

25.2.1. Il est commode d'étendre par linéarité la définition de $\zeta(\underline{s})$ au cas où $\underline{s}$ est une somme formelle finie $\sum \underline{s}^{\alpha}$ de multi-indices.

La double écriture comme série (2) et comme intégrale (4) des nombres polyzêta permet de calculer le produit $\zeta(\underline{s})\zeta(\underline{s}')$ de deux manières différentes, par décomposition du domaine d'indexation, resp. d'intégration. On obtient ainsi, respectivement, les formules

$$\zeta(\underline{s})\zeta(\underline{s}') = \zeta(\underline{s} * \underline{s}') \tag{5}$$

et

$$\zeta(\underline{s})\zeta(\underline{s}') = \zeta(\underline{s} ш \underline{s}'), \tag{6}$$

où $*$ (« stuffle ») et ш (« shuffle ») sont des lois (commutatives associatives) de « mélange » définies de manière purement combinatoire sur les sommes formelles $\underline{s}$, comme suit.

25.2.2. Par additivité, on se ramène au cas où $\underline{s}$ et $\underline{s}'$ sont deux multi-indices (de longueurs respectives k et k'). On note provisoirement $\underline{s}'' = (s_1, \ldots, s_k, s'_1, \ldots, s'_{k'})$ leur concaténation. On pose

$$\underline{s} * \underline{s}' = \sum_f \underline{s}_f, \quad \underline{s}_f = \Big(\sum_{f(i)=1} s''_i, \ldots, \sum_{f(i)=h} s''_i \Big)$$

où la (première) somme porte sur toutes les applications surjectives

$$f : \{1, \ldots, k + k'\} \longrightarrow \{1, \ldots, h\}$$

(cette somme est une somme formelle de multi-indices de longueurs différentes $\leqslant k+k'$, et de « poids » $s + s'$).

Par ailleurs, on note $\widetilde{\underline{s}}$ le s-uplet formé de 0 et de 1, où les 1 apparaissent exactement en position $s_1, s_1 + s_2, \ldots, s = s_1 + \cdots + s_k$. On pose

$$\underline{s} ш \underline{s}' = \sum_{\beta} \underline{s}_{\beta},$$

où la somme (somme formelle de multi-indices de même longueur $k+k'$, et de « poids » $s+s'$) porte sur toutes les battages, *i.e.* les permutations β de $\{1, \ldots, s+s'\}$ croissantes sur $\{1, \ldots s\}$ et sur $\{s+1, \ldots, s+s'\}$, et où $\underline{s}_{\beta}$ est défini par $\widetilde{\underline{s}_{\beta}} = (\widetilde{s}''_{\beta(1)}, \ldots, \widetilde{s}''_{\beta(s+s')})$.

25.2.2.1. Exemple. — $(2) * (2) = 2 \cdot (2,2) + (4)$, (2) ш $(2) = 2 \cdot (2,2) + 4 \cdot (3,1)$, d'où $\zeta(2)^2 = 2\zeta(2,2) + \zeta(4) = 2\zeta(2,2) + 4\zeta(3,1)$.

25.2.3. On rappelle que pour raison de convergence, on a supposé $s_1, s'_1 \geqslant 2$. Toutefois, on observe que le double calcul ci-dessus garde un sens pour $\underline{s}' = (1)$ par « régularisation » [4] ; en fait la relation qu'on obtient

$$\zeta(\underline{s} * 1 - \underline{s} \sqcup\!\sqcup 1) = 0 \tag{7}$$

en comparant ces deux formules « régularisées » ne fait intervenir que des nombres polyzêta convergents.

25.2.3.1. Exemple. — Pour $\underline{s} = (2)$, on obtient une relation connue d'Euler : $\zeta(3) = \zeta(2, 1)$.

Les relations (5), (6), (7) s'appellent *relations de double mélange régularisé* (DMR). Ces relations entraînent beaucoup d'autres relations remarquables, parfois de manière pas du tout triviale — par exemple, la formule de Granville-Zagier

$$\sum \zeta(\underline{s}) = \zeta(s),$$

où la somme porte sur les multi-indices de longueur k et « poids » [5] s fixés (avec $s_1 \geqslant 2$).

25.2.4. On peut se demander s'il y a moyen de postuler une valeur pour $\zeta(\underline{s})$ lorsque $s_1 = 1$, de sorte que les relations (5), (6) valent même sans la condition de convergence $s_1, s'_1 \geqslant 2$.

Il n'en est rien. Voici ce qu'on peut tout de même faire, d'après Écalle, Zagier, Boutet de Monvel, K. Ihara et Kaneko [**IK**]. Lorsque $s_1 = 1$, on peut définir inductivement, de manière unique, une régularisation $\zeta_*(\underline{s})$ à partir de la formule (5) (et d'une valeur arbitraire T de $\zeta(1)$), et une régularisation $\zeta_{\sqcup\!\sqcup}(\underline{s})$ à partir de la formule (6) (et de la valeur choisie T de $\zeta(1)$). Ces deux régularisations ne coïncident pas, mais sont liées par la formule suivante (dans $\mathbf{R}[T]$) :

$$\zeta_{\sqcup\!\sqcup}(\underline{s}) = \exp\Big(-\sum_2^{\infty} \frac{\zeta(n)}{n} \frac{\partial^n}{\partial T^n}\Big)\, \zeta_*(\underline{s}) \tag{8}$$

(qui rappelle la formule pour la fonction Γ :

$$\Gamma(x+1) = \exp\Big(-\gamma x + \sum_2^{\infty} \frac{\zeta(n)}{n}(-x)^n\Big)\,\Big)$$

En somme, on peut remplacer le système de relations (5), (6), (7) par le système $(5)_*$, $(6)_{\sqcup\!\sqcup}$, (8) valable sans la restriction $s_1, s'_1 \geqslant 2$.

25.2.4.1. Exemple. — Pour $T = 0$, on trouve $\zeta_*(1) = \zeta_{\sqcup\!\sqcup}(1) = \zeta_{\sqcup\!\sqcup}(1, 1) = 0$, mais la relation $2\zeta_*(1, 1) + \zeta_*(2) = \zeta_*(1)^2$ donne $\zeta_*(1, 1) = -\pi^2/12$.

[4] au moyen des $\mathrm{Li}_{\underline{s}}(z)$, en faisant tendre ensuite z vers 1.

[5] ce « poids » est la moitié du poids motivique.

25.3. Relations de l'associateur

25.3.1. Soient X_0, X_1 deux indéterminées non-commutatives. Posons

$$\Phi_{\text{ш}} = \sum \zeta_{\text{ш}}(\underline{s}) X_{\widetilde{\underline{s}}} = 1 + \zeta(2) X_0 X_1 + \cdots ,$$

où $X_{\widetilde{\underline{s}}} = X_{\widetilde{\underline{s}}_1} \ldots X_{\widetilde{\underline{s}}_s}$. Cette série s'interprète comme le quotient $G_1(z)^{-1} G_0(z)$ de deux solutions de l'équation différentielle

$$\frac{dG(z)}{dz} = \Big(\frac{X_0}{z} + \frac{X_1}{1-z}\Big) G(z) \tag{9}$$

normalisées par $G_0(z) \sim z^{X_0}$, $G_1(z) \sim (1-z)^{-X_1}$ ($G_0(z)$ est la série génératrice des polylogarithmes « ш-régularisés »), et la série

$$\Phi_{KZ} := \Phi_{\text{ш}}\Big(\frac{X_0}{2\pi i}, \frac{-X_1}{2\pi i}\Big) \tag{10}$$

n'est autre que l'*associateur* de V. Drinfel'd [**Dr91**].

25.3.2. Drinfel'd a établi les propriétés suivantes :

(11) Φ_{KZ} est l'exponentielle d'une série de Lie en X_0, X_1

(c'est donc un élément du complété pro-unipotent du groupe libre à deux générateurs)

$$\Phi_{KZ}(X_1, X_0) = \Phi_{KZ}(X_0, X_1)^{-1} \tag{12}$$

$$e^{X_0/2} \Phi_{KZ}(X_{-1}, X_0) e^{X_{-1}/2} \Phi_{KZ}(X_1, X_{-1}) e^{X_1/2} \Phi_{KZ}(X_0, X_1) = 1 \tag{13}$$

en posant $X_{-1} = -X_0 - X_1$,

$$\begin{aligned}(14)\quad \Phi_{KZ}(X_{01}, X_{12} + X_{13}) \cdot \Phi_{KZ}(X_{02} + X_{12}, X_{23}) \\ = \Phi_{KZ}(X_{12}, X_{23}) . \Phi_{KZ}(X_{01} + X_{02}, X_{13} + X_{23}) . \Phi_{KZ}(X_{01}, X_{12})\end{aligned}$$

où les X_{ij}, $0 \leqslant i < j \leqslant 3$, sont des variables non-commutatives soumises aux relations $X_{ij} X_{kl} = X_{kl} X_{ij}$ (resp. $[X_{ij} + X_{ik}, X_{jk}] = 0$) si i, j, k, l sont deux à deux distincts.

25.3.3. Il est clair que trois dernières relations équivalent à des relations polynomiales à coefficients dans $\mathbf{Q}$ entre les $\widetilde{\zeta}(\underline{s}) := \zeta(\underline{s})/(2\pi i)^s$; d'où des relations polynomiales homogènes (par rapport au « poids ») entre les $\zeta(\underline{s})$, en utilisant la relation $(2\pi i)^2 = -24\zeta(2)$.

Il est en de même de (11) : en fait, (11) *équivaut à la seconde relation de mélange* (6), comme l'a remarqué P. Cartier. Voici pourquoi. Si X_2, X_3 sont deux indéterminées qui commutent à X_0 et X_1, (6) s'écrit sous la forme

$$\Phi_{\text{ш}}(X_0 + X_2, X_1 + X_3) = \Phi_{\text{ш}}(X_0, X_1) \Phi_{\text{ш}}(X_2, X_3). \tag{15}$$

Or l'algèbre des séries en X_0, X_1 est munie d'une structure naturelle d'algèbre de Hopf topologique, pour le coproduit $\Delta_{\text{ш}}(X_i) = X_i \otimes 1 + 1 \otimes X_i$ (et l'antipode $X_i \mapsto -X_i$). Les séries de Lie sont les éléments primitifs Λ, *i.e.* tels que $\Delta_{\text{ш}}(\Lambda) = \Lambda \otimes 1 + 1 \otimes \Lambda$, et leurs exponentielles sont les éléments Φ vérifiant $\Delta_{ш}(\Phi) = \Phi \otimes \Phi$. Or $\Phi_{ш}$ (donc Φ_{KZ}) vérifie cette équation, qui se ramène à (15).

25.3.4. Nous appellerons *relations de l'associateur* les relations homogènes entre nombres polyzêta qui s'obtiennent à partir de (11),(12),(13),(14).

25.4. Conjectures sur l'algèbre des nombres polyzêta

En vertu de l'une ou l'autre des relations de mélange, le sous-$\mathbf{Q}$-espace $\mathfrak{Z}$ de $\mathbf{R}$ engendré par les polyzêta est une sous-$\mathbf{Q}$-algèbre[(6)]. Les conjectures suivantes, qui ont émergé dans les travaux de Goncharov, Hoffman, Kontsevich et Zagier (et inspirées aussi de travaux antérieurs de Deligne, Drinfel'd et Y. Ihara), précisent la structure de cette algèbre.

$(p\zeta_1)_?$ *Le « poids » induit une graduation sur* $\mathfrak{Z}$, *i.e.* $\mathfrak{Z} = \oplus \mathfrak{Z}_s$.

Autrement dit, il n'y a pas de relation $\mathbf{Q}$-linéaire entre polyzêta de poids différents.

$(p\zeta_2)_?$ *La* $\mathbf{Q}$*-dimension* d_s *de* $\mathfrak{Z}_s$ *est donnée par la récurrence*

$$d_s = d_{s-2} + d_{s-3},$$

les premiers termes étant $d_0 = d_2 = 1, d_1 = 0$.

Autrement dit, la série génératrice $\sum d_s t^s$ est $\frac{1}{1-t^2-t^3}$.

$(p\zeta_3)_?$ *l'idéal des relations dans* $\mathfrak{Z}$ *est engendré par les relations de double mélange régularisé.*

$(p\zeta_4)_?$ *l'idéal des relations dans* $\mathfrak{Z}$ *est engendré par les relations de l'associateur.*

$(p\zeta_5)_?$ $\mathfrak{Z}$ *est une isomorphe à une algèbre de polynômes en une infinité dénombrable d'indéterminées.*

$(p\zeta_6)_?$ $\zeta(2), \zeta(3), \zeta(5), \zeta(7), \zeta(9), \ldots$ *sont algébriquement indépendants sur* $\mathbf{Q}$.

N.B. En revanche, il n'est probablement pas vrai que $\mathfrak{Z}$ soit engendrée par les valeurs de ζ aux entiers $n \geq 2$; par exemple, tant $(p\zeta_1)_? + (p\zeta_2)_?$ que $(p\zeta_3)_?$ impliquent que $\zeta(3,5)$ n'est pas dans l'algèbre engendrée par les $\zeta(n)$.

Les conjectures $(p\zeta_1)_?, (p\zeta_2)_?, (p\zeta_3)_?$ ont fait l'objet de tests approfondis sur ordinateur. Mais comme nous allons le voir, une justification conceptuelle de ces conjectures passe par l'étude des motifs de Tate mixtes sur $\mathbf{Z}$. La conjecture $(p\zeta_4)_?$ est commentée dans [**Fur**, § 3, § 6].

En direction de $(p\zeta_6)_?$, on dispose (outre la transcendance de $\zeta(2)$) des résultats d'Apéry (irrationalité de $\zeta(3)$) et de Ball-Rivoal ($\zeta(3), \zeta(5), \zeta(7), \ldots$ engendrent un $\mathbf{Q}$-espace de dimension infinie), *cf.* [**Riv03**].

---

(6) on peut considérer les polyzêta régularisés si on veut, pour $T = 0$, cela ne change rien d'après la formule (8).

25.5. Motifs de Tate mixtes sur Z, et leur groupe de Galois motivique

25.5.1. Rappelons (20.2.2) que la catégorie $MTM(\mathbf{Q})_{\mathbf{Q}}$ des motifs de Tate mixtes sur $\mathbf{Q}$ à coefficients rationnels est la sous-catégorie pleine de la catégorie triangulée $DM_{\mathrm{gm}}(\mathbf{Q})_{\mathbf{Q}}$ des motifs mixtes sur $\mathbf{Q}$ formée des extensions itérées d'objets du type $\mathbf{1}(r)$. Elle est tannakienne neutre sur $\mathbf{Q}$ (du fait, comme l'a remarqué en premier M. Levine [**Le93**], que la conjecture d'annulation de Beilinson-Soulé vaut pour le corps de base $\mathbf{Q}$) ; le foncteur fibre ω défini en 20.2.2 est d'ailleurs canoniquement isomorphe à la réalisation de De Rham[7].

Dans la catégorie abélienne $MTM(\mathbf{Q})_{\mathbf{Q}}$, les groupes d'extensions sont donnés par les groupes de cohomologie motivique

$$\mathrm{Ext}^i(\mathbf{1},\mathbf{1}(r)) = 0 \quad \text{pour } i>1,\ r>0 \text{ ou } i\geqslant 1,\ r\leqslant 0,$$

$$\mathrm{Ext}^1(\mathbf{1},\mathbf{1}(r)) = H^1(\operatorname{Spec}\mathbf{Q},\mathbf{Q}(r)) = K_{2r-1}(\mathbf{Q})\otimes\mathbf{Q} = \begin{cases} 0 & \text{pour } r \text{ pair} \geqslant 2\\ \mathbf{Q}^*\otimes\mathbf{Q} & \text{pour } r=1\\ \mathbf{Q} & \text{pour } r \text{ impair} \geqslant 3\end{cases}$$

(calculés par comparaison avec la K-théorie (*cf.* 18.5.2) et d'après les résultats de Borel [**Bor74**]).

25.5.2. Faute de savoir définir directement une bonne catégorie de motifs sur $\mathbf{Z}$, Goncharov [**Go**, 3] a défini la catégorie $MTM(\mathbf{Z})_{\mathbf{Q}}$ des *motifs de Tate mixtes sur* $\mathbf{Z}$ comme une sous-catégorie $\mathbf{Q}$-linéaire pleine de $MTM(\mathbf{Q})_{\mathbf{Q}}$[8]. Il en donne la caractérisation suivante : pour tout nombre premier ℓ, l'action de $\mathrm{Gal}(\overline{\mathbf{Q}}/\mathbf{Q})$ sur la réalisation étale ℓ-adique d'un objet de $MTM(\mathbf{Z})_{\mathbf{Q}}$ est partout non-ramifiée en dehors de ℓ [**Go**, 3.12]. La propriété fondamentale de cette catégorie est le calcul suivant des Ext d'objets simples (confirmant une conjecture de Beilinson-Deligne) :

$$\mathrm{Ext}^i(\mathbf{1},\mathbf{1}(r)) = 0 \quad \text{pour } i>1,\ r>0 \text{ ou } i\geqslant 1,\ r\leqslant 0,$$

$$\mathrm{Ext}^1(\mathbf{1},\mathbf{1}(r)) = K_{2r-1}(\mathbf{Z})\otimes\mathbf{Q} \overset{\text{Borel}}{=} \begin{cases} 0 & \text{pour } r=1 \text{ ou } r \text{ pair} \geqslant 2\\ \mathbf{Q} & \text{pour } r \text{ impair} \geqslant 3.\end{cases}$$

(En particulier, contrairement à $MTM(\mathbf{Q})_{\mathbf{Q}}$, $MTM(\mathbf{Z})_{\mathbf{Q}}$ ne contient pas de motif de Kummer non trivial, *cf.* 20.3.1.1).

De là se déduit la structure du groupe tannakien de $MTM(\mathbf{Z})_{\mathbf{Q}}$ (disons, relativement à la réalisation de Betti) :

25.5.2.1. Théorème **([Go, § 3]).** — *Le groupe de Galois motivique $G_{MTM(\mathbf{Z})}$ est produit semi-direct du groupe multiplicatif $\mathbb{G}_m$ par un $\mathbf{Q}$-groupe pro-unipotent $G^1_{MTM(\mathbf{Z})}$.*

---

[7] compte tenu de ce que la filtration de Hodge fournit un scindage de la filtration par le poids, *cf.* [**DG**]).

[8] cette notion est compatible à celle de motif mixte sur $\mathbf{Z}$ au sens de Scholl, *cf.* 22.4.2.

L'algèbre de Lie de $G^1_{MTM(\mathbf{Z})}$ est graduée par l'action de $\mathbb{G}_m$: c'est une algèbre de Lie graduée libre avec un générateur en chaque degré impair $\leqslant -3$.

La catégorie tannakienne $MTM(\mathbf{Z})_{\mathbf{Q}}$ est équivalente à la catégorie des $(\mathrm{Lie}\, G^1_{MTM(\mathbf{Z})})$*-modules gradués de dimension finie* ($\mathrm{Lie}\, G^1_{MTM(\mathbf{Z})}$ *étant vue comme algèbre de Lie graduée).*

La première assertion est aisée. Pour la seconde, on note que pour tout $M \in MTM(\mathbf{Z})_{\mathbf{Q}}$,

$$\mathrm{Ext}^i_{MTM(\mathbf{Z})_{\mathbf{Q}}}(M, \mathbf{1}) = H^i(G_{MTM(\mathbf{Z})}, H_B(M)) = H^i(G^1_{MTM(\mathbf{Z})}, H_B(M))^{\mathbb{G}_m}$$

et $H^i(G^1_{MTM(\mathbf{Z})}, H_B(M))$ s'identifie à la cohomologie continue

$$H^i_{\mathrm{cont}}(\mathrm{Lie}\, G^1_{MTM(\mathbf{Z})}, H_B(M))$$

de $\mathrm{Lie}\, G^1_{MTM(\mathbf{Z})}$ vue comme limite projective filtrante d'algèbres de Lie nilpotente de dimension finie. Or pour une telle algèbre de Lie $\mathfrak{u}$, le dual de $H^1_{\mathrm{cont}}(\mathfrak{u})$ s'identifie à l'abélianisé de $\mathfrak{u}$, et si $H^2_{\mathrm{cont}}(\mathfrak{u}) = 0$, $\mathfrak{u}$ est libre.

25.5.3. Soit X une $\mathbf{Q}$-variété lisse unirationnelle X, ouvert complémentaire dans une variété projective normale d'une réunion de sous-variétés géométriquement irréductibles. On suppose X munie d'un point base $\mathbf{Q}$-rationnel (éventuellement un « point-base tangentiel »). Deligne et Goncharov munissent l'algèbre $\mathcal{O}(\pi_1^{\mathrm{uni}}(X))$ du groupe fondamental rendu unipotent d'une structure de Ind-objet de $MTM(\mathbf{Q})_{\mathbf{Q}}$ [**Go**, § 4], [**DG**].

Pour $X = \mathbb{P}^1_{\mathbf{Q}} \smallsetminus \{0, 1, \infty\}$ muni du point base tangentiel $\vec{01}$ [(9)], on tombe en fait dans $MTM(\mathbf{Z})_{\mathbf{Q}} \subset MTM(\mathbf{Q})_{\mathbf{Q}}$. On peut ainsi considérer la sous-catégorie tannakienne $MTM'(\mathbf{Z})_{\mathbf{Q}}$ de $MTM(\mathbf{Z})_{\mathbf{Q}}$ engendrée par les motifs de Tate mixtes « attachés » au groupe fondamental géométrique de $\mathbb{P}^1 \smallsetminus \{0, 1, \infty\}$ rendu unipotent $\pi_1^{\mathrm{uni}}(\mathbb{P}^1_{\mathbf{Q}} \smallsetminus \{0, 1, \infty\}, \vec{01})$.

Le groupe tannakien correspondant, noté $G_{MTM'(\mathbf{Z})}$, est un quotient de $G_{MTM(\mathbf{Z})}$, et on a un monomorphisme

$$G_{MTM'(\mathbf{Z})} \hookrightarrow \mathrm{Aut}\, \pi_1^{\mathrm{uni}}(\mathbb{P}^1_{\mathbf{Q}} \smallsetminus \{0, 1, \infty\}, \vec{01}).$$

En fait, il est conjecturé que

(MTM)? *l'épimorphisme* $\phi : G_{MTM(\mathbf{Z})} \twoheadrightarrow G_{MTM'(\mathbf{Z})}$ *est un isomorphisme,*

ce qui est une forme renforcée de la conjecture (MTMζ)?. Heuristiquement, cela signifie que tout motif de Tate mixte non ramifié sur $\mathbf{Z}$ « apparaît », à un twist près, dans

$$\pi_1^{\mathrm{uni}}(\mathbb{P}^1_{\mathbf{Q}} \smallsetminus \{0, 1, \infty\}, \vec{01}).$$

(9) et plus généralement pour $\mathcal{M}_{0,n}$ muni d'un point base tangentiel idoine.

25.5.3.1. Remarque. — Pour tout r impair > 1, on peut construire des extensions non triviales de $\mathbf{1}$ par $\mathbf{1}(r)$ dans $MTM'(\mathbf{Z})_{\mathbf{Q}}$, ce qui implique que « les » générateurs libres $T_{-3}, T_{-5}, \ldots$ de $\operatorname{Lie} G^1_{MTM(\mathbf{Z})}$ ne s'envoient pas sur 0 dans $\operatorname{Lie} G^1_{MTM'(\mathbf{Z})}$. Ainsi ϕ induit un isomorphisme sur les abélianisés des algèbres de Lie pro-nilpotentes associées, et l'injectivité de ϕ équivaut à ce que les images des $T_{-3}, T_{-5}, \ldots$ dans $\operatorname{Lie} G^1_{MTM'(\mathbf{Z})}$ forment un système libre.

25.6. Interlude : conjectures de Hodge et Tate pour $MTM(\mathbf{Z})$

25.6.1. Considérons les réalisations de Hodge

$$H_B : MTM(\mathbf{Z})_{\mathbf{Q}} \longrightarrow \{\text{structures de Hodge mixtes rationnelles}\}.$$

et de Tate ℓ-adique :

$$H_\ell : MTM(\mathbf{Z})_{\mathbf{Q}_\ell} \longrightarrow \{\operatorname{Gal}(\overline{\mathbf{Q}}/\mathbf{Q})\text{-modules de dimension finie sur } \mathbf{Q}_\ell\}.$$

Cette dernière est décrite par un homomorphisme continu

$$\rho_\ell : \operatorname{Gal}(\overline{\mathbf{Q}}/\mathbf{Q}) \longrightarrow G_{MTM(\mathbf{Z})}(\mathbf{Q}_\ell).$$

La « conjecture de Tate » pour les motifs de Tate mixtes affirme que H_ℓ est pleinement fidèle et d'image stable par sous-objets, ou ce qui revient au même par le dictionnaire tannakien, que l'image de ρ_ℓ est Zariski-dense.

***25.6.1.1. Théorème* (Goncharov [Go, § 3]).** — *Les réalisations de Hodge et de Tate pour les motifs de Tate mixtes sur* $\mathbf{Z}$ *sont pleinement fidèles, et d'image stable par sous-objets.*

Se limiter à la sous-catégorie tannakienne $MTM'(\mathbf{Z})_{\mathbf{Q}_\ell}$ revient à considérer la composée ρ'_ℓ de ρ_ℓ avec

$$G_{MTM(\mathbf{Z})}(\mathbf{Q}_\ell) \longrightarrow G_{MTM'(\mathbf{Z})}(\mathbf{Q}_\ell) \subset \operatorname{Aut} \pi_1^{\mathrm{uni}}(\mathbb{P}^1_{\overline{\mathbf{Q}}} \smallsetminus \{0,1,\infty\}, \vec{01})(\mathbf{Q}_\ell).$$

On a alors

25.6.1.2. Corollaire(10). — *La conjecture de Tate pour* $MTM'(\mathbf{Z})_{\mathbf{Q}}$ *est vraie : l'image de* ρ'_ℓ *est Zariski-dense dans* $G_{MTM'(\mathbf{Z})}$.

La $\mathbf{Q}_\ell$-algèbre de Lie de $\rho'_\ell(\mathcal{G}_{\mathbf{Q}(\mu_{\ell^\infty})})$ est donc graduée et engendrée par un générateur en chaque degré $-3, -5, \ldots$. Que ces générateurs soient libres nous ramène à la conjecture $(\mathrm{MTM})_?$.

Le théorème 25.6.1.1 est conséquence, *via* la théorie tannakienne, du fait que

$$\operatorname{Ext}^i(\mathbf{1}, \mathbf{1}(r)) = 0 \quad \text{pour } i > 1,$$

(10) démontré indépendamment par Hain, Matsumoto [**HM03**].

tant pour les structures de Hodge mixtes que pour les modules galoisiens, et que les réalisations de Hodge et Tate induisent des injections au niveau des Ext^1 (*via* les régulateurs).

Dans le cas « de Hodge », le groupe d'extensions de $\mathbf{Q}$ par $\mathbf{Q}(r)$ (pour $r > 0$) s'identifie à $\mathbf{C}/(2\pi i)^r\mathbf{Q}$, et le régulateur de Borel-Beilinson envoie le générateur de $K_{2r-1}(\mathbf{Z}) \otimes \mathbf{Q}$ sur la classe de $\zeta(r)$ (à multiplication par un élément de $\mathbf{Q}^*$ près) modulo $(2\pi i)^r\mathbf{Q}$, classe qui s'annule si et seulement si r est pair.

Dans le cas « de Tate », un théorème de C. Soulé [**So81**][11] dit plus précisément que le groupe d'extensions de $\mathrm{Gal}(\overline{\mathbf{Q}}/\mathbf{Q})$-modules *non ramifiés en dehors de* ℓ vaut

$$\mathrm{Ext}^1(\mathbf{Q}_\ell, \mathbf{Q}_\ell(r)) = K_{2r-1}(\mathbf{Z}[1/\ell]) \otimes \mathbf{Q}_\ell = \begin{cases} 0 & \text{pour } r \text{ pair} \geqslant 2 \\ \mathbf{Q}_\ell & \text{pour } r \text{ impair} \geqslant 3. \end{cases}$$

et coïncide (*via* le « régulateur ℓ-adique ») avec le groupe correspondant calculé dans $MTM(\mathbf{Z})_{\mathbf{Q}_\ell}$.

25.6.2. Un plongement de $\overline{\mathbf{Q}}$ dans $\mathbf{C}$ étant fixé, $\pi_1^{\mathrm{uni}}(\mathbb{P}^1_{\overline{\mathbf{Q}}} \smallsetminus \{0,1,\infty\}, \vec{01})$ s'identifie canoniquement groupe pro-unipotent libre à deux générateurs. Par ailleurs, le pro-ℓ-complété $\pi_1^\ell(\mathbb{P}^1_{\overline{\mathbf{Q}}} \smallsetminus \{0,1,\infty\}, \vec{01})$ du groupe fondamental profini de $\mathbb{P}^1_{\overline{\mathbf{Q}}} \smallsetminus \{0,1,\infty\}$ (pointé en $\vec{01}$) s'identifie au pro-ℓ-groupe libre à deux générateurs et s'envoie homomorphiquement vers $\pi_1^{\mathrm{uni}}(\mathbb{P}^1_{\overline{\mathbf{Q}}} \smallsetminus \{0,1,\infty\}, \vec{01})(\mathbf{Q}_\ell)$, et ρ'_ℓ se factorise à travers $\mathrm{Aut}\,\pi_1^\ell(\mathbb{P}^1_{\overline{\mathbf{Q}}} \smallsetminus \{0,1,\infty\}, \vec{01})$ (*cf.* [**HM03**, A.10]).

L'homomorphisme

$$\rho''_\ell : \mathrm{Gal}(\overline{\mathbf{Q}}/\mathbf{Q}) \longrightarrow \mathrm{Out}\,\pi_1^\ell(\mathbb{P}^1_{\overline{\mathbf{Q}}} \smallsetminus \{0,1,\infty\})$$

induit par passage aux automorphismes extérieurs a été étudié de manière approfondie par Ihara. La *conjecture de Deligne-Ihara* prédit que *la* $\mathbf{Q}_\ell$*-algèbre de Lie graduée associée à* $\rho''_\ell(\mathcal{G}_{\mathbf{Q}(\mu_{\ell^\infty})})$ *est libre avec un générateur en chaque degré impair* $\leqslant -3$.

Hain et Matsumoto déduisent de 25.6.1.2 la partie « génération » de cette conjecture. La partie « liberté » découlerait de $(\mathrm{MTM})_?$.

25.7. Nombres polyzêta et conjecture des périodes de Grothendieck

25.7.1. Passons maintenant à la réalisation des périodes de $MTM'(\mathbf{Z})_{\mathbf{Q}}$, ce qui nous ramène aux nombres polyzêta. L'interprétation motivique de $\mathcal{O}(\pi_1^{\mathrm{uni}}(\mathbb{P}^1_{\overline{\mathbf{Q}}} \smallsetminus \{0,1,\infty\}, \vec{01}))$ et des polyzêta comme intégrales de Chen sur $\mathbb{P}^1_{\overline{\mathbf{Q}}} \smallsetminus \{0,1,\infty\}$ (25.1.4, 25.5.3) se reformule de manière précise sous la forme suivante : *les périodes des objets de* $MTM'(\mathbf{Z})_{\mathbf{Q}}$ *sont exactement les éléments de* $\mathfrak{Z}[\frac{1}{2\pi i}]$, autrement dit :

[11] complété par Rognes-Weibel pour $\ell = 2$.

25.7.1.1. Proposition. — Spec $\mathfrak{Z}[\frac{1}{2\pi i}]$ *est canoniquement contenu (comme sous-schéma fermé) dans le torseur* $\mathfrak{P}_{MTM'(\mathbf{Z})}$ *des périodes de* $MTM'(\mathbf{Z})_{\mathbf{Q}}$.

En particulier, tout nombre polyzêta est période d'un motif de Tate mixte sur $\mathbf{Z}$. La réciproque conjecturale ([**Go**, conj. 1.9], [**GoM04**, conj. 4.5]) découle donc de $(\mathrm{MTM})_?$:

$(\mathrm{MTM}\zeta)_?$ *les périodes de tout motif de Tate mixte sur* $\mathbf{Z}$ *sont combinaisons* $\mathbf{Q}$*-linéaires de nombres polyzêta.*

Il est important ici de se limiter aux motifs de Tate mixtes *sur* $\mathbf{Z}$: les valeurs de $\mathrm{Li}_{\underline{s}}$ aux points rationnels (pas seulement en 1) apparaissent comme périodes de motifs de Tate mixtes plus généraux (*cf.* [**GoM04**, § 4.4]).

25.7.1.2. Exemple. — Soit M un motif de Tate mixte sur $\mathbf{Z}$ extension de $\mathbf{1}$ par $\mathbf{1}(r)$, r impair > 1. Alors, dans des bases naturelles, sa matrice de périodes s'écrit

$$\begin{pmatrix} \frac{1}{(2\pi i)^r} & \lambda\frac{\zeta(r)}{(2\pi i)^r} \\ 0 & 1 \end{pmatrix}, \quad \lambda \in \mathbf{Q}^*.$$

25.7.2. La description de $G_{MTM(\mathbf{Z})}$ en 25.5.2.1 a pour conséquence :

25.7.2.1. Proposition. — *Le torseur des périodes* $\mathfrak{P}_{\mathcal{M}}$ *attaché à toute sous-catégorie tannakienne* $\mathcal{M}$ *de* $MTM(\mathbf{Z})_{\mathbf{Q}}$ *est trivial.*

En filtrant $MTM(\mathbf{Z})_{\mathbf{Q}}$ par un système dénombrable de sous-catégories tannakiennes engendrées par un nombre fini d'objets, on déduit le corollaire *via* le lemme suivant :

25.7.2.2. Lemme. — *Soit* $\underline{U} = (U_n)_n$ *un pro-système de groupes unipotents sur un corps parfait, indexé par un ensemble dénombrable, à flèches de transition surjectives. Soit* $\underline{T} = (T_n)_n$ *un torseur sous* $\underline{U}$. *Alors* $\underline{T}$ *est trivial, et les flèches de transition entre les* $T_n(\mathbf{Q})$ *sont surjectives.*

Par Mittag-Leffler, on se ramène à la trivialité bien connue [**Wat79**, p. 141] des torseurs sous les groupes unipotents sur un corps parfait. □

25.7.3. La conséquence suivante des constructions de 25.5 est à présent la principale application concrète de la théorie des motifs aux polyzêta (c'est « la moitié » de la conjecture $(p\zeta_2)_?$) :

***25.7.3.1. Théorème* (Goncharov [Go], Terasoma [Te02])**. — $\dim \mathfrak{Z}_s \leqslant d_s$.

(d_s est l'entier défini par la récurrence de $(p\zeta_2)_?$).

On ne connaît pas à l'heure actuelle de preuve « non motivique » de cette inégalité.

Indication (inspirée de [**Go**]*).* — Par 25.5.2.1, le dual gradué de l'algèbre enveloppante de Lie $G_{MTM(\mathbf{Z})}$ est isomorphe, en tant qu'algèbre (commutative) graduée, au produit tensoriel

$$\mathbf{Q}[T_1] \otimes \mathcal{U}(L(T_{-3}, T_{-5}, \dots))^\vee$$

où $L(T_{-3}, T_{-5}, \dots)$ est l'algèbre de Lie graduée libre sur des générateurs de degrés $-3, -5, \dots$, et $\mathcal{U}(L(T_{-3}, T_{-5}, \dots))^\vee$ est le dual gradué de son algèbre enveloppante (qui s'identifie à l'algèbre de Hopf graduée des fonctions du groupe pro-unipotent $G^1_{MTM(\mathbf{Z})}$), T_1 étant placé en degré 1.

Via l'épimorphisme $G_{MTM(\mathbf{Z})} \to G_{MTM'(\mathbf{Z})}$, le dual gradué $\mathcal{U}(\mathrm{Lie}\, G_{MTM'(\mathbf{Z})})^\vee$ apparaît comme sous-algèbre (commutative) graduée de $\mathbf{Q}[T_1] \otimes \mathcal{U}(L(T_{-3}, T_{-5}, \dots))^\vee$ contenant T_1. Par ailleurs, on a $\mathfrak{P}_{MTM'(\mathbf{Z})} \cong G_{MTM'(\mathbf{Z})}$ d'après 25.7.2.1, ce qui par 25.7.1.1 permet de construire un *homomorphisme surjectif d'algèbres (commutatives) graduées*

$$\mathcal{U}(\mathrm{Lie}\, G_{MTM'(\mathbf{Z})})^\vee \twoheadrightarrow \mathfrak{Z}[2\pi i] = \mathfrak{Z} + 2\pi i \cdot \mathfrak{Z},$$

($2\pi i$ étant l'image de T_1, placée en degré 1). Ainsi, $\mathfrak{Z}$ est l'image de $\mathcal{U}(\mathrm{Lie}\, G_{MTM'(\mathbf{Z})})^\vee \cap (\mathbf{Q}[T_1^2] \otimes \mathcal{U}(L(T_{-3}, T_{-5}, \dots))^\vee)$. On conclut en observant que d_s est précisément la dimension du cran s de

$$\mathbf{Q}[T_1^2] \otimes \mathcal{U}(L(T_{-3}, T_{-5}, \dots))^\vee$$

(dont $\mathfrak{Z}_s$ est, on vient de le voir, un sous-quotient). □

25.7.4. La conjecture des périodes de Grothendieck dans le cas de $MTM'(\mathbf{Z})_{\mathbf{Q}}$ peut se formuler ainsi :

(?) *toute relation linéaire (ou polynomiale, cela revient au même) à coefficients dans* $\mathbf{Q}$ *entre nombres polyzêta est d'origine motivique.*

De façon plus précise, elle prédit que l'inclusion $\mathrm{Spec}\, \mathfrak{Z}[\frac{1}{2\pi i}] \hookrightarrow \mathfrak{P}_{MTM'(\mathbf{Z})}$ de 25.7.1.1 est une égalité.

La conjecture des périodes pour $MTM(\mathbf{Z})_{\mathbf{Q}}$ s'y ramène si l'on dispose de $(\mathrm{MTM}\zeta)_?$. En voici une version concrète :

25.7.4.1. Proposition. — *La conjecture des périodes pour* $MTM(\mathbf{Z})_{\mathbf{Q}}$ *jointe à* $(\mathrm{MTM}\zeta)_?$ *(ou à* $(\mathrm{MTM})_?$*) équivaut à* $(p\zeta_1)_? + (p\zeta_2)_?$. *Elles impliquent* $(p\zeta_5)_? + (p\zeta_6)_?$.

Indication. — L'esquisse de démonstration de 25.7.3.1 rend clair que $(p\zeta_1)_? + (p\zeta_2)_?$ a lieu si et seulement si les deux homomorphismes d'algèbres graduées

$$\mathcal{U}(\mathrm{Lie}\, G_{MTM'(\mathbf{Z})})^\vee \hookrightarrow \mathcal{U}(\mathrm{Lie}\, G_{MTM(\mathbf{Z})})^\vee, \quad \mathcal{U}(\mathrm{Lie}\, G_{MTM'(\mathbf{Z})})^\vee \twoheadrightarrow \mathfrak{Z}[2\pi i],$$

sont des isomorphismes. Or $\mathcal{U}(\mathrm{Lie}\, G_{MTM'(\mathbf{Z})})^{\vee} \hookrightarrow \mathcal{U}(\mathrm{Lie}\, G_{MTM(\mathbf{Z})})^{\vee}$ est un isomorphisme si et seulement si (MTM)? vaut, et la seconde condition exprime la conjecture des périodes pour $MTM'(\mathbf{Z})_{\mathbf{Q}}$ (12).

Ces conditions se traduisent donc aussi par un isomorphisme d'algèbres commutatives graduées

$$\mathbf{Q}[T_1^2] \otimes \mathcal{U}(L(T_{-3}, T_{-5}, \dots))^{\vee} \cong \mathfrak{Z}.$$

Or d'après Milnor-Moore, l'algèbre sous-jacente à une algèbre de Hopf commutative graduée $H^* = \oplus_{n\geqslant 0} H_n$, avec $\dim H_n < \infty$ pour tout n (rappelons qu'une telle algèbre de Hopf est isomorphe à l'algèbre des fonctions d'un groupe pro-unipotent) est toujours une algèbre de polynômes : plus précisément, elle s'identifie — même en tenant compte de la graduation — à l'algèbre symétrique sur $H^{>0}/(H^{>0})^2$.

D'où $(p\zeta_5)_?$ en appliquant ceci à $H^* = \mathcal{U}(L(T_{-3}, T_{-5}, \dots))^{\vee}$. Pour établir $(p\zeta_6)_?$ compte tenu de l'isomorphisme postulé $\mathbf{Q}[T_1^2] \otimes \mathcal{U}(L(T_{-3}, T_{-5}, \dots))^{\vee} \cong \mathfrak{Z}$, on observe que T_1^2 correspond à $(2\pi i)^2 = -24\zeta(2)$, et que $\zeta(2n+1)$ correspond à un cogénérateur de degré $2n+1$ de la cogèbre de Lie libre $L(T_{-3}, T_{-5}, \dots)^{\vee}$: ceux-ci sont nécessairement indépendants dans $\mathcal{U}(L(T_{-3}, T_{-5}, \dots))^{\vee}$. □

25.7.4.2. Remarque. — Suivant le fil de 23.5, la conjecture des périodes pour $MTM(\mathbf{Z})_{\mathbf{Q}}$ jointe à $(\mathrm{MTM}\zeta)_?$ permettrait de faire agir $G_{MTM(\mathbf{Z})}(\mathbf{Q})$ sur $\mathfrak{Z}[\frac{1}{2\pi i}]$ et même sur la sous-algèbre $\mathfrak{Z}[2\pi i]$ (le sous-groupe pro-unipotent $G^1_{MTM(\mathbf{Z})}(\mathbf{Q})$ agirait quant à lui sur $\mathfrak{Z}/\zeta(2)\mathfrak{Z}$). On peut montrer qu'en ce sens, les « conjugués » de $\zeta(r)$ (pour r impair > 1) seraient de la forme $\zeta(r) + (2\pi i)^r \lambda$, $\lambda \in \mathbf{Q}$.

25.8. Nature motivique des relations de double mélange régularisé

25.8.1. Dans le sens de la conjecture des périodes de Grothendieck dans le cas de $MTM'(\mathbf{Z})_{\mathbf{Q}}$ — qui prédit que toute relation polynomiale à coefficients dans $\mathbf{Q}$ entre polyzêta est d'origine motivique —, nous allons examiner tour à tour les deux systèmes de relations vus plus haut, et discuter les conjectures $(p\zeta_3)_?$ et $(p\zeta_4)_?$.

25.8.1.1. Théorème ([**Go'**, § 1.3]). — *Les relations DMR sont d'origine motivique.*

Pour les relations (6) qui résultent de manipulations élémentaires d'intégrales, ce n'est guère surprenant ; en revanche, pour les relations (5) ou (7) qui mettent en jeu des séries infinies, c'est loin d'être trivial. Heuristiquement, 25.8.1.1 signifie que ces relations devraient provenir, tout comme (6), de découpages et de changement de variables algébriques dans les intégrales, et de la formule de Stokes.

(12) par ailleurs, la conjecture des périodes pour $MTM'(\mathbf{Z})_{\mathbf{Q}}$ jointe à (MTM)? équivaut à la conjecture des périodes pour $MTM(\mathbf{Z})_{\mathbf{Q}}$ jointe à $(\mathrm{MTM}\zeta)_?$.

25.8.2. Voici à titre d'illustration, d'après Goncharov [**Go'**, §8.5], ce qui se passe dans le cas simple de la relation $2\zeta_*(1,1)+\zeta_*(2)=\zeta_*(1)^2$ (premier mélange régularisé, *cf.* 25.2.4.1). Par définition, la $*$-régularisation s'obtient en prenant le terme constant dans le développement en $\log\varepsilon$ de $\mathrm{Li}_{\underline{s}}(1-\varepsilon,\dots,1-\varepsilon)$. On a

$$\text{(16)}\quad \mathrm{Li}_2((1-\varepsilon)^2)=\int_{0\leqslant t_i\leqslant 1-\varepsilon}\frac{dt_1\wedge dt_2}{t_1t_2-1},\quad (\mathrm{Li}_1(1-\varepsilon))^2=\int_{0\leqslant t_i\leqslant 1-\varepsilon}\frac{dt_1}{t_1-1}\wedge\frac{dt_2}{t_2-1}$$

et après éclatement de l'origine dans le plan, on trouve par ailleurs

$$\text{(17)}\qquad \mathrm{Li}_{1,1}(1-\varepsilon,1-\varepsilon)=\int_{0\leqslant t_i\leqslant 1-\varepsilon}\frac{dt_1t_2}{t_1t_2-1}\wedge\frac{dt_1}{t_1-1}$$

et il suffit d'établir l'égalité de formes différentielles

$$\text{(18)}\qquad \frac{dt_1}{t_1-1}\wedge\frac{dt_2}{t_2-1}=\frac{dt_1t_2}{t_1t_2-1}\wedge\frac{dt_2}{t_2-1}-\frac{dt_1t_2}{t_1t_2-1}\wedge\frac{dt_1}{t_1-1}+\frac{dt_1\wedge dt_2}{t_1t_2-1}$$

Or cette égalité résulte précisément, en développant en série géométrique de t_1 et t_2, du découpage $\sum_{0<n_1<n_2}+\sum_{0<n_2<n_1}+\sum_{0<n_1=n_2}$ du second membre qui donne naissance à la relation de premier mélange $2\zeta_*(1,1)+\zeta_*(2)=\zeta_*(1)^2$!

25.8.3. La stratégie générale de la preuve de 25.8.1.1 (du moins en ce qui concerne la relation de premier mélange régularisé, qui est le point difficile) consiste en quatre étapes : i) extension de cette relation aux polylogarithmes généralisés $*$-régularisés ; ii) construction de variations unipotentes de structures de Hodge mixtes dont les périodes sont liées à ces polylogarithmes ; iii) utilisation de la pleine fidélité de la réalisation de Hodge : il s'agit alors d'interpréter la relation de premier mélange régularisée, ou son extension polylogarithmique, dans la catégorie des structures de Hodge mixtes, ce qui permet l'usage de l'arsenal des faisceaux pervers ; iv) démonstration de cette relation par spécialisation (au sens de Verdier) à l'origine $z_1=\cdots=z_k=0$ (au lieu de 1 !).

25.8.4. Examinons à présent $(p\zeta_3)_?$. Compte tenu de 25.8.1.1, cette conjecture forte va au delà de la conjecture des périodes pour $MTM'(\mathbf{Z})_{\mathbf{Q}}$. A l'aide de 25.7.4.1, on voit aisément que $(p\zeta_3)_?+(\mathrm{MTM}\zeta)_?$ implique les autres conjectures $(p\zeta_i)_?$, $i\neq 4$.

Pour analyser $(p\zeta_3)_?$, on introduit la $\mathbf{Q}$-algèbre commutative graduée $\mathfrak{Z}_{\mathrm{DMR}}$ engendrée par des quantités formelles $\zeta_{\mathrm{DMR}}(\underline{s})$ soumises aux relations DMR (y compris la relation $-24\zeta_{\mathrm{DMR}}(2)=(2\pi i)^2$)). La conjecture $(p\zeta_3)_?$ se traduit par : l'épimorphisme d'évaluation

$$\mathfrak{Z}_{\mathrm{DMR}}\twoheadrightarrow\mathfrak{Z}\subset\mathbf{R}$$

est un isomorphisme.

Par ailleurs, le théorème 25.8.1.1 signifie précisément que $\mathfrak{P}_{MTM'(\mathbf{Z})}\subset\operatorname{Spec}\mathfrak{Z}_{\mathrm{DMR}}[\frac{1}{2\pi i}]$.

***25.8.4.1. Théorème* (Racinet [Ra02]).** — $\operatorname{Spec}\mathfrak{Z}_{\mathrm{DMR}}[\frac{1}{2\pi i}]$ *est un torseur trivial pour l'action à gauche d'un schéma en groupes affine* G_{DMR} *(le groupe de Racinet), produit* *semi-direct de* $\mathbb{G}_m$ *par un* $\mathbf{Q}$*-groupe pro-unipotent*[13] G^1_{DMR} *(d'où un isomorphisme d'algèbres graduées* $\mathfrak{Z}_{\mathrm{DMR}}[2\pi i] = \mathcal{U}(\mathrm{Lie}\, G_{\mathrm{DMR}})^\vee$*).*

Ceci permet d'exprimer encore 25.8.1.1 comme suit :

25.8.4.2. Scolie[14]. — *Il existe un monomorphisme (canonique) de schémas en groupes affines* $G_{MTM'(\mathbf{Z})} \hookrightarrow G_{\mathrm{DMR}}$.

La conjecture $(p\zeta_3)_?$ équivaut donc à la conjecture des périodes pour $MTM'(\mathbf{Z})_{\mathbf{Q}}$ jointe à la suivante :

$(\mathrm{DMR})_?$ *le monomorphisme* $G_{MTM'(\mathbf{Z})} \longrightarrow G_{\mathrm{DMR}}$ *est un isomorphisme.*

25.8.5. La construction du groupe pro-unipotent G^1_{DMR} repose sur l'interprétation « cogébrique » des relations de mélange, comme suit.

Soient $Y_1, Y_2, \ldots$ des indéterminées non commutatives, et posons $Y_{s_1,\ldots,s_k} := Y_{s_1}\ldots Y_{s_k}$. Pour toute $\mathbf{Q}$-algèbre commutative A, on plonge l'algèbre de polynômes $A\langle Y_1,\ldots\rangle$ dans $A\langle X_0, X_1\rangle$ en envoyant Y_j sur $X_0^{j-1}X_1$. Idem pour les séries non commutatives. Notons Π_Y la rétraction de $A\langle\langle X_0, X_1\rangle\rangle$ sur elle-même qui annule tous les mots se terminant par X_0.

Dans $A\langle Y_1,\ldots\rangle$, définissons un coproduit Δ_* à partir de la formule $\Delta_*(Y_j) = Y_j \otimes 1 + 1 \otimes Y_j + \sum_{k=1}^{j-1} Y_k \otimes Y_{j-k}$. Rappelons par ailleurs le coproduit $\Delta_{ш}$, défini à partir de la formule $\Delta_{ш}(X_i) = X_i \otimes 1 + 1 \otimes X_i$. Formons ensuite les séries génératrices

$$\Phi_* = \sum \zeta_*(\underline{s})Y_{\underline{s}}, \quad \Phi_{ш} = \sum \zeta_{ш}(\underline{s})X_{\widetilde{\underline{s}}}$$

où $\widetilde{\underline{s}}$ est comme en 25.2.2.

Racinet traduit les relations $(6)_*$, $(6)_{ш}$, (8) en les suivantes

$$\Delta_*\Phi_* = \Phi_* \otimes \Phi_*, \quad \Delta_{ш}\Phi_{ш} = \Phi_{ш} \otimes \Phi_{ш},$$

$$\Phi_* = \exp\Big(\sum_2^\infty (-1)^n \frac{\zeta(n)}{n} Y_1^n\Big).\Pi_Y(\Phi_{ш}).$$

Pour étudier $\mathfrak{Z}_{\mathrm{DMR}}/\zeta_{\mathrm{DMR}}(2)\cdot\mathfrak{Z}_{\mathrm{DMR}}$, il est alors amené à considérer l'ensemble $G^1_{\mathrm{DMR}}(A)$ des couples de séries $(\Phi_*, \Phi_{ш})$ à coefficients dans A, sans terme en $Y_2 = X_0X_1$, vérifiant les équations précédentes (le terme $\zeta(n)$ étant remplacé par le coefficient de $Y_n = X_0^{n-1}X_1$ dans $\Phi_{ш}$). Notons que $\Phi_{ш}$ détermine Φ_*.

Racinet montre que la seconde projection $(\Phi_*, \Phi_{ш}) \mapsto \Phi_{ш}$ réalise $G^1_{\mathrm{DMR}}(A)$ comme sous-groupe du groupe des séries $F \in A\langle\langle X_0, X_1\rangle\rangle$ non-commutatives de terme constant 1, sans termes en X_0, X_1, X_0X_1, avec la loi

$$(19) \qquad (F_1{\bullet}F_2)(X_0, X_1) = F_1(F_2(X_0,X_1)X_0F_2(X_0,X_1)^{-1}, X_1)\cdot F_2(X_0,X_1),$$

[13] qui semble être un avatar simplifié du groupe GARI d'Écalle.

[14] attribué par Racinet à Deligne.

et que $A \mapsto G^1_{\mathrm{DMR}}(A)$ définit un groupe pro-unipotent. Son algèbre de Hopf $\mathcal{O}(G^1_{\mathrm{DMR}})$ s'identifie à $\mathfrak{Z}_{\mathrm{DMR}}/\zeta_{\mathrm{DMR}}(2)\cdot\mathfrak{Z}_{\mathrm{DMR}}$ (et aussi à $\mathcal{U}(\mathrm{Lie}\, G^1_{\mathrm{DMR}})^\vee$ pour une graduation canonique de $\mathrm{Lie}\, G^1_{\mathrm{DMR}}$).

25.8.5.1. Remarques

1) Le sous-groupe des séries F vérifiant $\Delta_{\text{Ш}}F = F \otimes F$ (c'est-à-dire des exponentielles de séries de Lie, *cf.* 25.3.2) s'identifie à

$$\mathrm{Out}_{0,1}\ \pi_1^{\mathrm{uni}}(\mathbb{P}^1_{\overline{\mathbf{Q}}} \smallsetminus \{0,1,\infty\}, \vec{01})$$

où l'indice $_{0,1}$ indique que l'on se restreint aux automorphismes extérieurs qui respectent les classes de conjugaison d'inertie en 0 et en 1. On voit par là qu'il est « de nature motivique » (son algèbre de Hopf est un Ind-objet de $MTM'(\mathbf{Z})_{\mathbf{Q}}$). Le scolie ci-dessus implique que son sous-groupe fermé G^1_{DMR} est aussi de nature motivique.

2) Il suit de 25.8.1.1 que l'image de l'homomorphisme ρ'_ℓ de 25.6.1 est contenue dans $G_{\mathrm{DMR}}(\mathbf{Q}_\ell)$.

25.9. Nature motivique des relations de l'associateur

25.9.1. Pour analyser $(p\zeta_4)_?$, on introduit la $\mathbf{Q}$-algèbre commutative graduée $\mathfrak{Z}_{\mathrm{ASS}}$ engendrée par des quantités formelles $\zeta_{\mathrm{ASS}}(\underline{s})$ soumises aux relations de l'associateur (y compris la relation $-24\zeta_{\mathrm{ASS}}(2) = (2\pi i)^2)$). La conjecture $(p\zeta_4)_?$ se traduit par : l'épimorphisme d'évaluation

$$\mathfrak{Z}_{\mathrm{ASS}} \twoheadrightarrow \mathfrak{Z} \subset \mathbf{R}$$

est un isomorphisme.

***25.9.1.1. Théorème* (Drinfel'd [Dr91]).** — Spec $\mathfrak{Z}_{\mathrm{ASS}}[\frac{1}{2\pi i}]$ *est un torseur trivial pour l'action à gauche d'un schéma en groupes affine GT, le* groupe de Grothendieck-Teichmüller, *produit semi-direct de $\mathbb{G}_m$ par un $\mathbf{Q}$-groupe pro-unipotent GT^1 (d'où un isomorphisme d'algèbres graduées $\mathfrak{Z}_{\mathrm{ASS}}[2\pi i] = \mathcal{U}(\mathrm{Lie}\, GT)^\vee$).*

En outre, GT s'identifie à un sous-groupe fermé du groupe des automorphismes du groupe pro-unipotent libre à deux générateurs (qui s'identifie au groupe $\mathrm{Aut}\, \pi_1^{\mathrm{uni}}(\mathbb{P}^1_{\overline{\mathbf{Q}}} \smallsetminus \{0,1,\infty\}, \vec{01})$). Drinfel'd, puis Ihara [**I94**][15], ont montré que l'homomorphisme ρ'_ℓ se factorise à travers $GT(\mathbf{Q}_\ell)$.

25.9.2. Venons-en enfin au pendant de 25.8.1.1 :

25.9.2.1. Théorème. — *Les relations de l'associateur sont d'origine motivique.*

Cela signifie précisément que $\mathfrak{P}_{MTM'(\mathbf{Z})} \subset \mathrm{Spec}\, \mathfrak{Z}_{\mathrm{ASS}}[\frac{1}{2\pi i}]$. Compte tenu de 25.9.1.1, cela s'exprime aussi comme suit :

[15] ces auteurs travaillent avec Out, mais, comme l'a remarqué Belyi, on peut « relever » dans Aut.

25.9.2.2. Scolie. — *Il existe un monomorphisme (canonique) de schémas en groupes affines* $G_{MTM'(\mathbf{Z})} \hookrightarrow GT$.

La démonstration de 25.8.1.1 reposait sur la réalisation de Hodge (*cf.* 25.8.3). Pour varier, et illustrer la versatilité du point de vue motivique, prouvons 25.9.2.2 au moyen de la réalisation de Tate (un argument plus direct sera esquissé plus bas). L'homomorphisme

$$\rho'_\ell : \mathrm{Gal}(\overline{\mathbf{Q}}/\mathbf{Q}) \longrightarrow \mathrm{Aut}\, \pi_1^{\mathrm{uni}}(\mathbb{P}^1_{\overline{\mathbf{Q}}} \smallsetminus \{0,1,\infty\}, \vec{01})(\mathbf{Q}_\ell)$$

se factorise à la fois à travers $G_{MTM'(\mathbf{Z})}(\mathbf{Q}_\ell)$ et $GT(\mathbf{Q}_\ell)$, et l'image est Zariski-dense dans $G_{MTM'(\mathbf{Z})}$ (25.6.1.2), d'où le résultat. □

25.9.3. Compte tenu de 25.9.2.1, la conjecture $(p\zeta_4)_?$ équivaut à la conjecture des périodes pour $MTM'(\mathbf{Z})_{\mathbf{Q}}$ jointe à la suivante :

(Ass)$_?$ *le monomorphisme* $G_{MTM'(\mathbf{Z})} \longrightarrow GT$ *est un isomorphisme.*

On voit aussi que $(p\zeta_4)_? + (\mathrm{MTM}\zeta)_?$ implique les autres conjectures $(p\zeta_i)_?$, $i \neq 3$.

25.9.3.1. Remarque. — Il résulte des travaux d'Ihara [**I92**] — et de Nakamura, voir aussi [**HS00**] dans le cadre profini — que GT^1 est un sous-groupe fermé

$$\mathrm{Out}_{0,1,\mathfrak{S}_4}\ \pi_1^{\mathrm{uni}}(\mathbb{P}^1_{\overline{\mathbf{Q}}} \smallsetminus \{0,1,\infty\})$$

où l'indice $_{0,1,\mathfrak{S}_4}$ indique que l'on se restreint aux automorphismes extérieurs qui respectent les classes de conjugaison d'inertie en 0 et en 1 et qui commutent à l'action naturelle du groupe symétrique $\mathfrak{S}_4$ sur $\mathbb{P}^1_{\overline{\mathbf{Q}}} \smallsetminus \{0,1,\infty\} = (\mathcal{M}_{0,4})_{\overline{\mathbf{Q}}}$ (qui se factorise par $\mathfrak{S}_3$) ; plus précisément, pour tout $s \geqslant 2$, GT^1 s'identifie naturellement au groupe

$$\mathrm{Out}_{\ \mathrm{inerties},\mathfrak{S}_{s+3}}\ \pi_1^{\mathrm{uni}}((\mathcal{M}_{0,s+3})_{\overline{\mathbf{Q}}})$$

où l'indice $_{\mathrm{inerties},\mathfrak{S}_{s+3}}$ indique que l'on se restreint aux automorphismes extérieurs qui respectent les classes de conjugaison d'inertie aux composantes du bord de $\mathcal{M}_{0,s+3}$ et qui commutent à l'action naturelle de $\mathfrak{S}_{s+3}$.

On voit par là que GT^1 est « de nature motivique » (son algèbre de Hopf est un Ind-objet de $MTM'(\mathbf{Z})_{\mathbf{Q}}$)[16], et on peut en tirer une preuve directe de 25.9.2.1.

25.9.3.2. Remarque. — *Via* Milnor-Moore, il suit de 25.8.4.1 et 25.9.1.1 respectivement que *tant* $\mathfrak{Z}_{\mathrm{DMR}}$ *que* $\mathfrak{Z}_{\mathrm{ASS}}$ *sont des algèbres de polynômes sur* $\mathbf{Q}$ *en une infinité d'indéterminées.* Par ailleurs, on a une action canonique de $G_{DMR}(\mathbf{Q})$ sur $\mathfrak{Z}_{\mathrm{DMR}}[2\pi i]$ (resp. de $GT(\mathbf{Q})$ sur $\mathfrak{Z}_{\mathrm{ASS}}[2\pi i]$).

---

[16] Drinfel'd considère aussi la variante De Rham de GT^1, qu'il note GRT^1.

25.9.4. Conclusion. — On dispose de quatre **Q**-groupes affines « de nature motivique », tous produits semi-directs de $\mathbb{G}_m$ par un groupe pro-unipotent, et de morphismes compatibles à la projection sur $\mathbb{G}_m$:

$$\begin{array}{ccccc} & & & & GT \\ & & & \nearrow & \\ G_{MTM(\mathbf{Z})} & \twoheadrightarrow & G_{MTM'(\mathbf{Z})} & & \\ & & & \searrow & \\ & & & & G_{\mathrm{DMR}} \end{array}$$

dont *on conjecture que ce sont tous des isomorphismes.* Si c'est le cas, la conjecture des périodes de Grothendieck pour les motifs de Tate mixtes sur **Z** équivaut à l'ensemble des conjectures $(p\zeta_i)_?$.

La question de l'égalité du groupe de Grothendieck-Teichmüller GT et du groupe de Racinet G_{DMR} se traduit par celle, purement algébrique, de l'égalité de $\mathfrak{z}_{\mathrm{ASS}}$ et $\mathfrak{z}_{\mathrm{DMR}}$: équivalence de deux systèmes de relations polynomiales homogènes explicites entre indéterminées commutatives indexées par les multi-indices $\underline{s}$.

En fait, Drinfel'd a construit de manière combinatoire les images $T_{-3}^{\mathrm{ASS}}, T_{-5}^{\mathrm{ASS}}, \ldots$ dans $\operatorname{Lie} GT^1$ de générateurs $T_{-3}, T_{-5}, \ldots$ de $\operatorname{Lie} G^1_{MTM(\mathbf{Z})}$ (*cf.* 25.5.3.1). Racinet a fait de même dans $\operatorname{Lie} G^1_{\mathrm{DMR}}$; notons $T_{-3}^{\mathrm{DMR}}, T_{-5}^{\mathrm{DMR}}, \ldots$ ces éléments.

On observe alors que les $T_{-3}^{\mathrm{DMR}}, T_{-5}^{\mathrm{DMR}}, \ldots$ forment un système de générateurs (resp. de générateurs libres) si et seulement si $G_{\mathrm{DMR}} = G_{MTM'(\mathbf{Z})}$ (resp. $= G_{MTM(\mathbf{Z})}$). De même avec les $T_{-3}^{\mathrm{ASS}}, T_{-5}^{\mathrm{ASS}}, \ldots$ et GT. On peut du reste aborder ces questions *via* la réalisation de Tate (conjecture de Deligne-Ihara, *cf.* 25.6.2).

Il existe donc au moins deux approches (concurrentes ou complémentaires) aux questions sur la structure des relations connues entre nombres polyzêta : les approches combinatoire et motivique, et sur cette dernière se greffe le point de vue galoisien.

Tableau synoptique

conjecture des périodes pour $MTM'(\mathbf{Z})_{\mathbf{Q}}$ $+(\mathrm{MTM}_Z)_?$	$\Longleftrightarrow$	$(p\zeta_1)_? + (p\zeta_2)_?$	$\Longrightarrow$	$(p\zeta_5)_? + (p\zeta_6)_?$
conjecture des périodes pour $MTM'(\mathbf{Z})_{\mathbf{Q}}$ $+(\mathrm{DMR})_?$	$\Longleftrightarrow$	$(p\zeta_3)_?$	$\Longrightarrow$	$(p\zeta_5)_?$
conjecture des périodes pour $MTM'(\mathbf{Z})_{\mathbf{Q}}$ $+(\mathrm{Ass})_?$	$\Longleftrightarrow$	$(p\zeta_4)_?$	$\Longrightarrow$	$(p\zeta_5)_?$.

BIBLIOGRAPHIE

[AKMW02] D. Abramovich, K. Karu, K. Matsuki & J. Wlodarczyk – « Torification and factorization of birational maps », *J. Amer. Math. Soc.* **15** (2002), no. 3, p. 531–572.

[gA85] G. Anderson – « Cyclotomy and a covering of the Taniyama group », *Compositio Math.* **57** (1985), p. 153–217.

[A95] Y. André – « Théorie des motifs et interprétation géométrique de valeurs p-adiques de G-fonctions », in *Sém. de théorie des nombres (Paris, 1992/93)*, London Math. Soc. Lect. Note series, vol. 215, Cambridge Univ. Press, 1995, p. 37–60.

[A96a] ———, « Pour une théorie inconditionnelle des motifs », *Publ. Math. Inst. Hautes Études Sci.* **83** (1996), p. 5–49.

[A96b] ———, « On the Shafarevich and Tate conjectures for hyperkähler varieties », *Math. Ann.* **305** (1996), p. 159–199.

[A96c] ———, « G-fonctions et transcendance », *J. reine angew. Math.* **476** (1996), p. 95–125.

[A04a] ———, « Déformation et spécialisation de cycles motivés », à paraître dans *J.I.M.J.*, 2004.

[A04b] ———, « Cycles de Tate et cycles motivés sur les variétés abéliennes en caractéristique p », à paraître dans *J.I.M.J.*, 2004.

[A04c] ———, « Motifs de dimension finie », exposé Bourbaki n° 929, `http://www.bourbaki.ens.fr/`, Mars 2004.

[AK02a] Y. André & B. Kahn – « Nilpotence, radicaux et structures monoïdales », *Rend. Sem. Mat. Univ. Padova* **108** (2002), p. 107–291.

[AK02b] ———, « Construction inconditionnelle de groupes de Galois motiviques », *C. R. Acad. Sci. Paris Sér. I Math.* **331** (2002), p. 989–994.

[BS01] P. Balmer & M. Schlichting – « Idempotent completion of triangulated categories », *J. Algebra* **236** (2001), no. 2, p. 819–834.

[dBNa98] S. del Baño Rollin & V. Navarro-Aznar – « On the motive of a quotient variety », *Collect. Math.* **49** (1998), p. 203–226.

[BRS03] L. Barbieri-Viale, A. Rosenschon & M. Saito – « Deligne's conjecture on 1-motives », *Ann. of Math. (2)* **158** (2003), no. 2, p. 593–633.

[Be85] A. Beilinson – « Higher regulators and values of L-functions », *J. Soviet Math.* **30** (1985), p. 2036–2070.

[Be87] ———, « Height pairing between algebraic cycles », in *K-theory, Arithmetic and Geometry*, Lect. Notes in Math., vol. 1289, Springer, 1987, p. 27–41.

[Be02] ———, « Remarks on n-motives and correspondences at the generic point », in *Motives, polylogarithms and Hodge theory, Part I (Irvine 1998)*, Lect. Ser., vol. 3, Int. Press, 2002, p. 35–46.

[BBD82] A. Beilinson, J. Bernstein & P. Deligne – « Faisceaux pervers », in *Analysis and topology on singular spaces, I (Luminy, 1981)*, Astérisque, vol. 100, Société Mathématique de France, Paris, 1982, p. 5–171.

[BB03] P. Belkale & P. Brosnan – « Matroids, motives and a conjecture of Kontsevich », *Duke Math. J.* **116** (2003), no. 1, p. 147–188.

[BO83] P. Berthelot & A. Ogus – « F-isocrystals and the De Rham cohomology I », *Invent. Math.* **72** (1983), p. 159–199.

[Ber02] C. Bertolin – « Périodes des 1-motifs et transcendance », *J. Number Theory* **97** (2002), no. 2, p. 204–221.

[Bes00] A. Besser – « Syntomic regulators and p-adic integration I : rigid syntomic regulators », *Israel J. Math.* **120** (2000), p. 291–334.

[Bi04] F. Bittner – « The universal Euler characeristic for varieties of characteristic zero », *Compositio Math.* **140** (2004), no. 4, p. 1011–1032.

[Bl75] S. Bloch – « K_2 of Artinian $\mathbf{Q}$-algebras, with application to algebraic cycles », *Comm. Algebra* **3** (1975), p. 405–428.

[Bl76] ———, « Some elementary theorems about algebraic cycles on Abelian varieties », *Invent. Math.* **37** (1976), no. 3, p. 215–228.

[Bl80] ———, *Lectures on algebraic cycles*, Math. series, vol. IV, Duke Univ., 1980.

[Bl86] ———, « Algebraic cycles and higher K-theory », *Adv. in Math.* **61** (1986), p. 267–304.

[Bl94] ———, « The moving lemma for higher Chow groups », *J. Algebraic Geom.* **3** (1994), p. 537–568.

[BlKL76] S. Bloch, A. Kas & D. Lieberman – « Zero-cycles on surfaces with $p_g = 0$ », *Compositio Math.* **33** (1976), p. 135–145.

[BlKr94] S. Bloch & I. Kriz – « Mixed Tate motives », *Ann. of Math.* **140** (1994), p. 557–605.

[Bor74] A. Borel – « Stable real cohomology of arithmetic groups », *Ann. scient. Éc. Norm. Sup.* 4e *série* **7** (1974), p. 235–272.

[BoZ92] J. Borwein & I. Zucker – « Fast evaluation of the gamma function for small rational fractions using complete elliptic integrals of the first kind », *J. Num. Analysis* **12** (1992), p. 519–526.

[Bos01] J.-B. Bost – « Algebraic leaves of algebraic foliations over number fields », *Publ. Math. Inst. Hautes Études Sci.* **93** (2001), p. 161–221.

[Bou] N. Bourbaki – *Groupes et algèbres de Lie*, Masson, Paris, 1981.

[Bre94] L. Breen – « Tannakian categories », in *Motives (Seattle, WA, 1991), vol. I*, Proc. Sympos. Pure Math., vol. 55, American Mathematical Society, Providence, RI, 1994, p. 337–376.

[Bry83] J.-L. Brylinski – « "1-motifs" et formes automorphes (théorie arithmétique des domaines de Siegel) », in *Journées automorphes*, vol. 15, Publ. Math. Univ. Paris VII, 1983.

[Ch98] A. Chambert-Loir – « Cohomologie cristalline : un survol », *Exposition. Math.* **16** (1998), p. 333–382.

[Chu78] G. Chudnovsky – « Algebraic independence of values of exponential and elliptic functions », in *Proc. int. cong. math. Helsinki, vol. 1*, 1978, p. 339–350.

[Cl83] H. Clemens – « Homological equivalence, modulo algebraic equivalence, is not finitely generated », *Publ. Math. Inst. Hautes Études Sci.* **58** (1983), p. 19–38.

[Clo99] L. Clozel – « Équivalence numérique et équivalence homologique pour les variétés abéliennes sur les corps finis », *Ann. of Math.* **150** (1999), p. 151–163.

[Col75] A. Collino – « The rational equivalence ring of symmetric products of curves », *Illinois J. Math.* **19** (1975), no. 4, p. 567–583.

[CHa00] A. Corti & M. Hanamura – « Motivic decomposition and intersection Chow groups. I », *Duke Math. J.* **103** (2000), no. 3, p. 459–522.

[dJ96] J. de Jong – « Smoothness, semi-stability and alterations », *Publ. Math. Inst. Hautes Études Sci.* **83** (1996), p. 51–93.

[Deg03] F. DÉGLISE – Thèse, Univ. Paris 7, 2002, et note au *C.R.A.S.* **336** (2003), p. 41–46.

[D71] P. DELIGNE – « Théorie de Hodge II », *Publ. Math. Inst. Hautes Études Sci.* **40** (1971), p. 5–57.

[D74a] ———, « La conjecture de Weil I », *Publ. Math. Inst. Hautes Études Sci.* **43** (1974), p. 273–307.

[D74b] ———, « Théorie de Hodge III », *Publ. Math. Inst. Hautes Études Sci.* **44** (1974), p. 5–78.

[D74c] ———, « Poids dans la cohomologie des variétés algébriques », in *Congrès Intern. Vancouver 1974, vol. 1*, Canad. Math. Congress, Montréal, 1975, p. 79–85.

[D79] ———, « Valeurs de fonctions L et périodes d'intégrales », in *Automorphic forms, and L-functions*, Proc. Symp. Pure Math., vol. 33, American Mathematical Society, 1979, p. 313–346.

[D80a] ———, « La conjecture de Weil II », *Publ. Math. Inst. Hautes Études Sci.* **52** (1980), p. 137–252.

[D80b] ———, « Cycles de Hodge absolus et périodes des intégrales », in *Fonctions abéliennes et nombres transcendants*, Mém. Soc. math. France (N.S.), vol. 108, Société Mathématique de France, Paris, 1980, p. 23–33.

[D82] ———, « Hodge cycles on abelian varieties (notes by J.S. Milne) », in *Hodge cycles, Motives and Shimura varieties*, Lect. Notes in Math., vol. 900, Springer, 1982, p. 9–100.

[D90] ———, « Catégories tannakiennes », in *Grothendieck Festschrift, vol. 2*, Progress in Math., vol. 87, Birkhäuser, 1990, p. 111–198.

[D94] ———, « Décompositions dans la catégorie dérivée », in *Motives (Seattle, WA, 1991), vol. I*, Proc. Sympos. Pure Math., vol. 55, American Mathematical Society, Providence, RI, 1994, p. 115–128.

[DG] P. DELIGNE & A. GONCHAROV – « Groupes fondamentaux motiviques de Tate mixtes », prépub. ArXiv `NT/0302267`, 2003.

[DoTh56] A. DOLD & R. THOM – « Quasifasierungen und unendliche symmetrische Produkte », *Ann. of Math.* **67** (1956), p. 230–281.

[Dr91] V. DRINFEL'D – « On quasi-triangular quasi-Hopf algebras and a group closely connected with Gal($\overline{\mathbf{Q}}/\mathbf{Q}$) », *Leningrad Math. J.* **2** (1991), no. 4, p. 829–860.

[E02] J. ÉCALLE – « A tale of three structures : the Arithmetics of Multizetas, the analysis of singularities, the Lie algebra ARI », in *Differential equations and the Stokes phenomenon*, World Scientific, 2002, p. 89–146.

[FoM95] J.-M. FONTAINE & B. MAZUR – « Geometric Galois representations », in *Elliptic curves, Modular forms, and Fermat's last theorem* (J. Coates & S.T. Yau, éds.), Intern. Press, 1995.

[FrS02] E. FRIEDLANDER & A. SUSLIN – « The spectral sequence relating algebraic K-theory to motivic cohomology », *Ann. scient. Éc. Norm. Sup. 4e série* **36** (2002), p. 773–875.

[FrV00] E. FRIEDLANDER & V. VOEVODSKY – « Bivariant cycle cohomology », in *Cycles, transfers, and motivic homology theories*, Annals of Mathematics Studies, vol. 143, Princeton University Press, Princeton, NJ, 2000, p. 138–187.

[Fu84] W. FULTON – *Intersection theory*, Ergeb. der Math., vol. 3, Springer, 1984.

[Fur] H. FURUSHO – « Multiple Zeta values and Grothendieck-Teichmüller groups », prépub. Univ. Kyoto, 2002.

[Ge98] T. GEISSER – « Tate's conjecture, algebraic cycles and rational K-theory in characteristic p », *K-Theory* **13** (1998), p. 109–122.

[Ge00] ______, « Applications of de Jong's theorem on alterations », in *Resolution of singularities (Obergurgl, 1997)*, Progress in Math., vol. 181, Birkhäuser, 2000, p. 299–314.

[GS96] H. GILLET & C. SOULÉ – « Descent, motives and K-theory », *J. reine angew. Math.* **478** (1996), p. 127–176.

[Go] A. GONCHAROV – « Multiple polylogarithms and mixed Tate motives », prépub. ArXiv AG/0103059, 2001.

[Go'] ______, « Periods and mixed motives », prépub. ArXiv AG/0202154, 2002.

[GoM04] A. GONCHAROV & Y. MANIN – « Multiple ζ-motives and moduli spaces $\overline{\mathcal{M}}_{0,n}$ », *Compositio Math.* **140** (2004), p. 1–14.

[Gre94] M. GREEN – « Infinitesimal methods in Hodge theory », in *Algebraic cycles and Hodge theory*, Lect. Notes in Math., vol. 1594, Springer, 1994.

[GreG03] M. GREEN & P. GRIFFITHS – « An interesting 0-cycle », *Duke Math. J.* **119** (2003), p. 261–313.

[GH78] P. GRIFFITHS & J. HARRIS – *Principles of algebraic geometry*, John Wiley & Sons, inc., 1978.

[Gr78] B. Gross – « On the periods of abelian integrals and a formula of Chowla-Selberg », *Invent. Math.* **45** (1978), p. 193–211.

[Gro58] A. Grothendieck – « Sur une note de Mattuck-Tate », *J. reine angew. Math.* **200** (1958), p. 208–215.

[Gro66] ———, « On the De Rham cohomology of algebraic varieties », *Publ. Math. Inst. Hautes Études Sci.* **29** (1966), p. 93–103.

[Gro68] ———, « Le groupe de Brauer. III. Exemples et compléments », in *Dix exposés sur la cohomologie des schémas*, North Holland, Masson, 1968.

[Gro69a] ———, « Standard conjectures on algebraic cycles », in *Bombay coll. on Alg. Geom.*, Oxford Univ. Press, 1969, p. 193–199.

[Gro69b] ———, « Hodge's general conjecture is false for trivial reasons », *Topology* **8** (1969), p. 299–303.

[GroS02] A. Grothendieck & J.-P. Serre – *Correspondance*, Documents Mathématiques, Société Mathématique de France, Paris, 2002, J.-P. Serre & P. Colmez, éd.

[GNa02] F. Guillen & V. Navarro-Aznar – « Un critère d'extension d'un foncteur défini sur les schémas lisses », *Publ. Math. Inst. Hautes Études Sci.* **95** (2002), no. 1, p. 1–91.

[GuP03] V. Guletskiĭ & C. Pedrini – « Finite dimensional motives and the conjectures of Beilinson and Murre », *K-theory* **550** (2003), p. 1–21.

[HM03] R. Hain & M. Matsumoto – « Weighted completion of Galois groups and Galois actions on the fundamental group of $\mathbb{P}^1 - \{0, 1, \infty\}$ », *Compositio Math.* **139** (2003), no. 2, p. 119–167.

[Ha95] M. Hanamura – « Mixed motives and algebraic cycles : I », *Math. Res. Lett.* **2** (1995), p. 811–821.

[Ha] ———, « Mixed motives and algebraic cycles : II », prépublication.

[Ha99] ———, « Mixed motives and algebraic cycles : III », *Math. Res. Lett.* **6** (1999), no. 1, p. 61–82.

[Ha00] ———, « Homological and cohomological motives of algebraic varieties », *Invent. Math.* **142** (2000), no. 2, p. 319–349.

[HS00] D. Harbater & L. Schneps – « Fundamental groups of moduli and the Grothendieck-Teichmüller group », *Trans. Amer. Math. Soc.* **352** (2000), no. 7, p. 3117–3148.

[Hof97] M. Hoffman – « The algebra of multiple harmonic series », *J. Algebra* **194** (1997), p. 477–495.

[Hop87] M. HOPKINS – « Global methods in homotopy theory », in *Homotopy theory (Durham 1985)*, London Math. Soc. Lect. Note series, vol. 117, Cambridge Univ. Press, 1987, p. 73–96.

[Hu00] A. HUBER – « Realization of Voevodsky's motives », *J. Algebraic Geom.* **9** (2000), no. 4, p. 755–799 + Erratum (2002).

[IK] K. IHARA & M. KANEKO – « Derivation relations and regularized double shuffle relations of multiple zeta functions », prépublication, 2001.

[I92] Y. IHARA – « On the stable derivation algebra associated with some braid groups », *Israel J. Math.* **80** (1992), p. 135–153.

[I94] ______, « On the embedding of $\mathrm{Gal}(\overline{\mathbf{Q}}/\mathbf{Q})$ into $\widehat{GT}$ », in *The Grothendieck theory of dessins d'enfants*, London math. Soc. Lect. Note series, vol. 200, Cambridge Univ. Press, 1994.

[Il90] L. ILLUSIE – « Cohomologie de de Rham et cohomologie étale p-adique (d'après G. Faltings, J.-M. Fontaine et al.) », in *Séminaire Bourbaki, Vol. 1989/90*, Astérisque, vol. 189-190, Société Mathématique de France, Paris, 1990, Exp. n° 726, p. 325–374.

[Il02] ______, « Sur la formule de Picard-Lefschetz », in *Algebraic geometry 2000, Azumino (Hotaka)*, Adv. Stud. Pure Math., vol. 36, Math. Soc. Japan, Tokyo, 2002, p. 249–268.

[J89] U. JANNSEN – *Mixed motives and algebraic K-theory*, Lect. Notes in Math., vol. 1400, Springer, 1989.

[J92] ______, « Motives, numerical equivalence and semi-simplicity », *Invent. Math.* **107** (1992), p. 447–452.

[J94] ______, « Motivic sheaves and filtrations on Chow groups », in *Motives (Seattle, WA, 1991), vol. I*, Proc. Sympos. Pure Math., vol. 55, American Mathematical Society, 1994, p. 245–302.

[J95] ______, « Motivic cohomology, and Ext-groups », in *Proceedings of the International Congress of Mathematicians (Zürich, 1994)*, Birkhäuser, 1995, p. 667–679.

[J00] ______, « Equivalence relations on algebraic cycles », in *The arithmetic and Geometry of algebraic cycles, proc. NATO conference (Banff, 1998)*, NATO series, vol. 548, Kluwer, 2000, p. 225–260.

[Jou73] J.-P. JOUANOLOU – « Une suite exacte de Mayer-Vietoris en K-théorie algébrique », in *Algebraic K-Theory I, Higher K-Theories* (H. Bass, éd.), Lect. Notes in Math., vol. 341, Springer, 1973.

[KaSu] B. KAHN – « R. Sujatha, Birational motives I », prépublication.

[Ka97] ———, « La conjecture de Milnor (d'après V. Voevodsky) », in *Séminaire Bourbaki, Vol. 1996/97*, Astérisque, vol. 245, Société Mathématique de France, Paris, 1997, Exp. n° 834, p. 379–418.

[Ka] ———, « A sheaf-theoretic reformulation of the Tate conjecture », prépub. ArXiv `math.AG/9801017`, 1998.

[Ka'] ———, « Number of points of function fields over finite fields », prépub. ArXiv `NT/0210202`, 2002.

[Ka03] ———, « Équivalences rationnelle et numérique sur certaines variétés de type abélien sur un corps fini », *Ann. scient. Éc. Norm. Sup. 4e série* **36** (2003), no. 6, p. 977–1002.

[Ka04] ———, « K-theory, cycles and algebraic geometry », in *Handbook of K-theory*, à paraître.

[Kap] M. Kapranov – « The elliptic curve in the S-duality theory and Eisenstein series for Kac-Moody groups », prépub. ArXiv `AG/0001005`, 2000.

[Kar00] N. Karpenko – « Weil transfer of algebraic cycles », *Indag. Math.* **11** (2000), p. 73–86.

[KS83] K. Kato & S. Saito – « Unramified classfield theory of arithmetical surfaces », *Ann. of Math.* **118** (1983), p. 241–275.

[KM74] N. Katz & W. Messing – « Some consequences of the Riemann hypothesis for varieties over finite fields », *Invent. Math.* **23** (1974), p. 73–77.

[Ki04] S.-I. Kimura – « Chow motives can be finite-dimensional, in some sense », à paraître dans *Math. Ann.*

[Kin03] G. Kings – « The Bloch-Kato conjecture on special values of L-functions. A survey of known results », *J. Théor. Nombres Bordeaux* **15** (2003), no. 1, p. 179–198.

[Kl68] S. Kleiman – « Algebraic cycles and the Weil conjectures », in *Dix exposés sur la cohomologie des schémas*, North Holland, Masson, 1968, p. 359–386.

[Kl70a] ———, « Finiteness theorems for algebraic cycles », in *Actes Congrès intern. math. (Nice, 1970), tome 1*, Gauthier-Villars, 1970, p. 445–449.

[Kl70b] ———, « Motives », in *Algebraic Geometry (Oslo, 1970)*, Sijthoff-Noordhoff, 1970, p. 53–82.

[Kl94] ———, « The standard conjectures », in *Motives (Seattle, WA, 1991), vol. I*, Proc. Sympos. Pure Math., vol. 55, American Mathematical Society, 1994, p. 359–386.

[KZ01] M. Kontsevich & D. Zagier – « Periods », in *Mathematics unlimited-2001 and beyond*, Springer, 2001, p. 771–808.

[KrM94] I. Kriz & J.P. May – « Derived categories and motives », *Math. Res. Lett.* **1** (1994), p. 87–94.

[KuM90] V. Kumar Murty – « Computing the Hodge group of an abelian variety », in *Sém. de théorie des nombres de Paris 1988-89*, Progress in Math., vol. 91, Birkhäuser, 1990, p. 141–158.

[Ku94] K. Künneman – « On the Chow motive of an abelian scheme », in *Motives (Seattle, WA, 1991), vol. I*, Proc. Sympos. Pure Math., vol. 55, American Mathematical Society, 1994, p. 189–205.

[L66] S. Lang – *Transcendental numbers*, Addison-Wesley, 1966.

[L78] ______, *Cyclotomic fields I*, Graduate Texts in Math., vol. 59, Springer, 1978.

[L82] ______, *Introduction to algebraic and abelian functions*, 2e éd., Graduate Texts in Math., vol. 89, Springer, 1982.

[La79] R. Langlands – « Automorphic representations, Shimura varieties, and motives. Ein Märchen », in *Automorphic forms, and L-functions*, Proc. Symp. Pure Math., vol. 33-2, American Mathematical Society, 1979, p. 205–246.

[LL03] M. Larsen & V. Lunts – « Motivic measures and stable birational geometry », *Moscow Math. J.* **3** (2003), no. 1, p. 85–95, 259.

[LL] ______, « Rationality criteria for motivic zeta-functions », prépub. ArXiv AG/0212158, 2002.

[LP90] M. Larsen & R. Pink – « Determining representations from invariant dimensions », *Invent. Math.* **102** (1990), no. 2, p. 377–398.

[LP97] ______, « A connectedness criterion for l-adic Galois representations », *Israel J. Math.* **97** (1997), p. 1–10.

[Le93] M. Levine – « Tate motives and the vanishing conjectures for algebraic K-theory », in *Algebraic K-theory and algebraic topology (Lake Louise, AB, 1991)*, NATO Adv. Sci. Inst. Ser. C Math. Phys. Sci., vol. 407, Kluwer, 1993, p. 167–188.

[Le94] ______, « Bloch's higher Chow groups revisited », in *K-theory (Strasbourg, 1992)*, Astérisque, vol. 226, Société Mathématique de France, Paris, 1994, p. 235–320.

[Le98] ______, *Mixed motives*, Math. surveys and monogr., vol. 57, American Mathematical Society, Providence, RI, 1998.

[Lew91] A. Lewis – *A survey of the Hodge conjecture*, Publ. Univ. Montréal, 1991.

[Li93] S. LICHTENBAUM – « Suslin homology and Deligne 1-motives », in *Algebraic K-theory and algebraic topology (Lake Louise, AB, 1991)*, NATO Adv. Sci. Inst. Ser. C Math. Phys. Sci., vol. 407, Kluwer, 1993, p. 189–196.

[Lie68] D. LIEBERMAN – « Numerical and homological equivalence of algebraic cycles on Hodge manifolds », *Amer. J. Math.* **90** (1968), p. 366–374.

[Mat57] T. MATSUSAKA – « The criteria for algebraic equivalence and the torsion group », *Amer. J. Math.* **79** (1957), p. 53–66.

[MM74] B. MAZUR & W. MESSING – *Universal extensions and one dimensional crystalline cohomology*, Lect. Notes in Math., vol. 370, Springer, 1974.

[MVW] C. MAZZA, V. VOEVODSKY & C. WEIBEL – « Notes on motivic cohomology », prépublication, 2004.

[Mi94] J. MILNE – « Motives over finite fields », in *Motives (Seattle, WA, 1991), vol. I*, Proc. Sympos. Pure Math., vol. 55, American Mathematical Society, 1994, p. 401–459.

[Mi2] ———, « Lefschetz motives and the Tate conjecture », *Compositio Math.* **117** (1999), p. 45–76.

[Mi3] ———, « Polarizations and Grothendieck's standard conjectures », *Ann. of Math. (2)* **155** (2002), no. 2, p. 599–610.

[Mo] B. MOONEN – « Notes on Mumford-Tate groups », notes du centre Émile Borel, n° 19, Avril 1999.

[Mum69a] D. MUMFORD – « A note on Shimura's paper "discontinuous groups and abelian varieties" », *Math. Ann.* **181** (1969), p. 345–351.

[Mum69b] ———, « Rational equivalence of zero-cycles on surfaces », *J. Math. Kyoto Univ.* **9** (1969), p. 195–204.

[Mum70] ———, *Abelian varieties*, Tata Institute of Fund. Res. Studies in Math., vol. 5, Oxford Univ. Press, London, 1970.

[Mur90] J. MURRE – « On the motive of an algebraic surface », *J. reine angew. Math.* **409** (1990), p. 190–204.

[Mur04] ———, « Lectures on Motives », in *Transcendental Aspects of Algebraic Cycles (Grenoble 2001)*, London Math. Soc. Lect. Note series, vol. 313, Cambridge Univ. Press, 2004, p. 123–170.

[Mur] ———, « On the Chow motive attached to the product of two surfaces », exposé à la conférence sur les motifs, Oberwolfach, 2004.

[Ne94] J. NEKOVÁŘ – « Beilinson's conjectures », in *Motives (Seattle, WA, 1991), vol. I*, Proc. Sympos. Pure Math., vol. 55, American Mathematical Society, 1994, p. 537–570.

[N96] Y. NESTERENKO – « Modular functions and transcendence problems », *Math. Sb.* **187** (1996), p. 65–96, en russe.

[Ni89] Y. NISNEVICH – « The completely decomposed topology on schemes and associated descent spectral sequences in K-theory », in *Algebraic K-theory ; connections with geometry and topology*, Kluwer, 1989, p. 241–342.

[Nori] M. NORI – « Mixed Motives », manuscrit inédit.

[O82] A. OGUS – « Hodge cycles and crystaline cohomology », in *Hodge cycles, Motives and Shimura varieties*, Lect. Notes in Math., vol. 900, Springer, 1982, p. 357–414.

[O90] ______, « A p-adic analogue of the Chowla-Selberg formula », in *p-adic analysis (Trento, 1989)*, Lect. Notes in Math., vol. 1454, Springer, 1990, p. 319–341.

[Or04] F. ORGOGOZO – « Isomotifs de dimension inférieure ou égale à 1 », *Manuscripta Math.* **115** (2004), no. 3, p. 339 – 360.

[O'S] P. O'SULLIVAN – Papiers secrets. Deux lettres à Y. André et B. Kahn, 29/4/02, 12/5/02. Deux projets de notes aux CRAS.

[Pi98] R. PINK – « ℓ-adic monodromy groups, cocharacters, and the Mumford-Tate conjecture », *J. reine angew. Math.* **495** (1998), p. 187–237.

[Po] B. POONEN – « Bertini theorems over finite fields », prépub. ArXiv AG/0204002, 2002.

[Ra02] G. RACINET – « Doubles mélanges des polylogarithmes multiples aux racines de l'unité », *Publ. Math. Inst. Hautes Études Sci.* **95** (2002), p. 185–231.

[Ram04] N. RAMACHANDRAN – « One-motives and a conjecture of Deligne », *J. Algebra* **13** (2004), no. 1, p. 29–80.

[Riv03] T. RIVOAL – « Séries hypergéométriques et irrationalité des valeurs de la fonction zêta de Riemann », *J. Théor. Nombres Bordeaux* **15** (2003), p. 351–365.

[Ro72] A. ROITMAN – « Rational equivalence of zero-cycles », *Math. USSR Sbornik* **18** (1972), p. 571–588.

[Ros96] M. ROST – « Chow groups with coefficients », *Doc. Math. J.* **1** (1996), p. 319–393.

[Saa72] N. SAAVEDRA RIVANO – *Catégories tannakiennes*, Lect. Notes in Math., vol. 265, Springer, 1972.

[hSai92] H. Saito – « Generalization of Abel's theorem and some finiteness property of zero-cycles on surfaces », *Compositio Math.* **84** (1992), p. 177–201.

[mSai] M. Saito – « Monodromy filtration and positivity », prépub. RIMS 1282, ArXiv AG/000612, 2000.

[sSai00] S. Saito – « Motives and filtrations on Chow groups », in *The arithmetic and Geometry of algebraic cycles, proc. NATO conference (Banff, 1998)*, NATO series, vol. 548, Kluwer, 2000, p. 321–346.

[Sa58] P. Samuel – « Relations d'équivalence en géométrie algébrique », in *Proc. Internat. Congress Math., 1958*, Cambridge Univ. Press, 1960, p. 470–487.

[Scha88] N. Schappacher – *Periods of Hecke characters*, Lect. Notes in Math., vol. 1301, Springer, 1988.

[Scho89] C. Schoen – « Cyclic covers of $\mathbb{P}^\nu$ branched along $\nu + 2$ hypersurfaces and the generalized Hodge conjecture for certain abelian varieties », in *Arithmetic of complex manifolds (Erlangen 1988)*, Lect. Notes in Math., vol. 1399, Springer, 1989, p. 137–154.

[Sc90] A. Scholl – « Motives for modular forms », *Invent. Math.* **100** (1990), no. 2, p. 419–430.

[Sc91] ______, « Remarks on special values of L-functions », in *L-functions and arithmetic (Durham, 1989)*, London Math. Soc. Lect. Note series, vol. 153, Cambridge Univ. Press, Cambridge, 1991, p. 373–392.

[Sc94] ______, « Classical motives », in *Motives (Seattle, WA, 1991), vol. I*, Proc. Sympos. Pure Math., vol. 55, American Mathematical Society, 1994, p. 163–187.

[Se57] J.-P. Serre – *Algèbre locale et multiplicités*, Lect. Notes in Math., vol. 11, Springer, 1957.

[Se60] ______, « Sur certains analogues kähleriens des conjectures de Weil », *Ann. of Math.* **71** (1960).

[Se65] ______, « Zeta and L-functions », in *Arithmetic algebraic geometry*, Harper Row, 1965, p. 82–92.

[Se68] ______, *Abelian ℓ-adic representations and elliptic curves*, Benjamin, 1968.

[Se94] ______, « Propriétés conjecturales des groupes de Galois motiviques et des représentations ℓ-adiques », in *Motives (Seattle, WA, 1991), vol. I*, Proc. Sympos. Pure Math., vol. 55, American Mathematical Society, 1994, p. 377–400.

[SW95] H. Shiga & J. Wolfart – « Criteria for complex multiplication and transcendence properties of automorphic functions », *J. reine angew. Math.* **463** (1995), p. 1–25.

[Shi80] G. Shimura – « The periods of abelian varieties with complex multiplication and the special values of certain zeta functions », in *Fonctions abéliennes et nombres transcendants*, Mém. Soc. math. France (N.S.), vol. 108, Société Mathématique de France, Paris, 1980, p. 103–106.

[Shi98] ______, *Abelian varieties with complex multiplication and modular functions*, Princeton Mathematical Series, vol. 46, Princeton Univ. Press, 1998.

[SK79] T. Shioda & T. Katsura – « On Fermat varieties », *Tôhoku Math. J.* **31** (1979), no. 1, p. 97–115.

[Sm98] O. Smirnov – « Graded associative algebras and Grothendieck standard conjectures », *Invent. Math.* **128** (1997), no. 1, p. 201–206.

[So81] C. Soulé – « On higher p-adic regulators », in *Algebraic K-Theory (Evanston, 1980)* (E. Friedlander & M. Stein, éds.), Lect. Notes in Math., vol. 854, Springer, 1981, p. 372–401.

[So85] ______, « Opérations en K-théorie algébrique », *Canad. J. Math.* **37** (1985), p. 488–550.

[Sp99] M. Spiess – « Proof of the Tate conjecture for products of elliptic curves over finite fields », *Math. Ann.* **314** (1999), p. 285–290.

[St87] J. Steenbrink – « Some remarks about the Hodge conjecture », in *Hodge theory (Sant Cugat, 1985)*, Lect. Notes in Math., vol. 1246, Springer, 1987, p. 165–175.

[Su] A. Suslin – Exposé à la conférence de K-théorie, Luminy, 1987.

[SuVo96] A. Suslin & V. Voevodsky – « Singular homology of abstract algebraic varieties », *Invent. Math.* **123** (1996), p. 61–94.

[SuVo00] ______, « Bloch-Kato conjecture and motivic cohomology with finite coefficients », in *The arithmetic and Geometry of algebraic cycles (Banff, 98)*, NATO series, vol. 548, Kluwer, 2000, p. 117–189.

[Ta94] J. Tate – « Conjectures on algebraic cycles in ℓ-adic cohomology », in *Motives (Seattle, WA, 1991), vol. I*, Proc. Sympos. Pure Math., vol. 55, American Mathematical Society, 1994, p. 71–83.

[Te02] T. Terasoma – « Mixed Tate motives and multiple zeta values », *Invent. Math.* **149** (2002), p. 339–369.

[Th] R. Thomas – « Nodes and the Hodge conjecture », prépub. ArXiv AG/0212216, 2002.

[Tho85] R. Thomason – « Algebraic K-theory and étale cohomology », *Ann. scient. Éc. Norm. Sup.* 4e *série* **18** (1985), p. 437–552.

[Vo92] V. Voevodsky – Lettre à A. Beilinson, 12/6 1992.

[Vo95] ______, « A nilpotence theorem for cycles algebraically equivalent to zero », *Internat. Math. Res. Notices* **4** (1995), p. 1–12.

[Vo98] ______, « $\mathbb{A}^1$-homotopy theory », in *extra volume ICM, I*, Doc. Math. J., DMV, 1998, p. 579–604.

[Vo00a] ______, « Cohomological theory of presheaves with transferts », in *Cycles, transfers, and motivic homology theories*, Annals of Mathematics Studies, vol. 143, Princeton University Press, Princeton, NJ, 2000, p. 87–137.

[Vo00b] ______, « Triangulated categories of motives over a field », in *Cycles, transfers, and motivic homology theories*, Annals of Mathematics Studies, vol. 143, Princeton University Press, Princeton, NJ, 2000, p. 188–238.

[Vo02a] ______, « Cancellation theorem », prépub. ArXiv `AG/0202012`, 2002.

[Vo02b] ______, « Motivic cohomology groups are isomorphic to higher Chow groups », *Internat. Math. Res. Notices* (2002), p. 331–355.

[Vo03] ______, « Motivic cohomology with $\mathbf{Z}/2$-coefficients », *Publ. Math. Inst. Hautes Études Sci.* **98** (2003), p. 59–104.

[Wat79] W. Waterhouse – *Introduction to affine group schemes*, Graduate Texts in Math., vol. 66, Springer, 1979.

[Wei94] C. Weibel – *An introduction to homological algebra*, Cambridge Univ. press, 1994.

[W68] A. Weil – *Variétés kählcriennes*, Hermann, Paris, 1968.

[W76] ______, « Sur les périodes des intégrales abéliennes », *Comm. Pure Appl. Math.* **29** (1976), p. 813–819.

[Wu84] G. Wüstholz – « Zum Periodenproblem », *Invent. Math.* **78** (1984), p. 381–391.

[Z94] D. Zagier – « Values of zeta functions and their applications », in *First European Congress of Mathematics, vol. II*, Progress in Math., vol. 120, Birkhäuser, 1994, p. 497–512.

[Zar85] Y. Zarhin – « Weights of simple Lie algebras in the cohomology of algebraic varieties », *Math. USSR Izv.* **24** (1985), p. 245–281.

INDEX TERMINOLOGIQUE

PANORAMAS ET SYNTHÈSES

2004

17. Y. ANDRÉ – *Une introduction aux motifs (motifs purs, motifs mixtes, périodes)*

2003

16. V. FRANJOU, E.M. FRIEDLANDER, T. PIRASHVILI, L. SCHWARTZ – *Polynomial functors, unstable modules and cohomology of finite group schemes*
15. M. BOILEAU, S. MAILLOT, J. PORTI – *Three-dimensional orbifolds and their geometric structures*

2002

14. P. DEHORNOY, I. DYNNIKOV, D. ROLFSEN, B. WIEST – *Why are braids orderable ?*
13. M. BABILLOT, R. FERES, A. ZEGHIB (avec la collaboration de E. BREUILLARD) – *Rigidité, groupe fondamental et dynamique (édité par P. FOULON)*

2001

12. N. GANTERT, J. GARNIER, S. OLLA, Z. SHI, A.-S. SZNITMAN – *Milieux aléatoires (édité par F. COMETS, É. PARDOUX)*
11. M. AUDIN, J.W. MORGAN, P. VOGEL, D. BENNEQUIN – *Nouveaux invariants en Géométrie et en Topologie (édité par F. DUMAS, J.-Y. LE DIMET, S. PAYCHA)*

2000

10. C. ANÉ, S. BLACHÈRE, D. CHAFAÏ, P. FOUGÈRES, I. GENTIL, F. MALRIEU, C. ROBERTO, G. SCHEFFER – *Sur les inégalités de Sobolev logarithmiques (avec une préface de D. BAKRY et M. LEDOUX)*
9. W. CRAIG – *Problèmes de petits diviseurs dans les équations aux dérivées partielles*

1999

8. D. CERVEAU, É. GHYS, N. SIBONY, J.-C. YOCCOZ (avec la collaboration de M. FLEXOR) – *Dynamique et géométrie complexes*
7. X. BUFF, J. FEHRENBACH, P. LOCHAK, L. SCHNEPS, P. VOGEL – *Espace de modules des courbes, groupes modulaires et théorie des champs*

1998

6. D. ALPAY – *Algorithme de Schur, espaces à noyau reproduisant et théorie des systèmes*

1997

5. C. KASSEL, M. ROSSO, V. TURAEV – *Quantum groups and knot invariants*

1996

4. M. ZINSMEISTER – *Formalisme thermodynamique et systèmes dynamiques holomorphes*
3. J. BERTIN, J.-P. DEMAILLY, L. ILLUSIE, C. PETERS – *Introduction à la théorie de Hodge*
2. C. VOISIN – *Symétrie miroir*

1995

1. S. TABACHNIKOV – *Billiards*

1994

0. J.-P. RAMIS – *Séries divergentes et théories asymptotiques*